近世城下町の設計技法

視軸と神秘的な三角形の秘密

髙見敞志 著

技報堂出版

まえがき

　20世紀は大都市化の時代であった。それは、我が国の都市形成史上まれな数世紀に1度のことでもあった。

　今から、400年前の関ヶ原の合戦［慶長5(1600)年］を挟む約50年間も、また、大都市化の時代だった。このきわめて短期間に近世城下町は建設された。

　強大な権力をもった封建領主を中心に、その周りにいた都市と建築の技術者集団によって設計・建設された。そこには明快な都市設計の理念と、それを具現化する施工の卓越した技術が存在したはずである。それは確かだが、指図(設計図)は、いまだに発見されておらず、闇の中にある。

　城はどのようにして造られたか。

　城下町はどのように町立て(街区割・屋敷割)されたか。

　それが、本書の最大のテーマである。

　複雑な形態をした掘割や町割の街路の線引き(街区割の計画)は、どのような方法で設計されたか。近世小倉城下町の考察で、「視軸(お見通し)」(図1)と「35間モデュール(町割の寸法系列・35間の等差級数)」の設計手法を発見した。

　なぜ、小倉で35間が使われたか。

　大坂の42.4間、萩の85間、江戸の60間の疑問—。

　この謎解きの過程で、大工道具の曲尺の表目(1)と裏目($\sqrt{2}$)の関係に気づいた(図3.2.1参照)。曲尺を設計絵図の道具として使ったのではないかと。

図1　眈視之図
眈視とは眼力をもって見込、見通、再見、見返などの目当の印を見定めることをいう(出典：村井昌弘『量地指南(享保15年)』恒和出版、1953)。

i

まえがき

　こうして「α三角形（$1:\sqrt{2}:\sqrt{3}$の直角三角形）」と「60間モジュール（60間を基礎とした寸法系列）」が融合した「α三角形60間モジュール」を発見したのである。この三角形は、「北辰北斗（北極星と北斗七星）」の構図（図3.2.4参照）とその運行に関連し、伊勢神宮の重要な「三節祭」の挙行や軍学にいう「破軍尾返（北斗七星の剣先を敵に向けて戦うこと）*1」と関連していただけに、神秘的な特別な意味を持っていた。

　これを近世初期の設計技術者集団が城郭と城下町の設計に使った。

　その設計手法がきわめて短期間に全国へ普及していった。

　その過程で、大きな影響力を持っていたのは、豊臣秀吉の軍師として名高い黒田官兵衛孝高と徳川家康の参謀として知られる藤堂高虎であったと目される。

　この手法を用いて実現した近世の城郭と城下町には、個性的な都市文化があった。

　本書の構成は、課題と仮説を**第1章**で概説し、発見的仮説の設定とその予備的考察を**第2章**で行い、仮説の根拠と意味を**第3章**で考察した。各城下町での個別の考察として、「視軸」と「α三角形60間モジュール」による天守位置の決定を**第4章**で、天守を基点としての主要施設の配置を**第5章**に、主要施設を基点とした町割を**第6章**に、そして、その変容過程を考察した**第7章**へと展開した。最後に近世城下町の設計手法を総括するとともに、この手法が現代の都市計画に果たすべき意義を**第8章**において述べるという構成である。

　ところで、戦後のまちづくりは、我が国の伝統的な都市設計ともいえるこの理念をすっかり忘れてしまった。我が国の都市の個性は、その膨らみを失って、痩せ細った。この危機的な時代的背景のもとで、いったい、現在都市はどこを目指しているのであろうか。

　個性の喪失は、都市の危機であり、文化の危機である。

---

*1　『山鹿流兵法　奥秘本伝』　破軍尾返の条に「破軍とは北斗の一名なり。尾返とは破軍のまはりめの事を云。…破軍の尾のめぐるをさして尾返と云。破軍を打返し用る心に見ばあやまりなし。唯そのめぐりを考、七星ををびて、尾先を彼に向はしめて戦事伝なり」とあり、北斗つまり七星は別名を破軍といい、北斗の第七星は破軍星とも呼ばれ、剣先（尾先）を敵に向け戦うこととしている。

目　　次

まえがき ……………………………………………………………………… i

第1章　序　論 …………………………………………………………… 1
1.1　課題と目的 ………………………………………………………… 1
1.2　仮説と検証方法 …………………………………………………… 3

第2章　近世城下町の設計技法に関する仮説 ……………………… 5
2.1　小倉城下町の町割にみる35間モデュールと視軸 ……………… 5
　2.1.1　小倉城下町の建設と構成 …………………………………… 5
　2.1.2　東曲輪碁盤型街区の内法寸法31間余の疑問 ……………… 7
　2.1.3　掘割にみる視軸の技法 ……………………………………… 8
　2.1.4　城下町の設計にみる35間モデュール ……………………… 10
　2.1.5　東曲輪の碁盤型街区における設計モデュール …………… 11
　2.1.6　まとめ ………………………………………………………… 13
2.2　中津城下町における設計技法の発見 …………………………… 15
　2.2.1　中津城下町の建設 …………………………………………… 15
　2.2.2　城郭の位置決定法(広域) …………………………………… 16
　2.2.3　城郭の位置決定法(城下町周辺) …………………………… 17
　2.2.4　城郭・城下町の主要施設の配置法 ………………………… 19
　2.2.5　主要街路の設計技術 ………………………………………… 21
　2.2.6　まとめ ………………………………………………………… 23
2.3　設計技術に関する仮説の設定 …………………………………… 24
　2.3.1　築城の過程 …………………………………………………… 24
　2.3.2　設計の手順 …………………………………………………… 25
　　(1)　軍学・北条流兵法にみる設計図 ………………………… 25
　　(2)　軍学者荻生徂徠の縄張過程 ……………………………… 25
　　(3)　『陰徳太平記』にみる地選、地取、経始 ……………… 26

2.3.3	経始の技術 …………………………………………………	27
2.3.4	軍学にみる経始 ……………………………………………	29
2.3.5	仮説の設定 …………………………………………………	32
2.3.6	まとめ ………………………………………………………	32

2.4 広島城下町への仮説の適用 ……………………………………… 34

- 2.4.1 目的と方法 ………………………………………………… 34
  - (1) 目　的 …………………………………………………… 34
  - (2) 検証方法 ………………………………………………… 34
- 2.4.2 広島城築城と城下町整備 ………………………………… 35
  - (1) 広島城築城の機運 ……………………………………… 35
  - (2) 広島城築城と城下町整備 ……………………………… 36
- 2.4.3 広島城の地選と天守位置決定 …………………………… 37
  - (1) 城地の選定 ……………………………………………… 37
  - (2) 四神相応の地選 ………………………………………… 37
  - (3) 視軸による天守位置決定 ……………………………… 38
  - (4) α三角形60間モデュールによる天守位置決定 ……… 38
  - (5) 鬼門封じと城郭 ………………………………………… 40
  - (6) 縄　張 …………………………………………………… 40
- 2.4.4 城下町主要施設の配置 …………………………………… 41
  - (1) 城下の神社配置とα三角形60間モデュール ………… 41
  - (2) 城下の寺院配置とα三角形60間モデュール ………… 42
    - 1) 毛利の時代 …………………………………………… 42
    - 2) 福島の時代 …………………………………………… 43
    - 3) 浅野の時代 …………………………………………… 43
  - (3) 主要施設と視軸 ………………………………………… 44
- 2.4.5 町割の技術 ………………………………………………… 44
  - (1) 街路とヴィスタの関係 ………………………………… 44
  - (2) 町割とα三角形60間モデュール ……………………… 45
- 2.4.6 まとめ ……………………………………………………… 46

第3章　仮説の論拠と意味 ……………………………………………… 49

3.1 視軸が使われた論拠と意味 ……………………………………… 49

- 3.1.1 視軸の論拠 ………………………………………………… 49

（1）	広島城天守の位置決めにみる視軸	……………	49
（2）	天守を基点に町割の基軸設定	………………	50
（3）	『陰徳太平記』、軍学書にみる視軸	…………………	50
（4）	測量技術と視軸	…………………………………	52
1）	安土城に関して	………………………………	52
2）	秀吉の備中高松城の水攻めに関して	………………	52
3）	太閤検地に関して	……………………………	53

3.1.2　視軸の意味 …………………………………………… 55
　（1）　設計上の手掛かりとしての意味 ………………… 55
　（2）　軍事的意味 ………………………………………… 55
　（3）　精神的意味 ………………………………………… 57
　（4）　景観的意味 ………………………………………… 58
3.1.3　まとめ ………………………………………………… 59

3.2　α三角形60間モデュールの論拠と意味 ……………… 62
3.2.1　α三角形60間モデュール ……………………………… 62
　（1）　α三角形60間モデュールの定義 …………………… 62
　（2）　α三角形着想の過程 ………………………………… 63
3.2.2　α三角形60間モデュールの論拠 ……………………… 64
　（1）　曲尺の裏尺 …………………………………………… 64
　（2）　曲尺の表目と裏目とα三角形 ……………………… 65
　（3）　軍学書と寸町分間図 ………………………………… 65
　（4）　曲尺の特殊目盛とα三角形60間モデュール ……… 66
3.2.3　α三角形60間モデュールの意味 ……………………… 69
　（1）　サシガネ使いの便宜上の意味 ……………………… 69
　（2）　日本文化としての意味 ……………………………… 69
　　1）　日本文化と$\sqrt{2}$ ……………………………………… 70
　　2）　方五斜七、方七斜十 ……………………………… 71
　　3）　大和比 ……………………………………………… 71
　（3）　北辰北斗信仰など精神的意味 ……………………… 71
　　1）　軍学書にみる北辰北斗 …………………………… 72
　　2）　伊勢神宮の三節祭と北斗 ………………………… 73
　　3）　軍学書にみる卍字の曲尺 ………………………… 74
　　4）　戦勝祈願と軍神 …………………………………… 75

5）北辰北斗信仰と妙見信仰 ………………………………………… 75
　　　6）妙見信仰と城郭・城下町設計 …………………………………… 75
　　（4）家康の遺言と久能山、日光への遷宮 ……………………………… 78
　　　1）家康の遺言と久能山への葬送 …………………………………… 78
　　　2）久能山東照宮の配置とα三角形 ………………………………… 80
　　　3）日光への遷座とα三角形 ………………………………………… 82
　　　4）家康の参謀天海と高虎とα三角形 ……………………………… 83
　3.2.4　まとめ ……………………………………………………………… 85

第4章　天守の位置決定 ……………………………………………… 89

4.1　視軸による天守位置決定 …………………………………………… 89
4.1.1　冬至・夏至の旭日・落日方位型の天守位置決定 ……………… 90
　　（1）長浜城の天守位置 …………………………………………………… 90
　　（2）中津城の主櫓位置 …………………………………………………… 91
　　（3）徳島城の天守位置 …………………………………………………… 92
　　（4）唐津城の天守台位置 ………………………………………………… 94
　　（5）松山城の天守位置 …………………………………………………… 96
　　（6）松江城の天守位置 …………………………………………………… 98
　　（7）伊賀上野城の天守位置 …………………………………………… 101
　　（8）大洲城の天守位置 ………………………………………………… 102
4.1.2　視軸のクロスによる天守位置決定 ……………………………… 104
　　（1）宇和島城の天守位置 ……………………………………………… 104
　　（2）広島城の天守位置 ………………………………………………… 107
　　（3）丸亀城の天守位置 ………………………………………………… 107
　　（4）大分府内城の天守位置 …………………………………………… 109
　　（5）今治城の天守位置 ………………………………………………… 111
　　（6）小倉城の天守位置 ………………………………………………… 113
　　（7）萩城の天守位置 …………………………………………………… 114
　　（8）佐賀城の天守位置 ………………………………………………… 118
　　（9）明石城の天守位置 ………………………………………………… 120
4.1.3　視軸のクロスによらない天守位置決定 ………………………… 122
　　（1）視軸と併用型 ……………………………………………………… 123
　　（2）視軸以外の型 ……………………………………………………… 123

4.1.4　まとめ ··· 124
4.2　α三角形60間モジュールによる天守位置決定 ················ 128
　　4.2.1　視軸とα三角形60間モジュールの併用型 ················ 128
　　　(1)　視軸とα三角形60間モジュール併用方位型 ············· 128
　　　　1)　高松城の天守位置 ·· 128
　　　(2)　視軸とα三角形60間モジュール併用一般型 ············· 131
　　　　1)　三原城の天守位置 ·· 131
　　　　2)　姫路城の天守位置 ·· 133
　　　　3)　高知城の天守位置 ·· 135
　　4.2.2　α三角形60間モジュールによる天守位置決定 ·········· 137
　　　(1)　α三角形60間モジュール方位型 ···························· 137
　　　　1)　篠山城の天守位置 ·· 137
　　　　2)　伊賀上野城の天守位置 ··· 139
　　　(2)　α三角形60間モジュール一般型 ···························· 139
　　　　1)　日出城の天守位置 ·· 139
　　　　2)　福山城の天守位置 ·· 140
　　　　3)　龍野城の御殿位置 ·· 142
　　　　4)　赤穂城の天守台位置 ·· 144
　　4.2.3　まとめ ··· 146

第5章　主要施設の配置 ··· 151

5.1　視軸による軍事施設配置 ··· 151
　　5.1.1　藤堂高虎設計の城郭・城下町の軍事施設配置 ············ 152
　　　(1)　宇和島城下町の軍事施設配置 ································ 152
　　　(2)　今治城下町の軍事施設配置 ··································· 154
　　　(3)　篠山城下町の軍事施設配置 ··································· 157
　　　(4)　伊賀上野城下町の軍事施設配置 ···························· 160
　　5.1.2　一般の城郭・城下町の軍事施設配置 ······················· 162
　　　(1)　大分府内城と城下町の軍事施設配置 ······················ 163
　　　(2)　大洲城の軍事施設配置 ··· 165
　　　(3)　高知城と城下町の軍事施設配置 ···························· 167
　　　(4)　明石城の軍事施設配置 ··· 169
　　　(5)　赤穂城と城下町の軍事施設配置 ···························· 172

        5.1.3　まとめ …………………………………………………………………… 175
　5.2　α三角形60間モジュールによる社寺配置 ………………………………… 181
　　5.2.1　α三角形60間モジュールと視軸の重複型 …………………………… 181
　　　（1）中津城下町の社寺配置 ……………………………………………… 181
　　　（2）徳島城下町の社寺配置 ……………………………………………… 183
　　5.2.2　α三角形60間モジュールと視軸による社寺配置 …………………… 185
　　　（1）α三角形60間モジュールと旭日・落日方位型 ………………… 185
　　　　1）松江城下町の社寺配置 …………………………………………… 185
　　　（2）α三角形60間モジュールと視軸の併用型 ……………………… 188
　　　　1）広島城下町の社寺配置 …………………………………………… 188
　　　　2）佐賀城下町の社寺配置 …………………………………………… 189
　　　　3）篠山城下町の社寺配置 …………………………………………… 191
　　　　4）明石城下町の社寺配置 …………………………………………… 192
　　5.2.3　α三角形60間モジュール一般型 ……………………………………… 195
　　　（1）三原城下町の社寺配置 ……………………………………………… 195
　　　（2）高松城下町の社寺配置 ……………………………………………… 197
　　　（3）姫路城下町の社寺配置 ……………………………………………… 198
　　　（4）松山城下町の社寺配置 ……………………………………………… 200
　　　（5）萩城下町の社寺配置 ………………………………………………… 201
　　　（6）福山城下町の社寺配置 ……………………………………………… 203
　　　（7）赤穂城下町の社寺配置 ……………………………………………… 205
　　5.2.4　まとめ …………………………………………………………………… 207

第6章　町　割 …………………………………………………………………… 211

　6.1　町割の設計理念 …………………………………………………………… 211
　　6.1.1　町割の基本理念 ………………………………………………………… 211
　　　（1）町割の規範 …………………………………………………………… 212
　　　（2）町割の発展過程 ……………………………………………………… 213
　　　（3）秀吉の長浜城と八幡城 ……………………………………………… 214
　　6.1.2　小倉城下町にみる街区割・屋敷割 ………………………………… 217
　　　（1）小倉城下町の町割にみる土地利用 ………………………………… 217
　　　（2）小倉城下町の街区割と屋敷割 ……………………………………… 218
　　　　1）西曲輪の街区形態 ………………………………………………… 218

2）東曲輪の街区形態 ･･ 221
　　(3) 小倉城下町の街区規模と形状 ････････････････････････････････ 222
　　(4) 小倉城下町の屋敷規模と形状 ････････････････････････････････ 224
　　　1）身分と屋敷の間口・奥行 ･･････････････････････････････････ 224
　　　2）身分と屋敷規模 ･･ 226
　　　3）身分と屋敷形状 ･･ 226
　　　4）屋敷割の技法 ･･ 227
　6.1.3　まとめ ･･ 229
6.2　町割の技法 ･･ 231
　6.2.1　町割とヴィスタ ･･ 231
　　(1) 天守へのヴィスタで町割の基軸設定 ･･････････････････････････ 231
　　　1）天正・文禄期 ･･ 231
　　　2）慶長期 ･･ 235
　　　3）元和・寛永期 ･･ 237
　　(2) 主要施設へのヴィスタで街路設定 ････････････････････････････ 240
　　(3) 山当てのヴィスタで町割 ････････････････････････････････････ 244
　6.2.2　町割のモデュール ･･ 245
　　(1) 基本的モデュール ･･ 245
　　(2) 碁盤型街区のモデュール ････････････････････････････････････ 245
　　(3) 長方形街区のモデュール ････････････････････････････････････ 246
　6.2.3　α三角形60間モデュールによる町割 ････････････････････････････ 248
　　(1) α三角形60間モデュールの町割の典型例 ････････････････････ 249
　　　1）中津城下町 ･･ 249
　　　2）大分府内城下町 ･･ 250
　　(2) α三角形60間モデュールの先駆例 ････････････････････････････ 252
　　(3) α三角形60間モデュールの町割の普及 ････････････････････････ 254
　　　1）高松城下町 ･･ 255
　　　2）広島城下町 ･･ 256
　　　3）萩城下町 ･･ 258
　　　4）篠山城下町 ･･ 259
　6.2.4　まとめ ･･ 261

第7章　近世城下町の町割の変容 ································ 263

7.1　築城期における設計技法の変容 ···························· 263
7.1.1　天守配置の変化 ·· 263
（1）視軸による天守配置の変化 ······························ 263
（2）α三角形60間モデュールによる天守配置の変化 ······· 265
7.1.2　主要施設の配置の変化 ···································· 266
（1）視軸による軍事施設配置の変化 ·························· 266
（2）α三角形60間モデュールによる社寺配置の変化 ········ 267
7.1.3　町割の変化 ··· 268
（1）町割の発展過程 ··· 268
（2）街区割・屋敷割の変容 ··································· 269
7.1.4　まとめ ·· 270

7.2　小倉城下町の町割の変容過程 ··························· 273
7.2.1　近世小倉城下町の町割の変容 ····························· 273
（1）近世小倉城下町の地域特性の崩壊 ······················· 273
　1）土地利用の変化 ··· 273
　2）古町割の崩壊 ··· 274
（2）町割の変容の背景 ······································· 275
7.2.2　碁盤型街区の変容 ·· 277
（1）2面町から4面町への変容 ······························· 277
（2）背割2列型屋敷割の変容 ································ 279
7.2.3　屋敷規模と形状の変化 ···································· 281
（1）屋敷規模の変化 ··· 281
（2）裏宅地の出現傾向 ······································· 283
7.2.4　まとめ ·· 285

第8章　結　論 ··· 287

8.1　総　括 ·· 287
8.2　結果の限界と残された課題 ······························ 298
8.3　現都市計画への意義 ···································· 300

あとがき ··· 303

第1章 序　　論

1.1 課題と目的

　20世紀は、我が国の都市形成史上まれにみる大都市化の時代であった。今から400年前の関ヶ原の合戦(1600年)を挟む約50年間もまた、大都市化の時代であった。この近世城下町は強大な権力を持った封建領主を中心に、その周りにいた都市・建築の技術者集団によってきわめて短期間に設計・建設された。それだけにそこには明快な都市設計の理念があり、それを具現化した設計と施工に関する卓越した技術が存在したはずである。しかるに当時の縄張図・指図(さしず)といった設計に関する史資料は今のところ発見されておらず、近年まであまり言及されなかった。

　近年になって、次のような視点から、城下町の設計手法の検討が始められている。なかでも都市景観の観点からみた城下町設計手法の考察[1],[2]は、ヴィスタに基づく町割の存在を明らかにした点で注目される。また、近世城下町の神社配置に$\sqrt{2}$モデュールと$\angle\alpha = \tan^{-1}1/\sqrt{2}$が使用されたとの指摘[5]は、本論を構築するうえできわめて示唆に富む論文であった。

　城郭・城下町の設計と建設は①地取、②経始(けいし)(設計)、③普請(ふしん)、④作事(さくじ)の順で進められたが、上記の研究は景観的側面と神社配置手法の一部を明らかにしたにすぎず、まだ多くの視座を用意しなければならない。城下町設計のシステムとしての法則性はいまだ明確には見いだせていないのが実状である。

　近世城下町の設計手法およびその都市工学的な構成原理の解明を目的にした研究としては玉置伸吾氏の越前大野城下町に関する一連の研究[7]〜[9]などがある。本書の目的ならびに研究方法における図解による解析手法は広い意味でこの研究と共通している。玉置氏は大工道具の大矩(おおがね)(3：4：5の直角三角形)と魔方陣(まほうじん)を用いて解読を試みている。

　本書の特色は、これら先学の成果に導かれつつ、次の目的に立脚して、独自の仮

第1章 序　　論

説を立ててこれを明らかにしようとするところにある。

　本書は近世城下町の設計原理の解明を目的として次の3つに視座をおいてその解明を試みた。城郭と城下町の天守をはじめ櫓（やぐら）、門、橋や古社古刹（こしゃこさつ）の配置法ならびに街路や堀の線引きに、①視軸[*1]、②ヴィスタ、③α三角形60間モデュール（**図1.2.1、1.2.2参照**）により設計された可能性を、史料と実見を交えて図解により解明する。

　本書はこの目的を達成するために、その設計原理に関する次の課題を設定した。

① 　城郭の位置決定の方法、つまり築城時、どのような方法で地選して本丸の中心施設である天守の位置を決定したか。

② 　この天守を基点にして城郭と城下町の主要施設を配置したその方法はどのようであったか。

③ 　天守など主要施設を基点に町割を決定づけた主要街路の線引きは、どのような方法であったか。その主要街路を基軸にした街区割・屋敷割は、どのような方法であったか。

〈参考文献〉

1) 宮本雅明「近世初期城下町のヴィスタに基づく都市設計―その実態と意味」建築史学 第4号、1985.3
2) 宮本雅明「近世初期城下町のヴィスタに基づく都市設計―諸類型とその変容」建築史学 第6号、1986.3
3) 宮本雅明「近世初期都市の景観政策と都市造形」建築史学 第7号、1986.9
4) 宮本雅明『都市空間の近世史研究』中央公論美術出版、2005.2
5) 瀬島明彦「近世城下町の都市設計的手法に関する研究―モデュールと軸線による空間構成について」第17回日本都市計画学会学術研究発表会論文集、1982.11
6) 瀬島明彦「近世城郭・城下町の都市設計的手法に関する復元的研究」関西城郭研究会『城』第128号、1989.4
7) 玉置伸悟「越前大野城縄張における基本構想　近世城下町の都市設計手法に関する研究　その1」日本建築学会計画系論文集 第476号、1995.10
8) 玉置伸悟「越前大野城下武士居住地区の縄張り　近世城下町の都市設計手法に関する研究　その2」日本建築学会計画系論文集 第497号、1997.7
9) 玉置伸悟「越前大野城下人町住居地区の縄張り　近世城下町の都市設計手法に関する研究　その3」日本建築学会計画系論文集 第504号、1998.2

[*1]　視軸（visual axis）：測量におけるアリダードのように、見通して3点以上直線上にあることを視軸と定義する。

1.2 仮説と検証方法

以上の課題に対して、先学の成果に導かれつつ、これまでの予備的考察を踏まえて次の城郭と城下町の設計技法に関連する仮説を立て実証することとした。

① 築城当時、天守(城郭の中心施設)は、城主崇敬の古社古刹と「視軸」を取り結ぶ関係に位置決めしたのではないか。

② 天守の位置決めは、城主崇敬の古社古刹とα三角形60間モデュールに関連づけて設定されたのではないか。

③ 城下町の主要施設(警備上重要な門、櫓、橋、番所ならびに精神的なよりどころであった社寺)は、視軸とα三角形60間モデュールを関連づけて配置されたのではないか。

④ 町割を決定づけた街路の線引きは、天守をはじめとする主要施設を基点にしたヴィスタならびに視軸とα三角形の60間モデュールを関連づけて計画されたのではないか。

ここでいうα三角形とは、大工道具の曲尺の表目1を短辺に、裏目1(＝表目$\sqrt{2}$≒1.414)を長辺にとると、斜辺が$\sqrt{3}$となる直角三角形のことである(図1.2.1)。

$\angle\alpha = \tan^{-1}1/\sqrt{2} ≒ 35°26'$となり、αは日本の中央部緯度(松江―岐阜―江戸が同緯度)における北極星の高度にあたる。当時北極星は、唯一不動の星として神聖化し、北辰北斗信仰が仏教と習合した妙見信仰として信仰の対象になっていた。その妙見信仰は、近世城郭の築城期に最盛期を迎えていただけに、この神聖なα三角形は多岐にわたり関与したと考えられる。

このα三角形の斜辺$\sqrt{3}$に60間を入れると短辺は34.6間≒35間、長辺$\sqrt{2}$は48.9間≒50間となる。この三角形をA型α三角形と名づけることにした(図1.2.2)。同様に短辺1に60間を入れた場合をB型α三角形とし、長辺$\sqrt{2}$に60間を入れた場合をC型α三角形ということにした。

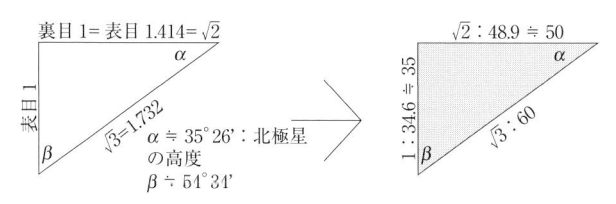

図 1.2.1 曲尺の表目と裏目でつくるα三角形

第1章　序　　論

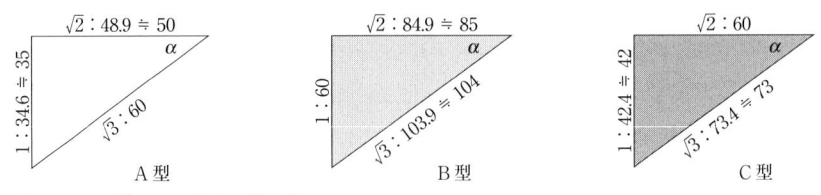

図 1.2.2　3種のα三角形60間モデュール

　この3種のα三角形の各辺を整数倍してできる等差級数（寸法系列）をそれぞれA、B、C型のα三角形60間モデュールと定義した。

　近世城下町に関する文献や各種絵図を参照しながら、現地踏査により堀・石垣の遺構、社寺本殿の位置と向きなどを補足調査し、現1/2 500地形図に復原図を作成した。これを基に仮説に従って、視軸、ヴィスタ、α三角形60間モデュールとの関係を考察した。

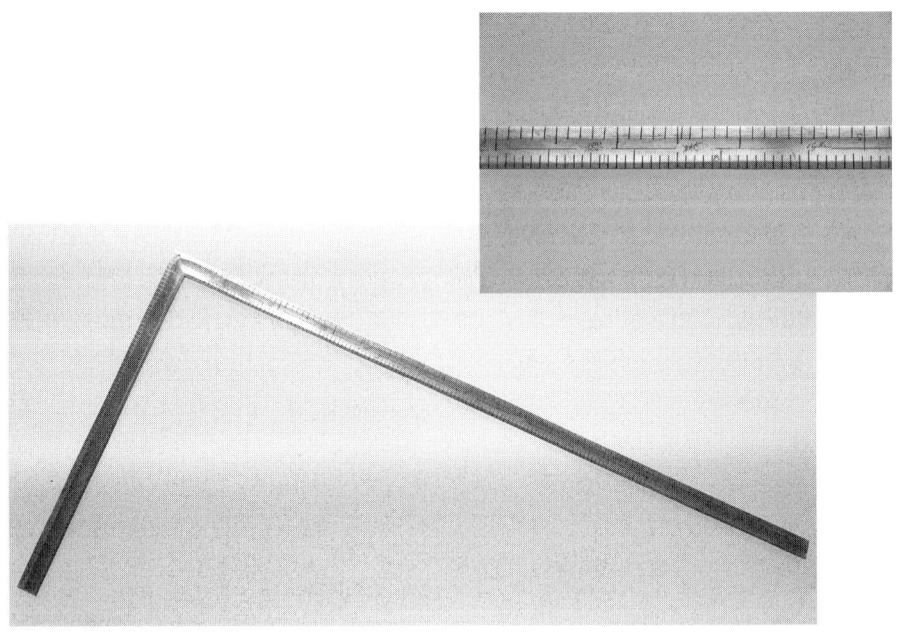

サシガネ　裏目・特殊目盛

第2章　近世城下町の設計技法に関する仮説

2.1　小倉城下町の町割にみる35間モデュールと視軸

　本節では、近世城下町の設計技法に関する仮説の設定に結びついた重要な課題、「35間モデュール」の疑問と「視軸」が関与したことの発見について述べ、本書の仮説に至る過程を記す。

2.1.1　小倉城下町の建設と構成

　高橋鑑種（あきたね）が小倉城主として入城［永禄13（1570）年］以後、毛利勝信の時代［天正15（1587）年〜慶長5（1600）年］まで、およそ30年間は小規模ながらも紫川河口に位置する城を中心とした町場が形成されていた。
　慶長5年、関ヶ原の軍功により、細川忠興（ただおき）が豊前（ぶぜん）国と豊後（ぶんご）国の国東（くにさき）、速見の両郡を領地として約40万石を与えられ、同年12月に中津城に入った。
　細川忠興による小倉城の建設は、慶長7（1602）年1月鍬入れ、同11月小倉城普請（ふしん）成就、同月入城となったが、城郭の全容が整ったのはおよそ5年後のことであった。さらに城下町の建設は細川氏小倉在城30年の間にも完成しなかった[1]〜[3]。
　細川忠興が建設した城下町は、紫川河口に臨む左岸の洪積台地、標高10mに本丸、松の丸、北の丸の第1郭を、その北側の第2郭に5軒の家老屋敷を置く二の丸を、その南西一帯の第3郭に重臣たちの三の丸を構え内郭を形成した。その外側には外郭が形成され、三の丸南側一帯に中級・下級武家屋敷を配した。以上の武家屋敷地は長方形街区で町割された。そして、二の丸北側および三の丸西側には町人町が配置されたのである。紫川の西側に位置したのでこの部分を西曲輪（くるわ）と称した。一方、紫川右岸の沖積平野の低湿地に新開の東曲輪が構築され、主に町人町を配置し、碁盤状に町割された。さらに西曲輪の西側海岸線に帯状の帯曲輪が形成されており、以上3つの曲輪による総構え（そうがまえ）の構成であった。

第2章　近世城下町の設計技法に関する仮説

　外郭を古くは総構え[*1]と呼んだが、小倉城下町のように町人町までも総郭に囲まれた城下町は総郭型といい、比較的に小藩に多く、大藩では鳥取城下町や高知城下町を挙げられるものの、藩政期遅くまで総郭に執念をみせたケースは珍しい。鳥取城下町や高知城下町は洪水の襲来への備えであったが、小倉城下町は敵軍か、洪水か、それとも城下町規模が大きかったためか、興味深い。

　身分制度と住み分けについてみると、本丸大手門から反時計回りの渦巻状に家格・身分が下がる構成になっていた。江戸城下町の時計回りの渦巻状構成と向きこそ相違するものの、大手に近いほど家格が高いという配置の原則に従った渦郭式の構成であった（図2.1.1）。

　地形と身分との関係では、本丸、なかでも天守が最も高く、本丸、二の丸、三の

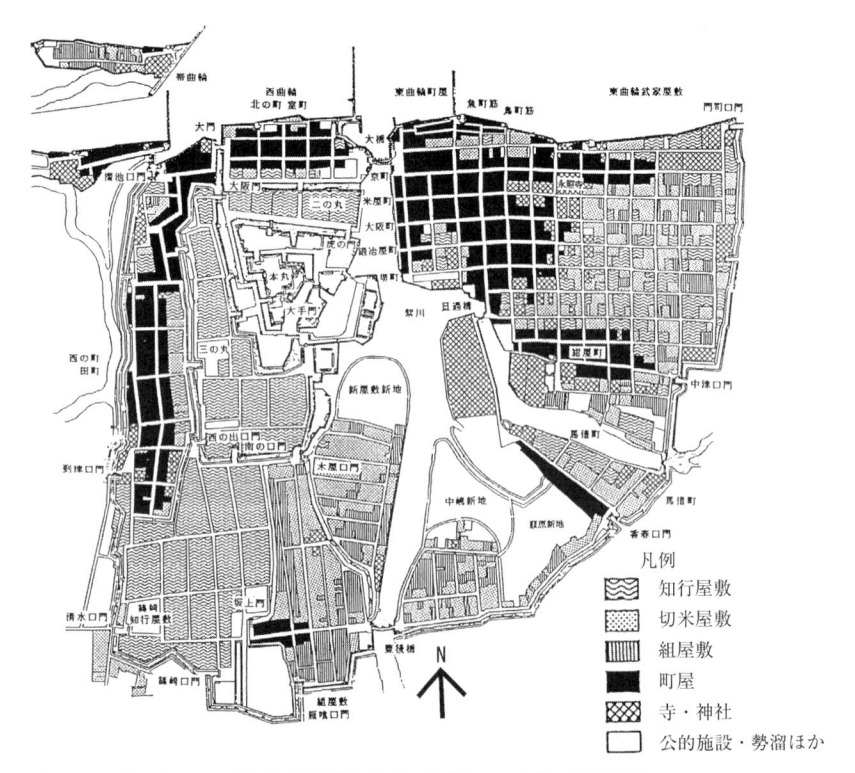

図 2.1.1　幕末期・小倉城下町屋敷配置（資料：幕末期・小倉藩士屋敷絵図）

[*1]　近世の城下町において曲輪が幾重にも巡らされている場合、最も外側にある曲輪を総構えという。

丸と続き、高台の上級武士、新開地の下級武士、谷間・低湿地の町人という配置の原則に従っており、江戸などと類似の構成であった。

当時の主要な交通は水運であった。忠興は紫川の河口を利用して、さらに110間にも及ぶ波戸(はと)を設けて港を築いた。常盤橋(大橋)を中心とした河口一帯は港の機能が充実していた。忠興がこのように港の整備に情熱を注ぎ続けたのは、小倉が関門海峡に面した要衝の地であったことと、南蛮(なんばん)や大陸との貿易に着眼してのことであった。また、紫川河口の常盤橋一帯は、長崎街道、中津街道、香春(かわら)街道、福岡街道、門司往還の5街道の起点として宿駅(しゅくえき)の機能をも併せ持つことになった。常盤橋周辺は人と物が集散して商業が特に振興し、各街道に沿って商家が建ち並び町人町が形成された。中津街道や香春街道が通った魚(うお)町、長崎街道に沿った室(むろ)町や立(たて)町、門司往還に沿った京町など通行の多い街道筋に商家が建ち並びにぎわった。

2.1.2 東曲輪碁盤型街区の内法寸法31間余の疑問

小倉城下町の東曲輪の町割は京都を範としたといわれ、碁盤型に街路が計画された跡を現在も明確にみてとれる。この碁盤型街区の内法(うちのり)寸法を「藩政時代小倉市内図」*2 に記載された各屋敷寸法より算出し、**表2.1.1**に示した。この碁盤型街区の

表 2.1.1 小倉城下町東曲輪の碁盤型街区の内法寸法

		基礎統計				ランク別構成比（％）									
		N	MAX	MIN	MEAN	S.D	10〜	20〜	30〜	40〜	50〜	60〜	70〜	80〜	90〜	100〜
知行屋敷	N	16	53	28	38.2	6.35			75.0	6.3	12.5					
	S	16	50	33	38.0	5.75			81.3	12.5	6.3					
	E	16	88	50	62.5	9.40					31.3	56.3	6.3	6.3		
	W	16	81	45	62.5	8.87				6.3	18.8	62.5	6.3	6.3		
組屋敷	N	6	20	17	18.2	0.97	100.0									
	S	6	20	18	18.3	0.88	83.3	16.7								
	E	6	93	58	80.4	13.3					16.7	0.0	33.4	16.7	33.3	
	W	6	90	45	73.1	17.3				16.7	0.0	16.7	33.3	16.7	16.7	
							27〜	28〜	29〜	30〜	31〜	32〜	33〜	34〜	35〜	36〜
東曲輪碁盤地区	N	50	35	28	31.5	1.27		2.0	2.0	38.0	24.0	22.0	6.0	6.0		
	S	50	34	28	31.2	1.23	2.0	2.0	2.0	32.0	40.0	12.0	8.0	2.0		
	E	50	37	28	31.2	1.52		6.0		36.0	24.0	16.0	10.0	0.0	0.0	2.0
	W	50	35	27	31.5	1.69		2.0	8.0	26.0	32.0	12.0	8.0	4.0	6.0	

N、S、E、Wは各方位の街区寸法。MAX、MIN、MEAN各ランクの単位は間。1間＝6尺5寸。

---

*2 「藩政時代小倉市内図」は、北九州市歴史博物館に所蔵されているもので、同図には「明治四歳辛、未仲秋調、市内図面二枚ノ内ノ一、大年寄小林安左衛門、安部清右衛門と記す」とある。この絵図は、町屋部分の表(間口)、入(奥行)の寸法、屋号、名前が記載された精緻なものである。

寸法は30～33間未満に約8割が分布し、その平均は各方向とも31.2～31.5間であった。

平安京や江戸のほか、多くの城下町の碁盤型街区は内法寸法を約60間としているのに対し、小倉城下町は約半分のモジュールであり、管見では我が国の近世城下町のなかでも最小のモジュールであろう。この31間余の街区内法寸法が小倉城下町の特徴といえる。細川忠興は、小倉城下町の町割において内法寸法31間余という端数を持った寸法をなぜ城下町設計のモジュールとして使ったのであろうか。この点が疑問であり、興味深いところである。

2.1.3 掘割にみる視軸の技法

城郭と城下町を取り囲む堀は第1郭から第4郭まで複雑な形態をしていた。この堀の形態はどのような設計・計画の手法を用いて建設された結果なのであろうか。

この疑問に対し、掘割線を両側に延長してみることから考察を始めた。各々の堀の延長線は、天守からみて城下外の近い山の山頂（A～J）ならびに城下内の主要な門・櫓・社寺などの設計ポイント（a～z、α～γ）を指向し、見通していたことが図2.1.2にみてとれる[4]。

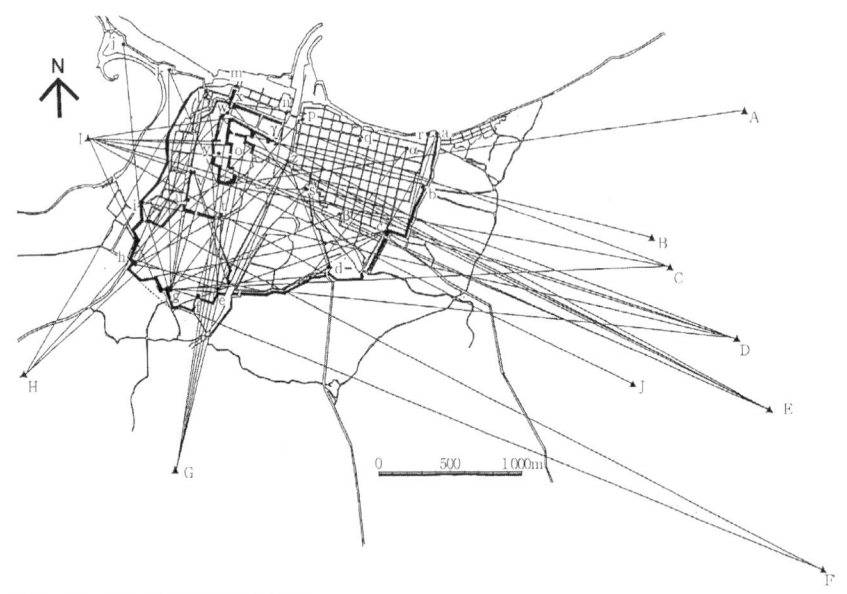

図 2.1.2 小倉城下町の掘割と視軸
直線は堀の延長線。A～Jは城下外の設計ポイント。a～z、α～γは城下内の設計ポイント。

2.1 小倉城下町の町割にみる35間モデュールと視軸

この見通しの技術のことを「視軸」あるいは「ヴィスタ」という。

「視軸」は**第1章**の脚注で定義したように、天守や門・櫓(やぐら)などの施設(中心)が測量におけるアリダードのように見通して3点以上が直線上にあることをいう。一方、「ヴィスタ」とは、まっすぐな街路や水路があって、その突き当たりにアイストップが置かれている形式を一般的にいう。こういうヴィスタを構成するようにアイストップに天守や主要な櫓を置く計画意図があり、それにより街路や掘割が方向づけされたという見方がある。

桐敷真次郎氏は徳川家康の城下町、江戸や駿府(すんぷ)を対象として、江戸では富士山や筑波山あるいは天守などへのヴィスタによって景観が形成されたとしている[5)〜6)]。

続いて宮本雅明氏が桐敷氏の視点を引き継ぎ、対象を広げ、近世城下町の空間設計の手法として文献史料にみる「お見通し」に依拠して考察を進めた。宮本氏は主に城郭とりわけ天守や櫓と城下の主要街路との関係に絞り込み、城郭の主要部分を目標としたヴィスタ(見通し)に基づき設計されたその様態とその成立・変容の過程、その意味を考察している[7)〜9)]。

以上の先学の成果を踏まえて、線状の街路や掘割の見通しは「ヴィスタ」と呼び、点が3点以上一直線上にある見通しは、「視軸」と以後区分して呼称することにする。ところで、**図2.1.2**の設計ポイントはどういう手順で決ったかが疑問である。そこで、天守を基点に城下外の設計ポイントを結ぶ線を引いてみた。すると、天守・城下外の設計ポイント(A〜J)を結ぶ線上に城下内の主要な設計ポイント(a〜z、α〜γ)のいくつかがあることが確認できた(**図2.1.3**の第1順位)。次に第1順位で決定された設計ポイント間、または城下外の設計ポイントを結ぶ線上に第2順位の設計ポイントが決定された。これを繰り返せば、第3、第4、第5順位の設計ポイントが次々にそれぞれの視軸線上に決定できたのである。

凡例

城下外の設計ポイント		
A	山頂 海抜	72.0m
B	山頂	99.5m
C	富野堡類	100.0m
D	山頂	364.0m
E	山頂	444.7m
F	足立山・霧岳	597.7m
G	篠崎神社	50.0m
H	清水山	56.0m
I	愛宕山	30.0m
J	福聚寺	

城下内の設計ポイント			
a	門司口門	p	東橋寺
b	富野口門	q	永照寺
c	中津口門	r	光清寺
d	香春口門	s	旦過橋
e	土塁屈折部	t	木屋口門
f	雁喰口門	u	南ノ出口門
g	篠崎口門	v	小姓町口門
h	清水口門	w	桜町口門
i	到津口門	x	大坂門
j	平松口門	y	松ノ門
k	祇園社	z	室町4丁目土手
l	溜池口門	α	峯高寺
m	大門	β	安全寺
n	三ツ門西橋本	γ	虎ノ門
o	天守		

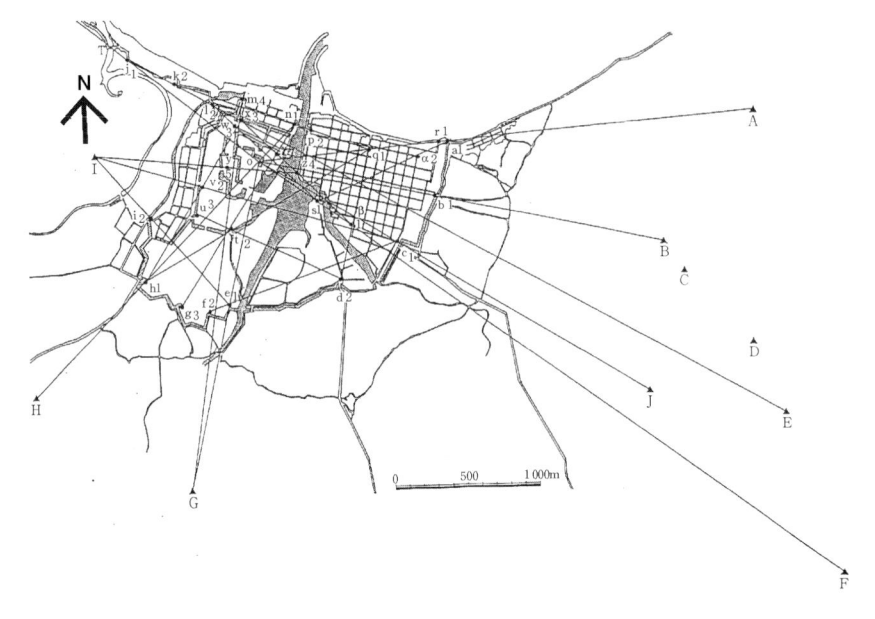

第2章　近世城下町の設計技法に関する仮説

凡例
1．第1順位(天守と城下外の設計ポイントを結ぶ線上)
2．第2順位(第1順位で決定した設計ポイント間、または城下外の設計ポイントを結ぶ線上)
3．第3順位(第1～2順位で決定した設計ポイント間、または城下外の設計ポイントを結ぶ線上)
4．第4順位(第1～3順位で決定した設計ポイント間、または城下外の設計ポイントを結ぶ線上)
5．第5順位(第1～4順位で決定した設計ポイント間、または城下外の設計ポイントを結ぶ線上)
図 2.1.3　設計ポイント決定順位と視軸

　以上の結果は、掘割の延長線の交点である城下内外の設計ポイントが天守を基点とした視軸の技法によって、その位置が決定されたことを意味し、視軸による都市設計の技法が存在したことを裏づけるものといえよう。

2.1.4　城下町の設計にみる35間モデュール

　前項にみたように、掘割の設計計画に視軸の技法が関与したことが分かった。この視軸が2本以上あって、視軸がクロスする場合は求める設計ポイントの位置は特定できる。しかし、通常の場合、1本の視軸だけでは、設計ポイントつまり施設位置は特定できない。この疑問に対して設計のモデュールとして何らかの数値・数列が使われていたのではと仮説をおいて考察した。

　城下内のすべての設計ポイントは、天守を中心にした35間の整数倍の同心円上

2.1 小倉城下町の町割にみる35間モデュールと視軸

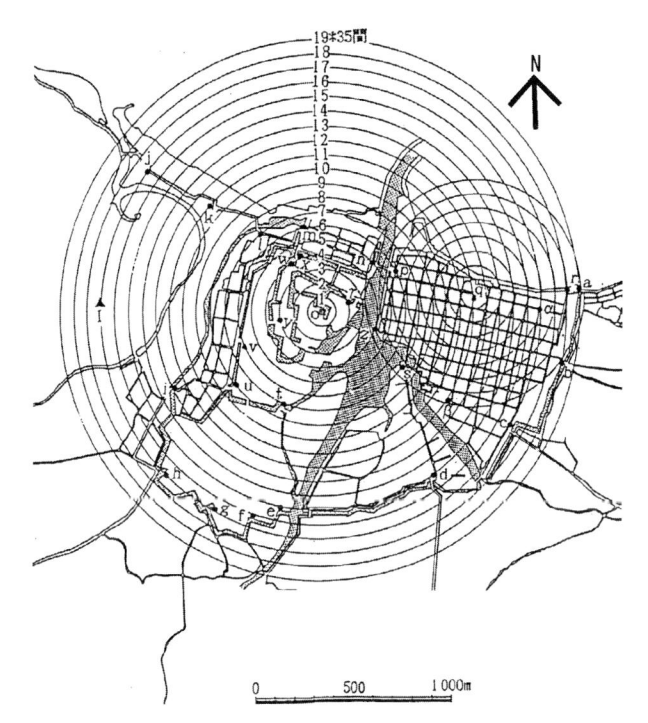

図 2.1.4 モデュール・設計ポイントと35間
天守(o)を中心とした35間の整数倍の同心円上に城下内の設計ポイントが位置する。永照寺(q)を中心とした35間の整数倍の同心円に基盤型街区の街路が接する。

に重なることが確認でき、この事実は35間モデュールを町割の基礎数値・数列として使ったことを現在に伝えるものと考えられる(**図2.1.4**)。

2.1.5 東曲輪の碁盤型街区における設計モデュール

東曲輪の碁盤型街区において、街区内法寸法が31間余であったことは、前項の35間モデュールとどのように対応していたのかについて次に考えてみよう。

地図資料[*3]の図上で、東西方向の街路は街路幅員の北側境界線を、南北方向の街路は西側をそれぞれトレースすると**図2.1.5**のようになる。

[*3]「小倉陸地測量部地図」1/10 000、陸地測量部、明治31(1898)年測図、同32(1899)年発行。
「国土基本図」1/2 500、国土地理院、昭和37(1962)年測量、昭和45(1970)年修正。

第2章　近世城下町の設計技法に関する仮説

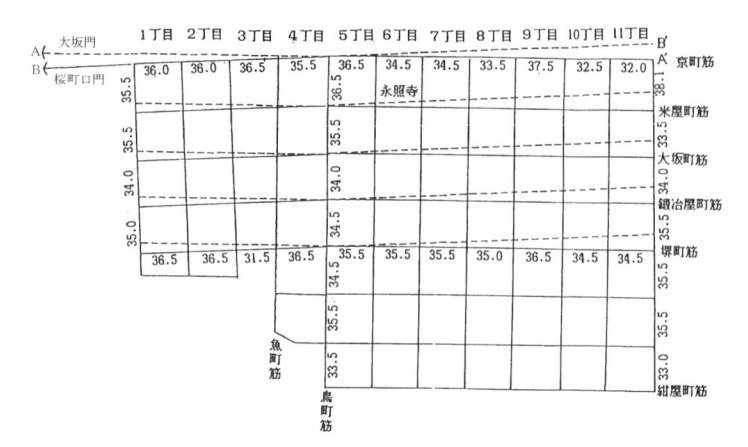

図 2.1.5　小倉城下町・碁盤型街区の町割軸と寸法
図中の数値は街区寸法で単位は間。1間＝6尺5寸。

　東西方向の街路は鳥町筋で折り曲げられており、2本の直線（A-A'とB-B'）を鳥町筋でクロスさせた手法で遠見遮断の防御的意図がみてとれる。なかでも旧街道でもあった京町筋において、この2本の直線を延長させると、A-A'は大坂門を、B-B'は桜町口門をそれぞれ指向し、見通し（ヴィスタ）の技法によって京町筋を設定したと読みとれる。京町筋より南側の各町筋は京町筋に平行に通っており、旧街道筋でもあった京町筋は縦町筋（東西方向）の街路線引きの基軸であったと推定できる。

　横町筋（南北方向）の各街路は京町筋に直交させており、魚町より東側の各筋はA-A'に、魚町より西側の2筋はB-B'に直交させて町割したことが図にみてとれる。

　次に図上で各街区基線間の寸法を測定し、その平均値を求めると、東西方向35.1間（69.1m）、南北方向35.0間（68.9m）となり、街区の芯々寸法35間モジュールで町割したことが分かった（**図2.1.5**）。

　街区内法寸法31間余（**2.1.2参照**）という端数は、35間モジュールで街区割の基線を引き（芯々寸法に対応）、街路を3～4間で配した結果と推定できる。

　小倉城下町の碁盤型街区は、これまで30間の町割といわれていたが、実は街区芯々寸法35間モジュールによる町割であり、31間余の端数を持った内法寸法で線引きした結果であるといえる[4]。

2.1.6　まとめ

　小倉城下町の掘割の形態と町割についての考察から、近世城下町の設計技法に関する重要な課題と仮説設定にかかわる発見があった。複雑な形態をした掘割の考察から、次の3点が明らかになった。
① 天守を基点として山当て(視軸)によって、掘割を決めた設計ポイント(門、櫓など)が決まったこと。
② 天守から周辺の山の頂および城下内の設計ポイントを結ぶ視軸をガイドラインとして掘割が決められたこと。
③ 城下内の設計ポイントは天守から35間モデュールの同心円上にあったこと。
　さらに、小倉城下町の東曲輪の碁盤型街区における設計寸法の考察から次の2点が明らかになった。
① 碁盤型街区の芯々寸法は35間であったこと。
② 芯々寸法35間で設計された碁盤型街区は、街路を3～4間で通した結果として、街区の内法寸法は31間余の町割であったこと。
　以上の結果から、城下町設計の技法として仮説の設定に結びつく重要な次の着想が浮かんだのである。
① 城郭の中心である天守位置がまず決まったのではないか。
② 次に天守を基点にして、門、櫓、社寺などの施設の配置が「視軸」を使って決まったのではないか。
③ 天守、門、櫓、社寺などの施設ならびに周辺の山頂を見通す「ヴィスタ」に従い掘割や街路の線引きをしたのではないか。
④ 小倉城下町の場合35間モデュールを基本的な寸法系列として使用したが、この35間モデュールは60間系モデュールではないか。
⑤ 街路や掘割のように線形の場合は「ヴィスタ」と呼び、門、櫓、社寺などの施設はその中心をとり、この場合は点であるから「視軸」と定義して区分して扱うことにした。街路や堀の設計に「ヴィスタ」が使われたのではないか。

第2章　近世城下町の設計技法に関する仮説

〈参考文献〉

1) 北九州市教育委員会文化課『小倉城 小倉城調査報告書』北九州市の文化を守る会、1977.3
2) 小林安司「小倉城下町の構造」小倉郷土会『小倉郷土史学』第4巻 第11冊、1965.11
3) 米津三郎『わが町の歴史・小倉』文一総合出版、1981.7
4) 髙見敞志『城下町小倉の町割、小倉城下町調査報告書』北九州市、1997.3
5) 桐敷真次郎「天正・慶長・寛永期江戸市街地建設における景観設計」東京都立大学都市研究報告 第24、1971
6) 桐敷真次郎「慶長・寛永期駿府における都市景観設計および江戸計画との関連」東京都立大学都市研究報告 第28、1972
7) 宮本雅明「近世初期城下町のヴィスタに基づく都市設計—その実態と意味」建築史学 第4号、1985.3
8) 宮本雅明「近世初期城下町のヴィスタに基づく都市設計—諸類型とその変容」建築史学 第6号、1986.3
9) 宮本雅明『都市空間の近世史研究』中央公論美術出版、2005.2

小倉藩主下屋敷より天守を望む

2.2　中津城下町における設計技法の発見

　小倉城下町の町割に関する「35間モジュールがなぜ小倉で使用されたか」の質問に対して、平城京や平安京の40丈(60間)や江戸城下町や駿府(すんぷ)城下町、広島城下町、熊本城下町など多くは60間モジュールが基本サイズであったことから、「60間から派生するモジュールであろう」と講演会の質疑においてこう答えた。

　それ以後、「小倉城下町でなぜ35間モジュールが使用されたか」の疑問を考える過程で、萩城下町を予備的に考察したところ、85間[1]が基本的なサイズとして使われていたことを知った。そして大坂城下町は42.4間[2]であったことも知り、これらを併せて考えた。つまり、小倉城下町35間、大坂城下町42.4間、平安京60間、萩城下町85間の寸法系列は何に依拠してのことであろうかと考えた。

　ある時、城郭や城下町を設計・施工した道具、なかでも曲尺(かねじゃく)が設計絵図の作成に使われ、この曲尺が関与していたのではないかと考え、曲尺の表目と裏目が$1:\sqrt{2}$の関係であったことに気づいた。こうして**1.2**の図**1.2.1**、図**1.2.2**のA型・B型・C型の3種のα三角形60間モジュールが直ちに描けた。このようにして小倉城下町、萩城下町、大坂城下町の基本寸法の疑問を解く手がかりを発見したのであった。詳しくは**3.2**で述べる。

　次に、このα三角形60間モジュールを黒田官兵衛孝高(よしたか)が築いた中津城下町に当てはめて予備的に考察した。この予備的検証作業を通して、本書の主テーマである近世城下町の設計原理にかかわる重要な発見があった。その建設過程からα三角形60間モジュールと梲軸などを当てはめた結果を次に示す[3]。

2.2.1　中津城下町の建設

　天正15(1587)年、黒田孝高が豊臣秀吉から豊前(ぶぜん)6郡をあたえられて入封(にゅうほう)後、山国川に面する丸山の地を求菩提山(くぼてさん)の僧玄海法印(げんかいほういん)[8),11)]*1をして適地と相(み)て縄張して、翌16(1588)年正月に玄海法印が地鎮祭(じちんさい)を執行し、築城工事を開始した。孝高は雄大な城郭を構築したいと意欲を燃やしたが、各地を転戦の後、慶長5(1600)年に筑前(ちくぜん)に転封されたために実現しなかった。当時の中津城は「かきあげばかりにて土手に松など植えられていた」[8),9)]というだけに規模は小さく、またその縄張の詳細は

＊1　求菩提山僧玄海法印：天正16(1588)年「大仏師玄海法印中津城地鎮執行」(菩提山修験文化考)。

定かではない。

　慶長5年12月、関ヶ原の軍功により細川忠興は約40万石を領して中津に入り、小倉城を構築後、同7(1602)年小倉に移り、嫡子忠利を中津に置いた。同9(1604)年、忠興は剃髪して三斎と号し、小倉城を忠利に譲って自ら6万石を以って中津に隠居した。これを機に中津城の規模が偏少で造営の簡素な構成を憂い、拡張再整備に取りかかり、慶長12(1607)年9月に城郭は一応竣工した。

　黒田孝高が構築の本丸と二の丸の間の堀を埋め、一体にして本丸とし、天守台をも総地形ほどに取り壊し、土塁を改め石垣とし、さらに櫓楼を要所に起し、新たに三の丸を造り、町割を制定して城下町を包囲する外郭を築造した[8]。

2.2.2　城郭の位置決定法（広域）

　黒田孝高が中津城を縄張するにあたり、どのような方法で丸山の地に本丸の中心施設である主櫓の位置を決めたか、また細川忠興が再整備にあたり、黒田の城郭をどのように読みとり、どう活かしたかは興味深い。

　古くは藤原京の経始において信仰する霊峰や神社を見通してその位置を神聖視し、その山岳や神社を目標にして見通す位置に中心施設を配置したことが知られる[10]。まず広域の関係より考察した。中津には天守はなかったとされるが、中津城現模擬天守の位置には、黒田時代の「豊前中津城絵図」にも、細川時代以後の各種絵図[*2]にも二重櫓が描かれており、主櫓があった。

　この現模擬天守より見て冬至の旭日（約E28°S）[*3]は全国40 600余の八幡宮の総本社・宇佐神宮（約169町、10 140間：1間＝6尺5寸）より昇る（図2.2.1）。冬至崇拝と八幡信仰が重なって、その冬至の旭日を拝しうる位置に主櫓を置いたと考えられる。この冬至の旭日の方位は古くより辰巳信仰として生産霊が坐すと信じた。これを逆に延長した方位には、菅原道真が九州に上陸した地といわれる古社・綱敷天満宮（約106町、6 360間）が坐す。この位置は夏至の落日（約W28°N）の方位にあたる。この方位は穀霊神信仰、また、祖霊・地霊が坐すとして戌亥信仰が盛んであ

---

*2　参照絵図：天正15(1587)年「豊前中津城絵図」臼杵図書館所蔵。
　　寛文3(1663)年「中津総曲輪絵図」庄貞一氏所蔵。
　　天保7(1836)～弘化2(1849)年「中津城下絵図」歴史民俗資料館所蔵。
　　慶応2(1866)年「中津藩士屋敷割之図」[8),9)]。

*3　中津の冬至と夏至の旭日・落日の方位：$\sin A' = \sec \phi \sin \delta$（$A'$：東を基準にした角度、$\phi$：緯度、$\delta$：太陽の赤緯）。中津は北緯33°36′12″、赤緯(12/22) 23°26′29″、(6/22) 23°26′30″であるから28.5°である。また理科年表により比例配分で求めると27.9°となる。以上より約28°とした。

2.2 中津城下町における設計技法の発見

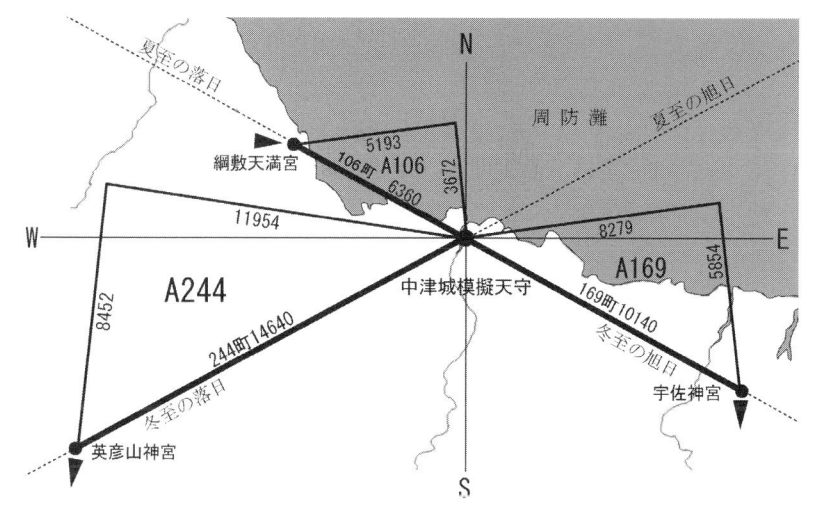

図 2.2.1 中津城主櫓の位置(1)広域の関係(単位：間、1間＝6尺5寸)

ったことから、宇佐神宮―綱敷天満宮軸は祥瑞思想に基づく巽乾軸といえる。また、この巽乾軸は宇佐神宮―現模擬天守―綱敷天満宮を一直線に見通す「視軸」の構成でもあった。一方、冬至の落日の方位には、北部九州の修験の山・英彦山があり、英彦山神宮(約244町、14640間)に太陽が沈む。さらに、この方位には藩主の祈祷所で修験の山・求菩提山があり、また奥平氏の菩提寺・自性寺[*4]を後世に置くことになった。この冬至の落日の方位は裏鬼門軸と考えられる。

以上の考察から、冬至と夏至の旭日と落日の祥瑞ラインと鬼門・裏鬼門ラインのクロスする位置に主櫓(現模擬天守)を配したことが分かった。これは城郭の主櫓配置の絶対的要因と考えられる。さらにはこの2つ軸線は「視軸」と「α三角形60間モデュール」が符合するという見事な配置技法であった。

2.2.3 城郭の位置決定法（城下町周辺）

本城下町建設以前から地域の信仰を集めていた古社として、薦八幡宮[*5](B26型、

[*4] 自性寺：禅宗臨済宗妙心寺末寺。釈迦如来が本尊。奥平氏の菩提所として享保2(1717)年転封の際中津に移れるなり(下毛郡誌)。
[*5] 薦八幡宮：大貞八幡宮とも称され、霊池である三角(御澄)池を内宮、社殿を外宮と仰ぐ由緒正しい八幡の古社である。社殿は欽明天皇承知年中(834～848年)に建立と伝えられ、古くより三角池に自生の真薦で作った枕形の薦枕の御験(神を表すもの)が神輿に乗せられた。また、薦枕の御験は6年毎に作り替られ宇佐八幡宮本殿に収められる[9)]。

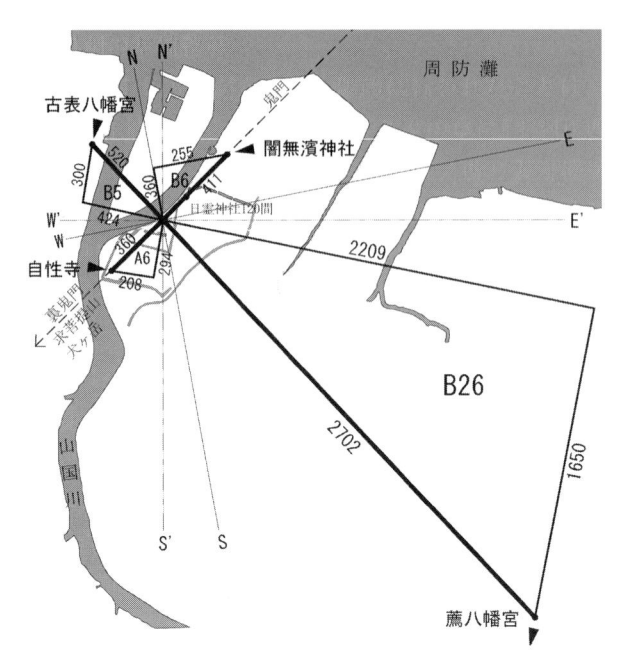

第2章　近世城下町の設計技法に関する仮説

図 2.2.2　中津城主櫓の位置(2)城下町周辺の関係
N、S、E、Wは真方位、N'、S'、E'、W'は11°右回転した見立て方位
1/2500で計測、1/10000で作図。単位：間、1間＝6尺5寸。

2702間）と古表八幡宮[*6]（B5型、520間）を挙げうる（図2.2.2）。この両社の神殿の中心を結ぶと、現模擬天守を通ることがみてとれる。ここで真方位(N、S、W、E)を11°時計回りに回転した見立て方位(N'、S'、W'、E')でみると、薦八幡宮—古表八幡宮軸はN'S'軸と45°の関係にあり、巽乾軸となっている。このようにみなした根拠は鬼門・裏鬼門軸と併せて考えれば明らかである。つまり、巽乾軸に直交して鬼門・裏鬼門軸が設定されており、この見立て鬼門軸には細川忠興が中津城修築の時、鬼門除けに日霊神社本殿[*7]（A2型、120間）を現模擬天守に向けて創建し、さらにその先には黒田孝高以前よりあった闇無濱神社本殿[*8]（B6型、411間）を視軸（一直線上）の構成に配置している。この両社を鬼門の守護神としたと考える。

逆に裏鬼門の方位には奥平氏の菩提寺・自性寺本堂（A6型、360間）が享保2

[*6]　古表八幡宮：高浜にあり、古事記伝、欽明天皇6年に宮を造れる由[9]。
[*7]　日霊神社：北門通りに鎮座。天照大神を祀る。
[*8]　闇無濱神社：崇神天皇の御代豊日別国御魂神を鎮座する古社で、摂社に八坂があり、隣接して恵比須神社がある[8),9)]。

18

(1717)年の転封の際に置かれた。この裏鬼門軸を延長すると修験の霊山・求菩提山主峰犬ヶ岳[*9]に向かい、意図的に視軸(山当て)の構図に仕立て上げたと考える。

さらに、主櫓位置決定に関して寸法から考察すると、曲尺の表目と裏目でつくるα三角形60間モジュールと対応づけて構成されており、かつ、それぞれの古社古刹の本殿の向きとα三角形の辺の向きをも一致させて構成したことも特筆できる。

以上より、巽と乾の薦八幡宮と古表八幡宮を結ぶ祥瑞ラインと鬼門の闇無濱神社と裏鬼門の霊峰求菩提山犬ヶ岳の鬼門・裏鬼門ラインがクロスする位置に主櫓は配されている。この2つの視軸のクロスする位置に主櫓(模擬天守)を配するという手法は、当時の我が国の陰陽五行思想を基底に置き、その思想を反映した構成であった。これに加えて、神聖なα三角形60間モジュールをも重ねて城郭の主櫓位置を相して決定しようとするものであった。黒田孝高が求菩提山の僧玄海法印をして宅を相て縄張し、地鎮祭を執り行ったことはこれらを裏打ちしている。

また、黒田孝高が中津城の建設以前から存在した古社薦八幡宮―古表八幡宮を巽乾軸とみなし、これに直交する軸を鬼門・裏鬼門軸とみなして、鬼門守護として黒田孝高がそれ以前からあった闇無濱神社を、細川忠興がこの軸上に日霊神社を配置して整備した。また、裏鬼門には犬ヶ岳と天守を結ぶ軸線上に奥平氏の菩提寺自性寺を後世に置き、裏鬼門を守護する構成とした。

以上、直交する巽乾軸に孝高は特に崇敬の厚い両八幡宮を、鬼門・裏鬼門軸には崇敬の犬ヶ岳と闇無濱神社の構成とした。そして細川氏と奥平氏がこの構成を後世に読みとって日霊神社と菩提寺自性寺をこの軸上に配して、直交する視軸とα三角形60間モジュールの技法を重ね合わせてこの構成理念を強化したとみられる。

このように主櫓(天守)の位置決めに視軸のクロスとα三角形60間モジュールにより構成しようとする技法を用いた論拠ならびにその意味するものはどこにあるのであろうか。この課題については**第3章**で考察することにするが、以上のような天守の位置に関する重要な発見があった。

2.2.4 城郭・城下町の主要施設の配置法

このように、主櫓(天守)位置が決められたとして、次に城郭の中心的施設・天守を基点に、そのほか門、櫓、番所や社寺などの主要施設の配置はどのように決定し

[*9] 求菩提山主峰犬ヶ岳:求菩提山の四至(浄利結界)は広く、犬ヶ岳、求菩提山、読経岳、国見山、鉾立山の山々であり、なかでも犬ヶ岳はその王峰で、山の神、鬼と結びつき、神聖化されているのは求菩提山よりも犬ヶ岳である[11]。

第2章　近世城下町の設計技法に関する仮説

たのであろうか。主要施設として各種絵図に記載された警備上重要な櫓、門、番所、精神的よりどころとしての古社古刹を取り上げ、視軸の関係を考察した。

ここではとりあえず城郭内にあるすべての門と櫓、外郭周りの木戸門、橋、古社古刹（10社2寺）、高札場(札の辻)を主要施設として取り上げ、視軸の関係があるものを線で結んで示した（**図2.2.3**）。

これだけ多くの視軸の関係が見いだせただけに、縄張の主要な手法であったと推定しえよう。だからといって、これらすべての視軸が使われたとみなすことにはなるまい。とはいえ天守位置がまず決まり、この天守を基点に視軸を用いて、主要施設が配置設計されたのではと仮説を置くことができよう。より詳細な施設決定の手順やそのように視軸が利用されたであろう意味については**第3章**で考察することにする。

次にα三角形より導き出された60間モデュールとの関係を11倍モデュールまでを当てはめ検証した。城郭・城下町の主要施設は相互にC型α三角形60間モデュールで構成していたことが明らかになった[3]。

以上より中津城下町では、視軸にC型α三角形60間モデュールの寸法系列を合

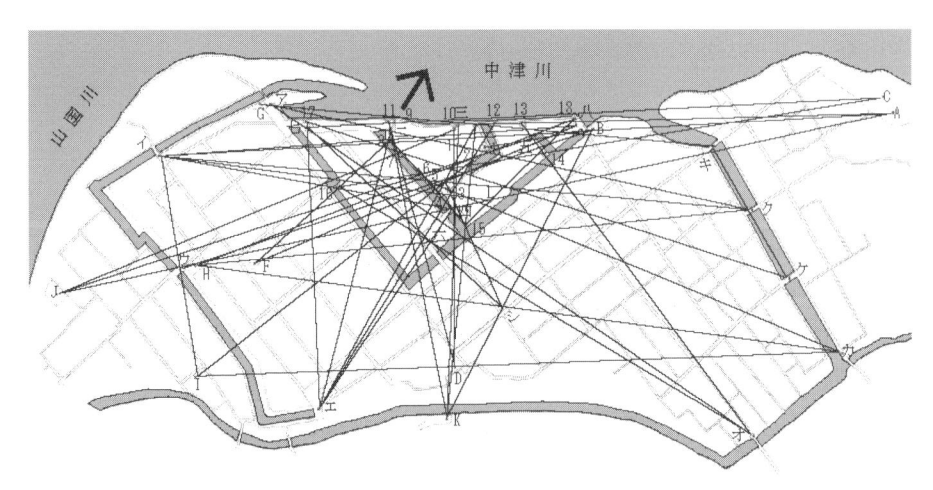

凡例
1 二重櫓、2 二重櫓、3 平櫓、4 二重櫓、5 平櫓、6 平櫓、7 二重櫓、8 平櫓、9 二重櫓、10 二重櫓、11 平櫓、12 平櫓、13 平櫓、14 二重櫓、15 平櫓、16 平櫓、17 平櫓、18 北櫓、1 上壇中心、一 椎木門、二 水門、三 鉄門、四 黒門、五 樫木門、六 大手門、七 西門、八 北門、ア 小倉口、イ 広津口、ウ 金谷口、エ 鳥田口、オ 蛎瀬口、カ 大塚口、キ 一番橋、ク 二番橋、ケ 三番橋、シ 高札場、A 闇無濱神社、B 日霊神社、C 恵比須社、D 魚町恵比須社、E 自性寺、F 諸町恵比須社、G 義氏社、H 六所宮、I 萱津八幡宮、J 貴船神社、K 嶋田神社、L 長福寺

図 2.2.3　視軸による主要施設配置

2.2 中津城下町における設計技法の発見

せた手法で主要施設を意図的に配置計画した可能性が高いといえる。

2.2.5 主要街路の設計技術

中津城下町の町割の骨格を決定づけた街路の線引きは、ヴィスタによって設計されたであろうことは、宮本雅明氏の研究やこれまでの考察から想像に難くない。

ここにヴィスタによる街路線引きとして明らかにしえなかった街路は、想定した以外の基点が存在したためと考える。それは城下町外の霊峰への山当てや古社古刹へのヴィスタの可能性である（図2.2.4）。

次に街路の線引きとα三角形との関係を考察した。中津城下町の絵図や復原図を見て直感的に思うのは、1：$\sqrt{2}$の長方形の北半分を山国川から分岐した中津川が削り取ったような形態をしている。これがまた中津城下町の平面形態の特徴でもあった。従前より、この形態はα三角形そのものではないかと考えていた（図2.2.5）。

UV：VR ＝ 424間：600間で1：$\sqrt{2}$の長方形の南半分のα三角形であった。△RVUは∠VRU ＝ α ≒ 35°26′のC10型α三角形であり、この△RVUの部分が、黒田孝高が設計の城下町部分と想定できる。

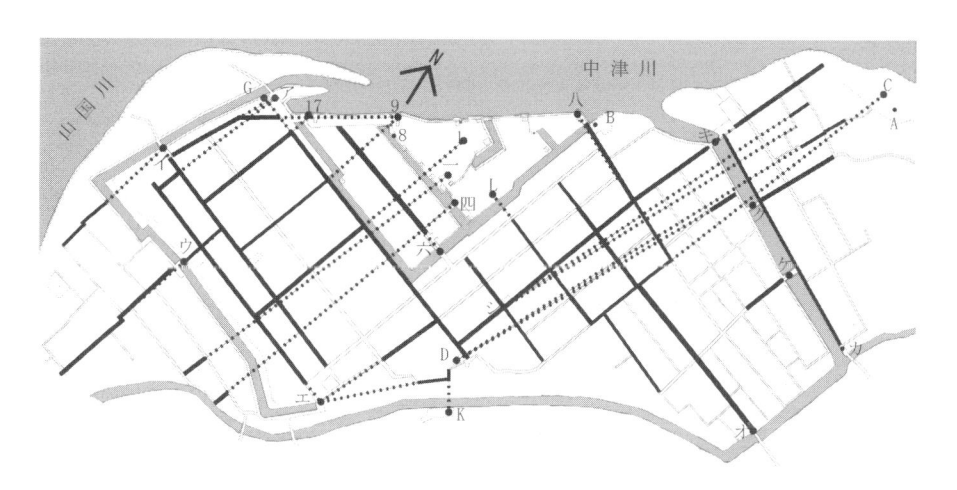

凡例
1本丸上壇中心、8平櫓、9二重櫓、17平櫓、一椎木門、四黒門、六大手門、ア小倉口、イ広津口、ウ金谷口、エ嶋田口、オ蛎瀬口、カ大塚口、キ一番橋、ク二番橋、ケ三番橋、A闇無濱神社、B日霊神社、C恵須社、D魚町恵比須神社、G義氏社

図 2.2.4　街路とヴィスタ

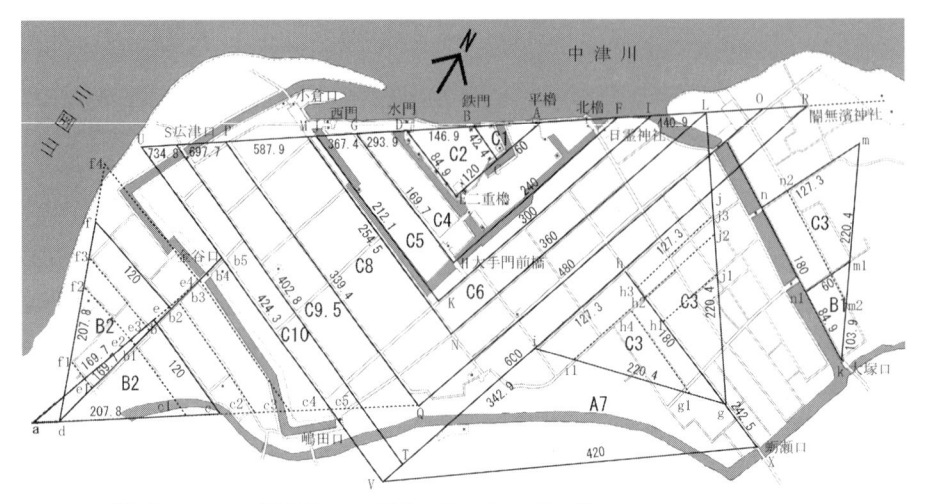

第2章　近世城下町の設計技法に関する仮説

図 2.2.5　街路とα三角形60間モジュール（単位：間、1間＝6尺5寸）

　△IKJもまたC5型α三角形であり、この部分が城郭の主要部を形成していた。

　また、△AEDは本丸の主要部を設計した基準線を決定しており、C6型よりC10型までのα三角形により城下町部分の横町が線引きされたとみなせる。また、縦町についても図が複雑になるため記入しなかったが、α三角形により線引きされたであろうことは容易に読みとれる。

　以上から、△RVUより内側は線分RUを基線にしてこのように曲尺をあてがい横町・縦町の街路の線引きをしたのではないかと推定できる。

　一方、細川忠興が拡張整備した部分では、金谷口より東側の町・郭外ではB2型α三角形を基準として町割されており、南半分は線分ab4と線分UVは点b4で直交する関係があった。北半分はこれとは一致せず約4.5°軸線db4を南にずらした計画であった。

　また、蛎瀬口周辺では線分XhはVRと直交し、C3型、A7型のα三角形を基本として街路が線引きされたと推定できる。さらに大塚口周辺の街路においてもB1型、C3型のα三角形と関連づけて設計されたとみられる。

　以上のように、黒田孝高が縄張したと考えられる部分はC型の1～10倍のα三角形60間モジュールであり、かつ線分URを基軸にして整然と横町の街路が線引きされていた。これに対し、細川忠興の縄張と考えられる城下町の拡張部分では、A型、B型、C型のα三角形が使用されており、設計の基準になった軸線も明らかに相違していたのである。

このことから、城郭・城下町の町割の骨格を決めた掘割や街路の線引きは、曲尺を使いα三角形60間モジュールを適用して設計した可能性がきわめて高いといえよう。とりわけ、黒田孝高が築城した部分に曲尺をあてた明快な痕跡を見いだすことができる。

2.2.6　まとめ

小倉城下町の町割に「35間モジュール」の使用の疑問を考察する過程で発見した曲尺の表目・裏目から導いたα三角形60間モジュールを中津城下町に当てはめ、予備的に考察した。

その結果、主として陰陽五行思想を基底において、その祥瑞の理念と関連した冬至・夏至の旭日・落日の方位を視軸に見通し、かつ藩主崇敬の古社古刹や地域の霊峰をも見通す視軸のクロスする位置に主櫓を配置するという手法であった。さらにこの視軸に加えてこれら古社古刹と主櫓との関係はα三角形60間モジュールを関連づけた配置でもあった。

また、城郭・城下町の主要施設は視軸にα三角形60間モジュールを重ねた技法で配置し、これらの施設を基点としたヴィスタで主要街路を線引きする町割であった。具体的な街路の線引き方法としては曲尺をそのままあてがったか、曲尺と関連深いα三角形を基線にあて60間モジュールで線引きした可能性が高いといえよう。

〈参考文献〉
1）髙見敞志、永田隆昌、松永達、九十九誠「萩城下町のヴィスタとモジュール」近世城下町の設計原理に関する研究 その4、日本建築学会九州支部研究報告 第39号、2000.3
2）玉置豊次郎『日本都市成立史』理工学社、1974.4
3）髙見敞志、永田隆昌、松永達、九十九誠「中津城下町の設計原理に関する研究」日本都市計画学会学術論文集 第37号、2002.11
4）宮本雅明「近世初期城下町のヴィスタに基づく都市設計─その実態と意味」建築史学 第4号、1985.3
5）宮本雅明「近世初期城下町のヴィスタに基づく都市設計─諸類型とその変容」建築史学 第6号、1986.3
6）瀬島明彦「近世城下町の都市設計的手法に関する研究─モジュールと軸線による空間構成について」第17回日本都市計画学会学術研究発表会論文集、1982.11
7）玉置伸悟「越前大野城下縄張における基本構想 近世城下町の都市設計手法に関する研究 その1～3」日本建築学会計画系論文集 第476号、1995
8）黒屋直房『中津藩史』碧雲荘、1940.11
9）中津市史刊行会『中津市史』中津市、1965.5
10）山田安彦『古代の方位信仰と地域計画』古今書院、1986.4
11）重松敏美『求菩提山修験文化考』豊前市教育委員会、1969

2.3 設計技術に関する仮説の設定

　前節までの小倉城下町と中津城下町における設計技術に関する予備的考察から、次の仮説の設定にかかわる知見を得た。小倉城下町の考察から、以下の4つの技術が城郭と城下町の設計に使われたことが分かった。
① 　城郭の中心である天守位置が最初に決まったと考えられること。
② 　次に天守を基点に門、櫓(やぐら)、社寺などの主要施設配置が視軸を用いて決まったとみられること。
③ 　その主要施設や周辺の山の山頂を見通すヴィスタを用いて掘割や街路は線引きされたと推定されること。
④ 　60間モジュール系が施設配置および町割に関与したと考えられること。
　続いて中津城下町の考察から、次の5つの城郭と城下町の設計にかかわる技術の発見があった。
① 　主櫓(模擬天守)は、冬至・夏至の旭日(きょくじつ)・落日ライン上に一ノ宮や修験の霊峰(れいほう)を置き、そのラインがクロスする位置に配置された。この旭日・落日ラインは視軸ならびにα三角形60も間モジュールが重層的に符合していたこと。
② 　城下町近隣の考察から、主櫓(模擬天守)の位置決めに古社古刹(こしゃこさつ)からの視軸のクロスとα三角形60間モジュールが重なって関連づけられていたこと。
③ 　天守位置が決まると、次に主要施設の配置が決められ、これに視軸が関連していたこと。
④ 　主要施設の配置が決まると、次にそれを基点にヴィスタを用いて街路の線引きをしたとみられること。
⑤ 　黒田孝高(よしたか)が縄張したと考えられる主要部では、横町の街路がα三角形60間モジュールと符合した見事な街路設計であったこと。
　以上の結果を得たが、本節では当時の築城の過程、設計の手順、その技術などについて、論理上の整合性を考察し、これらの設計技術と関連づけて仮説の設定に結びつけたいと考える。

2.3.1　築城の過程

　一般に築城は、地選、地取、経始(けいし)、普請(ふしん)、作事(さくじ)の5つの工程に分けられる。地選は城郭の位置選定、地取は地選とセットで少し狭い範囲の場所決め、経始は縄張の

ことで、絵図、砂図、木図を作ってプランを決め、普請（土木工事）、作事（建築工事）へと進められた。この工程の各段階で呪術がかかわり、とりわけ地選、地取、経始において特に深くかかわった。高松城の地選においては、安倍晴明の子孫の有政に吉図を占わせ、地祭をして城名をめでたい名に改めた[1),16)]。また、経始そのものに陰陽師、軍配者、軍師が関与し、地鎮祭を執り行ったことは、小和田哲男氏の『呪術と占星の戦国史』[3)]に詳しい。

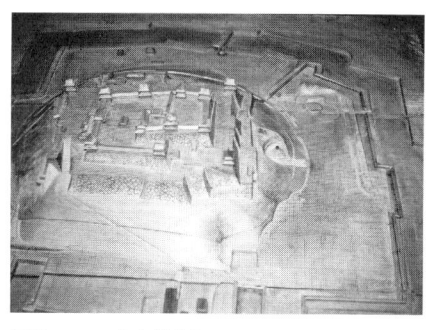

写真 2.3.1　丸亀城木図
(寛文10年作、丸亀市立資料館所蔵)

2.3.2　設計の手順

(1) 軍学・北条流兵法にみる設計図

軍学書のなかでも北条流兵法の『兵法雌鑑』、師鑑抄中、地利の巻第十に、「絵図・木図・土図を以、城取遠路をする事」に「えづ・木図・土図にて、城取遠路をするは、寸、町、分間の図を以、可仕なり。口伝」[7)]とある。それゆえに、絵図、木図、土図の3種の図を作って城取、城郭と城下町の設計を思慮し、寸町分間図という縮尺図に仕立て上げたとみえる(**写真2.3.1**)。『兵法雌鑑』の成立時期からこの縮尺図は寛永12(1635)年以前に存在したことを知ることができる。

また、北条流兵法の『兵法雄鑑』巻第十二、築城十には、「絵図木図土図の事、一分間六寸町の事」[7)]とあり、城郭と城下町の設計に寸町分間図、つまり1分が1間、6寸(60分)が1町の縮尺図を用いたことが分かる。

(2) 軍学者荻生徂徠の縄張過程

伊藤ていじ氏によれば軍学者として柳沢吉保に仕えた荻生徂徠の縄張の順序は次のようであったと記している[14)]。

「第一に縄張の大綱を決める。‥甲州流では砂で模型を作り、案を練ったりして、いたずらに月日をすごすのはむだなことだとする。なぜなら‥城取の地形は複雑で、その地形を考慮に入れないかぎり、そうしたものはとうてい適用できないからである。いずれにせよ、この縄張に基づいて絵図を作成する。次にその絵図に基づいてこれを土図に移す。つまり現地にあたって縄が張られ、実

際の寸法と形とが割りだされる。かくて、本丸の坪矩(現場寸法)がまず決定される。‥普請奉行に申しつけて絵図の手直しをする。この絵図を基にして砂で模型(砂形)をつくる。‥ここで本丸、二の丸、三の丸内の建物の配置計画はもちろんのこと、城下の町屋、寺社の町割の大要をふまえて算者に見積もらせる。かくて決定された最終的な縄張を寸町分間図に仕立てる」。

後代の資料のため、これをそのまますべて築城時代の縄張過程と信ずることはできないが、先に示した北条流の「絵図・木図・土図を以、城取遠路をする事」と大要は一致していること、ならびにより具体性をもって述べられていることから、荻生徂徠の縄張の順序は当時の縄張過程を大方（おおかた）表したものとみなすことができる。

(3) 『陰徳太平記』にみる地選、地取、経始

ところで、黒田孝高が豊臣秀吉の軍師として活躍したことは多く語られてきた。そのなかでも天正17(1589)年毛利輝元の広島城の経始に秀吉から派遣された孝高が関与した経緯に続いて、その地選、地取、経始について『陰徳太平記』*1には次の記述がある。

「‥究竟無上ノ地ナリト被レ申ケリ、サラバトテ天正十六年十一月初旬ヨリ、二ノ宮信濃ノ守ヲ奉行トシテ、孝高ノ指揮ヲウケ土方氏ニ命ジテ土圭（とけい）ヲ以（もって）日景（きまえ）ヲ辨（かんがえ）シ方右社後市ノ位ヲ正シ剗リ（きり）奥草刈リ繁蘆（はんろ）、匠人投（こうじょう）鈎縄（つまびらかにし）、審方面勢覆（せいふく）、量（はかり）高深遠近、銀城鉄郭巍然（ぎぜん）トシテ、‥」4)

以下に読み下し文を記す。

「‥煎じ詰めたところこの上もない土地なりと申され、それならばと天正16(1588)年11月初旬より、二ノ宮信濃の守を奉行として、黒田孝高の指揮をうけ、土方氏(測量士)に命じて、土圭*2（とけい）を使い日の出と日の入りの日影を観察し、北極星の位置を参考にして方位を決めた。右社後市（うしゃこういち）という中国の古式に倣って神社を基準に位置を正し、草を刈り繁った蘆（あし）を刈って、匠人（しょうじん）(大工)が鈎（かねじゃく）(鈎形に曲がった用具・曲尺)と縄（けんなわ）(間縄)を用いて、方角の勢覆（せいふく）(良し悪し)を審（つまび）らかにし、高低遠近を測り頃合を決めた。こうして白銀に輝く城堅固な城郭が高大にして‥」。

---

*1 『陰徳太平記』は、周防国岩国領の領主吉川家の家臣である香川正矩とその子梅月堂宜阿（せいあ）により著された通俗史で、正徳2(1712)年に刊行された4)。

*2 土圭とは日影を計測する工具である。鈎形に地面に対して垂直に用いる8尺の表竿、地面に平行にする土圭が1尺5寸である。『周礼』の大司徒に「土圭法」として取り上げられた6)。

この『陰徳太平記』はいわゆる通俗史で、かつ後世の正徳2(1712)年に刊行されたものである。また天正16年11月初旬という記載も瀬島明彦氏が指摘[5]するように輝元は藩主として正式に築城に着手したのは、天正17年からであっただけに、若干のずれがある。

　しかし、さかのぼる天正16年11月初旬よりすでに経始の人事を決め、測量などの事前調査や設計作業が開始していたという文脈であり、事実に反しないと考えられる。

　この文献の信憑性に若干疑念が残るものの当時の地選、地取、経始の手順とその技術を記した貴重な資料といえる。

　これによると、輝元が吉田から広島に城郭を移築する件についての地選から地取、経始の手順は次のようであった。

「二ノ宮信濃守に命じて予め『己斐の五箇ノ庄』を適地として候補地を決めていた。秀吉の勧めで孝高に宅を相してもらったところ、究竟無上ノ地と見立てた。その結果は両者が一致し、二ノ宮信濃守を奉行とし孝高の指揮をうけ、土方氏に命じて土圭という方法で方位を弁え、右社後市に従い神社を基に天守位置を決めた。草を剃り繁った蘆を刈って、匠人が鈎(曲尺)縄(間縄)を使い方角の良し悪しを審らかにして高低遠近の詳細な測量をし、施設配置の頃合を決めた」

　これをまとめると次のようになる。
① 候補地：二ノ宮信濃守が「己斐の五箇ノ庄」を提案
② 地選：孝高が宅を相して、究竟無上ノ地と見立
③ 人事：二ノ宮信濃守を奉行とし孝高の指揮をうけ
④ 方位：土圭(日影と北極星観測)で東西南北を決め
⑤ 天守：右社後市に従い神社を基に天守位置を決め
⑥ 刈込：草を剃り繁った蘆を刈って
⑦ 方角：匠人が鈎(曲尺)や縄(間縄)を使い、方角の良し悪しを審らかにして
⑧ 位置：高低遠近を測量し頃合を決めた

2.3.3　経始の技術

　以上は城郭と城下町の経始について技術的な興味ある記述で、「土方氏」という方位方角を決めた陰陽師的測量の専門職・軍師がいたことが知られる。この土方氏が土圭を使い日の出と日の入りの日影を観察し、北極星の位置を参考にして正方位を

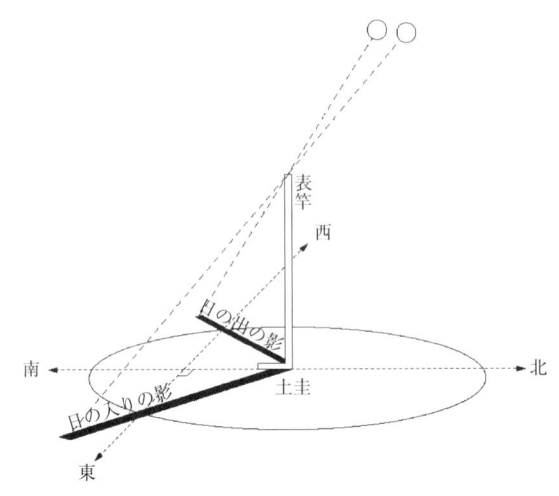

第2章　近世城下町の設計技法に関する仮説

図 2.3.1　土圭法と視軸

決めた*³。この土圭法は表竿を中心にして日の出と日の入りで描く影は視軸のクロスの関係を表していたのである。また北極星の高度がαの角度を有することと $1:\sqrt{2}$ であることもこうして知ったとみられる。ここに視軸のクロスならびにα三角形を使う起源があったとみなせよう（**図2.3.1**）。

「右社後市」は周代の『周礼』の「考工記」に「左祖右社面朝後市」*⁴ とあり、王宮の左は宗廟、右は社稷で、前方に朝廷、後方に市場を配置計画するという都城プランの理想型が記された。ところが中国歴代の都城において完璧な周礼型は1つも実現しなかったことが知られている。それだけに、なぜ『陰徳太平記』の香川正矩がこのような描写をしたのだろうか。広島城の天守位置決めに関して、輝元が崇敬の安芸の宮島厳島神社の御神体山である弥山を見立山（新山）から視軸に見通す位置に

---

*3　中国の都城造りに使われた『周髀算経』の方向測量法が、日本の古代宮都に日影法と星宿法として取り入れられたと『続日本紀』にある。『周髀算経』の日影法は「日の出と日の入りの日影が地面の円と交差した両端を結んだ直線の方向は正東西の方向である。この直線の中央と表の立点を結ぶ方向は正南北である」とする方位測量法である。また星宿法は「冬至の日加西の時八尺の表を立て、縄を以って表顛に繋げ、北極中の大星を希望し、綱を引いて地に致して之を識る。又旦明に到り日が卯の時、復縄を引いて北極中の大星と（表）首と縄の参つのものが相直るを見て縄の端を地に致して之を識す。その両端二尺三寸。其の両端相去東西を正し、中より之を折り以って南北を正す」とある⁶。
*4　「匠人営国　方九里　旁三門　国中九経九緯　経涂九軌　左祖右社　面朝後市　市朝一夫」。匠人が国を営み、一辺九里の方形で、各辺に三門を開く、城内には九条ずつの街路が垂直に交差し、道は車の軌の九倍の幅を持つ、王宮の左は宗廟、右は社稷であり、前方に朝廷、後方に市場がある、市場と朝廷は百歩（一夫）平方とする⁶。

2.3 設計技術に関する仮説の設定

天守を決めた(2.4に詳述)。この構成は、天守位置に南面して立てば、「右社」の方位に当たり、最も尊崇する厳島神社の弥山を基準にして城郭・城下町設計の中心天守の位置を決めたと推定できる[17]。このように解釈すると、香川正矩は『周礼』の「右社後市」の記述を借りて、我が国独自の設計手法である天守の位置決めに一ノ宮など崇敬の神社を基点にして視軸により定めたということを呼称したものと考えられる。

次に、「投⌐鈎縄⌐、審⌐方面勢覆⌐」の鈎は曲尺またはα三角形であったのではと推定できよう。鈎・曲尺と縄・間縄によって、神社を基点にして天守の方角位置の良し悪しをつまびらかにして、決めたと考えられる。さらには次の手順の「量⌐高深遠近⌐」は高低遠近を測量して60間モジュールに則して頃合を決めたと考えられよう。

以上の『陰徳太平記』に記載された設計の手順ならびに設計の技術は、天守の位置決めや主要施設の配置設計に、崇敬の神社を基点にして曲尺と間縄を使い、方角の良し悪しを考え、精緻(せいち)に測量してその施設位置の頃合いを定めたとみられる。

この記述には直接的に視軸やα三角形、60間モジュールを指し示す文言は見当たらないが、以上の論旨(ろんし)の外にあるとは考えられず、むしろ一層その可能性が高いと考えられよう。

2.3.4 軍学にみる経始

軍学書のなかでも北条流兵法の「分度伝秘訣(ぶんどでんひけつ)」、「分度規矩大事相伝口訣(ぶんどきくだいじそうでんこうけつ)」[*5][正保3(1646)年以後慶安年中に成立]には「当流三個の大事のその一なり」として「‥四方八面へ此分度の曲尺を当て守るときは、賊の侵掠(しんりゃく)ことあたはず‥」とある。「此分度の曲尺」とはいったい何か。これを解くヒントとして「方円分度規矩(ほうえんぶんどきく)」[*6]には、

[*5] 分度伝秘訣、分度規矩大事相伝口訣(底本石岡転写本):「‥乙中甲にて神心を伝へ、己に神心の主宰たる人、国家に主として仏の後光の如く、四方八面此分度の曲尺を当て守るときは、賊の侵掠ことあたわず。先師氏長の此伝は舜の琥璣王衡に本づきて工夫し玉えり。実に天下国家の宝器たる事知る可し。崇むべし」[7]

[*6] 分度伝秘訣・方円分度規矩:「方円は天地の象なり。其れを器物に移して教るなり。分度は天の円周三百六十五度、四分度の一あり。地も亦天に随て三百六十五度とす。是分度の生ずる所なり。その用窮りなし。此分度を国地に移して守るをするには、居城を軸として、八方に網をかぶせたる如く、此分度を当て、善悪利害を分明にして守るときは、敵に決して侵さるる事にてはなし。昔小田原にて此法を不レ知して、太閤に分度を外されて、落城に及べり。規は円をなす所なり。矩は方をなす所なり此規矩に不レ則は方円をなす事能はず。絵図をなす業は一端にしく小事なり。宇宙の大なるも、分度の外に出ざる事をしるべし」[7]

第2章　近世城下町の設計技法に関する仮説

① 「方円は天地の象なり」
② 「其を器物に移して教なり」
③ 「居城を軸として、八方に網をかぶせる如く、此分度を当て善悪利害を分明にして守る」
④ 「太閤に分度を外されて落城に及ぶ」

とある。
　①は天円地方の理を、②で口訣として器物を使って教えている。この器物はおそらく方円分度規矩、つまりα三角形と関連した円と直角を有する四角形で作られたものであったと推定しえよう。③居城はどこを指すのであろうか。おそらく天守の位置に合わせて此分度をあて善悪利害を分明にして、施設配置を決めたと考えられる。なぜなら天守は4.2.1（1）の高松城でみるように最も神聖な場所で城邑の鎮護を祈祷せしめたところであったからである。讃岐高松城天守最上階は神聖な場所として諸神30体、神主入厨子4神旗を安置し、正月、5月、9月に大般若経を白峰寺と五智院代わるがわる勤行し、城邑の鎮護を祈祷せしめたところという[9]。このほか、備中松山城2階御社壇には舞良戸で仕切られた一室があり、なかには一段高く唐戸で区切られた御社壇という神棚があり、ここに三振りの宝剣が収められた。築城の際には摩利支天、天照皇大神、八幡大菩薩、毘沙門天、成田大明神、羽黒大権現、高野大明神、多賀大明神、愛宕大権現の神々を勧請していた[10]。尾張楽田城には城中に高さ2間余の壇が築かれ、その上に5間7間の矢倉を造り中央に8畳敷の2階座敷をのせ、八幡大菩薩と愛宕山権現が祀ってあり、天守としての原始形ができたと考えられる。天守の原始形は八幡大菩薩と愛宕山権現を祀ったものであった[11]。安土城天守を模して造られたという岡山城天守の最上階には、西側壁面に祭壇を設けて祭神3体を祀ってあった[11,14]という。

　天守は、寄せ手の物見櫓や司令塔として、また最後の防御施設としての役割から安土や大坂城のように贅を尽くした殿堂、権勢・威厳の誇示の意味、さらに以上にみたように守り神を置く宗教的な精神的シンボルとしての意味合いがあったのである。それだけに城郭の設計手順において、まず天守の位置を決めたとする仮説は論拠に則していると考える。

　④は図2.3.2にみるようにα三角形に関連した分度を外されたことを跡づけたと考えられる。つまり、豊臣秀吉の小田原城攻めの戦略は、1つは22万の大軍で小田原城を取り囲んだ長期戦であったし、もう1つは対の城で一夜城の異名のある石垣山城の築城であった。石垣山城と秀吉本陣早雲寺および小田原城天守がα三角形で

2.3 設計技術に関する仮説の設定

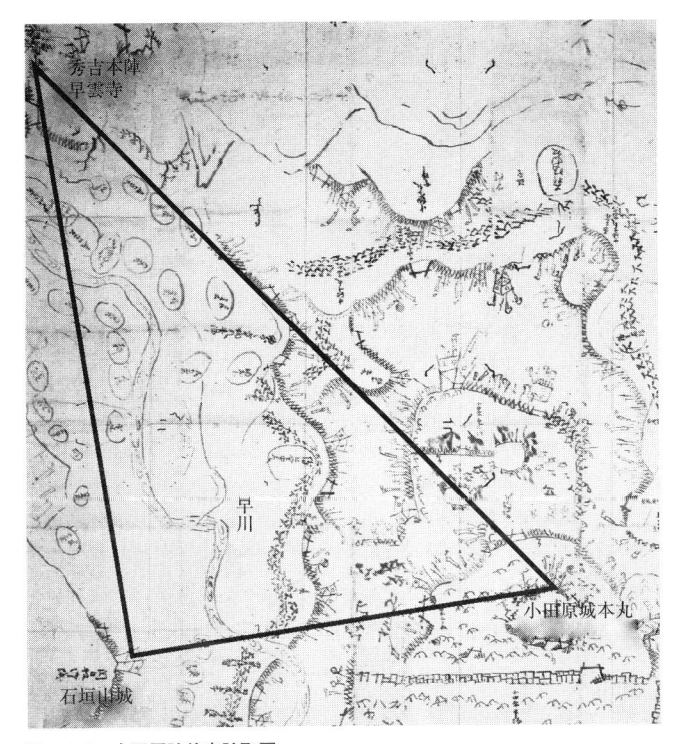

図 2.3.2 小田原陣仕寄陣取図
(出典：小和田哲男『小田原城』小学館、2004)

構成されていた。このことが「太閤に分度を外されて落城に及ぶ」(脚注6参照)という記述と符合し、α三角形が「居城を軸として、八方に網をかぶせる如く、此分度を当て善悪利害を分明にして守る」という論理を跡づけたとみられよう。

このように推定したのは、小幡景憲や北条氏長に師事し甲州流兵法を学んだ山鹿素行が著した山鹿流兵法の奥秘本伝の北辰北斗伝の破軍尾返の条に次の記述があるからである。

> 「破軍とは北斗の一名なり。尾返とは破軍のまはりめの事を云。‥破軍の尾のめぐるをさして尾返と云。破軍を打返し用る心に見ばあやまりなし。唯そのめぐりを考、七星ををびて、尾先を彼に向はしめて戦事伝なり」[8]

とある。北斗つまり七星は別名を破軍といい、北斗の第七星は破軍星とも呼ばれ、剣先(尾先)を敵に向け戦うことを用いるは道理なりと説く。

ここにみる北辰と北斗の位置関係、とりわけ北斗の剣先の向き、破軍尾返が重要

第2章　近世城下町の設計技法に関する仮説

視されていたことが分かる。

これを小田原の図に当てはめれば、石垣山城から小田原城本丸に破軍尾返が向いていた[*7]。それは武田信玄の軍師であった山本勘介を師祖とする甲州流兵法の大事として取り上げられ、北条流・山鹿流兵法へと流布していたことが知られるだけに、近世城下町の建設当時においても、広く利用されたと推定しえよう。

2.3.5　仮説の設定

以上の予備的考察を経て、近世城下町の設計技法を解明するにあたり、これに関連する仮説は次の4つに集約できる。

① 築城当時、天守（城郭の中心施設）は城主崇敬の古社古刹と「視軸」を取り結ぶ関係に位置決めしたのではないか。

② 天守の位置決めは城主崇敬の古社古刹とα三角形60間モデュールに関連づけて設定されたのではないか。

③ 城下町の主要施設（警備上重要な門、櫓、橋、番所、ならびに精神的なよりどころであった社寺）の配置計画は、視軸とα三角形60間モデュールを関連づけて配置されたのではないか。

④ 町割を決定づけた街路の線引きは、天守をはじめとする主要施設を基点としたヴィスタならびに視軸とα三角形の60間モデュールと関連づけて計画されたのではないか。

2.3.6　まとめ

小倉城下町と中津城下町において設計技術に関する予備的考察から上記の仮説の設定にかかわる知見を得たが、本節では当時の築城の過程、設計の手順、その技術について、設定しようとした仮説が論理上整合性を持っているかということについて考察した[1),2)]。

この考察を通して、これらの技法を使って設計された可能性が高く、また仮説が成立する見通しが立ったのでこの4つを仮説として設定し、これを実証する方法として事例を拡大して展開することにした。

[*7] 北極星、七星第二星、七星第七星を結ぶ構図は、おおむねα三角形と視軸の構成であり、かつ卍字の曲尺の構成でもあることが分かる。これを適用すれば、石垣山城から小田原城天守に破軍尾返が向いていたとみなせる[2)]。

2.3 設計技術に関する仮説の設定

〈参考文献〉

1) 髙見敏志、永田隆昌、松永達「高松城下町の設計技法」近世城下町の設計原理に関する研究 その28、日本建築学会四国支部研究報告 第4号、2004.5
2) 髙見敏志、永田隆昌、松永達、衣笠智哉、佐見津好則「北辰北斗信仰とα三角形60間モデュール」近世城下町の設計原理に関する研究 その45、日本建築学会四国支部研究報告 第6号、pp.69-70、2006.5
3) 小和田哲男『呪術と占星の戦国史』新潮社、1998.2
4) 香川正矩『陰徳太平記 六』東洋書院、1984.2
5) 瀬島明彦「近世城郭・城下町の都市設計的手法に関する復元的研究」関西城郭研究会『城』第128号、第129号、1989.4
6) 黄永融『風水都市』学芸出版、1999.4
7) 有馬成甫『日本兵法全集3 北条流兵法』人物往来社、1967.9
8) 有馬成甫『日本兵法全集5 山鹿流兵法』人物往来社、1967.11
9) 藤崎定久『日本の古城2』新人物往来社、1971.1
10) 三浦正幸ほか『よみがえる日本の城23 天守のすべて①』学習研究社、2005.11
11) 辻泰明『信長の夢「安土城」発掘』日本放送出版協会、2001.7
12) 藤岡道夫『城と城下町』中央公論美術出版、1988
13) 内藤昌『城の日本史』日本放送出版協会、1978.11
14) 伊藤ていじ『城 築城の技法と歴史』1973.3
15) 鳥羽正雄『日本城郭辞典』東京堂出版、1995.9
16) 高松市史編集室『新修 高松市史Ⅰ』高松市役所、1964.12
17) 髙見敏志、永田隆昌、松永達、衣笠智哉、佐見津好則「広島城の地選における視軸とα三角形近世城下町の設計原理に関する研究 その38」日本建築学会九州支部研究報告 第45号、2006.3

中津川より中津城を望む

2.4 広島城下町への仮説の適用

2.4.1 目的と方法

(1) 目　的

　本節では、前節で導いた仮説を広島城下町に適用し、主として次の2項目を明らかにすることを目的とする。

① 　「視軸」と「α三角形60間モデュール」の論拠を明らかにする。つまり、毛利輝元が広島城を築城した際、その地選と経始(けいし)に視軸とα三角形60間モデュールの技法を用いたことを明らかにするとともに、それらが使われた論拠を探る。

② 　近世城下町の設計原理に関する次の3つの課題を明らかにすることを目的とする。

・天守の位置が決定されたと仮定してその技法はどのようであったか。
・天守から城郭・城下町の主要施設(門、櫓(やぐら)、社寺)の配置はどのような技法であったか。
・主要施設から主要街路の線引き・町割の方法はどのようであったか。

(2) 検証方法

　以上の課題に対し、これまでの予備的考察を踏まえて、設定した次の4つの仮説に基づき実証した。

① 　毛利輝元が広島城を築城した際、城郭の中心である天守の位置決めに「視軸」の技法が用いられたのでは。

② 　天守の位置決めに「視軸」に加え、城主輝元が崇敬の古社古利(こしゃこさつ)と「α三角形60間モデュール」に関連づけて設定したのでは。

③ 　城郭・城下町の主要施設の配置に「視軸」ならびに「α三角形60間モデュール」を用いたのでは。

④ 　主要街路の線引きは主要施設を基点とした「ヴィスタ」ならびに「α三角形60間モデュール」を用いたのでは。

　広域の分析資料は国土地理院地図(1/10 000、1/50 000など)を使用し、史資料は広島市史、同県史、同関連文書などの文献による裏づけを行い、併せて神官・住職の証言も参考にした。広島城下町に関する文献[1]〜[5]および絵図[6]を参照し、現地

調査により石垣の遺構、社寺の本堂の向きなどを調査し、現在の1/2 500地形図で復原図を作成した。これを基に4つの仮説に従い、図上に当てはめて、これらの関係を考察した。また、距離測量は電子地図帳で計測を行い、復原図上で考察した。

2.4.2 広島城築城と城下町整備

(1) 広島城築城の機運

天正10(1582)年6月備中高松城水攻めの最中、本能寺の変(同6月2日)の急報に接した豊臣秀吉は直ちに和睦して大返しを決行し、主君の仇を討ち、織田信長の遺業を継承して天下統一に乗り出した。

毛利氏の黒幕安国寺恵瓊は輝元に対して天下の大勢を述べたうえで、戦わずして豊臣政権下に入るように説得した。かくして同年輝元はこれに従い秀吉と和睦し、山陰山陽両道の9ヶ国に安堵した。その後輝元は四国征討[同13(1585)年]、九州平定[同15(1587)年]に出兵し、天下統一後の天正19(1591)年には9ヶ国112万石を領して豊臣政権下最大の大名となった。

こうして豊臣政権下に入った輝元は大名の役割を果たし、また、諸情勢の急変に対応するには毛利氏累代の拠城吉田郡山城から本拠地を広島に移して新城を建設するほかないと決断したのだが、その機運が次第に高まったとみえる。その要件は次のようである。

① 四国や九州への出兵において、多くの兵員と物資の輸送を必要とした。当時、輝元は吉田郡山城を本拠地にしていただけに、その輸送には草津港(現広島市)が用いられた。吉田とは約50kmの距離があり、輸送の面から山間に偏在する吉田郡山城は不便であった[4),7)]。

② 秀吉の城下大坂や堺、京都など上方との交渉は一層頻繁になり、また、中国一円9ヶ国に広がる領国の商品経済を維持し、その統治を全うするには、海運の拠点である草津港はますます重要になった[4),7)]。

③ 兵農分離の気運は高まり、毛利一族の譜代の家臣に加えて外様の国衆も吉田郡山城下に居住するようになった。これらを強制的に城下へ移住せしめるには、吉田はあまりにも狭小であった[4),7)]。

④ 輝元は、天正16(1588)年7月小早川隆景、吉川広家を伴って上洛し、秀吉の歓待を受け聚楽第に遊び、大坂城天守をはじめ城中を案内され、堺など諸国の商人が往来する城下を見聞した[10)]。

この上方への旅は輝元一行を魅惑せしめるに十分なものがあった。この旅から帰

った輝元は、毛利家累代の拠城とはいえ、今や吉田郡山城は山間に偏在し、かつ狭小であるため旧時代の城郭であると痛感した。かくして新しい経済に対応し、鉄砲の普及に応じるためにも、家臣を城下に集めて強力に領国経営を進めるため、太田川の河口に本城を移すほかないと確信した。

(2) 広島城築城と城下町整備

　天正17(1589)年2月20日に毛利輝元は新山、明星院山(現二葉山)と己斐松山の3山に登って、天守の位置を定めた(2.4.3に詳述)。その後、明星院の僧に築城の吉日を占わせて[4),8),9)]、同年4月15日に早くも鍬初めの儀式が行われた。設計に関して輝元は秀吉が築いた京都の聚楽第に模して縄張を行うよう命じている[4),11)]。縄張を担当したのは秀吉から派遣された黒田孝高とする説と普請奉行二宮就辰とする説がある。

　聚楽第は豊臣秀吉が関白に叙せられた翌年、天正14(1586)年、平安京大内裏の故地、内野に築城を開始した[12)]。聚楽第絵図(広島市立中央図書館浅野文庫所蔵)によると、北西にやや突き出た形の櫓台があり、南に枡形門と出丸、西には角馬出がみえる[13)]。広島城は北西に突き出た形の天守の配置や南に枡形門と二の丸を配置し、長方形の外堀と門の配置関係など聚楽第と酷似している。輝元は広島城の経始(設計・築城工事)にあたって、小早川隆景や黒田孝高の意見を聞き、自身も工事の指揮をとったこと[1)]などから広島城への格別な熱意がうかがえる。

　毛利輝元は天正18(1590)年、秀吉の小田原出征のため京都の留将となり、翌19(1591)年1月8日に上洛から帰国し広島に入城した。城堀は完成したが、石垣は未完成であったため、輝元は入城後も引き続き城郭の整備や城下の町割も手掛け、城の周りの家臣団の屋敷配置など、京に似た町割とした[1)]。

　その後、関ヶ原の戦で徳川家康に敗れ、輝元は城下町が完成しないまま慶長5(1600)年萩に移封された。

　毛利に代って福島正則が慶長5年に入封し、兵農分離の徹底を図り、西国街道を城下に通して町人町を拡張再整備し城下町の本格的な充実を図った[1)]。しかし、城の石垣の無断修復を問われて広島からの退去を命じられた。

　福島のあと領地は広島藩と福山藩に分断され、元和5(1619)年、浅野長晟が42万余石の領主として入った。浅野氏は福島氏の諸制度を受け継いで領国支配の体制を整え、城下の整備を進め近世的藩政の確立を図った[1)]。

2.4.3 広島城の地選と天守位置決定

(1) 城地の選定

築城は、地選、地取、経始、普請、作事の工程に分けられるが、地選は城郭の位置選定、地取は少し狭い範囲の場所決めのことで、地選、地取、経始において呪術が深くかかわった。では、広島城の地選をみてみよう。

(2) 四神相応の地選

輝元は叔父の小早川隆景と謀り、築城の地を相せしめんと、同じく叔父にあたる家臣の二宮信濃守就辰に命じたところ、「己斐の河口・五箇庄は形勝の地なり、河を隔て、江を帯び、山を環らし、険に據り、子孫永く武備の業を伝うべし」[7]と報告した。その時、幸いにも豊臣秀吉の軍師黒田孝高が山縣郡新庄に婚儀があって逗留していた。そこで輝元は孝高に地相を検分して欲しいと依頼した。孝高は五箇庄の蘆原に赴き、宅を相たところ、形勝無二の地であると察し、「究竟無上の地なり」[7]と述べ、「輝元に勤めて終にこれに城かしむ」[4]、こうして輝元は、己斐の河口・五箇庄に城郭を築くことに決定した。

五箇庄に地選したことについて、17世紀末の軍記『陰徳太平記』[7]には、

「其の地や東に瀬野の大山とて三里の間、石梯懸桟百歩に九折して、仰ぎ望むに垂れ一線縷き、南に草津の海、仁保の入江有て、潟歯数里、北に新山阿生の大山有て、鍾山竜の如盤めくり石頭虎の如踞うつくしの形象あり、可部川北より来て西東を周廻し、不測の淵に望みたれば不して用利阻たのむことを而、守り独以す一面を山河之形勢、田里之上腴、可謂金城千里天府之国也」

とある。所堅固でかつ四神相応の地と述べているのである。

この広島城の地選は、普請奉行の二宮就辰が勧めた「五箇庄」を秀吉の軍師として活躍した黒田孝高が現地に赴き、宅を相たことが分かる。この地選にかかわった2人の軍師は奇しくも地選の結論は同じであったが、主君の思惑によりその裏に相違した狙いがあったとみられる。

つまり、『陰徳太平記』では先に述べたとおり、就辰が五箇庄を提案し、孝高に検分してもらい彼の推薦で決めたとある。一方、秀吉の実録『川角太閤記』では、毛利氏を守り堅固な吉田郡山城から防備の弱い平城へ移させようとして、蜂須賀彦右衛門や黒田孝高を通じて五箇庄に築かせようとした[4]。このように両者の思惑に相違はあったにしても毛利氏の主体的な意思によって、しかも一度の検分によって決め

第2章　近世城下町の設計技法に関する仮説

たのではないとみられる。このように判断しうるのは、輝元が二宮就辰に送った書状に、「世上の思惑はこの普請を嘲っているが、この嶋普請は是非とも仕上げたい」（毛利輝元書状『二宮家譜録』所収）と決意のほどを申し送っているからである。

(3) 視軸による天守位置決定

　こうして広島の五箇庄に城築することに地選されたが、次により詳細な地取、つまり城郭とりわけ天守位置を決定するため、輝元は天正17(1589)年2月15、16日に吉田を出立して、まず安佐郡馬木（現安芸郡安芸町）の二宮就辰の屋敷に来泊した（『二宮家譜録』）。そして2月20日に五箇村の現地調査を行ったのである[4),8),9),11)]。まず五箇村の北方（約8km）北の荘（安佐郡佐東町）にあった武将福島大和守元長の屋敷に立寄った。

　己斐豊後守興員（平原城主）、福島元長両人を従え、矢賀村明星院山（現二葉山）、牛田村新山（現見立山）、己斐松山（現旭山神社のある山）の3山に登り、宅を相たところ、五箇村の地が最も築城に適当な地であると察して、ついにここに築城することに決定した[4),8),9),11)]。

　以上の城郭位置決定に関して、『新広島城下町』[3)]には、

　　「広島城を築城するさい、毛利輝元は先ず新山に登り、厳島の頂上に一線を画き、次に二葉山と己斐村松山（旭山神社のある山）に登って一線を引いて、その交差する点を、天守閣の位置と定めた。それで新山を一名『見立山』という」

と解説している（図2.4.1）。

　この広島城天守の位置決定にみられる構成は、かねてより筆者らが仮説をしていた視軸による都市設計の技術の存在を裏打ちするものであり、その技法が使われた証左といえる。

(4) α三角形60間モジュールによる天守位置決定

　広島城の地選に、視軸の技法に加えて、α三角形60間モジュールを重ねて天守位置が決定されたのではと、仮説を置いて次に考察する。

　輝元が3山に登って天守の位置を決めた。その位置を決めた地点を特定するため、輝元と同様に筆者もその3山に登り、その場所を探索して実見した。

　まず、見立山に登り、広島城天守と宮島厳島神社の弥山が一直線（視軸）になる位置を求めた。その位置は見立山を解説した写真入りの看板がある位置より約10m東よりの地点であった。次に明星院山に登り、天守と己斐松山が視軸になる位置を

2.4 広島城下町への仮説の適用

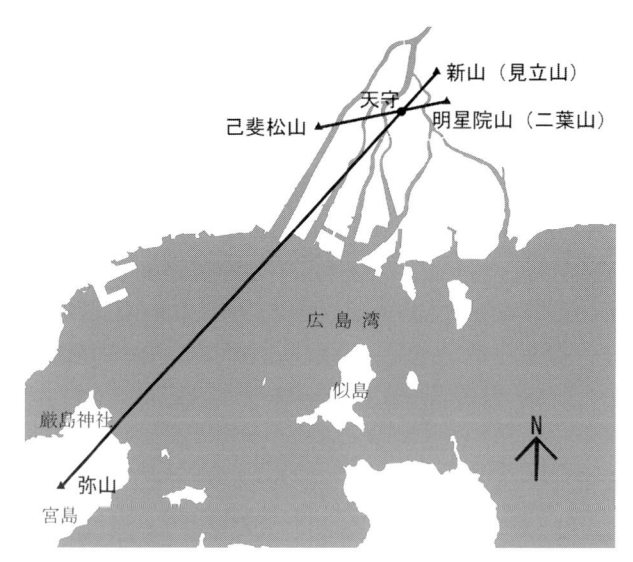

図 2.4.1 天守位置と視軸

求めようとしたが、樹木が生茂り展望できなかった。そこで明星院の住職に尋ねたところ、「現二葉山の頂上・金光稲荷奥宮の直上」[*1]とみられるとの談であった。また、己斐松山からの視軸は現旭山神社の拝殿の前方とみられる。

このように位置を特定して、距離を電子地図で計測し、地理院1/50 000地形図に作図して示した（図2.4.2）。点Pは明星院山—天守—己斐松山の延長線上の弥山からの垂線との交点であり、点Qは己斐松山からの垂線と天守—弥山線との交点である。

図にみるとおり、視軸の関係に加えてα三角形60間モデュールの構成がみてとれる。次に各地点間の距離を検討するに、用尺として1間を6尺5寸とすると、端数が出て60間モデュールに置き換えられなかった。1間を6尺3寸で換算した結果、60間モデュールが成立することが分かった。

こうして、天守—明星院山—新山はC14型α三角形60間モデュールの構成であり、また天守—己斐松山—点QはC28型α三角形60間モデュールで、天守—弥山—点PはA163.5型α三角形60間モデュールにそれぞれ符合し、視軸とα三角形60間モデュールを重ねた技法を駆使して構成されたとみられる。

[*1] 二葉山全体を明星院山とみてよい。当時、この地は地名としても明星院といい、寺社としても明星院と当院の守護神八幡があったぐらいで、東照宮や稲荷の勧請はずっと後世のこと。

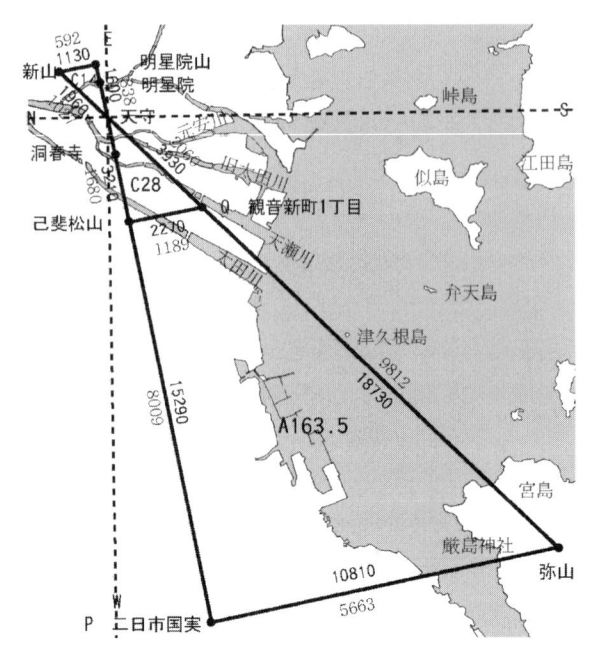

第2章　近世城下町の設計技法に関する仮説

図 2.4.2　α三角形60間モデュールと天守位置決定
1/50 000で作図、電子地図で計測、ゴシック：m、明朝：間、1間＝6尺3寸。

(5) 鬼門封じと城郭

　『江戸時代の家相説』[14]によれば、どの家相説においても「凶は決って 艮(うしとら)と 坤(ひつじさる)である。艮と坤は方位盤の対角線上にあり、艮と坤を結ぶことにより軸を形成している」という。平安京の比叡山延暦寺や江戸城の東叡山寛永寺(とうえいざん)など、古くは平安時代後期から鎌倉、南北朝、室町を経て江戸時代に至るまでどの時代にも、あらゆる事象で、特に城普請では格別鬼門(きひ)を忌避するという形に結実された。

　広島城の地選・地取において、新山—天守—弥山軸は鬼門・裏鬼門軸に当たる。これに関して『新広島城下町』では「広島城の天守閣を定めるにあたり、安芸国の一ノ宮たる厳島神社を中心に影向線上に建てられたもの」[3]とみなしている。影向線を鬼門・裏鬼門軸と解釈した点に疑義が残るが、艮と坤を結ぶ線上にあることは事実である。

(6) 縄　張

　明星院の僧に築城の吉日を占わせて[3]、天正17(1589)年4月15日に早くも鍬初めの儀式が行われた。設計に関して輝元は秀吉が築いた聚楽第に模して縄張を行うよ

う命じた[4),8),9),11)]。縄張を担当したのは秀吉から派遣された黒田孝高説と二宮就辰説がある[4),7)]。いずれにしても両者が深くかかわったことは間違いない。

『陰徳太平記』[7)]には、

「孝高の指麾をうけ土方氏に命じて、以_土圭_を一攷へ_日景_を一弁へ_方_を_右社後市の位を正し、剃り_奥草_を_刈り_繁蘆_を_、匠人投って_鈎縄_を_一、審に_方面勢覆_を_一、量り_高深遠近_を_一」

とある。

「右社後市」は周代の『周礼』の「考工記」に「左祖右社　面朝後市」[15)]とあり、都城プランの理想型が記された。「右社後市の位を正し」とは神社の位置をまず考え、神社を基準にして城郭の位置を決めたと解釈できる。このように考えると、安芸の一ノ宮厳島神社の弥山を右社とみなして、弥山を基にして地選したと解釈しえよう。

2.4.4　城下町主要施設の配置

(1) 城下の神社配置とα三角形60間モジュール

毛利輝元は、築城と前後して数々の神社を造営したが、なかでも碇神社は白島九軒町にあり、天正年間広島城の築城時、水理および地形を量り、地を開くとき海神の怒りに触れることを恐れ、まず海神をこの地に祀った[4)]。この碇神社は天守より480間の距離ならびに社殿の向きがA8型α三角形60間モジュールに関連づけた配置であった(図2.4.3)。

また、白神社のあたりは16世紀までは海であり、船の安全の目印として白い紙を立てていた。そこに輝元は天正19(1591)年、広島の総氏神として社殿を建立して以来、当社は歴代の藩主に崇敬されるところとなった[4)]。この白神社は天守を拝する向きで、かつ735間に位置するように本殿が建立され、C10型α三角形60間モジュールに符合する。

天正年間、輝元は菩提寺・洞春寺を置くに及んで、これの鎮守社として広瀬市杵島大明神(広瀬神社)をこの位置に置き、信仰厚く社領を寄せられたという[4)]。この社は天守より594間に位置してB7型α三角形60間モジュールによる配置であった。

輝元が広島城築城する以前には現空鞘稲生神社のあった位置には大小の2社があって大の社を「空鞘大明神」と呼び、小の社を「彦山明神」と呼んでいた。毛利氏の崇敬厚く社領を寄せられた(『空鞘神社御由緒書』)。この空鞘稲生神社もまた天守より441間に位置してC6型α三角形60間モジュールで配置構成された。

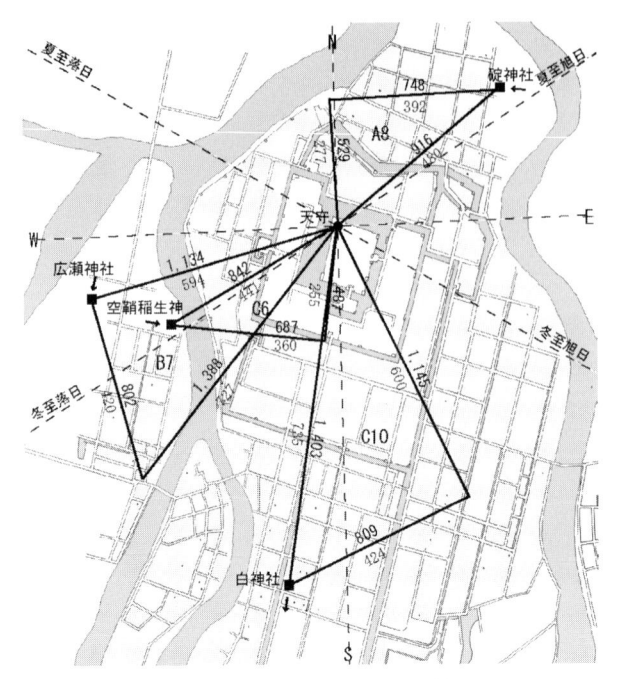

第2章　近世城下町の設計技法に関する仮説

図 2.4.3　城下の神社の配置(ゴシック：m、明朝：間、1間＝6尺3寸)

以上は広島城築城に際して輝元が社殿の造営など格別厚く崇敬された神社であったが、これらの神社はいずれもα三角形60間モデュールの構成であったことは特筆できる。

(2)　城下の寺院配置とα三角形60間モデュール
1)　毛利の時代

図2.4.4には、城郭天守位置の決定時に使われた明星院山から己斐松山の視軸を示した。この視軸線上に洞春寺、妙寿寺(明星院)が輝元の入城とともに移ってきている。洞春寺は毛利元就の霊を祀った菩提寺であり、輝元の入城とともに高田郡吉田より広瀬に移転された[4]。

洞春寺は天守よりちょうど600間に位置し、A10型α三角形60間モデュールに符合する(図2.4.5)。一方、輝元の生母妙寿院の菩提寺であった妙寿寺は、天守より540間に位置してA9型α三角形60間モデュールに符合する。この2つの寺院は毛利氏の菩提寺として特別な寺院であったが、鬼門・裏鬼門の守りとして視軸とα三角形60間モデュールに関連づけて天守を挟んで意図的に配置された。

2.4 広島城下町への仮説の適用

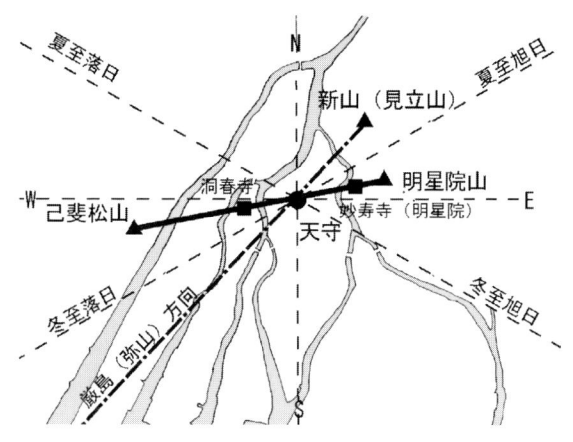

図 2.4.4　視軸上の毛利家菩提寺

　毛利氏の軍師であった安国寺恵瓊(えけい)は、文禄3(1594)年、城下に安国寺を建立した[1]。安国寺は天守より720間に位置してC12型α三角形60間モデュールに符合し(図2.4.5)、このα三角形の斜辺が新山から厳島弥山への視軸と重なる配置でもあった。

　以上、毛利氏ゆかりの3つの寺の配置は、天守の位置決めの視軸と関連づけた軸線とα三角形60間モデュールが重複する意図的な配置が読みとれるのである。

2) 福島の時代

　福島の時代になると、毛利氏とともに広島から去った寺院もあり、改めて寺院の再編整備が行われ、安国寺の後に尾張国雲興寺(うんこうじ)の普照(ふしょう)(福島正則の弟)を連れてきて国泰寺(こくたいじ)を始めた[1]。妙寿寺は正則が明星院と改め、境内地が広島城の鬼門にあたるところから歴代藩主の祈願所と定められた[16]。

　長禄3(1459)年武田山(たけだやま)の麓に建立された龍原山仏護寺(ぶつごじ)(おがうち)は、毛利輝元が天正18(1590)年広島城を築いた時、広島小河内町へ移転した。その後、慶長14(1609)年福島正則が現在の地(本願寺広島別院)へ移転させてその地を寺町とした[1]。仏護寺は天守より424間に位置して本堂の向きと距離がB5型α三角形60間モデュールと符合する。そのほか寺町には多くの真言宗の寺院を配置して城西の要害とした。

3) 浅野の時代

　毛利、福島を経て城主となった浅野長晟は、国泰寺を菩提寺として寺領400石を寄進した[16]。明星院は福島氏から浅野氏にかけて藩主代々の祈願寺であり、かつ浅野長政の菩提寺とされた[16]。福島の時代には現在の縮景園(しゅっけいえん)にあった広教寺(こうきょうじ)は、そ

43

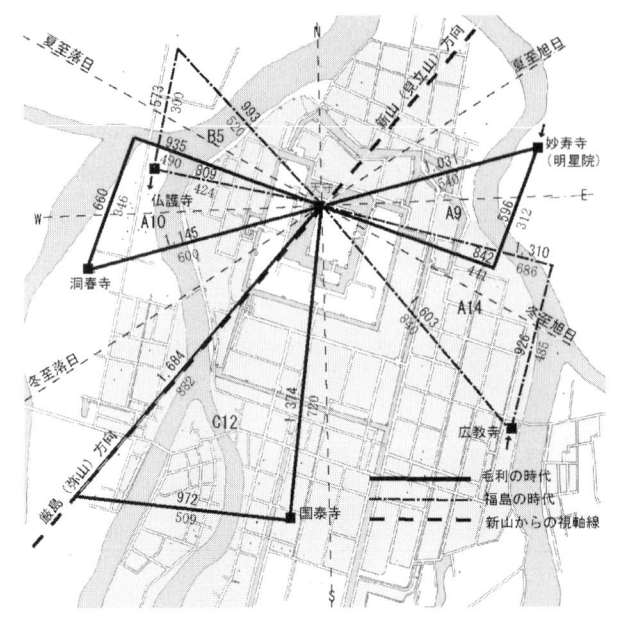

図 2.4.5 城下の寺院配置法（ゴシック：m、明朝：間、1間＝6尺3寸）

の後元和5(1619)年浅野の時代に現在の地へ移され[16]、天守から840間に位置する。本堂の向きと距離はA14型α三角形60間モジュールに基づき配置されている。

以上、藩主が移り変わってもこれら古刹への信仰は厚く、城下町の社寺配置はα三角形60間モジュールの配置理念が受け継がれていたことが分かった。

(3) 主要施設と視軸

このように社寺の配置が決定されたが、次に門、櫓、番所などの城下町の重要な施設と社寺との視軸の関係を図2.4.6に示した。多くの視軸の関係がみられ、施設配置の技法として視軸が使用されたと考えられるが、なかでも天守でクロスする天守決定のラインである明星院—広瀬神社や碇神社—本覚寺ラインならびに町人町の基軸と考えられる本町筋と関連する般舟寺—妙頂寺ラインの視軸は注目しておきたい。

2.4.5 町割の技術

(1) 街路とヴィスタの関係

広島城下町の街路は、門、櫓などの主要施設を基点としてヴィスタにより線引き

2.4 広島城下町への仮説の適用

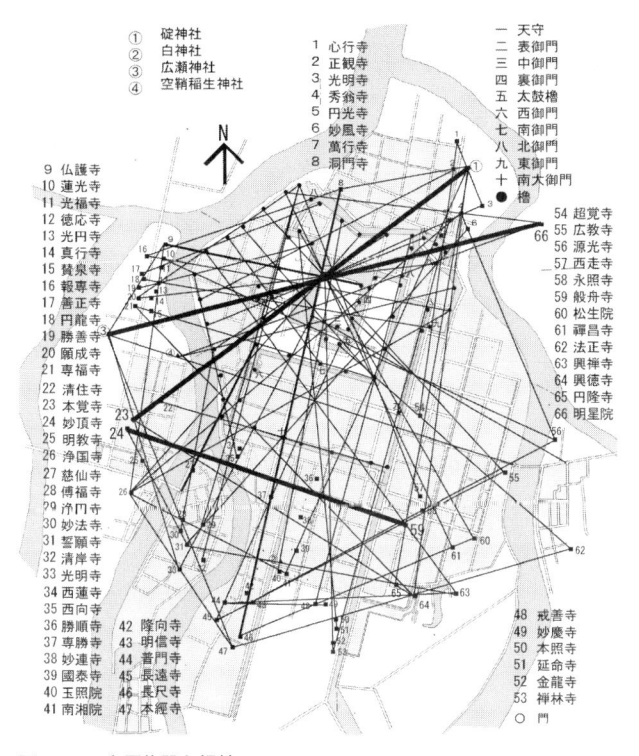

図 2.4.6 主要施設と視軸

しており、ヴィスタは街路設計の重要な技法であったと考えられる。天守から見通せる白神通やこれに直交して東西に通ずる本町が、とりわけ町人町の町割の基軸としてヴィスタによる町割の重要な基準線となったといえる（**図２．４．7**）[17]。

(2) 町割とα三角形60間モデュール

　城郭の設計と平行して城下の都市計画としての町割も進められたが、毛利輝元は出雲出身で後に広島町人頭となった平田屋惣右衛門を招き、普請奉行二宮就辰と力を合わせてことに当たらせた[8]。

　街路の線引きとα三角形60間モデュールの関係を**図2.4.8**に示した。城郭の外堀はA12型α三角形60間モデュールを基準として、中堀はC5型α三角形60間モデュール、内堀はB2型・B3型α三角形60間モデュールで縄張されていた。また城下町では、本町・白神通を基準としたA型、B型α三角形60間モデュールで多くが町割されたことが分かり、町割にα三角形60間モデュールの手法の関与がみてとれる。

45

第2章　近世城下町の設計技法に関する仮説

図 2.4.7　街路とヴィスタ

2.4.6　まとめ

　本節では、仮説を広島城下町に適用し、毛利輝元が広島城を築城した際、その地選と経始に視軸とα三角形60間モジュールの設計技法を用いたことを明らかにした。また、それらが使われた論拠を探り、これらの仮説が広島城下町に当てはまるかを検証した。

　築城の際、輝元は普請奉行二宮就辰に地選をさせ、黒田孝高の指揮を受け、まず新山に登り、厳島弥山に一線を画き、次に明星院山と己斐松山に登って一線を引いて、その見通しの交点を天守の位置と定めた。この天守の位置決めの技法は仮説の「視軸による都市設計」が存在したことの証左といえる。

　また、ここにみられる構成は、天守を中心にしたα三角形60間モジュールと符合し、「視軸に加え、α三角形60間モジュールをも重ねて使用した都市設計技法」であったことを示唆するものである。

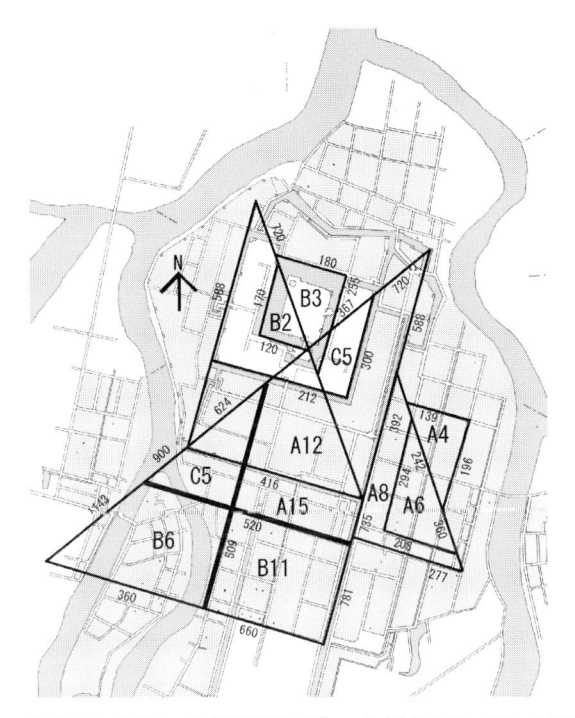

図 2.4.8　町割とα三角形60間モデュール（単位：間、1間＝6尺3寸）

　輝元は、広島城下町の町割に際して、二宮就辰に町人頭平田惣右衛門の協力を得てことに当たらせた。その技法について4つの仮説を適用して考察した。広島城下町の施設配置計画、なかでも毛利家の2大菩提寺（洞春寺と妙寿寺）は、天守の位置決めにかかわった明星院山―天守―己斐松山の視軸上に置かれ、かつα三角形60間モデュールに当てはめて配置された。この2つの菩提寺は天守の鬼門・裏鬼門にあたり、このように配置することによって広島城の守護と繁栄を祈願する特別な意味が込められていたと考えられる。

　このほか城下町の藩主崇敬の社寺の配置についても、視軸とα三角形60間モデュールを使用して配置されたことが分かった。こうして決められた門、櫓、神社、寺院などの主要施設を基点としてヴィスタで主要街路を線引きし、α三角形60間モデュールで町割した可能性が高いといえよう。

第2章　近世城下町の設計技法に関する仮説

〈参考文献〉

1) 広島市役所『新修広島市史 第2巻』広島市役所、1958.3
2) 中国新聞社編『広島城400年』第一法規出版、1990.5
3) 都築要『新広島城下町 第7集』広島郷土史研究会、1974.4
4) 広島市役所『広島市史 第1巻(1922年の復刻版)』名著出版、1972.12
5) 広島県『広島県史 近世1 通史Ⅲ』広島県、1981.3
6) 広島市立中央図書館編『広島城下町絵図集成』広島市立中央図書館、1990.3
7) 米原正義『陰徳太平記 六』東洋書院、1984.2
8) 山縣源右衛門覚書『吉川家臣覚書 二』岩国徴古館蔵、慶應二年丙寅夏写取
9) 山口県文書館『萩藩閥閲録遺漏』山口県文書館、1971
10) 広島県『広島県史 資料編Ⅰ』広島県、1973.3
11) 杉岡就房『続吉田物語 全』防長史料出版、1980.4
12) 中井均『戦国の城近世の城』新人物往来社、1995.9
13) 小和田哲男『城と秀吉』角川書店、1996.8
14) 村田あが『江戸時代の家相説』雄山閣出版、1999.2
15) 黄永融『風水都市』学芸出版、1999.4
16) 全日本仏教会寺院名鑑刊行会『全国寺院名鑑』全日本仏教会寺院名鑑刊行会、1969.3
17) 宮本雅明『都市空間の近世史研究』中央公論美術出版、2005.2
18) 髙見敏志、永田隆昌、松永達、衣笠智哉、佐見津好則「広島城の地選における視軸とα三角形近世城下町の設計原理に関する研究 その38」日本建築学会九州支部研究報告 第45号、2006.3
19) 衣笠智哉、髙見敏志、永田隆昌、松永達、佐見津好則「広島城下町の設計技法 近世城下町の設計原理に関する研究 その39」日本建築学会九州支部研究報告 第45号、2006.3

見立山より広島城天守と宮島弥山の遠望

第3章　仮説の論拠と意味

3.1　視軸が使われた論拠と意味

　本節では、「視軸によって城郭の位置、なかでも天守の位置を決定し、その天守を基点に視軸を用いて城郭と城下町の諸施設の配置を決めた」とする本書の仮説の論拠を探り、続いて視軸が城郭と城下町の設計に使われた意味を考察する。

3.1.1　視軸の論拠

(1)　広島城天守の位置決めにみる視軸

　広島城の地選と天守位置の決定については、2.4.3(3)で文献資料に照らして検証したように、輝元が築城の地を相せしめんと、二宮信濃守就辰(なりとき)に命じたところ、「五箇庄(ごかのしょう)」が推奨され、そこで黒田孝高に宅を相てもらい、そこに城郭を築くことを決定した。

　次に天守の位置を決定するため、輝元は天正17(1589)年2月20日に五箇村の現地調査を行った。明星院山(みょうじょういんざん)(現二葉山)、新山(現見立山(みたてやま))、己斐松山(こいまつやま)(現旭山(あさひやま)神社のある山)の3山に登って見立て、天守の位置を決めた。

　この城郭の位置の決定に関しては、「輝元は先ず新山に登り、厳島(いつくしま)の頂上に一線を画き、次に二葉山と己斐村松山に登って一線を引いて、その交差する点を、天守の位置と定めた」と『新広島城下町』に述べられている。筆者も同様にこの3山に登り、復原的に追試したが、このとおりであり、各種文書とも整合しているため上記の解釈は信頼できる。

　この広島城天守の位置決定にみる構成は、かねてより仮説を立てていた「視軸」による都市設計技法の存在を裏書するものであり、その技法が使われた証左(しょうさ)といえる。

第3章　仮説の論拠と意味

(2) 天守を基点に町割の基軸設定

　天守を町割の基準とする方法がかなり一般的に行われたことは、宮本雅明氏の『都市空間の近世史研究』[1]の萩・広島城のヴィスタの章に『毛利氏四代実録考証論断』*1を引いて詳述している。これによれば、「萩町ノ街ハ天守楼ヲ標準トシ横町縦町ヲコソ構ヘラレタレコレ皆古実ニ能適ヘリトカヤ」とある。そして本資料が後代の考証であっただけにこのまま信じることはできないとして復原的に萩城と広島城を考察し、「天守を町割の基準とする方法がかなり一般的に行われていたこと、またこれが毛利氏にとって伝統的な手法であった」と指摘している。ここにいう「横町縦町ヲコソ構ヘラレタレ」は、街路から施設配置をも含む総合的な町割と解釈でき、まず天守が決まり、その天守を基点として町割の基軸になる街路、主要施設が決められたと読みとれよう。

　この天守を基点に町割の基軸をきめた「お見通し」、ヴィスタの技法は、萩城下町にとどまらず広島城下町、鳥取城下町、仙台城下町、久保田城下町などにおいて広く使われていたことに関して史料をあげて論じている。次に萩城下町以外に「お見通し」がみられる史料を拾っておく。

　仙台城下町は慶長5(1600)年11月13日に城地を選定し、城郭の縄張は同年12月24日に行い、城普請(しろぶしん)は翌6(1601)年1月11日から始まった。城下町の町割や屋敷割も並行して実施し、同年12月には一応完了した。この町割の実施にあたっては「只野利右衛門勤功　并(ならびに)　先祖由来書上写」[11]に「‥御当地御開発之節慶長年中御供仕罷越、当御城下御町割御縄張被仰出、御城之御見通を以大町通始　而　御町割相済、御用首尾能奉勤仕」とあることから、御城を見通しの目標として町割が施されたことが分かる。

　さらに、**3.1.2(2)**で取りあげる鳥取城下町、ならびに**3.1.2(4)**で取り扱う久保田城下町で「お見通し」により町割されたことが分かるのである。

(3) 『陰徳太平記』、軍学書にみる視軸

　第2章に、城郭の地選に視軸が使われた論拠を示したが、これらのほか『陰徳太平記』や軍学書に視軸に関連する記述がみられる。

　『陰徳太平記』には、広島城の地選から経始(けいし)に至る技術についての記述がある。「‥右社後市の位(うしゃこういち)を正し‥」とあり、領国の一ノ宮ほか格式の高い神社や御神体山を

---

*1　毛利家4代の事跡を記した『毛利氏四代実録考証論断』は、文政6(1823)年から編纂に着手し、萩城ならびに城下町の建設経過を諸資料の考証を加えまとめたもの。

見通し、視軸の関係に天守位置が決められた。このような事例は広島城以外にも多く見いだせる。

　例えば、中津城下町にみたように冬至・夏至の旭日(きょくじつ)・落日の方位にある城主崇敬の一ノ宮や名山霊峰(れいほう)と視軸の関係を取り結ぶように天守を位置決めし、その天守を基点にして主要施設を視軸に見通すように配置するという古典的な手法がみられた。絶対的ともいえるこの手法は、「常陸(ひたち)国府を中心とした空間構成」[9]などにおいて、視軸がクロスする位置に国府が配置計画されたことが指摘されている。

　さらに、北辰北斗(ほくしんほくと)信仰の関連では、軍学書のなかでも甲州流・北条流の流れを汲む山鹿流兵法の奥秘本伝に、「破軍尾返(はぐんおがえし)」つまり北斗の剣先の向きが大事とされた。伊勢神宮の内宮・外宮の祭神は北辰北斗に習合(しゅうごう)し、その重要な三節祭(みふしのまつり)は北斗の剣先が真東、真西、真南、真北に向いた時に執行された。この北辰北斗の構図は、視軸の構成であるとともにα三角形の構成で、かつ卍字の曲尺(かねじゃく)(図3.2.5参照)の構成でもあった。これについては3.2.3(3)に譲る[10]。

　次に、設計・測量にかかわった技術者とその技術に注意して『陰徳太平記』をみると次の4点がみえる。
① 「土方氏(とほう)ニ命ジテ」つまり「土方氏」という方位方角を決めた陰陽師(おんみょうじ)のような測量の専門職に命じたこと。
② 「以二土圭一攷(かんがえ)二日景一辦(わきまえ)レ方」といい、土方氏が土圭法(ときけい)を使い日の出と日の入りの日影を観察し、北極星の位置をも参考にして正方位を決めたこと。
③ 「投二鈎縄(こうじょう)一、審二方面勢覆(せいふく)一」とあり、鈎(かぎ)(曲尺またはα三角形)と縄(なわ)(間縄(けんなわ))を使い、神社を基点にして天守の方角位置の良し悪しをつまびらかにして決めたこと。
④ 「量(はかり)二高深遠近一」は高低遠近を測量して頃合を決めたこと。

　また、軍学書の北条流兵法や山鹿流兵法には次の3点がみられる。
① 　山鹿流兵法奥秘本伝にいう「破軍尾返(はぐんおがえし)」つまり北斗の剣先の向きが重視されたこと。
② 　北条流兵法と関連する伊勢神宮の三節祭にみる北辰北斗の構図が重視されたこと。
③ 　山鹿流兵法奥秘本伝にいう「大星とは日輪なり。日輪を大星と名付るが伝なり。‥日輪によりそふて事を成さば、不レ勝と云事なきなり」[13]とあり、昼は日輪を背にして戦へば、勝たずということはないと説いていること。

　以上から天体観測や測量に関連する専門職の存在とそこに使われた技術として

「視軸」が深く関連していたことが分かる。次に測量技術が築城技術として使われた視軸についてみてみよう。

(4) 測量技術と視軸

織豊期の測量技術に関して、『明治以前日本土木史』[3]は次の3つの注目すべきことを記述している。

1) 安土城に関して

「天文11(1542)年薩南種子島に於ける葡萄牙(ポルトガル)国人の漂着は、我国に於ける文明開化に一大曙光を投じ、欧州文化に対する直接交渉の導火線を為したり。織田信長天下を統一するや、仏教徒の専横(よくあつ)を抑壓せんが為め、耶蘇(キリスト)教を入れ其斎す所の欧州の文化を包擁(ほうよう)して、コレギオ(大学)及びセミナリオ(中学)等をも創設し、又安土に築く所の安土城は、鉄砲火薬の伝来に依り、茲(ここ)に築城法に一新世紀を作れり。而(しこう)して之等(これら)の新築城法の施行に際しては諸計画、縄張り等の測量実施は舊(きゅう)來の制を破り、輸入せる欧式測量乃至算法を採用せること勿論(もちろん)なりしならん」

とある。

信長が天正4(1576)年に築城を開始し、3年後に天守が完成した安土城の新築城法は革新的であったが、その計画・設計に旧来の技術ではなく輸入した西欧の測量技術と数学が採用されたことはもちろんであると断言している。

2) 秀吉の備中高松城の水攻めに関して

「天正10(1582)年豊臣秀吉、信長の命に依り、備中毛利氏と戦ひしが、高松城を水攻めにせんとし、堤を城の周囲に築かしめたり。堤の長さ2里3町、敷12間、高さ3間、馬踏(ばふみ)6間、之に要せし土俵坪当たり62俵、25日の短期に竣功せりといふ。此種の計算は、頗(すこぶ)る達算(たっさん)の士の考慮算討に出でたるものなるべく、而(しか)も大井川・乳吸川の水高と城邊(しろべ)との高低差の決定、築堤の屈曲、土積の多少等、相当の測量設計算学に通じたる者の、参與(さんよ)するに非ざれば大成し得ざるものにして、当時軍事的に測量が応用せられたることを證(しょう)するものなり」[3]

とある。

2つの川の水高と城辺との高低差や築堤の屈曲(くっきょく)、土積の多少などは、高い測量設計算学に通じた者が軍事的現場にいない限り達成できなかったとして、西欧式の測量が応用されたことを明かすものとしている。

3.1 視軸が使われた論拠と意味

3) 太閤検地に関して

「‥此期に当り田制を正し混乱不統一の状態より救出し、後世に範を遺したるは実に豊臣秀吉にして、史家の所謂天正検地・文禄検地或るは太閤検地と称するもの之なり。‥秀吉の検地は、後陽成天皇の天正 10(1582)年山崎役直後より慶長 3(1598)年秀吉の薨去に至る間に於いて、秀吉が其臣石田光成・長束政家以下をして実施せしめしものにして、全国的の大規模なる土地の丈量即ち測量なりき。此法は古法を改め、新法に依りて実施し、その結果を綜合して一大国絵図を造れり。之即ち有名なる『文禄国絵図』と称せらるゝものにして、我国に於いて現時点其風貌を伝ふるところの古国絵図の最古のものなり」[3)]

とある。

天正 10 年山崎役直後から慶長 3 年秀吉の薨去まで行われたいわゆる太閤検地では、全国規模で土地の丈量すなわち測量を行った。この法は古法を改め、新法によって実施し、その結果を綜合して一大国絵図「文禄国絵図」を作成したと述べている。

確かに織豊期に格段の測量技術の進歩があったことは周知のことで状況としては理解できる。しかし、その新しい西欧式測量技術そのものについての記述がなく、根拠となる史資料の提示が見当たらない。

我が国律令時代以来の古式の算法や測量術は、戦国時代には軍学に取り入れられ、戦略に用いられ、安土・桃山から江戸初期にいたる城下町建設ラッシュ時代には、築城法に応用され、これに宣教師や南蛮貿易に携わった船員や商人などを通じてポルトガルやオランダなど西欧の測量や地図を作成する道具と技術が伝わり、飛躍的に発展したことは想像に難くない。そこで近世の測量術ならびに絵図作成技術については稿を改めて述べることにし、ここでは、当時の測量技術のなかで「視軸（見通し）」に関連するところを拾っておく。

土地の測量の目的は大きく分けると、古くは距離を測ること、土地の面積を測ること、地形や事物の高さを測ることであった。これに絵図を作成することがこの時代に重要になった。

『近世絵図と測量術』[14)] から田図について記す。

「地図作成の方法は田図など小範囲の図であって、描こうとする土地の周辺に方形の縄を張って、さらにその中にいくつかの小方形の区画ができるよう碁盤目状に縄を張る。紙面にその縮図をつくり、土地の区画と紙面の方眼を対応させて土地の実況を紙面に描き込めば、その土地の図ができあがる。やがて土地の面積を測る方法が長方形を用いる方法（十字法）から、三角形の和を用いる（三斜

第3章　仮説の論拠と意味

図 3.1.1　各筆検地の図[3]

法)に変わったように、地図作製の方法も、方眼法から描こうとする土地をいくつかの三角形に分割する方法に進展した」
とあり、ここにいう「十字法」が織田信長の検地や太閤検地、徳川家光の検地にも広く使われたと考えられる。**図3.1.1**は十字法による検地の状況を示したもので、慶安2(1649)年の家光の全国検地の風景とみられる。

この図にみるように、梵天竹と間縄を用いて田畑を正方形や長方形の十字に区画する方法で面積を測り、その縮図を描いた様子がうかがえる。梵天竹と十字に引いた間縄は見通し・視軸を原則にした測量方法であったことを知ることができる。

この系統に属するいわゆる四分界(方眼紙)を用いた都市図として、畿内大工頭中井氏による精緻な俗に「京都図」といわれる寛永14(1637)年の「洛中絵図」(宮内庁書陵部蔵)と「寛永万治前京都図」(京大図書館蔵)が現存する。この都市図は、方形方眼を被せ、その1辺を10間、つまり4分10間、1/1500の縮尺図をもって精細に道路の長さや社寺などの施設が書き込まれている。

これらの事例はいずれも城下町建設の時代より少し下るが、城下町建設の測量の原則を踏まえており、その測量と絵図作成の基本として視軸の技法が基底にあったといえよう。

以上より当時の測量に「視軸(見通し)」が多用されたことと、城郭・城下町の設計計画・施工の各工程、つまり地選・地取・経始・町割において測量と絵図作成が重

54

要な役割を担い、測量技術者が深くかかわった。このことから、視軸の技法が城郭と城下町の設計ならびに施工の技術として近世城下町建設期の早い時期から根づいたものと考える。

また、古代から方位の確定に使われた土圭法は、表竿(ひょうかん)を中心にして日の出と日の入りで描く影は視軸のクロスの関係を現したもの(図2.3.1参照)であっただけに、視軸のクロスを施設配置に使う発想は古くより存在したとみられる。

3.1.2 視軸の意味

(1) 設計上の手掛かりとしての意味

天守を基点にして主要施設の配置や町割の基軸を設定する場合、これまでの図上検討から多くの視軸が観測されている。この視軸は現地で縄張して施設配置を検討し、城郭と城下町の設計絵図・寸町分間図に描く場合のガイドライン的用法の結果とみることができよう。

この絵図を基にして実際に現場で「草を刈り、鈎(鈎形に曲がった用具・曲尺)と縄(間縄)を用いて、方角の良し悪しをつまびらかにし、高低遠近を測量し、施設配置の頃合いを決めた」と『陰徳太平記』にあるように、精緻に施設の位置を決めたとみられる。

「鈎」とは曲尺のことで、曲尺にも木製の大曲尺(三四五尺)があったことは『和漢三才図会』の「和漢船用集」にみえる[*2]。また、「方面の良し悪しを審らかにし」は、方位学、陰陽道(おんみょうどう)など精神的な意味での方角の良し悪しとともに現場における軍事上の「見通し」の良さ、つまり視軸の関与をも想定しえよう。それは現場で当時どのようにして方角と距離を決めたか。その測量術と測量道具・製図用具をみると[2),3)]、視軸がかかわったことは想像に難くない。

(2) 軍事的意味

ここでは天守からの視軸に基づく城郭と城下町の施設配置の意味を伝える「鳥取城下町」を取り上げ、視軸構成の軍事上の意味を考察する。

元和3(1617)年、池田光政が入部し、城郭をそのままにして城下町を大改造した近世城下町鳥取の普請の経緯を記した諸書は多い。なかでも『因府録』(いんぷろく)[4)]巻之第参に

---

*2 大曲尺:「大矩也於保加祢と云　木を以って作る折　廻勾三尺股四尺弦五尺あるゆへ俗呼て三四五と云　勾股弦の知也」『和漢三才図会』巻第24、「和漢船用集」、資料L.1.4、付図1.7.c。宝暦11(1761)年、大阪府立中の島図書館所蔵。

第3章　仮説の論拠と意味

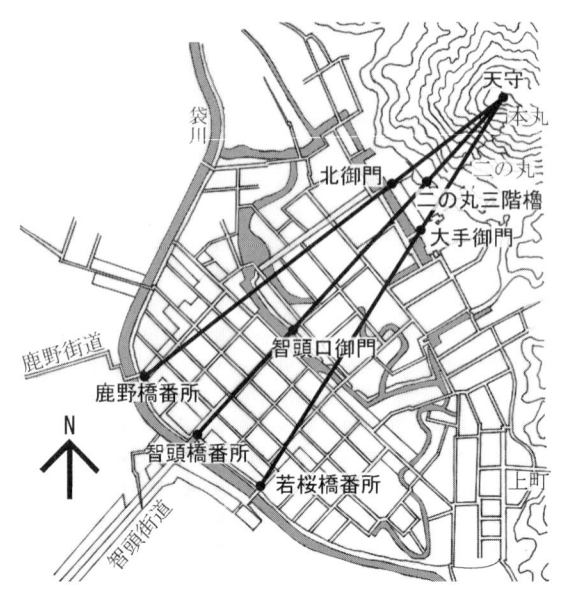

図 3.1.2　鳥取城下町の視軸

「…侍町其外市店小路の割を御本丸の上より見下ろせば、何方も障りなく見通す様の縄張なり」、また『鳥府志』[5]に「‥御山の上より見下す御家中屋敷其外小路何れも見通す様の縄張のよし」などの記述がみえる。これに従えば城下の街路はどの通りも本丸上から見通せるように意図的に計画されたことが知られる。そこで宮本雅明氏は当時の城下町の復原と実見を踏まえて、3本の「お見通し」の線上に設定されたことを明らかにした。さらに、このお見通しの目的について『因幡民談記』[6]に「‥是れ乱世に於て敵城下へ寄せ。籠城に及ふ時見下さんが為め也ける」とあるのを引いて、「本丸からの見通しによる町割が防御を目的とした」軍事上の観点に基づいて行われたことを指摘した。

この3つの街路のヴィスタによる線引きが軍事目的の計画であった。これと同様に、天守—二の丸三階櫓（慶長7年成立）—智頭口御門—智頭橋番所は、視軸・「お見通し」の構成であった（図3.1.2）。また、天守—北御門—鹿野橋番所もまた視軸であり、さらに天守—大手門—若桜橋番所も天守を基点とした視軸の構成で配置されたことが分かる。

このように鳥取城とその城下町の正面の軍事上重要な諸門が天守からの視軸で配置したのは、防御を目的とした軍事上の観点に基づいて設計されたとみなせる。

3.1 視軸が使われた論拠と意味

(3) 精神的意味

　毛利輝元が広島城の天守を位置決めするにあたって精神的な意味を書きとめた資料『陰徳太平記』[15]には「‥右社後市の位を正し‥」とある。この『陰徳太平記』の香川正矩(まさのり)は、中国の古典的都城プランの理想形を示した周代の『周礼』の「考工記(こうこうき)」に「左祖右社　面朝後市」とあるのを引用して、「神社を基準にして天守の位置を正すべし」と援用して述べたとみられる[7]。つまり広島城の地選・地取は安芸一ノ宮の宮島の厳島神社の弥山(みせん)を右社とみなして、見立山に登って神体山弥山を視軸に見通す位置に天守を位置決めたと読みとれる。このように領国の一ノ宮ほか格式の高い神社や御神体山を見通し、視軸の関係を取り結ぶように天守の位置が決められた事例は多い。

　中津城の築城は、天正15(1587)年、黒田孝高が入封後、求菩提山の僧玄海法印(げんかいほういん)をして地選し、中津丸山を適地と相て、縄張して天正16(1588)年正月に玄海法印が地鎮の儀を執行[8]して開始された。

　この本丸主櫓(しゅやぐら)(現模擬天守)*3は、冬至に旭日を拝する方位(E28°S)に宇佐八幡宮があり、夏至に落日を拝する方位に菅原道真が九州に上陸した地に綱敷(つなしき)天満宮が鎮座し、これらが一直線に見通す視軸の構成になっている。また、冬至の落日の方位には、北部九州の修験山・英彦山(ひこさん)の英彦山神宮がある。この中津城本丸の主櫓位置の決定の方法は、絶対的な冬至・夏至の太陽出没方位を基本とした視軸による位置決定法である。

　これに関して、山田安彦氏の『古代の方位信仰と地域計画』[9]によると、古代藤原京の朝堂院(ちょうどういん)は冬至の旭日を拝する位置に天香具山(あまのかぐやま)、内裏は冬至の落日位置に畝傍(うねび)山を拝する構成であったし、常陸(ひたち)国府の位置決定など多くの国府にみられる冬至・夏至の旭日・落日の方位に施設が視軸によって配置されたことが述べられている。

　このように冬至・夏至の旭日・落日の方位に関連づけて施設を配置した意味について、中国では「陰極って陽萌(きざ)す」と考え、冬至以降、陽気回復、生産回復に向かう神聖な方位となる。この意味で辰巳信仰が発祥した。こうして冬至の日出は、生産霊の日向(ひむかい)信仰の対象である辰巳方位を崇拝するようになった。夏至の日没(こく)は穀霊神(れいしん)信仰対象の方位であり、また、祖霊・地霊の座(いま)す方位である。他方、夏至の

---

*3　「黒田の時代までは天守ありたれど一国一城の外御禁制の時、之を毀ちしなり」という説と「天守と言う事疑いあり」とする説がある(『中津市史』1955)。現模擬天守は昭和39(1964)年第17代奥平昌信が中心になり藤岡道夫博士の設計により細川忠興築城の天守台石垣の上に造営された。

旭日方位には京師平安の鬼門鎮護として比叡山延暦寺を建立（こんりゅう）したほか冬至の落日方位には裏鬼門鎮護として神社の勧請（かんじょう）が古来より広く執り行われた。

このような冬至・夏至の旭日・落日の方位に関連づけた天守位置決定の事例は、中津、松江など織豊系の城下町にみられる。

北辰北斗信仰の関連では、軍学書のなかでも甲州流・北条流の流れを汲む山鹿流兵法の奥秘本伝によると、「破軍尾返」つまり北斗の剣先の向きが最も大事とされた。北条流秘伝の極意としての「方円神心」（ほうえんしんしん）は天照大神信仰と結びつき、その伊勢神宮の内宮・外宮の祭神は北辰北斗に習合し、その重要な三節祭は北斗の剣先が真東西南北に向いた構図（図3.2.5参照）になった時に執り行われた。

この北辰北斗の構図は視軸、α三角形、卍字の曲尺の構成であり、また、この卍字曲尺の構成を城郭の縄張に用いたと奥義に記すだけに、本書の仮説「視軸とα三角形による城下町設計」の論拠の1つと推定できる（3.2.3(4)参照）[10]。この典型例として中津の主櫓を中心にした薦八幡宮（こも）—主櫓—古表（こひょう）八幡宮と闇無濱（くらなしはま）神社—主櫓—自性寺（じしょうじ）とが直交する視軸構成をあげることができる。

(4) 景観的意味

景観上の観点から城郭を見通すように街路が設定された例は、宮本雅明氏の『都市空間の近世史研究』[1]に久保田城下町（秋田）を挙げて述べられている。

これを引用して、城下町の町割に視軸が景観演出の意味を持って使われたことを述べる。

慶長7（1602）年9月水戸から転封（てんぽう）された佐竹義宣（よしのぶ）は、まもなく神名山（かんな）に城地を選定し、翌慶長8（1603）年5月築城工事に取り掛かり、慶長9（1604）年8月に竣工した窪田（久保田）城に入った。城下町の建設は築城と同時に開始され、旭川（あさひかわ）の東の武家地（内町）（うちまち）と西の町人地（外町）（とまち）に明確に区画された。

城下の整備は3段階に分けられ、その第1は慶長期後期の築城期で、第2は元和3（1617）年の一国一城の令に伴ない諸城から久保田城に藩士を迎え入れたために施された町割であり、第3は寛永6（1629）年から8（1631）年にかけて城下周辺に足軽屋敷が整備された。

この第2段階の町割は、内町第3郭の一部改定と第4郭（亀ノ町）の新設であった。この元和年間の町割の様子を記した『梅津政景日記』[16] 元和6（1620）年4月21日の条に、「田町（たまち）・根小屋町（ねこや）、御城より御覧候（ごらんそうろう）ヘハ、まかり候由、御意被成（ぎょいなされ）、御町わり（おまち）御直シ候ハンと、見とおしを立、御出御覧被成候（なされそうろう）」とあり、同年4月23日の条に

は、「当下町御城よりひつミ候由、御意被成、長野ノ下よりほり川土手際まて、五町共ニ立直り由候、今日見とをし立」と記述がある。

　これによると城下の田町・根小屋町の通りが城郭から見下ろすと曲がっていたため、見通しを立てて義宣が自ら町に出て検分の末、まっすぐに変えたことが知られる。そして2日後には長野ノ下よりほり川土手際まで5町の町割に見通しを立てて改めて実施したことが知られるのである。

　ここに町割にお見通しの技術を使って街路を線引きし直したことが分かるが、なぜ御城からの見通しを立てることにし直したのであろうか。

　これにつき、宮本氏は現存する最古の正保4(1647)年の「出羽国秋田郡久保田城絵図」を基に復原図を作製のうえ、実見して考察した。こうして町割の歪みを認めた(東)根小屋町の通りは、天守の代用を務めた御出し書院をちょうど正面に見据える街路であったことを見いだした。続いて、この強引ともいえる町割の意味するところを考察するに、「城郭からの眺望を整えると同時に、街路からの景観演出の効果を強く意識されたことは、割り直しに際して義宣が自ら現地に赴き、城郭を見通して検分したことからも裏書される」[1]としている。

　また、時代的社会的な背景を考慮してその意味について、

「天守が当初軍事的な機能を重視した望楼として発生し、次第に城下の眺望を楽しむ機能をも備えた住居併用型に転じ、さらに慶長5(1600)年の関ヶ原の戦い前後になって純軍事的な機能を重視するに至り、最後に元和偃武の後、装飾的な機能に徹するという変遷過程を辿ることは既に知られる。…とすれば城郭を対象とするヴィスタに基づく空間設計も、成立当初の防御を考慮した軍事的な意味合いが強く、次第に天守に座した領主の視線が城下の基軸を貫徹する構図を達成した景観整備の効果を重視するに至り、その後再び軍事上の機能に重点を置き、最後に領主権力を穏やかに象徴する景観演出の効果を求めるという展開過程を推定することができそうである」[1]

と指摘している。

3.1.3　まとめ

　以上の考察を通して、本節の目的である「地域の一ノ宮や霊峰を基点に視軸によって天守の位置をまず決め、その天守を基点に視軸を用いて、城郭と城下町の主要施設(門、櫓、寺社など)の配置を決めた」とする仮説の論拠と視軸が使われた意味について文献資料と対照させながら、復原的な検討を加えることによりその論拠と

第3章　仮説の論拠と意味

意味を明らかにしてきた。その要点を列挙すると次のようである。

　第一に、一ノ宮などの神社や霊峰を基点に視軸を用いて天守の位置を決め、天守を基点に施設配置したことの論拠としては、次の4点があげられる。

① 　毛利輝元が広島城天守の位置決めのため、明星院山、新山、己斐松山の3山に登り、新山から厳島神社の弥山への視軸と明星院山から己斐松山への視軸のクロスする地点に天守位置を決めたことは、史資料ならびに復原的考察と実見から確認された。

② 　天守を基点に「視軸（お見通し）」を使って町割の主要街路の線引きや主要施設の配置をしたことはかなり一般に行われた。それは、萩城下町における「街ハ天守楼ヲ標準トシ横町縦町ヲコソ構ヘ」とあることと、「コレ皆古実ニ能適ヘリ」とみえる点から、また広島城下町などへの宮本雅明氏の復原的考察から、確からしいことが分かった。

③ 　視軸のクロスする位置に天守を配する方法は、古くは中国の古典『周礼』の「考工記」にみえる「左祖右社　面朝後市」に由来し、我が国古代の多くの国府にみられた冬至・夏至の旭日・落日の方位に施設が視軸によって配置された古典的方法に依拠したものとみられる。

④ 　築城当時の測量に「視軸（お見通し）」が多用されたことと、城郭・城下町の設計計画・施工の各工程、つまり地選・地取・経始・町割において測量と絵図作成が重要な役割を担い、測量技術者が深くかかわったことから、視軸の技法が城郭・城下町設計ならびに施工の技術として築城期の早い時期から根づいたものと考える。

　第二に、「視軸」が城郭・城下町の設計に使われた意味としては、

① 　この視軸は、城郭と城下町の設計・建設過程において、現地で縄張し、測量し、そして施設配置を検討して、城郭と城下町の設計絵図を寸町分間図として描く場合など設計の手掛かり・ガイドライン的用法の結果とみることができる。

② 　鳥取城下町の正面にみる軍事上重要な諸門が天守からの視軸で配置されたのは、防御を目的とした軍事上の観点に基づく設計であったことを知る。

③ 　広島城天守の位置決めにみるように、領国の一ノ宮ほか格式の高い神社や霊峰を見通し、視軸のクロスする関係を取り結ぶように天守位置が決められたこと。また、中津城にみるように冬至・夏至の旭日・落日の方位に崇敬の神社を置き、視軸に関連づけて天守位置を決めたことは、「陰極って陽萌す」と考えたことなど、当時の祥瑞思想に基づくものと考えられること。当時の北辰北斗信仰との

3.1 視軸が使われた論拠と意味

関連では、北辰北斗の位置の構図が視軸、α三角形、卍字の曲尺の構成に符合すること。これらの視軸はいずれも当時の信仰・宗教と関連した哲学・パラダイムを表現したもので、精神的な意味があった。
④ 久保田城下町の事例にみたように、城郭からの眺望を整えると同時に、街路からのお見通しによる街路設計は景観演出の効果を意識したものであったことを述べた。

このように視軸を使用して城郭と城下町を設計建設した意味は、単に測量や絵図作成の技術と関連した設計の手がかりとしての意味のみにとどまらず、防御を意図した軍事的意味、さらには当時の精神的よりどころと関連した信仰や宗教、そのパラダイムと関連した精神的な意味があった。また、城郭の主殿からの眺望と城下からの景観的整備の意味をも持っていた。

以上の考察を通して、視軸がクロスする場合には、天守の位置決め、天守を基点とした諸施設の配置計画は可能である。しかし、必ずしも視軸がクロスするとは限らないだけに、視軸がシングルの場合には何か別の技法があったはずで、この点が次節の課題となる。

〈参考文献〉
1) 宮本雅明『都市空間の近世史研究』中央公論美術出版、2005.2
2) 小川博三『日本土木史概説』共立出版、1975.12
3) 社団法人土木学会『明治以前日本土木史』岩波書店、1936.6
4) 佐藤長健『鳥取県史 第6巻 因府録』鳥取県、1974
5) 岡島正義『鳥取県史 第6巻 鳥府志』鳥取県、1974
6) 小泉友賢『因伯叢書(1914年の復刻版)』名著出版、1972
7) 黄永融『風水都市』学芸出版、1999.4
8) 重松敏美『求菩提山修験文化考』豊前市教育委員会、1969
9) 山田安彦『古代の方位信仰と地域計画』古今書院、1986.4
10) 髙見敏志、永田隆昌、松永達、衣笠智哉、佐見津好則「北辰北斗信仰とα三角形60間モデュール」近世城下町の設計原理に関する研究 その45、日本建築学会四国支部研究報告 第6号、2006.5
11) 仙台市『仙台市史 第9巻』仙台市、1951
12) 有馬成甫『日本兵法全集3 北条流兵法』人物往来社、1967.9
13) 有馬成甫『日本兵法全集5 山鹿流兵法』人物往来社、1967.11
14) 川村博忠『近世絵図と測量術』古今書院、1922.4
15) 米原正義『陰徳太平記 六』東洋書院、1984.2
16) 東京大学史料編纂所『大日本古記録 梅津政景日記 全9巻』岩波書店、1984

3.2 α三角形60間モデュールの論拠と意味

　本節では、3.1の視軸と同様に「α三角形60間モデュール」の論拠と意味を考察する。「天守の位置決めは、城主崇敬の古社古刹(こしゃこさつ)とα三角形60間モデュールに関連づけて設定され、この天守を基点として城下町の主要施設（門、櫓(やぐら)、橋、番所(ばんしょ)ならびに社寺）の配置は、視軸とα三角形60間モデュールを関連づけて計画され、この主要施設を基点としたヴィスタならびに視軸とα三角形60間モデュールと関連づけて町割された」とする本書の仮説の論拠を探る。続いてα三角形60間モデュールがこれらの設計計画に使われた意味を考察する。

3.2.1　α三角形60間モデュール

　α三角形60間モデュールの定義をまず示し、小倉城下町の町割になぜ35間モデュールを使ったかの疑問の考察からその着想を次に示す。

(1)　α三角形60間モデュールの定義
　「α三角形」は、3辺が $1:\sqrt{2}:\sqrt{3}$ の直角三角形である。大工道具の曲尺(かねじゃく)の表目1を直角三角形の短辺に、裏目1（＝表目 $1.414 ≒ \sqrt{2}$）を長辺にとると、斜辺が $\sqrt{3}$ の直角三角形を描くことができる（図1.2.1参照）。

　$\angle\alpha = \tan^{-1}1/\sqrt{2} ≒ 35°26′$ となり、この $\angle\alpha$・北緯35°26′は日本の中央部緯度（出雲、松江、鳥取、長浜、岐阜、犬山、甲府、江戸）における北極星の高度にあたる[1]。古来、北極星は唯一不動の星として神聖化され、この北辰北斗(ほくしんほくと)信仰が仏教と習合(しゅうごう)して妙見(みょうけん)信仰として、白鳳9（691）年に大陸から朝鮮半島を経て我が国の熊本県八代(やつしろ)や山口県下松(くだまつ)に伝わり、奈良末から平安初めに花開き、近世城下町の築城期にその最盛期を迎えようとしていた。北辰北斗（北極星と北斗七星）の形態はα三角形を常に保持しながら北極星を中心に回っている（3.2.3(3)参照）。それだけにこのα三角形は神聖で特別な三角形ともいえよう（図3.2.4、図3.2.5参照）。

　このα三角形の斜辺 $\sqrt{3}$ に60間を入れると、短辺1は 34.6 間 $≒ 35$ 間、長辺 $\sqrt{2}$ は 48.9 間 $≒ 50$ 間となる。この三角形をA型α三角形と定義した。

　同様に短辺1に60間を入れた場合をB型α三角形とし、長辺 $\sqrt{2}$ に60間を入れた場合をC型α三角形ということにした。この3種のα三角形の各辺を整数倍してできる等差数列・寸法系列をそれぞれA、B、C型のα三角形60間モデュールと定義

3.2 α三角形60間モデュールの論拠と意味

した(図**1.2.2**参照)。

(2) α三角形着想の過程

小倉城下町の町割に特に顕著にみられた35間モデュールは、我が国の近世城下町のなかでも最小のモデュールであった(**2.1.4**参照)。「なぜ小倉で35間モデュールが町割に使われたか」という疑問が、このような「α三角形60間モデュール」を想起させる端緒となった。

こうして各城下町の町割の寸法を調べてみることになった。豊臣秀吉が天正11(1583)年に築城した大坂城下町について、玉置豊次郎氏は「船場島の内全域にわたって、道路を東西南北に井然と正方形の碁盤割に配し、街区の一辺の長さを42.3間として京都よりは少し小さくしている」[2)]と述べている。また天正18(1590)年徳川家康の江戸開都の城下計画について、『東京市史稿』に「予メ町割ヲ為タル部分ハ、明ニ平安都制ヲ参考シタリ」と記し、さらに「熊本と広島と江戸はすべてによく類似していて、町人町はともに街区を正方形にしている。そしていずれも街区の大きさを大坂より大きく60間角ほどにしている」[2)]とある。

また、細川忠興が慶長6(1601)年に築城した小倉城に続き、隣国の毛利輝元が慶長6〜9(1604)年に建設した萩城下町[3)]について調査した結果、萩城下の町割に85間の基本寸法が多用されていたことを知った。

以上のほか城下の縄張に関して「平安都制を範として」という記述に多々触れたことから、①60間に関連した寸法系列が関与していたであろうと考えた。これに加えて、②小倉城下町の35間、③大坂城下町の42.3余間、④萩城下町の85間、以上35、42.3余、60、85間の4つの条件を満たす関係を模索し続けた。暗中模索のなかで指図(設計図)を描く道具、測量する道具について考えるようになった。

そこで⑤大工道具の曲尺の表目と裏目に気づき(図**3.2.1**)、この一連の考察のなかで先に記した着想が芽生えた。

こうして①〜④の条件を満たす関係は曲尺の表目・裏目の関係が糸口となり、一挙にα三角形60間モデュールの着想が浮かび、本書の仮説が成立した。

次に「α三角形60間モデュール」の仮説が成立する条件についての予備的考察として、天正15(1587)年黒田孝高が経始した中津を事例を本格的に分析し、「中津城下町の設計原理に関する研究」[4)]と題して発表した。この考察を通して天守位置の決定から主要施設の配置、さらには町割の街路線引きに至るまでα三角形60間モデュールが関連していたことを発見したのであった。

第3章　仮説の論拠と意味

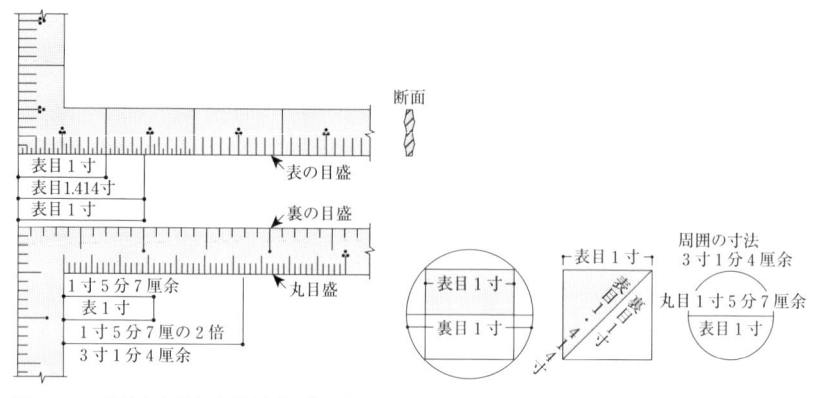

図 3.2.1　曲尺の表目と裏目 (出典:『建築大辞典』彰国社、1993)

3.2.2　α三角形60間モデュールの論拠

　中津城下町においてα三角形60間モデュールの明確な使用の痕跡を発見したが、次にこのα三角形60間モデュールが使われた論拠ならびにこれを使った意味について考察するのが本項の課題である。

(1)　曲尺の裏尺
　「α三角形60間モデュール」が「近世の城郭と城下町の設計に関連したのでは」という仮説を想定させたのは曲尺の裏尺であった。
　「規矩準縄を正す」とは、物事に折り目をつけるという意味である。それほどに大工にとっては規と矩と準縄はともに大切な道具であった。中国では後漢時代(25～208年)に造られた「武氏祠石室」(147年)は人身蛇尾の男女の像が刻まれており、そのレリーフには男が矩を、女が規を手にしていたことから規と矩の成立はそれ以前にさかのぼることになる[5]。
　「直接間接に中国文化の影響下にあった古代日本でも意外に早くから目盛のついたカネザシが存在した」[6] とみられる。
　$\sqrt{2}$ の目盛を付した裏尺は「日本のサシガネの最大傑作のアイディア」[6] で、裏尺を使いこなす規矩術、いわゆるサシガネ使いは大工棟梁の奥儀とされた。サシガネ(曲尺)の裏尺の成立についての文献上の初見は、正徳2(1712)年の『和漢三才図会』に「裏尺即ち曲尺の裏尺なり。其一尺は表の一尺四寸一分四厘余に当る」[5] とあるから、裏目の出現が正徳以前にさかのぼることは疑いない。一方、規矩術として

の集大成は江戸幕府の大工棟梁平内延臣の『矩術新書』［嘉永元(1846)年］まで下る。ところが建築の遺構のうえでは意外に早く、大工の規矩術から考察すれば、平安時代末期説(1171)[6]、鎌倉時代初期説(1227)[5]があり、議論の分かれるところだが、太田博太郎氏[7]ならびに村松貞次郎氏[6]は平安時代までさかのぼるとみている。以上から近世城下町建設当時にはすでに裏尺は成立していたのは確かである。

(2) 曲尺の表目と裏目とα三角形

　曲尺は大工が使うL字形の物差しで、長手が16寸余、短手が8寸余に目盛られている。長手を左手に持って右側に短手が折れている状態が曲尺の表目で、逆に左側に折れた状態が裏目である。現在の曲尺の目盛は、cm、mmであるが、当時は寸と分が目盛られていた。メートル法に変わる前の曲尺の裏側には、一般に短手に通常の寸と分が目盛られており、長手に表目の$\sqrt{2}$倍の目盛が切り込まれていた。

　したがって曲尺の裏尺を使えば容易にα三角形が得られた。例えば直角点から短手5寸と長手5寸（裏目5寸＝表目7.07寸）に線引きし、斜辺を結べば5寸：7.07寸：8.66寸＝1：$\sqrt{2}$：$\sqrt{3}$のα三角形が得られる。

　また、表目の長手には特殊目盛として5寸、10寸、15寸に大きく目盛ってある。興味深いのは裏尺の5寸に対応するところ（表目7.07寸）と裏尺10寸に対応するところ（表目14.14尺）に目盛が打ってあったことである。同様に裏尺にも表目5寸に対応する裏目3.54寸と表目10寸に対応する裏目7.07寸、表目15寸に対応する裏目10.6寸に目盛が付されている。これをα三角形に当てはめると、①5.00：7.07：8.66、②10.00：14.14：17.32、③3.54：5.00：6.12、④7.07：10.00：12.25、⑤10.61：15.00：18.37となる。これらのα三角形は何か特別な意味があったのではと想像されるとともになぜこのような特殊目盛が付されたのかに注目したい。

(3) 軍学書と寸町分間図

　軍学書のなかでも北条流兵法の『兵法雌鑑』、師艦抄中、地利の巻第十に、「えづ・木図・土図にて、城取遠路をするは、寸、町、分間の図を以、可仕なり。口伝」[16]とある。これは「寸町分間図」という図面が存在したことを表しており、分間図とは1分が1間として表現した1/600（1間＝6尺）または1/650（1間＝6尺5寸）の縮尺図ということになる。また、寸町図は1寸で1町を表現した1/3 600（1間＝6尺）ないしは1/3 900（1間＝6尺5寸）の縮尺図である。このような縮尺図を用いて設計すべしと述べている。

第3章　仮説の論拠と意味

　北条流兵法を創始した北条氏長は、13歳［元和7(1621)年］のとき『甲陽軍艦(こうようぐんかん)』を著した小幡景憲(おばたかげのり)の門を叩き、兵法学者としての基礎を築いた。景憲の講義を綿密に筆記し、覚書として景憲に『兵法私艦』として提出し批正(ひせい)を請うたが、その出来ばえがあまりにも見事であったので寛永12(1635)年『兵法師艦』に書き改めさせたという。そして正保2(1645)年に将軍家光の要請によって『兵法雄艦(ゆうかん)』を著述して献上した。これに対して『兵法師艦』は『兵法雌艦』と改称して伝わった。したがって、少なくとも寛永12年以前に「寸町分間図」という縮尺図が存在したことが知られる。
　だからといって直ちに築城期に寸町分間図が使われたという証左(しょうさ)にはならない。だが、瀬島明彦氏は、

　「慶長期の大工の指図の配置図で、いわゆる貼り図といわれる図面等は、グリッドを最初に決めておき、そこに建物プランを貼り付けていく手法をとっております。それどころか古代都市である平城京、平安京の設計においても似たようなグリッドの図面、縮尺を持った図面が作られている」[8]、それゆえに「築城期当時に縄張においても縮尺図が用いられた可能性は十分にある」[8]

と述べており、築城期の指図にα三角形60間モデュールを使っていたのではと推論する筆者は当時の縄張に縮尺図を用いていたとする説に傾いていることは否定できない。

（4）曲尺の特殊目盛とα三角形60間モデュール
　城郭城下町の縄張の指図に寸町分間図などの縮尺図が使用されたと仮定すると、寸町分間図とα三角形60間モデュールとの関連が想定できる。
　分間図は1分が1間として表現した1/600または1/650の縮尺図であったから、先の3.2.2(2)で注目したα三角形のなかでも③3.54寸：5.00寸：6.12寸は35間：50間：60間(61.2間)となり、A1型α三角形60間モデュールと対応する。したがって分間図は主として城郭の指図として使われたのではと推定できるだろう。
　一方、寸町図は1寸で1町：60間を表現した1/3600ないしは1/3900の縮尺図であったから次のようになる。

① 　5.00 ： 7.07 ： 　8.66寸 ＞300 ： 424 ： 　519間 ＞ B5型
② 10.00 ：14.14 ：17.32寸 ＞600 ： 848 ：1 039間 ＞B10型
③ 　3.54 ： 5.00 ： 　6.12寸 ＞212 ： 300 ： 　367間 ＞ C5型
④ 　7.07 ：10.00 ：12.25寸 ＞424 ： 600 ： 　735間 ＞C10型
⑤ 10.61 ：15.00 ：18.37寸 ＞636 ： 900 ：1 120間 ＞C15型

3.2 α三角形60間モデュールの論拠と意味

　これらはいずれも筆者が想定しているα三角形60間モデュールに対応しており、寸町図は地選・城郭の位置決めなどのほか城下町の町割設計図の縮尺図に使われたと推定できる。

　ゆえに、これまでの分析に1間を6尺5寸[*1]としてA型、B型、C型α三角形60モデュールの3種類の表を作成したが、ここではC型α三角形60モデュールのみを**表3.2.1**に示しておく。ここで、「寸町図」として城下町の町割を計画したと考えた場合、先に注目した曲尺の特殊目盛、3.54寸、5寸、7.07寸、10寸は、212間、300間、424間、600間に対応した縮尺を意味する特殊目盛であるとともに$\sqrt{2}$の等比数列になっていたことが分かる。

　ここで、もう一度、中津城下町の町割図に立ち戻り、町割寸法とα三角形の関係をみてみよう。**図3.2.2**にみるように、本丸部分にはC1〜C2型α三角形60間モデ

表 3.2.1　C型60間モデュール（1間＝6尺5寸）

	1				$\sqrt{2}$				$\sqrt{3}$			
	間	m	1/2 500	1/5 000	間	m	1/2 500	1/5 000	間	m	1/2 500	1/5 000
1	42.4	83.5	3.3	1.67	60	118	4.7	2.36	73.5	144.8	5.8	2.90
2	84.9	167.2	6.7	3.34	120	236	9.4	4.72	146.9	289.3	11.6	5.79
3	127.3	250.7	10.0	5.01	180	355	14.2	7.10	220.4	434.1	17.4	8.68
4	169.7	334.2	13.4	6.68	240	473	18.9	9.46	293.9	578.9	23.2	11.58
5	212.1	417.8	16.7	8.36	300	590	23.6	11.80	367.4	723.6	28.9	14.47
6	254.5	501.3	20.1	10.03	360	709	28.3	14.18	440.9	868.4	34.7	17.37
7	297.0	584.9	23.4	11.70	420	827	33.0	16.54	514.4	1 013.2	40.5	20.26
8	339.4	668.5	26.7	13.37	480	945	37.8	18.90	587.9	1 157.9	46.3	23.16
9	381.8	751.9	30.1	15.04	540	1 064	42.5	21.28	661.3	1 302.5	52.1	26.05
10	424.3	835.7	33.4	16.71	600	1 182	47.2	23.64	734.8	1 447.3	57.9	28.95
11	466.6	919.0	36.8	18.38	660	1 300	51.9	26.00	808.3	1 592.0	63.7	31.84
12	509.1	1 002.7	40.1	20.05	720	1 418	56.7	28.36	881.8	1 736.8	69.5	34.74
13	551.5	1 086.2	43.4	21.72	780	1 536	61.4	30.72	955.3	1 881.6	75.3	37.63
14	594.0	1 169.9	46.8	23.40	840	1 654	66.2	33.08	1 028.8	2 026.3	81.1	40.53
15	636.4	1 253.5	50.1	26.07	900	1 773	70.9	35.46	1 102.2	2 170.9	86.8	43.42
16	678.8	1 336.9	53.5	26.74	960	1 891	75.6	37.82	1 175.7	2 315.7	92.6	46.31
17	721.2	1 420.5	56.8	28.41	1 020	2 009	80.4	40.18	1 249.2	2 460.4	98.4	49.21
18	763.7	1 504.2	60.2	30.08	1 080	2 127	85.1	21.60	1 322.7	2 605.2	104.2	52.10
19	806.1	1 587.7	63.5	31.75	1 140	2 245	89.8	44.90	1 396.2	2 749.9	109.9	54.90
20	848.5	1 671.2	66.8	33.42	1 200	2 364	94.6	47.28	1 469.6	2 894.5	115.8	57.89

[*1] 用尺については京間の6尺5寸、太閤検地尺の6尺3寸、徳川検地尺の6尺など慎重を要する問題だが、これまでの考察から西日本の城下町の縄張では6尺5寸が1間とみてよいだろう。

第3章　仮説の論拠と意味

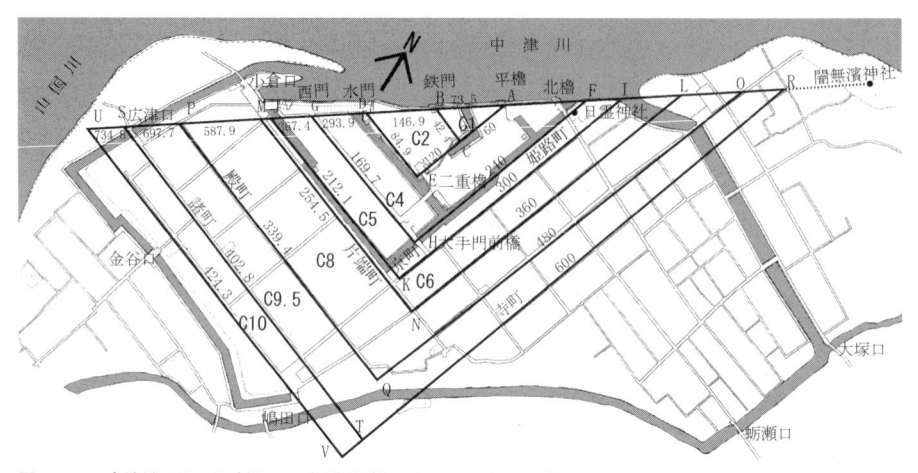

図 3.2.2　中津城下町の町割とα三角形（単位：間、1間＝6尺5寸）

ュールが対応し、二の丸、三の丸を含む内郭はC5型α三角形60間モジュールが対応していただけに、分間図が適当であったことが分かる。

次に、黒田時代の町人町部分は、C5型からC10型α三角形60間モジュールが見事に各横町の街路と対応しており、寸町図で描けば適当な縮図が出来上がったとみられる。また、曲尺の特殊目盛、3.54寸、5寸、7.07寸、10寸は、212間、300間、424間、600間に対応した縮尺を表したが、中津城下町の町人町部分の横町の街路設計と対応しており、この特殊目盛は町割においても多用されたことを意味する。

この中津城下町の町割にみるα三角形の構図は、軍学・北条流兵法にいう「城取遠路をするは、寸、町、分間の図を以、可仕なり」を裏づけるとともに、縄張の指図に寸町分間図の縮尺図が使用された可能性が高く、その絵図作成に曲尺を使用した痕跡を現在に残し、結果として「α三角形60間モジュール」による町割形態を現在に伝えるものといえよう。

「寸町図」で城下町の設計絵図を縮図として作成したと考えた場合、必然的に曲尺を使わなければ作成できないのである。そうすると、基準目盛が$1:\sqrt{2}$に対応し、特殊目盛3.54寸、5寸、7.07寸、10寸は、212間、300間、424間、600間が使われやすかったとみられる。その意味では曲尺の$\sqrt{2}$比は$\sqrt{2}$モジュールに結びつき、α三角形60間モジュールと関連づけられたと考えられるのである。

3.2.3 α三角形60間モジュールの意味

3.2.2でこのα三角形60間モジュールが使われた論拠について曲尺との関係から述べた。また、これを使った意味について考察した。軍学にいう寸町分間図という縮尺図を縄張絵図の作成に使用し、その作図道具として曲尺を使用した結果として「α三角形60間モジュール」による町割形態を現在に伝えたものと考えた。次に、「α三角形60間モジュール」が使用された意味は何であったかが課題であり、本項で考察することにしよう。

(1) サシガネ使いの便宜上の意味

3.2.2にみたように、城郭と城下町の設計絵図に寸町分間図という縮尺図が使用された可能性が高い。その絵図作成の道具として曲尺(サシガネ)を使用したであろうことは、当時の測量器具ならびに絵図作成用器具をみれば想像に難くない。曲尺の表尺と裏尺を使い設計した結果として「α三角形60間モジュール」による町割の痕跡が中津城下町などに残されている。

裏尺を使いこなす規矩術、いわゆるサシガネ使いは大工棟梁の奥儀とされたが、大工だけにとどまらず、舟大工、小細工、石工、測量、絵図作成など広く使われたことは諸書により知られる。このように城郭と城下町の町割にみえる「α三角形60間モジュール」の技法は、サシガネ使いとして便宜上使用された結果と単にみてとることができよう。しかし、それとともに我が国の建築、土木、絵図、工芸など多岐に渡り使用されただけに、日本の伝統的文化にまで関連するのではないかと想定できる。次に日本文化と$\sqrt{2}$およびα三角形60間モジュールとの関連を考察する。

(2) 日本文化としての意味

$1:\sqrt{2}$の比例は、我が国ではきわめて身近なものであったことは、建築家の望月長與氏の『日本人の尺度』[10]に指摘があり、この$1:\sqrt{2}$の比率を「日本の黄金比」と呼んでいる。また、秋山清氏の『神の図形』[11]によると、「小は原子の世界から大は宇宙に至るまで、正多面体を基本構造にして作られているこの世界は、根源的な部分が2つの比率$1:\sqrt{2}$と$1:(1+\sqrt{5})/2$になっており、宇宙の根源的な2つの比率を持つ図形を『神の図形』と呼ぶ。‥わが国の古建築に用いられてきた$1:\sqrt{2}$という特別の比率を日本比率、すなわち『大和比』と命名することにした」として、「大和比」と「黄金比」の2つの比率をあげている。

第3章　仮説の論拠と意味

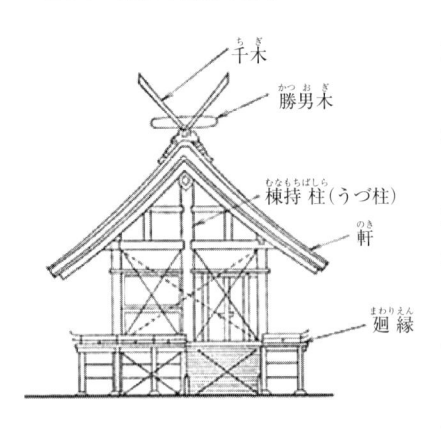

図 3.2.3　出雲大社の黄金比[10]

1) 日本文化と$\sqrt{2}$

『日本人の尺度』[10]によれば、正方形の一辺を短辺とし、その正方形の対角線を長辺とする、短長辺の比1：$\sqrt{2}$の長方形を「日本の黄金比」と名づけている。私たちの生活環境には長方形の造形物がきわめて多い。家の間取り、畳、建具、床、天井、家具、調度の類とおびただしい数にのぼる。なかでも短長辺の比1対2の長方形が最も多く、続いて多いのは「正方形の1辺を短辺とし、その正方形の対角線を長辺とする、短長辺の比1：$\sqrt{2}$の長方形である」[10]という。この長方形に対角線を引くと、短辺：長辺：対角線＝1：$\sqrt{2}$：$\sqrt{3}$となり、これがα三角形である。したがって1：$\sqrt{2}$の長方形と関連が深い。日本の和紙（美濃紙0.9尺×1.3尺、半紙0.8尺×1.1尺、奉書1.1尺×1.55尺）、障子の目、障子の紙貼り部分に使われたという。

また、法隆寺の創設当時の伽藍配置における回廊や四天王寺の主要伽藍を囲む回廊の外側線、出雲大社の立面構成に短長辺1：$\sqrt{2}$の比が使われたことが知られる（図3.2.3）。

服部勝吉氏の『法隆寺重脩小志』[12]によれば、創建時の回廊は単純な矩形をしており、回廊外周の短辺が180高麗尺に相当しており、これが周辺の条里の単位と符合すると指摘している。この服部氏の研究ほかよりその長辺は短辺の$\sqrt{2}$倍であったとみてよいと考える[12),13)]。また、四天王寺の回廊外側線も同様に短辺が200高麗尺、これも周辺の条里と符合すると推定され、長辺が短辺の$\sqrt{2}$倍になっている。

さらに、出雲大社の1：$\sqrt{2}$比について、

> 「この黄金比のすばらしい展開を、いま大社造り建築にみることができる。大社造は正六面体すなわち立方体を主体とし、その上に直角三角形のプリズム形屋根をのせた形が基本形である。また基本形としては屋根の線を上に伸ばして千木とし、下に伸ばして軒とする。その立面の正方形を左右に二等分する中心に棟持柱が屹立する。二等分されて生じる二つの長方形はさらに廻縁をめぐらせて上下に分断される」[10]

とあり、この立体構図にも素晴らしい日本の黄金比の導入があるという。

このように日本の古建築にみられる$\sqrt{2}$の伝統は注目され、$\sqrt{2}$モデュールが直接

に近世城郭城下町の設計に使われたとはいえないにしても注目しておきたい。

2) 方五斜七、方七斜十

　古代の数学に関して、石井邦信氏の「日本古代建築の数学的背景・総論」[14]によると、「中国の古代数学の中に『方五斜七』『方七斜十』というのがあって、これを$\sqrt{2}$の近似値として用いられた」と指摘している。「方五」は正方形の一辺が五、「斜七」は対角線が七になるということを示したものであり、「方五斜七」と「方七斜十」は1.4と1.4286で、$\sqrt{2}$は1.4142であるから、少し小さい近似値と大きい近似値を実用として使った。石井は古代建築に長すぎる近似値と短すぎる近似値を交互に組み合わせた5、7、10、14、20…という数列が用いられたと述べている。

　この「方五斜七」、「方七斜十」の数列が$\sqrt{2}$の近似値として古代より使われたならば、これが$\sqrt{2}$モデュールの起源とも考えられよう。

3) 大和比

　なぜ、我が国の古建築には、共通するように1：$\sqrt{2}$の比率が出現しているのか。秋山清氏はその理由は明快だといい切り、「古くから日本建築に使われていた指金(さしがね)という物差しはそもそも大和比を重要な基準にしていたのである」[11]として、曲尺（サシガネ）の関与を指摘しているのである。しかし、曲尺の裏尺が用いられたのは早くても平安末期から鎌倉時代とみられるだけに、何か裏尺に代わるものを用いていたのであろうか。

　また、「ユークリッドの究極の命題は『正多面体は五種類しかないことを証明せよ』だった。‥要するに、古代ギリシャのプラトンの時代から、正多面体は宇宙および自然界における万物の根源を解き明かす最も重要な鍵であった」[11]。そして正四面体は大和比、正六面体は大和比、正八面体は大和比、正十二面体は黄金比、正二十面体は黄金比がそれぞれにその根底に内在しているという。このような指摘からすると、$\sqrt{2}$モデュールは我が国で特別に用いられたと考えるのは早計であろう。$\sqrt{2}$モデュールは黄金比とともに広く世界で用いられた等比級数ではなかろうか。

(3) 北辰北斗信仰など精神的意味

　道教の北辰北斗信仰は、我が国では密教の妙見信仰と習合し、城下町建設ラッシュの時期にその最盛期に近づいていた。この北辰北斗信仰とα三角形60間モデュールとの関係の考察が本項の課題である。

第3章　仮説の論拠と意味

1）軍学書にみる北辰北斗

　山鹿流兵法は山鹿素行(やまがそこう)によって確立し、素行を流祖として発展した兵法学である。素行は、寛永13(1636)年15才のとき、小幡景憲や北条氏長に入門して甲州流兵法を学び、寛永19(1642)年21才のとき、景憲から兵法講授の師証を得た。素行の重要な兵法書である『武教全書(ぶきょうぜんしょ)』などは明暦2(1656)年35才頃に著作された。ここに取り上げた『兵法奥義』はこれらに先駆け慶安4(1651)年30才のときに述作された[15]ものである。

　この兵法奥義の後章に、「山本勘介晴幸は当流の師祖にて、それより世々伝来し来るの条目なり。武門の上に於いて、兵法の大事此伝に不ㇾ越」として「山鹿流奥秘本伝　奥秘本伝　口訣」[15]を伝えている。

　この奥秘本伝の二星相伝という条に「二星とは大星と北斗星の二星なり‥昼は大星夜は七星を専(もっぱら)とす」[15]とあり、大星と北斗星の陰陽(いんよう)二星を大事としている。大星の条に「大星とは日輪なり。日輪を大星と名付るが伝なり。‥日輪によりそふて事を成さば、不ㇾ勝と云事なきなり」[15]とあり、昼は日輪を背にして戦へば、勝たずということはないと説いている。

　また、北辰北斗伝の条に、

　　「前に云、二星の一つなり。北辰の北斗と云は、北辰は天のくるゝなり。それに根ざして運転して、事の行はるゝ物なれば、故(ゆえ)に北辰の北斗と云。是は専ら夜の用なり。‥夜はあらはれたる処の北斗を用るがよし。則(すなわち)この北斗を我が後ろにをびて、剣先を敵へ向けて打時は、不ㇾ勝と云事なし。尤(もっとも)北斗は大星に対するなり‥」[15]

とある。夜は北斗を我が後ろにし、剣先を敵に向けて戦うことを説いている。

　さらに北斗について、破軍尾返(はぐんおがえし)の条に、

　　「破軍とは北斗の一名なり。尾返とは破軍のまはりめの事を云。‥破軍の尾のめぐるをさして尾返と云。破軍を打返し用る心に見ばあやまりなし。唯(ただ)そのめぐりを考(かんがえ)、七星ををびて、尾先を彼に向はしめて戦事伝なり」[15]

とあり、北斗つまり七星は別名を破軍といい、北斗の第七星を破軍星とも呼ばれる。剣先（尾先）を敵に向け戦うことを用いるは道理なりと説く。

　ここにみる北辰と北斗の位置関係、とりわけ北斗の剣先の向き破軍尾返が重要視されていたことが分かる。それは武田信玄の軍師であった山本勘介を師祖とする甲州流兵法の大事として取り上げられ、北条流・山鹿流兵法へと流布していたことが知られるだけに、近世城下町建設当時においても、この考え方は哲理(てつり)として広く利

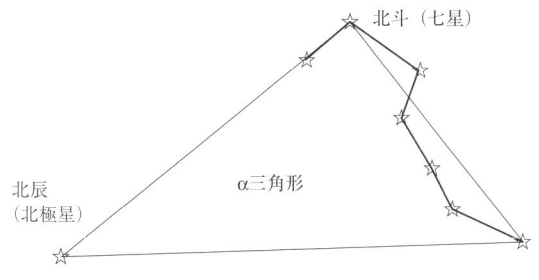

3.2 α三角形60間モデュールの論拠と意味

図 3.2.4 北辰北斗とα三角形

用されたと推定できる。

　この北辰(北極星)と北斗(七星)の関係は常に図3.2.4のようにα三角形の形態を維持しながら北極星を中心に回るのである。

2) 伊勢神宮の三節祭と北斗

　この破軍尾返、北辰と北斗の位置関係が重要視された先駆けは伊勢神宮の三節祭に求められる。というのも、次の2点より伊勢神宮に結びつくのである。
　①素行の師でもあった北条氏長が著した『北条流兵法』[16]の「大星之伝授大事記」にも上記と概略同様のことが記されている。さらに、②北条流の秘伝の極意・武門の指導的精神は「方円神心」の一語に尽きる。神心とは大星伝にいう天照大神の信仰であると訓えている。
　そこで吉野裕子氏の『陰陽五行思想から見た日本の祭』[17]に伊勢神宮の三節祭と北辰と北斗の位置関係を求めた。これによると、伊勢神宮の内宮の皇祖天照大神には太一(北辰)が、外宮の豊受大神には北斗七星が秘神として習合しているという。伊勢神宮の主要な祭としては神嘗祭と2季の月次祭が挙げられ、併せて三節祭といわれる特別な祭りである。神嘗祭は旧9月17日子刻を中心として「宵 暁 由貴大御饌」という供饌が、旧9月17日午刻に「太玉串奉立と奉幣の儀」が執り行われる。この2刻の北斗の位置は図3.2.5のとおり、由貴大御饌は子の刻に執行し、その時北斗の剣先は子の方を指す。奉幣の儀の午の刻には北斗の剣先は午の方を指す。
　同様に2つの月次祭の場合の星座は、旧6月17日夜半、由貴大御饌供進は子刻に北斗の剣先は酉の方を指し、同じく17日午刻奉幣時には卯の方を指している。旧12月17日子刻においては北斗の剣先は卯の方を指し、17日午刻には酉の方を指していることが分かる。
　天武天皇をなかだちとして伊勢神宮は、中国天文思想による陰陽五行と結びつ

第3章　仮説の論拠と意味

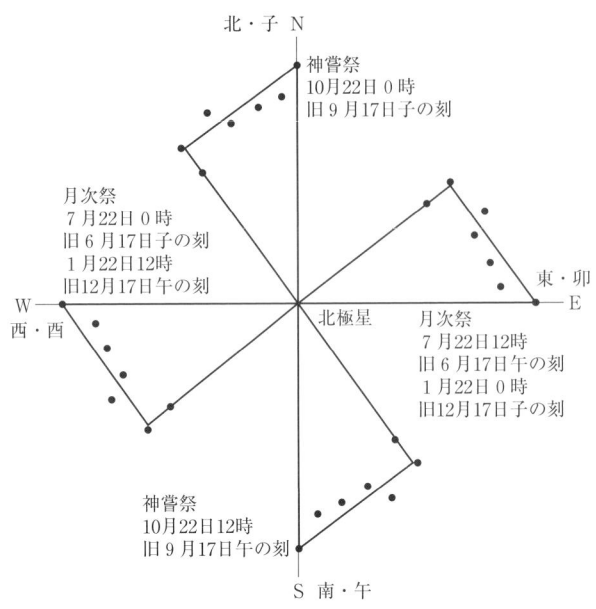

図 3.2.5　伊勢神宮三節祭と北斗の位置（視軸、α三角形、卍の曲尺の構図）

き、その祭の根源に星（北辰信仰）を祀ることと五行実践が実をあげた。北極星―七星第二星―第七星を結ぶ図3.2.5の構図はα三角形と視軸の構成であり、かつ卍字の曲尺の構成でもあることが分かる。

3) 軍学書にみる卍字の曲尺

　前掲の山鹿流兵法、兵法奥義の巻第四秘伝目録に「縦横曲尺の相交わりて之を万字に譬ふ。陰受け陽受け、開闔相合ふ。是を卍字と謂ふ。独陽独陰なるときは、則ち成らず。地天泰きときは則ち四方を成し、四維を兼ね、方にて円なり。或は縄張に用ひ、或は虎口・升形に用ふ」[15]とある。ここにいう縦横に曲尺の表裏尺を用いて相交わらせた卍字の構成を「万字の曲尺」といっており、この構成は方にして円つまり北条流の極意「方円神心」の天円地方の宇宙観と神心すなわち天照大神信仰に習合した北辰北斗信仰を意味していたと考えられる。それだけに北辰北斗の構図（図3.2.5参照）に城郭を構成すべしと示唆したものと解釈できよう。さらに、この構図を城郭の縄張や升形に用いたと記されていた点は重要である。この北辰北斗の構図が地選、縄張などにおける視軸とα三角形による構成の原理となったと推定される。

74

3.2 α三角形60間モデュールの論拠と意味

4) 戦勝祈願と軍神

戦国武将たちは出陣直前の切迫した状況下において社寺に戦勝祈願を盛んに行った。武田信玄の諏訪明神・戸隠大権現、上杉謙信の飯縄明神・更科八幡、毛利元就の厳島大明神、明智光秀の愛宕大権現など枚挙に暇がない。

これらの神々は軍神として平素より厚く崇敬されていた。豊臣秀吉が戦場に持参した陣仏「軍戦勝利如来」や、あの無信心のようにみえる織田信長でさえ「身代わり不動明王」を持って出陣したのであった。妙見菩薩を軍神とした武将も多く、なかでも周防・長門国の大内氏はその代表例であり[18]、下総国の千葉氏一族、豊前国小倉・肥後国八代の細川忠興などが挙げられる。

5) 北辰北斗信仰と妙見信仰

中国の道教の北辰北斗信仰は日本においては密教の妙見信仰と習合していった。その「原始妙見信仰」に関して、薮田嘉男氏は、「中国天文学における星辰信仰は既に2000年前に、道との習合により呪術的作法を付加して発達し、そのなかでも特に星宿中の北辰・北斗を尊んでまつる一派は、恐らく妙見信仰の原形であった」[19]と述べている。また、大陸では「印度に早くから北辰北斗の天文学が発達し、ここでは仏教と習合して北辰を菩薩とし、妙見菩薩の信仰がおこった」[19]とする。

大陸のこうした情勢下、教団を伴い道教的色彩をもって我が国に伝来したのは「琳聖太子一行の八代竹原の津」[19]に上陸した白鳳9(691)年妙見大神を祀ったという伝承に始まる。異説に山口県下松説がある。

こうして我が国奈良末から平安初めには、密教と習合して妙見信仰という形で華々しく開花して、江戸期に最盛期を迎えた。真言宗では妙見菩薩と呼び、天台宗では別に尊星王大士ともいう。また妙見信仰の庶民性は虚空蔵菩薩(明星天子)となって発展した。北極星と金星(明星)は違う星であったが庶民レベルでは同一視された。この妙見信仰は密教のみならず日蓮宗でも広く信仰されている。

6) 妙見信仰と城郭・城下町設計

① 大内氏の妙見信仰と城館

大内氏が妙見菩薩を厚く信仰したのは、その出自と深い関係があり、大内氏の祖先は百済国の聖明王の第三王子の琳聖太子であったとされる。琳聖太子が来朝した2年前の推古天皇17(609)年、周防国都濃郡鷲頭荘青柳浦の松ノ木に、大星が降り、光り輝くこと七昼夜に及び、異国の太子が来朝されるので、その守護のために北辰星が下臨した[20]という。そこで里人が社祠を建て、その星を北辰尊星大菩薩と崇め祀り、浦の名を降松(下松)と改めた。

第3章　仮説の論拠と意味

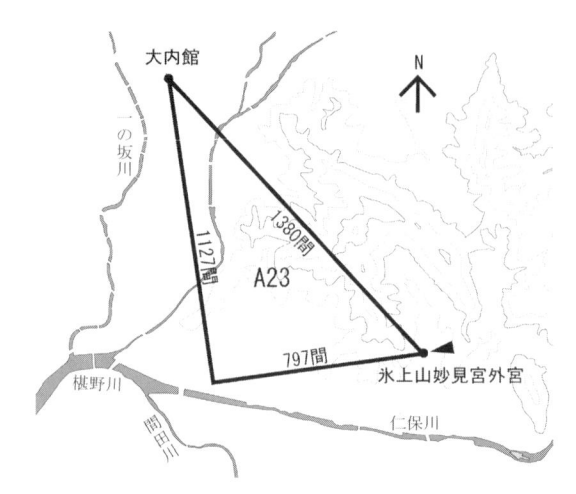

図 3.2.6　氷上山興隆寺の妙見社と大内館（1間 = 6尺5寸）

　山口の氷上山興隆寺は推古天皇21(613)年、大内氏始祖琳聖太子の建立と伝える名刹で大内氏の総氏寺であり、後に比叡山延暦寺の直轄の天台宗の道場として栄えた。天長4(827)年11代大内茂村が降松妙見社を勧請して、上・下宮を建立して大内氏の氏神として厚く崇敬した。
　この氷上山興隆寺の妙見社は大内館中心から1380間かつ本堂の向きがA23型α三角形60間モデュールの短辺と一致する配置構成であった（図3.2.6）。
② 細川忠興の妙見信仰と小倉城
　細川忠興が慶長5(1600)年12月に約40万石を領して中津城に入った。間もなく小倉城の設計・建設に着手し、同7(1602)年正月鍬入れ、同11月落成した。この小倉城天守の位置決めに関連深く注目されるのは、妙見社である。妙見社は妙見山上に南向き（北極星を拝む方向）に上宮[21]が鎮座し、和気清丸が建立したと伝えられる医王寺は天台宗宝積院平愈寺と号し、それまでこれを妙見中宮といっていた。
　忠興は小倉城の建設に先駆けて、入国4ヶ月後の慶長6(1601)年3月に妙見社上宮と下宮の再建を治定し、3月15日御斧立、4月9日に上棟、15日に遷宮した[21]。この時、忠興は神領30石を捧げ、宝積坊を取り立て下宮とした[21]。
　この妙見山上の妙見社上宮は天守からの東西線を長辺とするA38型α三角形60間モデュールで社殿は南向き（北極星を拝む）2280間（60間の38倍）の距離に配置された（図3.2.7）。一方、下宮はA30型α三角形60間モデュール（1800間 = 60×30）で上宮を拝む構成であった。また、下宮―旧祇園社[*2]―天守―八坂神社は視軸の

3.2 α三角形60間モデュールの論拠と意味

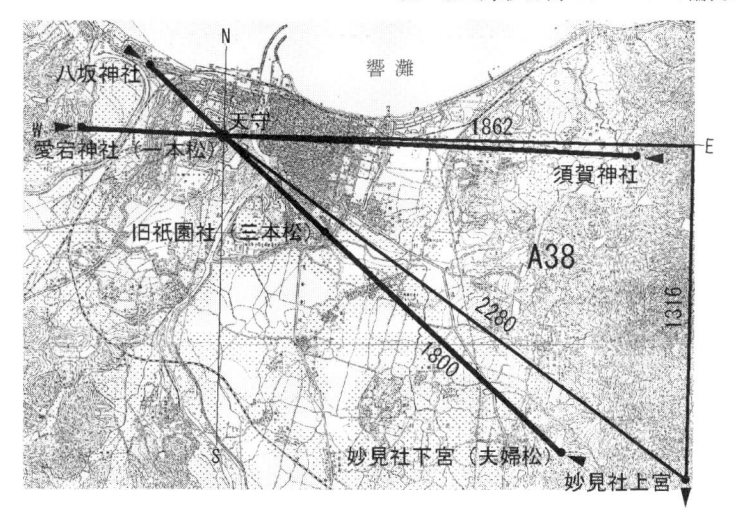

図 3.2.7 小倉城大守位置決定図(単位：間、1間＝6尺5寸、明治31年陸測)

構成でもあった。この八坂神社は小倉太鼓祇園で有名であり、この社は忠興入城15年目の元和3(1617)年に旧祇園社を北殿に愛宕神社にあった祇園社を南殿に移し、忠興が総鎮守として建立した。

忠興が京都の愛宕権現を慶長7年に勧請した愛宕神社と元慶7(883)年創建の須賀神社は、ともに天守に向けて建立されており、視軸の構成であった。以上から、天守の位置は妙見下宮―旧祇園社の視軸と愛宕神社―須賀神社の視軸のクロスする位置に設定されたことが明らかになった。

③ 妙見信仰と八代城

元和5(1619)年3月肥後地方を襲った地震で麦島城は甚大な被害を受けた。このため加藤忠広は、麦島城を廃城にして松江に八代城を移築することで幕府に許可を得て、この秋に着工し同8(1622)年にほぼ完工した。

八代妙見宮は八峰山の上宮、中宮、麓の下宮で構成される。下宮(八代神社)は天守より2040間(34×60)の距離にあり、本殿向きが南向きでC34型α三角形60間モデュールの短辺に符合することから、天守の位置決めにこの妙見宮下宮の関与が認められるのである(図3.2.8)。

＊2　旧祇園社(現高倉稲荷神社)：永禄4(1561)年創立、天正6(1578)年大友氏に焼かれた後、細川忠興築城の時、神殿拝殿を新築した。元和3(1617)年鋳物師町に移し、稲荷神社とした[21]。

第3章　仮説の論拠と意味

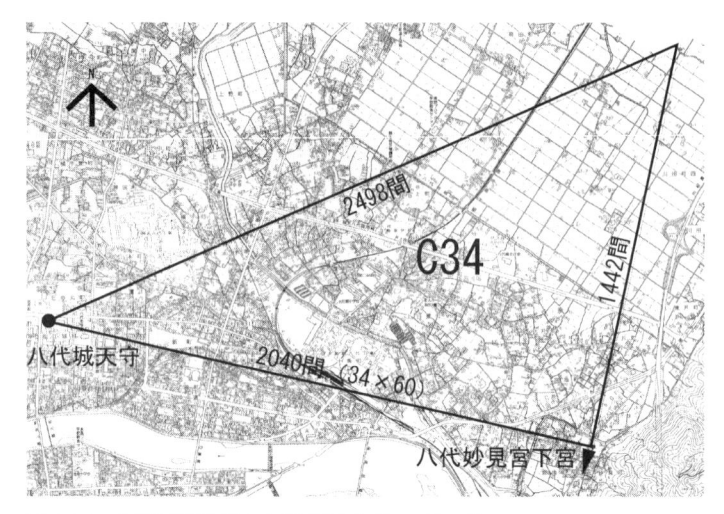

図 3.2.8　八代妙見宮下宮と八代城天守（1間＝6尺5寸）

(4)　家康の遺言と久能山、日光への遷宮

　α三角形60間モデュールの使用は、城郭・城下町の設計に限らず、日光東照宮の建立にも使用された。徳川家康が遺言を残して薨去し、その遺言に従い久能山に葬送し、1年後に日光に遷宮したが、その神格化の過程にみられるα三角形60間モデュールの構成を次にみてみよう。

1)　家康の遺言と久能山への葬送

①　家康の遺言と薨去

　天下統一、幕府を開いた家康は、慶長10（1605）年将軍の座を秀忠に譲り、自らは駿府にあって大御所として恒久平和のための施策の仕上げを続けていた。元和2（1616）年1月21日、駿河の田中に鷹狩りに出かけ、その夜にわかに発病し4日後に帰城した。4月2日頃自ら死期の迫ったのを悟った家康は、本多正純、南光坊天海、金地院崇伝を召して、死後の処置について遺命をしている。崇伝の『本光国師日記』によれば、「遺体は駿河国の久能山に葬り、江戸の増上寺で葬儀を行い、三河国の大樹寺に位牌を納め、一周忌が過ぎてから、下野の日光山に小堂を建てて勧請せよ。（神に祀られることによって）関八州の鎮守になろう」と指示したのである。

　このように詳細にわたる指示を残して、家康は4月17日の巳刻、駿府城において75歳の生涯を閉じたのであった。

②　久能山へ葬送

　遺骸は遺言に従いその夜のうちに久能山に移された。霊柩には本多正純ほか3名

の供奉、将軍秀忠の名代に土井利勝、徳川義直、頼宣、頼房のそれぞれの名代として成瀬正成ほか2名がこれに従った。崇伝、天海、梵舜らが葬送を執行するためにこれに供奉した以外は一切山に登ることを禁止した。これより先、駿府の町奉行彦坂光正、黒柳壽学、幕府の大工頭中井大和守正清らは久能山に登り、仮殿（3間4方）の経営に従事し、同月19日に竣工した。同19日の夜に行われた御遷座の儀式には秀忠ほか老臣数百人が葬送の行列を整えて、家康の柩を仮殿に移した。

③　久能山東照宮の造営

同年4月22日、秀忠は再び久能山に登り、中井正清に久能山東照宮の社殿を急いで建立するように命じ、元和3(1617)年12月に本社、唐門、東門、玉垣、廟門、廟所宝塔などの主要社殿が竣工した。造営は引き続き行われ、寛永4(1627)年に本地堂、宝蔵、楼門、寛永15(1638)年には五重塔が完成している[22]。社殿は旧来の久能城を廃してその地に造営された。

写真 3.2.1　久能山東照宮神廟

楼門を入ると、1段目は東に山王社、西に厩舎、2段目には東に鐘楼、西に五重塔（家光寄進）があり、その間に鳥居があった（図3.2.9参照）。3段目には東に神楽殿、その奥に宝殿、向かい側に御膳所が造営され、最上段が本社の1郭で権現造の本社を玉垣で囲み、正面中央には唐門、東の東門、廟所の入口の廟門を配し、本社石の間の西側は廊下で御膳所に連絡していた。本殿の東側には本地堂が建てられた。

本殿の真裏に神廟と呼ばれる御宝塔が当初は木造で設けられたが、寛永17(1640)年に現在の石造の宝塔（**写真3.2.1**）に改められた[23]。

明治維新の際旧来の制度の廃止とともに神仏混淆の禁止により五重塔、本地堂などの仏式に関する一切の建物が廃棄された。これにともない本地堂の跡地に山王社が移った。しかし、久能山東照宮の本社ほか主要建造物は現存しており、その配置構造は現在も往時の姿を十分把握できる。

第3章　仮説の論拠と意味

2) 久能山東照宮の配置とα三角形
① 遺骸西面の呪術
　家康薨去の前日（元和2年4月16日）、幼い時からの近侍榊原照久に「東国は譜代の者がたくさんいるが、西国は違う。西国を鎮めるために、わが神像を西に向けて安置せよ」[24]と命じた。さらに同日、町奉行彦坂九兵衛光正に「家康とともに幾度も合戦を乗り越えてきた『三池の刀』を光正に手渡し、これで罪人の試し斬りをせよ」[24]と命じた。「心地よく土壇まで斬り込みました」と報告すると、家康は2、3度打ち振ってから、久能山に納めるよう指示し、さらに翌日（薨去の日）には「神像と三池の刀の鋒を西に向けて安置せよ」と命じた。遺骸、神像、血塗られた愛刀、これら呪物を西方鎮護とするよう命じ終わると、家康はその日のうちに帰幽した。

② 東照宮の神廟の秘儀
　家康の遺言により、遺骸、神像、三池の刀を埋葬した廟所（奥社・神廟）は、本殿の真奥の高台に西に向けて神廟・石塔が現存する（**図3.2.9**参照）。遺言によれば西国鎮護のためと述べられているが、もっと重要な目的が隠されているのではないかとする指摘[23]がある。

　「試みに久能山から真西に向かうと、家康の生母・於大の方が子授け祈願をしたという鳳来寺、そして家康の生誕地である岡崎市の大樹寺を通過し、日吉大社に達する。しかも鳳来寺には慶安4(1651)年に東照宮が建てられ、大樹寺にも遺言の『位牌を立てよ』の通りに東照宮が造られている。日吉大社にも寛永10(1633)年、天海自らが日光東照宮の雛形を移建した」[25]。すなわち埋葬地、出生祈願地、出生地が東西一直線に並ぶうえに、それらすべてに東照宮が建立されている。この配置について尾関章氏は「死と再生を繰り返す太陽が東に昇るように、家康が神として再生するためには、神の世界である東に葬らなければならなかった。（中略）この東西線を『太陽の道』」[23]と命名している。

　以上から家康の遺言は壮大な東西線・太陽の道の配置による神への再生を意図した秘儀であったろう。

③ 東照宮の配置とα三角形
　こうして遺骸・神像・三池の刀を埋葬した廟所（奥社）は本殿の真奥の高台に真西向き、つまり「太陽の道」を軸線とした配置であった（**図3.2.9**）。一方、本社本殿―奥社線は「富士山を通り日光東照宮へ」[23]向かう。

　久能山東照宮の社殿配置は、楼門―唐門―拝殿―本殿―神廟へと一直線に並び、その線を延長すると日本平を越え富士山に行き当たる。さらにこれを延長すれば、

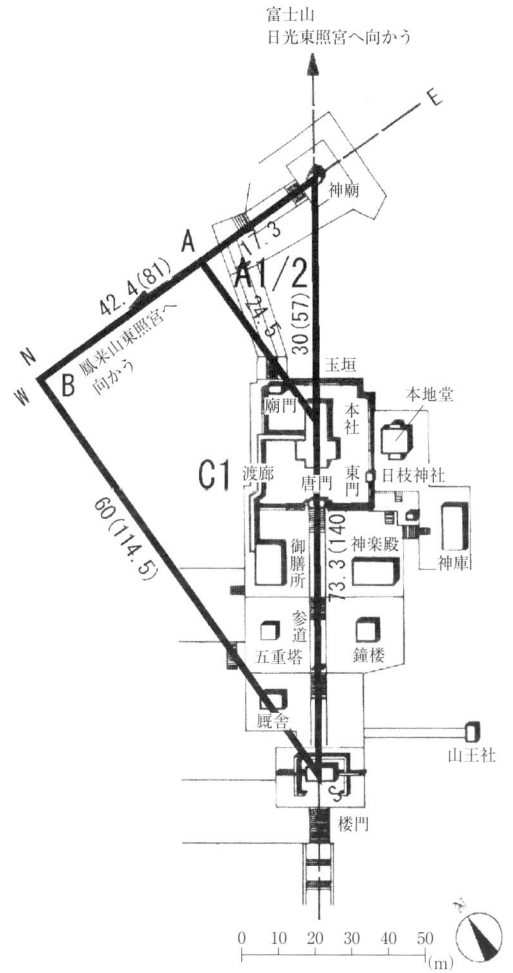

3.2 α三角形60間モデュールの論拠と意味

図 3.2.9 久能山東照宮配置とα三角形[25]
（単位：間（m）、1間＝6尺3寸）

徳川家遠祖の地・上州世良田（せらた）を通って日光に至る。これを「不死の道」[23]と名づけておこう。また、本殿と東西軸上のA点は南北軸を形成していることが図にみてとれる。この南北軸を「北辰の道」[23]ということにする。

ここに形成する直角三角形（神廟―本殿―A点）はA1/2型α三角形60間モデュール、つまり斜辺が30間（60間の1/2）の1：$\sqrt{2}$：$\sqrt{3}$の直角三角形で構成されたことが分かる。同様に、神廟―楼門―B点で構成される三角形も長辺が60間のC1型α

三角形60間モジュールであったことが図に読みとれる。

以上から、久能山東照宮の神廟の向きが鳳来山から日吉大社に向かう太陽の道に、そして楼門—唐門—本殿—神廟を結ぶ軸は富士山から日光東照宮に向かう不死の道、楼門—B点と本殿—A点は北辰の道に符合し、かつ、これらは北極星信仰と関連した神聖なα三角形60間モジュールにより構成しようとした秘儀が隠されていたと考えられる。

3）日光への遷座とα三角形
① 日光への遷座

家康は自らの遺言によって久能山から日光に東照宮を遷座させた。なぜに日光に遷座させたのだろうか。日光東照宮の社殿配置をみると、神霊を祀る本殿も墓所である神廟も南面して建っている。そして日光は江戸のほぼ真北（実際は6°の偏角）に位置し、真北の方角には北極星がある。この不動の星・北極星は古代中国では宇宙の中心と考え、また宇宙を主宰する神（天帝）の宮殿と信じられていた。この思想は古くから我が国の都城（とじょう）構築のほか広範に影響を与えた。当時の政治の中心・江戸と北極星を取り結ぶ南北軸こそ宇宙の中心軸であった。江戸から日光がほぼ真北に位置することは「東照宮が宇宙の中心軸線上に祀られたことになり、その神格は宇宙を主宰する神と一体化されたことを意味する」[23]。こうして「久能山で日本の神に再生した家康をさらにグレードアップさせて宇宙全体の神に位置づけようとした」[25]。さらに「久能山に神として再生された家康が富士（不死）の山を越えて永遠の存在となり、宇宙の中心軸に鎮まったことになる。すなわち太陽の道と北辰の道は不死の道によって連結されたことになる」[23]との指摘がある。遺言と日光への遷宮に家康と天海が仕組んだこのような秘儀が込められていたとみられる。

② 日光への遷宮とα三角形

久能山から日光への遷宮にみられる久能山を中心とする太陽の道・東西軸と江戸から日光への北辰の道・南北軸と不死の道（久能山—富士山—日光ライン）は連結され、不思議な三角形ができる。この三角形は神秘的なα三角形の構成とみられる（図3.2.10）。これを1/200 000地図で検証してみると、すでに指摘のあった久能山東照宮楼門—本殿—神廟軸を延長すると富士山頂の少し西を通り、世良田東照宮を通過して日光東照宮に至る。また、日光東照宮—寛永寺東照宮線を南下する線上に点Pを考えると、久能山東照宮—日光東照宮—点PはA1953型α三角形の構成とみられる。

この点Pの近傍には高僧行基（ぎょうき）菩薩の開基と伝える関東最古の勅願所（ちょくがんじょ）・日本寺（にほんじ）[*3]

3.2 α三角形60間モデュールの論拠と意味

が修験道・羅漢霊場として著名な鋸山*4の麓にある。この鋸山―久能山東照宮―男体山（日光東照宮の御神体山）でつくる三角形もまた、B1110型α三角形で構成されたことが分かる。

このように久能山から日光への遷宮ならびにその位置決めに神秘的なα三角形により構成するもう1つの秘儀が込められていたと考える。

4) 家康の参謀天海と高虎とα三角形

① 三輪山と伊勢神宮と日吉大社・太陽道と北辰道

久能山東照宮の神廟が真西に向い、太陽の道は鳳来山から日吉大社（比叡山延暦寺）に達する。久能山東照宮にも比叡山の守護神日吉大社の分祀日枝神社があり、東西軸の両端に日吉大社と日枝神社が位置している。この太陽の道・北辰の道による神への再生の秘儀のルーツはどこにあるのだろうか。

天皇の守護神・大神神社の『三輪大明神縁起』によれば伊勢神宮の天照大神は三輪山の神を移したものという。これを地図上で確認すると伊勢斎宮*5は真東にあり、内宮は談山神社*6とほぼ同緯度にある（図3.2.11）。一方、『延暦寺護国縁起』によれば、日吉大社の神（山王権現）もまた、667年天智天皇が大津京に遷都した翌年に王権の象徴として三輪山の神を移したという。日吉大社は三輪山の真北にあり、北辰

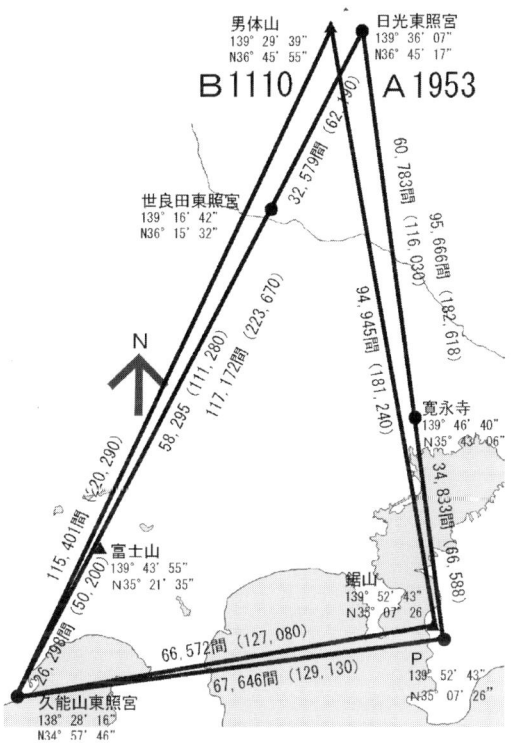

図 3.2.10　久能山―日光―鋸山でつくる三角形
（地理院1/200 000で作図、電子地図で計測、単位：間(m)、1間＝6尺3寸）

*3　日本寺：神亀2(725)年、聖武天皇の勅詔、行基菩薩が開基の関東最古の勅願所。初め法相宗、天台宗、真言宗を経て家光公の時、曹洞宗となる。慈覚大師修行の古道場。
*4　鋸山：鋸型をした修験の山、瑠璃、日輪、月輪三峰の大違観、羅漢霊場。
*5　伊勢斎宮：『伊勢斎宮と斎土』（榎村寛之、塙書房、2004）によると天皇に代わり伊勢の大神を祭る斎王、その宮殿を斎宮という[26]。

の道の構成が図にみてとれる。奇しくも内宮―外宮―斎宮線は日吉大社に至るがここに形成される三角形はα三角形ではなく、天智天皇のころにはα三角形はまだ広範に普及していなかったと考えられる。

② 天海と高虎とα三角形

不思議なことに藤堂高虎設計の次の2つの城郭の地選、つまり大坂城攻めを目的にした伊賀上野城（A350型）と篠山城（B353型）は南北軸（三輪山―日吉大社）を基軸にした見事なα三角形60間モデュールで構成されていた。殊に篠山城は日吉大社と全く同緯度であったことに驚かされる（**図3.2.11参照**）。

以上から、α三角形60間モデュールの成立とその使用に関して、その見えざる陰に、家康の軍師参謀天海と藤堂高虎がいたことを想起させる。家康の遺言ならびに久能山への葬送、日光への遷座の秘儀を目論んだのは天海であり、それを神聖なα三角形60間モデュールで設計・測量して実現したのは、築城の名手・高虎であったと想定できる[27]。こうして日光東照宮には家康神像・東照大権現の両脇に天海と

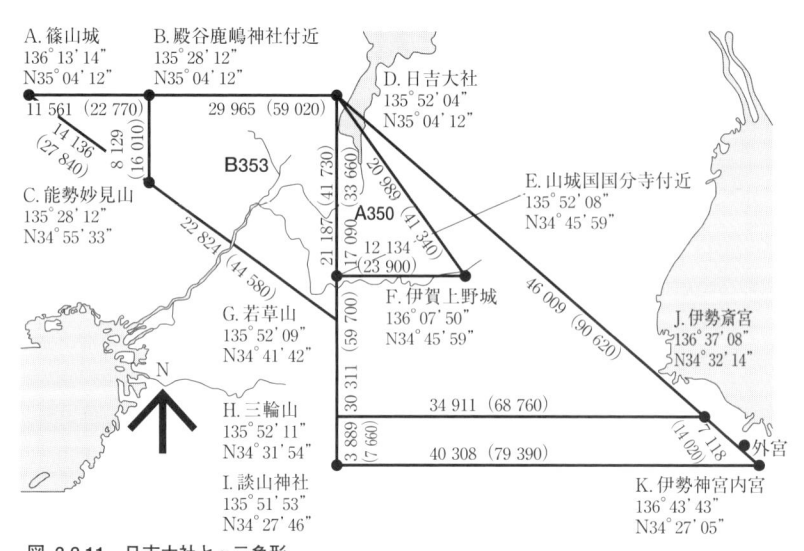

図 3.2.11　日吉大社とα三角形
（地理院1/200 000で作図、電子地図で計測、単位：間(m)、1間＝6尺5寸）

＊6　談山神社：御祭神は藤原鎌足公、多武峯は古代信仰の山。中大兄皇子（天智天皇）と鎌足が談合をなされた大化の改新談合の地ということから談山神社の社号が起こる。薨去から23年後の文武天皇大宝元（701）年、神殿を建て鎌足公の御神像を奉安した。武家の神格化の始まりとして、また、後に勝軍地蔵は鎌田公の化身といわれ、勝軍の神として信仰された[28]。

3.2 α三角形60間モデュールの論拠と意味

高虎が祀られたことはこの秘儀を暗に示したものと考えられる。

3.2.4 まとめ

本節では本書の仮説として全般にかかわる「α三角形60間モデュール」についての定義から始め、α三角形60間モデュールを着想した過程、曲尺の裏尺の成立、曲尺の表目裏目とα三角形60間モデュール、軍学と寸町分間図、曲尺の特殊目盛との関係を考察し、α三角形60間モデュールが城下町の設計に関連した論拠とその意味を考察してきた。その結果の要点を列挙すると次のとおりである。

第一に天守の位置決めから町割に至る築城過程においてα三角形60間モデュールを用いた論拠として、

① 曲尺の裏尺の成立は太田博太郎氏ならびに村松貞次郎氏は平安時代までさかのぼるとみており、近世城下町建設当時には、すでに裏尺は成立していたのは確かである。

② 北条流兵法の『兵法雌鑑』、師鑑抄中に「えづ、木図、土図にて、城取遠路をするは、寸、町、分間の図を以、可仕なり。口伝」とあり、「寸町分間図」という縮図が寛永12(1633)年以前に存在した。

③ 「寸町図」で城下町の設計絵図を縮図として作成したと考えた場合、必然的に曲尺を使わなければ作成できない。そうすると、基準目盛が$1:\sqrt{2}$に対応し、特殊目盛3.54寸、5寸、7.07寸、10寸のそれぞれに対応する実際の寸法は、212間、300間、424間、600間にあたり、これらが使われやすかったとみられる。その意味では曲尺の$\sqrt{2}$比は$\sqrt{2}$モデュールに結びつき、α三角形60間モデュールと関連づけられたと考えられる。

④ 中津下町の町割にみるα三角形の構成は、北条流兵法にいう「寸町分間図」を裏づけるとともに、縄張の指図に寸町分間図の縮尺図が使用され、その絵図作成に曲尺を使用した痕跡を現在に残し、結果として「α三角形60間モデュール」による町割形態を現在に伝えるものといえよう。

第二にα三角形60間モデュールが使われた意味としては、

① 裏尺を使いこなす規矩術、いわゆるサシガネ使いは大工棟梁の奥儀とされたが、大工だけにとどまらず、舟大工、小細工、石工、測量、絵図作成など広く使われただけに、城下町の町割にみえる「α三角形60間モデュール」の技法は、サシガネ使いとして便宜上使用した結果とみることができる。

② $1:\sqrt{2}$の比例は、法隆寺などの古建築に使われたほか、紙類の形体など、我が

国では古くから極めて身近なものであった。この比率は日本独特のもので「日本の黄金比」とか「大和比」と名づけられている。古代の数学から「方五斜七、方七斜十」という$\sqrt{2}$の近似値を実用として使い、5、7、10、14、20…という数列が用いられた。「方五斜七、方七斜十」が$\sqrt{2}$モデュールの起源とも考えられる。

宇宙は、原子の世界から宇宙に至るまで、正多面体を基本構造にして作られており、これの根源的な部分に2つの比率1：$\sqrt{2}$（大和比）と1：$(1+\sqrt{5})/2$（黄金比）がかかわっているという。また、正多面体は5種類しかなく、正四面体は大和比、正六面体は大和比、正八面体は大和比、正十二面体は黄金比、正二十面体は黄金比がその根底に内在しているという。このような指摘からすると、$\sqrt{2}$モデュールは我が国で特別に用いられたと考えられず、$\sqrt{2}$モデュールは黄金比とともに広く世界で用いられた等比級数ではなかろうか。

③　軍学書の山鹿流兵法の奥秘本伝によると、「破軍尾返」、つまり北斗の剣先の向きが最も大事とされた。伊勢神宮の内宮・外宮の祭神は北辰北斗に習合し、その三節祭は北斗の剣先が真東西南北の構図になった時に執行された。この北辰北斗の構図は視軸、α三角形、卍字の曲尺の構成であり、この卍字の曲尺の構成を城郭の縄張に用いたと同奥義に記すだけに、本書の仮説「視軸とα三角形」を使った論拠の1つと推定できる。北辰北斗の構図に城郭城下町を構築しようとする意図は当時のパラダイムに関連した精神的意味が込められていたといえよう。

④　古代の中国天文学における北辰北斗信仰は、道教的色彩を帯びてわが国に奈良時代に伝承し、密教の妙見信仰と習合して普及した。そして妙見信仰はちょうど近世城下町の建設ラッシュ時にその最盛期を迎えようとしていた。この妙見菩薩が武将の軍神であった大内氏の城館や細川忠興の小倉城や加藤忠広の八代城の設計、なかでも天守の位置決定に関連していた。ともにα三角形60間モデュールで構成され、天守の位置決定と関連しており、とりわけ小倉城天守の位置決定においてはこれに加えて視軸がクロスする位置に決めたと推定できる。このα三角形60間モデュールの構成は、北辰北斗の構図に構築しようとする意図が読みとれるだけに当時の精神的摂理の表現とみられる。

⑤　徳川家康の遺体は遺言により久能山東照宮に葬送し、翌年日光東照宮に遷座された。その意味するところは「太陽の道」、「北辰の道」、「不死の道」による「宇宙の神としての再生」という秘儀だとする先学の指摘に加え、久能山東照宮の配置と向き、ならびに日光への遷座における地選に「神秘的なα三角形60間モデュール」の秘儀を用いたと考えられる。また、久能山への葬送、日光への遷座の秘儀

を目論んだのは天海であり、それを神聖なα三角形60間モデュールで設計・測量して実現したのは築城設計の巧者・藤堂高虎であっただろうと想定できる。

このように城郭と城下町の設計にとどまらず、家康の神格化の過程にα三角形60間モデュールが使われたことは、北辰北斗信仰や妙見信仰、天台・真言密教と結びつき、その哲理を背景にした精神的側面とかかわりが強いとみられよう。

〈参考文献〉
1) 瀬島明彦「近世城下町の都市設計的手法に関する研究—モデュールと軸線による空間構成について」第17回日本都市計画学会学術研究発表論文集、1982.11
2) 玉置豊次郎『日本都市成立史』理工学社、1974.4
3) 髙見敞志、永田隆昌、松永達、九十九誠「萩城下町の町割とモデュール」近世城下町の設計原理に関する研究 その4、日本建築学会大会講演梗概集、2000.9
4) 髙見敞志、永田隆昌、松永達、九十九誠「中津城下町の設計原理に関する研究」日本都市計画学会学術論文集 第37号、2002.11
5) 中村雄三『道具と日本人』PHP研究所、1983.5
6) 村松貞次郎『大工道具の歴史』岩波書店、1973.8
7) 太田博太郎『昔の木工道具』1971
8) 瀬島明彦「近世城郭・城下町の都市設計の手法に関する復元的研究」関西城郭研究会『城』第128号、1989.4
9) 金春国雄編『建築大辞典』彰国社、1974.10
10) 望月長與『日本人の尺度』六藝書房、1971.6
11) 秋山清『神の図形』コスモトゥーワン、2004.4
12) 服部勝吉『法隆寺重脩小志』彰国社、1946
13) 福山敏男『建築学体系4-1日本建築史、1-3飛鳥時代と奈良前期』彰国社、1977.3
14) 石井邦信「日本古代建築の数学的背景・総論」日本建築学会大会学術講演梗概集、1971.11
15) 有馬成甫『日本兵法全集5 山鹿流兵法』人物往来社、1967.11
16) 有馬成甫『日本兵法全集3 北条流兵法』人物往来社、1967.9
17) 吉野裕子『陰陽五行思想からみた日本の祭』人文書院、2000.10
18) 小和田哲男『呪術と占星の戦国史』新潮社、1998.2
19) 八代市史編纂協議会『八代市史 第2巻』市教育委員会、1970.9
20) 柴田眼治「星伝説と大内氏—北辰妙見信仰と日韓文化の源流」山口日韓親善協会機関紙『桜と無窮花』第13号
21) 小倉市役所『小倉市誌 上巻(復刻版)』名著出版、1975.7
22) 宮元健次『江戸の陰陽師』人文書院、2001.11
23) 高藤晴俊『家康公と全国の東照宮』1992.10
24) 不二龍彦『天台密教の本』学習研究社、1998.1
25) 宮元健次『日光東照宮隠された真実』祥伝社、2000.2
26) 榎村寛之『伊勢斎宮と斎王』塙書房、2004.6
27) 栃木県立博物館『天海僧正と東照権現』栃木県立博物館、1994.10
28) 川南勝『大和多武峯紀行』梅田出版、1998.7
29) 髙見敞志、永田隆昌、松永達、衣笠智哉、佐見津好則「北辰北斗信仰とα三角形60間モデュール」近世城下町の設計原理に関する研究 その45、日本建築学会四国支部研究報告 第6号、2006.5

第3章　仮説の論拠と意味

30) 髙見敏志、永田隆昌、松永達、宇土徹、山野謙太「城下町設計における妙見信仰の影響」近世城下町の設計原理に関する研究 その51、日本建築学会四国支部研究報告 第7号、2007.5
31) 髙見敏志、永田隆昌、松永達「家康の遺言とα三角形 近世城下町の設計原理に関する研究 その31、日本建築学会九州支部研究報告 第44号、2005.3

日本平より富士山を望む

第4章　天守の位置決定

4.1　視軸による天守位置決定

　3.1において、「視軸によって天守の位置を決定し、その天守を基点に視軸を用いて諸施設の配置を決めた」とする本書の仮説の論拠を文献史料が得られた城下町を事例に探り、視軸が城郭城下町の設計に使われた意味を考察した。視軸を使用してまず最初に天守の位置が決められたと考えられる。その意味は、単に測量や絵図作成の技術と関連した設計の手がかりとしての意味にとどまらず、防御を意図した軍事的意味、さらには当時の精神的よりどころとしての信仰やそのパラダイムと関連した精神的な意味があり、さらに城郭からの俯瞰と城下からの仰視の景観的整備の意味を有していた。

　本節では、この視軸の技法の存在を確認するとともにほかの技法と併用するものなど具体的に考証を進め、この仮説の検証と修正を図るのが目的である。以上の目的に対し、本節では、天守の位置決めに視軸が用いられた適用事例を西日本に拡大して展開する。視軸がクロスする場合には、天守の位置は視軸で決定できる。しかし、必ずしも視軸がクロスするとは限らないだけに、視軸が1本の場合には何か別の技法と併用しなければ決定できず、この点が本節の課題である。そこで、視軸がクロスする場合とクロスしない場合に大きく分類し、さらに視軸がクロスする場合においてもその視軸が冬至・夏至の旭日・落日の方位と一致させた決定的ともいえる場合と一般的な視軸がクロスする場合に分類して考察する。したがって、天守の位置決めの技法を次のように類型化して考察しよう。

Ⅰ　冬至・夏至の旭日・落日方位型：冬至・夏至の太陽出没方位に古社古刹や霊峰があり、旭日・落日ラインが視軸のクロスにより位置が決まる型である。

Ⅱ　視軸のクロス型：周辺の古社古刹や霊峰と視軸のクロスを取り結ぶ関係で位置が決まる型である。

Ⅲ 視軸併用型：視軸が1本しかなく、クロスの関係がみられず、ほかの技法（α三角形60間モデュールなど）と併用して位置が決まる型である。
Ⅳ 視軸以外の型：視軸の関与が見当たらず、ほかの技法（α三角形60間モデュールなど）により位置が決まる型である。

4.1.1　冬至・夏至の旭日・落日方位型の天守位置決定

本項では「Ⅰ　冬至・夏至の旭日・落日方位型」つまり冬至と夏至の太陽出没方位に古社古刹や霊峰があり、旭日・落日ラインが視軸になり、そのクロスする位置に天守が配置された決定的ともいえる例を呈示する。

(1) 長浜城の天守位置

近江の琵琶湖に臨む湖岸に織田信長とその家臣たちが築いた城下町には、元亀2(1571)年に明智光秀が築いた坂本城、天正2(1574)年に豊臣秀吉が築いた長浜城、天正4(1576)年に織田信長が築いた安土城、天正6(1578)年に織田（津田）信澄が築いた大溝、天正13(1585)年に豊臣秀次が築いた近江八幡城、そして、天正14(1586)年浅野長吉の大津城がある。これら城下町にこそ、その後、全国に展開した織豊系城下町の都市政策と設計・建設の原点を垣間みることができる[1]。

そのなかでも安土城建設に先駆けて、琵琶湖湖畔の今浜に秀吉が築いた長浜は、近世城下町の典型的な空間構成理念を実現したとみられる。元八幡町（現朝日町）に鎮座した八幡宮を城下外に移転して[2]、琵琶湖に臨む城郭と武家地を二重の掘割で画然と隔て、移転した八幡宮から大手門に向かう大手町ならびに天守からの「お見通し」ヴィスタになっていた本町を基軸にして長方形街区をもって整然と町割が施されている。この長浜は、これ以後に秀吉が築いた城下町の原点に位置づけられるだけでなく、近世城下町の空間構成上、画期的な城下町といえる。

その長浜城天守が、夏至の旭日の方位に近く修験の山・伊吹山[*1]と冬至の落日の方位の近くに同じく修験の山・大悲山[3]を結ぶ見通しの軸上にあったことは、この地に立てば、一直線上にあって視軸の構成をなしていたことは容易に確認できる（図4.1.1）。

注目すべきは夏至の落日の方位に位置する竹生島の宝厳寺で、『竹生島縁起』[4]に

＊1　伊吹山：古くは古代から伊吹の山神がみえ、中世には伊吹百坊と呼ばれ伊吹修験として勢力を有していたという[3]。

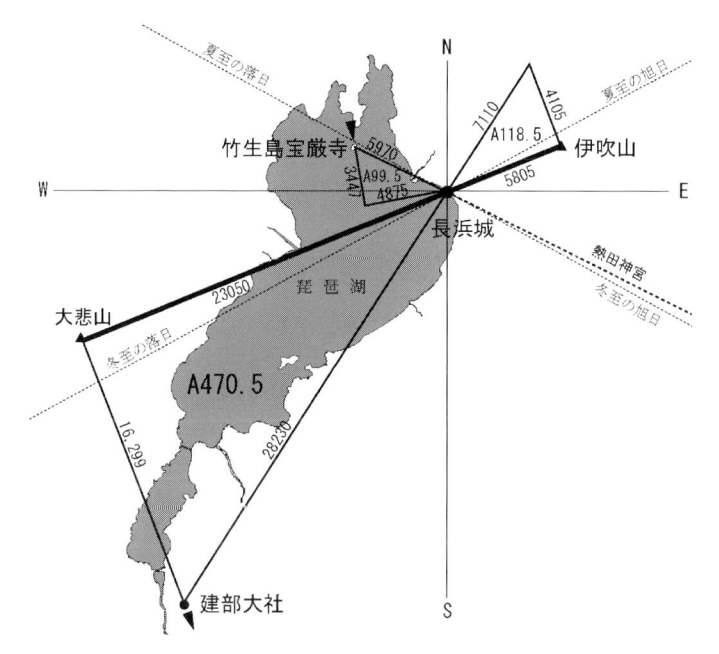

図 4.1.1 長浜城天守の位置(単位:間、1間＝6尺5寸)

よれば、竹生島には古来より水神として崇められていた浅井姫命が鎮座し、奈良時代に僧行基により伽藍が開かれ、整備が進むなか、平安時代に天台宗比叡山の末寺として栄え、平安末期には西国三十三所の三十番札所に列せられた。

特に当地の戦国大名浅井氏が手厚く保護し、その浅井長政が宝厳寺に預けていた材木の引渡しを天正2年1月23日付けで秀吉が発していた[4]ことから、長浜城の築城準備が1月から始まっていたことになる。そして、宝厳寺は築城に重要な役割を担っていたことが分かる。

ここにみる天守の位置決定は、夏至の落日方位に宝厳寺があり、この視軸と修験道の霊峰である大悲山と伊吹山を結ぶ視軸のクロスする位置で、かつα三角形とが重なり合う構成手法がみてとれる[5]。このような天守位置の決定法は、中津、松江など織豊系の城下町に幾例かみられ、長浜城下町はその先駆的事例であった。

(2) 中津城の主櫓位置

天正15(1587)年、黒田官兵衛孝高は九州征伐の軍功として秀吉より九州・豊前6郡を領して馬ヶ岳城に入り、翌16(1588)年に中津城の築城に着手した。

第4章　天守の位置決定

　城郭の位置決定には、古代より特別視されていた冬至・夏至の旭日・落日の方位とのかかわりが特に鮮明に読みとれる(2.2参照)。

　本丸主櫓の位置から冬至の旭日の方位には、全国の八幡宮の総本社である宇佐神宮が鎮座し、夏至の落日の方位には、菅原道真が九州左遷の際に上陸したとされる地に位置する綱敷天満宮がある(図2.2.1参照)。この宇佐神宮と綱敷天満宮は視軸の構成をなしているとともに冬至の旭日と夏至の落日ラインに一致する。また、冬至の落日の方位には、英彦山の英彦山神宮があり、冬至の落日と夏至の旭日ライン上に中津城主櫓が位置する。さらに、主櫓から宇佐神宮、主櫓から綱敷天満宮、主櫓から英彦山神宮への距離ならびに各神社本殿の向きがα三角形60間モデュールと符合することが図2.2.1にみてとれる。

　この見事な冬至・夏至の旭日・落日ラインと視軸の一致ならびにα三角形60間モデュールとの符合による主櫓(天守)位置決めの構成手法の始原型は、どこに求められるであろうか(2.2参照)。浅学を顧みずあえていえば、先にみた長浜に今のところ求められるだろう。後に秀吉の軍師参謀となった黒田孝高が、秀吉に仕えた当初、ちょうど長浜城が完成する時期でもあっただけにこの長浜に衝撃を受けたと想像される。長浜前後の秀吉と孝高の築城術をたどり、これらを考証することは興味深いが、課題として残される。

(3) 徳島城の天守位置

　蜂須賀家政は、天正13(1585)年に播州龍野から17万5000余石を領して一宮城に入ったが、この一宮城は領内支配には不適として早速に徳島城(渭山城)の建設にかかり、翌年には徳島城に移った。徳島城は本丸を城山(渭山)の山上に置き、城下町から本城に入る徳島橋口の左右に家老屋敷を置いて守りを固めた。

　この城は天然の要害で、北に吉野川、南に園瀬川、東に紀伊水道、西に眉山があり、新町川、寺島川、助任川は城下の内堀の「1島1橋」を原則として構成された。南方の勢見に金毘羅神社と観音寺、西方の佐古に諏訪神社と清水寺を置き、街道からの外敵侵入に備えた。

　一宮城ほか9支城を配したが、元和元(1615)年一国一城制により家臣は徳島に集住することになった。同年、淡路国が加封され、併せて25万7000石を領したのである。

　天守十徳にいわれるように天守は一般に本丸の最高所に設けられたが、徳島城の天守は東二の丸に天守が建てられた。なぜ東二の丸に天守が置かれたかについて

4.1 視軸による天守位置決定

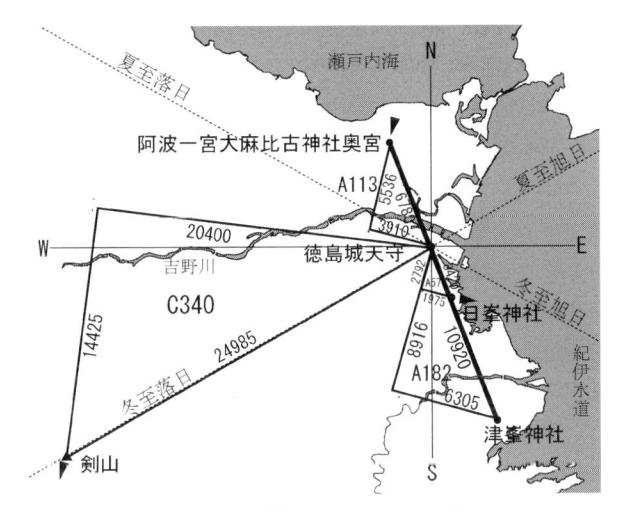

図 4.1.2　徳島城天守位置(単位：間、1間＝6尺5寸)

は諸説あり、天正期の初期の天守は本丸にあったが、わずか35年後には取り壊されたという。大変興味深いことである[6)~8)]。

　この天守からみて冬至の落日の方位(W28.7°S)に石鎚山に次ぐ四国第2の霊峰・剣山*2(標高1955m)があり、これを裏鬼門の守護神として天守が配置されたとみられる(図4.1.2)。この天守位置決めは先に示した広島と同様に中国の古典『周礼』、「考工記」の「左祖右社　面朝後市」の都城制に倣ったとも考えられる。注目すべきは、天守と剣山はC340型α三角形60間モジュール(24985間、間＝6尺5寸)で関連づけられていたことである。阿波一ノ宮大麻比古神社奥宮*3(A113型、6780間)―天守―日峯神社*4(A54型、3240間)―津峯神社*5(A182型、10920間)は一直線上の視軸を取り結ぶ関係にあり、かつα三角形60間モジュールで天守と関連づけた構成であった。

　以上より、徳島城の天守位置は、剣山を冬至の落日方位に配し、阿波国一ノ宮大

---

*2　剣山：近世期木屋平村龍光寺と東祖谷山村の円福寺の真言宗2寺が当山派修験者と協力して開発した霊山で、山頂に大剣神社(大剣権現)があり、それを中心に行場や堂宇がある[3)]。

*3　大麻比古神社：延喜式の大社に列し、阿波国一ノ宮と称え、阿波・淡路両国の産土神として崇め奉る。太祖天太玉命と猿田彦大神を祀り、猿田彦大神は大麻山の峯に鎮まり坐し、大麻山頂に奥宮峯神社がある[9)]。

*4　日峯神社：芝山の頂にあり、其の霊女尊なり神大日、他十二社。また、徳島市中津峯、阿南市津峯と共に阿波の三峯山という[9)]。

*5　津峯神社：修験霊山に列せられる[9)]。

第4章　天守の位置決定

麻比古神社奥宮―日峯神社を結ぶ視軸のクロスする位置に決めたと考えられるのである。

(4) 唐津城の天守台位置

　文禄2(1593)年、寺澤志摩守廣高(ひろたか)は文禄の役において兵站(へいたん)輸送の責任者として活躍し、肥前国上松浦6万3000石を領有した。慶長5(1600)年の関ヶ原の戦功によって旧小西行長領の肥後国天草郡の4万石を加増された。さらに慶長19(1614)年には先に領有していた薩摩国出水(いずみ)郡の2万石と筑前国怡土(いと)郡2万石を交換し、計12万3000石となった。

　岸岳城を本城とした波多(はた)氏の後を受けた寺澤廣高は、北波多村田中に仮城を構え、慶長7(1602)年海上交通に至便な唐津湾に面した満頭島山(みつしま)を本丸として築城に着手し、慶長13(1608)年唐津城を完成させた[10]。

　この城山は満島より地続きで大潮時には汐越えるほどであった。そこを掘り割り、松浦川と町田川の流路を改変して城下町を造成した。天守は「天守台、石垣斗(ばか)りなり」と記され、寛永4(1627)年の隠密探索書(おんみつたんさく)にも「天守なく」とあり[10],[11]、その存在を裏づける史料は発見されていない。

　城下町の町割は築城と同時に着手され、1万石1町の割で12町と決った。町の発展にともなって札の辻を境として、内町11町と外町5町に分かれ、江川町を入れて17町になった。寺澤氏は2代で島原天草の乱の責任を問われて改易、その後、大久保氏が8万3000石で入封(にゅうほう)、大久保時代の寛永年間(1661〜73)に城下町改修の記録が残る。

　古くは藤原京などの都城のほか、多くの国府の設計において信仰する霊峰を見通して、その位置を神聖視し、その山岳を目標にして見通す位置に生活の中心施設や信仰施設を配置したことが知られる。それゆえに、この古典的な「お見通し」、「視軸」を寺澤廣高の満頭島山への舞鶴城の地選に当てはめたであろうことは、容易に考えられる。

　広域の考察から(図4.1.3)、波多親(はたちかし)の山城岸岳城(きしだけ)から真北91町(5460間、間：6尺5寸)に天守台を構築しており、北辰軸が考えられていたことが分かる。この北辰軸への移転は、天智天皇(てんじ)の大津京への遷都にみるように古典的な遷都の慣習によく見受けられる。この天守台より見て冬至の旭日(約28.5°北緯33°27′)は鏡山より昇る。鏡山山頂北寄りには鏡山神社[10](42町2520間)が神功皇后の時より鎮座している。冬至崇拝と霊峰、太陽信仰とが重なって冬至の旭日を拝する位置に天守台を

4.1 視軸による天守位置決定

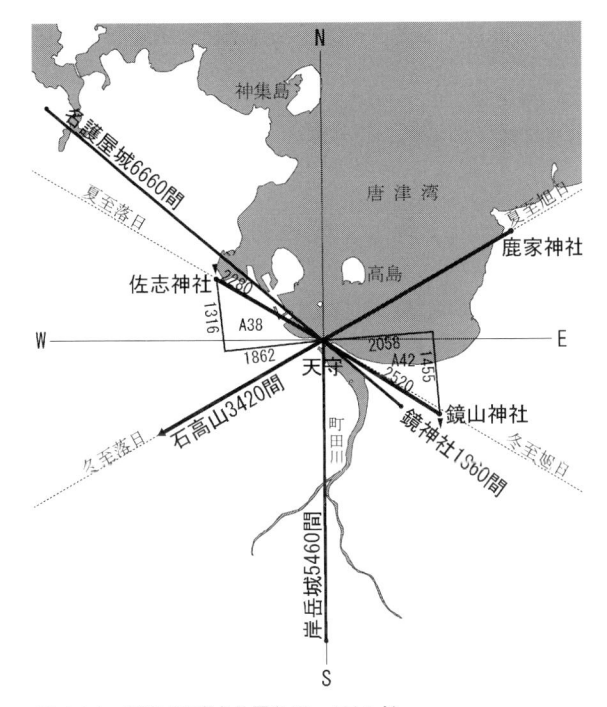

図 4.1.3 唐津城天守台位置(1間＝6尺5寸)

置こうとしたと考えられる．この冬至の旭日位置は古くより辰巳信仰として生産霊が鎮座すると信じられていた．この旭日線上の満島に寺澤廣高は築城時に八幡宮を満頭島山より移築した[10]．これを逆に延長した夏至の落日(約28.5°)の方位には佐志八幡神社が38町(2 280間)の位置にある．この方位は相霊・地霊が鎮座する戌亥信仰として崇められていたことから，祥瑞思想に基づく巽 乾軸，冬至旭日―夏至落日ラインに天守台を配したといえる．

冬至の落日は石高山57町(3 420間)に沈み，この方位には寺澤廣高の菩提寺・浄泰寺[*6]など西寺町が配され，また裏鬼門の守りとして熊野原神社[*7]が鎮座する．一方，夏至の旭日の方位には唐津湾，その対岸に鹿家神社が見える．この軸は鬼門・裏鬼門軸と考えられる．

[*6] 浄泰寺：慶長4(1599)年寺澤志摩守廣高が唐津城主となり，寺を現在の地に移し，父越中の守の法名浄泰禅定門の名にちなんで浄泰寺と呼んだという[10]．
[*7] 熊野原神社：西寺町にある熊野原神社は波多氏の時すでにこの地にあったものと推定される．『唐津拾風土記』の山伏両派名寄に「熊野原之大権現 熊之原山龍清坊」とあり，これは彦山派の山伏である[10]．

第4章　天守の位置決定

　寺澤廣高は名護屋城の規模が大きすぎるとして唐津に決めたが、その名護屋城から111町（6 660間）に天守台を置き、その延長線上・視軸の関係に唐津随一の鏡神社*8が31町（1 860間）にあったことも見逃せない。
　以上より寺澤廣高は地域の霊峰鏡山の山頂北寄りに位置する鏡山神社と佐志八幡神社を結ぶ視軸が冬至旭日―夏至落日ラインと一致し、石高山と鹿家神社を結ぶ視軸が冬至落日―夏至旭日ライン（鬼門―裏鬼門軸）と一致する。その両軸がクロスする位置に天守を配したのである。

(5)　松山城の天守位置
　室町時代におけるこの地方の政治文化の中心は、河野通盛が本拠とした道後湯築城であった。しかし、織豊時代になると秀吉に仕えた加藤嘉明が、山崎合戦[天正10（1582）年]などの功績により淡路国志智城主（1万5 000石）に、続いて島津征伐[天正15（1587）年]、北条征伐[天正18（1589）年]、そして文禄の役[文禄4（1597）年]などの戦功により伊予国松前城主（6万石）に封ぜられた。慶長の役[慶長2（1596）年]の戦功で10万石に加増され、関ヶ原[慶長5（1600）年]の功績により20万石の大名になった。
　慶長6（1601）年に加藤嘉明は徳川家康に勝山城築城の許可を受けて、同7（1602）年正月15日の吉日を卜して、足立半右衛門を普請奉行として築城に着手した[73],[74]。翌8（1603）年10月この城を松山城と命名し、松前城から移った。その後も工事は継続され20余年後の寛永4（1627）年にようやく完了したのである。
　城下町の構想は勝山の麓に三の丸をはじめ武家屋敷を設け、城西、城南、城東に町人町を置き、城北に寺町を配する計画であった。松前町は松前城下の住人を、唐人町は朝鮮からの移民を、道後町や今町は道後湯築城下からの住人を移住させた。
　寛永4年、加藤嘉明は会津に転封となり、出羽国上ノ山城主蒲生忠知が24万石で入封した。続いて寛永12（1635）年伊勢国桑名城主松平定行が15万石で入封し、定行は天守を5層から3層にし、そのほか石塁の改修を幕府から許可されたが、その改変は軽度のものであったとされる。
　なんと不思議なことに、天明4（1787）年元日の真夜中に天守大書院に落雷があり、本丸を焼失してしまった。37年後の文政3（1820）年松平定通は城郭復興計画を練り、新藤金蔵ほか2名を大普請奉行にして工事に着手させた[73],[74]。天保6（1835）

---

*8　神功皇后、藤原広嗣を祀り、この地方では田島神社に次いで古い由緒ある神社である[10]。

年に定通が逝去したため、松平定穀（さだよし）が弘化4(1847)年に小川九十郎を御作事奉行（さくじ）に任じて城郭復興の指揮をとらせ、天守小天守など本丸の設計に着手した。嘉永元年(1848)年2月鍬初めの式をあげ、8月8日の吉日をトして本丸の普請が開始された[73],[74]。嘉永5(1852)年12月に城郭全部が完成し、酒肴（しゅこう）の宴があげられた。こうして我が国の城郭建築史上最後の連立式城郭は慶長の面影を伝え、武備的表現に優れた貴重な遺構として残された。

ところで、落雷焼失前の天守と復興天守について確認しておく必要がある。これに関して伊予史談会所蔵の「天守より黒門迄諸櫓間数サマ幷（ならびに）東北門北屋敷サマ間数付」[74]文書はきわめて重要である。この文書と現況を比較対照した結果は、

「一般に門櫓 渡塀（わたりべい）など、建造物の数量配置は焼失前と大きく変わったものはない。このうち天守については建物の規模各階の間数など、焼失前と現状がよく一致し、‥天守のみは古式に則って扱う方針が打ち出され、焼失前の形態・諸元を極力忠実に復元した」[74]

とみられる。

松山城天守の位置決定に関して注目されるのは、松前城から東北の方位N45°E、約67町(4 020間)にあたることである。松山には春秋の社日に8つの八幡社を巡拝する風習が古くからあった。8社のなかでも松山城天守の位置決めに重要な八幡宮として、2番桑原八幡宮は(A32型、1 920間)でE28.5°Sに位置し、冬至の旭日の方位に配されたことは注目される（図4.1.4）。

7番還熊（かえりぐま）八幡宮はC13型α三角形60間モジュールに関連する780間にあり、この本殿が天守に向いて建っている。この還熊八幡宮—天守ラインを延長した視軸上に延喜式内社に列せられた伊予豆比古命（いよずひこのみこと）神社（通称 椿神社、A41型、2 008間）があり、視軸とα三角形60間モジュールを併用した構成であった。還熊八幡宮—天守—伊予豆比古命神社ラインは6°ほどの方位の振れがあるものの南北軸に近く、磁石による振れであろう。

また、8番勝山八幡宮は元松山城の城山にあったが、加藤嘉明が築城に際して現地に移転して、阿沼美（あぬみ）神社と称するようになった。この阿沼美神社はA9型441間のα三角形60間モジュールに当てはめて配置されたのであった。この斜辺が冬至の落日方位にあたり、このラインの逆側、つまり夏至の旭日方位にはこの地域の修験山・楢原山（ならばらさん）（奈良原山）があって、その頂上に奈良原神社がB96型α三角形60間モジュール9 977間に位置していたことは注目される。

このように松山城天守は、還熊八幡宮—天守—伊予豆比古命神社を結ぶ視軸（南

第4章　天守の位置決定

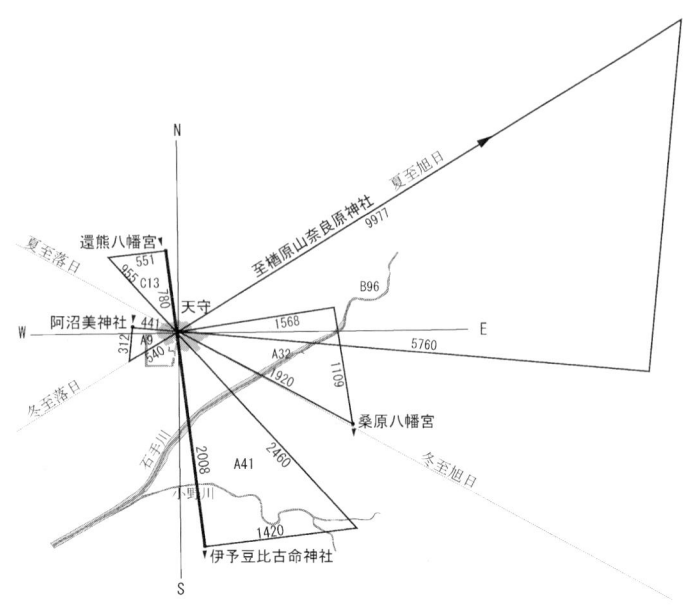

図 4.1.4　松山城の天守位置(単位：間、1間＝6尺5寸)

北軸)とα三角形の60間モデュールとを関連づけ、また桑原八幡宮は冬至旭日方位に、修験山・楢原山頂上の奈良原神社は夏至の旭日の方位に関連づけて天守の位置が決められたといえよう。さらに、それぞれ社殿の向きと距離がα三角形60間モデュールと関連づけられていたことが分かる。

(6) 松江城の天守位置

　関ヶ原の功績により、慶長5(1600)年堀尾吉晴は出雲隠岐両国24万石を拝領し、月山富田城に入城した。やがて吉晴父子は次にあげる月山富田城の欠陥[15]により、松江に城を移す決断を下した。

① 　国境に近く敵の侵入を受けやすい。
② 　鉄砲の発達は攻防に変化。
③ 　近隣の山より城内を俯瞰され、包囲されやすい。
④ 　富田川が埋まり防衛は弱まったため、舟の利便が減退した。
⑤ 　城地は狭くかつ洪水を受けやすい。

　山城は鉄砲に弱く、兵糧攻め、水攻めにも弱い。堀尾父子は秀吉に仕え多くの戦と城造りを経験して、①平山城とし、②俯瞰される周囲に高い山がなく、③水運

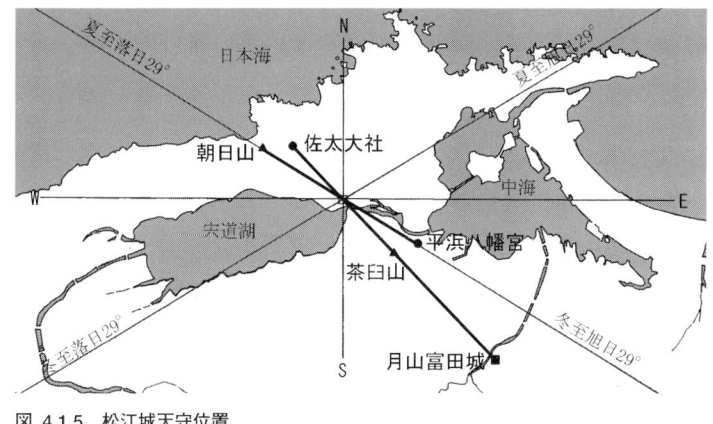

図 4.1.5 松江城天守位置

の便がよく、④広い城下町の経営、⑤領国の中心に築城することを学び、島根郡の亀田山に城地を選定した。ここは神々が多く祭られていて神多山ともいわれる由緒ある山であっただけに築城の縁起もよく、この神々を信仰すれば城郭鎮護の神になるであろうとした。亀田山がよいと主張した[12),14)]のは2代藩主の忠氏であった。

慶長8(1603)年に徳川秀忠より築城の許可を得て、同12(1607)年に工事開始となった。堀尾父子が地選し、地取・縄張は軍師、儒者、医者、史家として名高い小瀬甫庵[12),14)]、作事縄張は工匠 城安某を棟梁とし、土木工事や資材調達に稲葉覚之丞を任じ、城楼溝塁要害の地取、城下四達街区の設計を完成した。選地の思想として風水思想の影響がみられる。陰陽師の術で自然山水など風土や水勢をみて善悪を相している。松平家のお抱え大工頭の秘伝書『竹内右兵衛書付』[15)]に風水思想がみえる。東に大橋川と入海、西は沼沢地と縄手(縄のように一筋に伸びた道)、南は宍道湖、北は宇賀山と四神守護の風水思想に相応としている。

松江城天守の位置決定に関して注目されるのは、月山富田城[12)]―茶臼山―天守―佐太大社[*9]が一直線の視軸に配置されていたことである(図4.1.5)。月山富田城は巽方4.4里(158.4町)、E45°Sにあり、かつ茶臼山(49町)を通る。茶臼山は『出雲国風土記』[16)]によると出雲国に4ヶ所(茶臼山、朝日山、大船山、仏経山)あった神名火山・神の隠れこもる神聖な山の1つである。佐太大社(1.4里、50.4町)は出雲国に4つの大社(出雲大社、佐太大社、熊野大社、能義大社)に列せられた1つでもあ

---

*9 佐太大社:佐太大神を祀る八束郡鹿島町佐陀宮内の佐陀川のほとりに位置し、島根半島全域から信仰を集める(『島根誌』)。

第4章　天守の位置決定

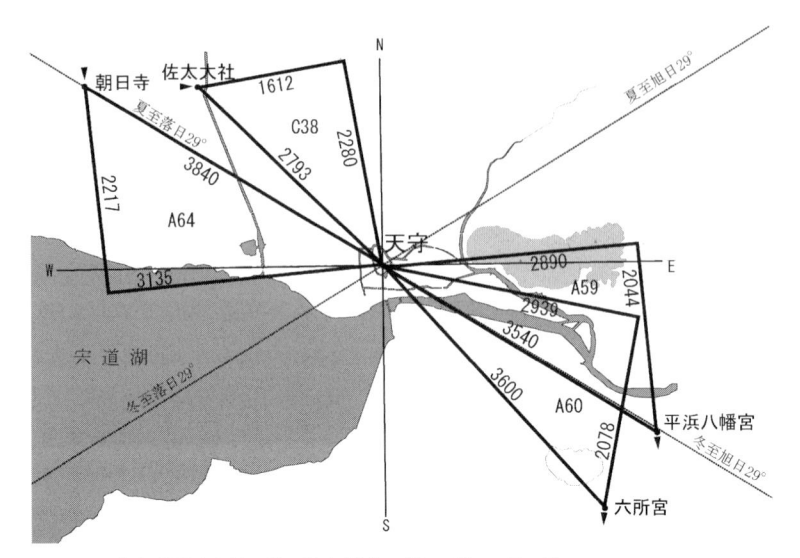

図 4.1.6　松江城天守と城下外の社寺（単位：間、1間＝6尺5寸）

った。

　冬至旭日―夏至落日の方位には、神名火山の1つである朝日山（1.9里38.4町）と出雲国1番平浜八幡宮*10（59町、1間＝6尺5寸）がある。この朝日山―平浜八幡宮を結ぶ冬至旭日―夏至落日のラインと月山富田城―茶臼山―天守―佐太大社を結ぶラインがクロスする位置に天守が配置されたのであった。ちなみに残る神名火山・大船山（4.5里162町）は真西に近似し、仏経山（6里216町）は冬至の落日方位に近似し、一方、冬至旭日方位に近似して能義大社*11（4.4里158.4町）があったことも付記しておきたい。

　次にこの天守と社寺との関係を求めると、冬至旭日の方位には1番平浜八幡宮（59町）があり、一方、夏至落日には神名火山・朝日山の山頂近くに当国三十三観音霊場第29番朝日寺（64町）がある。天守と一直線に配置されたこの冬至旭日―夏至落日の方位軸は、古くから辰巳・戌亥信仰として生産霊・地霊が鎮座する祥瑞思想に基づく巽乾軸といえる。

　また、当国4大社の1つである佐太大社（46.6町2793間）はN45°Wにあり、逆にS45°Eの元国府跡には六所宮（60町3600間）があった。これらの社寺は天守を中心

---

*10　平浜八幡宮：出雲国第1の八幡宮として勧請する。鎧兜堀尾吉晴の寄進、錦の袴忠晴の御母堂寄進[13]。
*11　能義神社：安来市能義町に鎮座し、飯梨川が能義平野に流れ出した小高い丘にあり、能義大神を祀る古社（『島根誌』）。

に視軸の構成に加えてα三角形60間モデュールの構成であった点が注目される（図4.1.6）。

(7) 伊賀上野城の天守位置

　本能寺の変［天正10(1582)年］後、秀吉は脇坂安治を伊賀の守護としたが、天正13(1585)年に大和郡山城主筒井定次を伊賀に移した。定次は平楽寺・薬師寺の旧地を削平して大規模な城郭を築いた。定次改易の後、慶長13(1608)年家康は藤堂高虎を伊予今治から伊賀に移して伊勢をも合わせて22万石を領有させた。

　藤堂高虎は家康の秘命をもって慶長16(1611)年1月、上野と津城の大改修に着手した。大坂城豊臣氏に備える戦略上の意図をもって古城の西尾根を削平して本丸を広げ、天守をこれに移して堀を掘り、重厚な高石垣に仕立てた。

　一切の縄張は城造りの巧者藤堂高虎自身の手によって進められた[17),19),20)]。高石垣の普請には服部左京、渡辺掃部など石垣造りの巧者を、天守の作事には粉川以来の次郎三郎、伊予より随従の助五郎、九十郎に加えて伊賀の棟梁小町田仁助、荒木村兵衛を起用した。しかし、天守は竣工直前の慶長17(1612)年9月に襲った台風により倒壊してしまった。

　元和元(1615)年大坂夏の陣後、元和偃武の下に、武家諸法度をしいて城郭の普請を禁止した建前上、伊賀上野城もまた豊臣討滅作戦基地の任務を終え、再び天守は築かれなかった[17),19)]。藩主藤堂高虎は32万石に加増されて津城に移り、伊賀は城代家老の治めるところとなった。伊賀上野城下町は身分的職業的峻別のきわめて具体的かつ厳格なる町割をもって建設された典型的な近世城下町であった。また、築城巧者高虎設計の居城普請・助役普請のなかでも最盛期の築城として注目される。

　上野城の最も奇異なことは、軍学者が説く「天守の十徳」[17)]を満たす条件の1つ、天守が展望のよい本丸の最高所に設けられていないことである。すなわち本丸の東には一段と高い筒井の旧本丸があって、東方の視界を遮り十徳の条件から外れている。これには諸説あるが、天守完成後「東大手の作事小屋へ引平一面に多聞櫓を立置」[17),19)]という計画が未完成のまま大坂城が落城し、元和偃武をもって普請は中止に至ったという説が妥当と考える。

　この天守台は冬至の旭日の方位（E28.9°S）に国分寺金堂跡がC19型α三角形60間モデュール（1396間、間＝6尺5寸）を成して配置されたとみえる（図4.1.7）。さらに伊賀一ノ宮・敢国神社[*12]は、夏至の旭日（E28.9°N）の方位にB19型α三角形60間モデュール（1975間）を構成して立地している。この2点が天守の位置決定の主

第4章　天守の位置決定

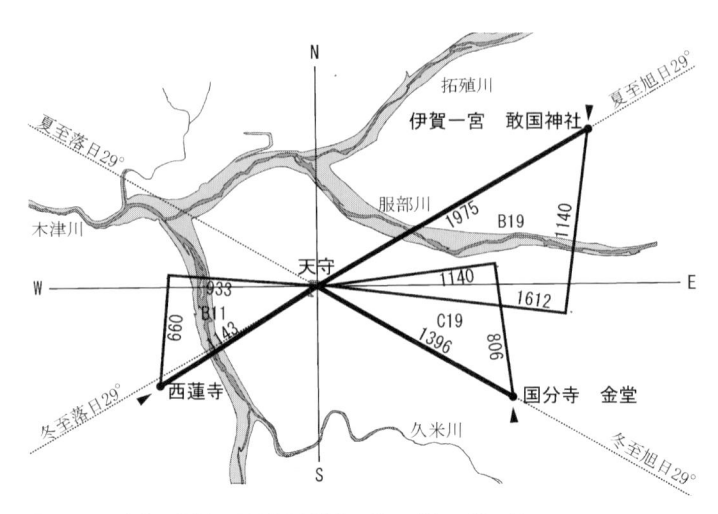

図 4.1.7　伊賀上野城の天守位置(単位：間、1間＝6尺5寸)

因と考えられる。また、伊賀上野城々代家老藤堂釆女家歴代墓所となった天台宗の名刹西蓮寺は冬至の落日の方位に近似したB11型α三角形60間モデュール1143間の位置にあったことも注目しておきたい。また、天正2年守護職仁木長政によって再造営された華麗な桃山様式を伝える古社高倉神社もA37.5型α三角形2250間で関連することを付記しておく。

以上より、敢国神社―西蓮寺を結ぶ視軸の夏至旭日―冬至落日ライン(鬼門・裏鬼門軸)ならびに国分寺金堂跡からの冬至旭日―夏至落日ライン(巽乾軸)のクロスする位置に天守が配されたとみなせよう。

(8) 大洲城の天守位置

大洲はもと大津といい、大洲城の創築は元弘元(1331)年伊予国守護の宇都宮豊房までさかのぼり、代々宇都宮氏の居城であった。秀吉の四国平定の時、戦功により大津は小早川隆景(湯月城伊予35万石)の領有するところとなった。その後の城主は次のとおりである。

① 天正15(1587)〜文禄3(1594)年、戸田勝隆16万石
② 文禄4(1595)〜慶長13(1608)年、藤堂高虎7万石、宇和島板島城に入り大洲城

＊12　伊賀一ノ宮・敢国神社は慶長17(1612)年12月に藤堂高虎より社領として800石の寄進があった。これは伊賀上野城築城の完工と同じ年でもあり注目される。

4.1 視軸による天守位置決定

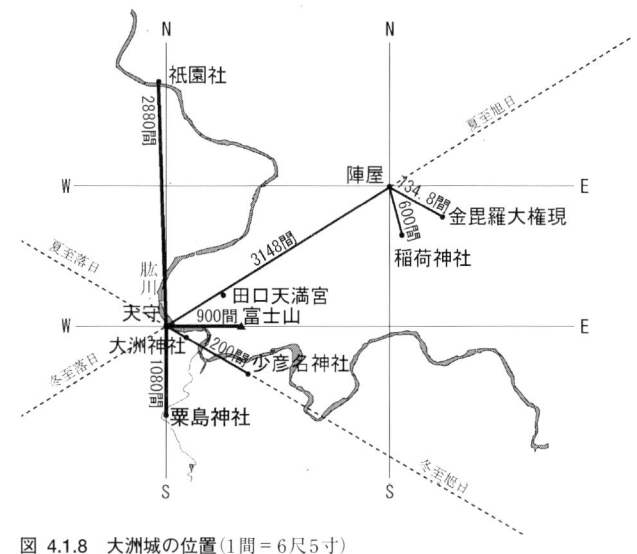

図 4.1.8 大洲城の位置（1間＝6尺5寸）

下町築城に関与。関ヶ原の役後20万石。
③ 慶長14(1609)〜元和3(1617)年、淡路洲本城主・脇坂安治5万3500石で入封。
④ 元和3(1617)年〜維新、米子城主・加藤貞泰6万石で入封。

　大津城を近世城下町に改造したのは藤堂・脇坂の時代とみられるが、高虎の養子高吉（丹羽長秀3男）は、慶長10(1605)年に田中林斎（伏見城築城の奉行）に命じて城下東入口の塩屋町を縄張しており[26]、町割の主要部は藤堂の時代にすでに完了していたことになる。

　大洲城天守の造営は一般に脇坂時代に完成したとされる。寛永4(1627)年幕府の隠密が大洲城の有様を報告しており、これが天守の様子を示した絵図の初見である。加藤時代はいわゆる元和偃武にて一国一城令、武家諸法度など、城郭制限時代であったがゆえに城郭の形態上の変化は微少であった。

　古くは都城や国府の経始において信仰する霊峰を見通す位置に中心施設を配置し、冬至に都京造営の地鎮祭を挙行し、冬至・夏至の太陽出没の方位に霊峰など目標物を定めて、これを見通す位置に重要施設を配置し、陰陽五行説に基づき地相を卜占し、地選の祥瑞を賀する慣わしがあった。

　それだけに大洲城天守の位置決定に仮説「視軸」を置き、広域的考察から始めた（図4.1.8）。

　大洲を特徴づける山は妙法寺山、別名富士山[*13]である。この富士山は、天守の

103

第4章　天守の位置決定

真東(約15町＝900間≒1 773m、1間＝6尺5寸)に山頂(標高319.6m)があって、春分・秋分の旭日方位に位置する。正方位と信仰の慣例が対応した決定的な要因と考えられる(太陽軸)。また、加藤氏歴代藩主が特別に崇敬厚く天慶2(939)年創建と伝える八多喜祇園社[26]はN3°W(約48町＝2 880間)に位置し、南には加藤家紋入麻幕が残る粟島神社[26]がS3°E(約18町＝1 080間)にほぼ一直線の視軸に配置された(北辰軸)。

大洲城下町を特徴づけるもう1つの山は神楽山であり、現大洲神社本殿[*14]はE28.5°S(約7.5町＝450.3間)に位置し、この方角は冬至の旭日の方位にあたる。さらに天守・大洲神社本殿軸の延長上に少彦名神社[26](約20町＝1 200間)が鎮座する。この少彦名神社のある梁瀬山は古代文化の巨石遺跡が残り、また古来より少彦名命の神陵の地として、「入らずの山」として神聖視していた(精神軸)。

夏至の旭日の方位(E28.5°N)軸線に近似して支藩(1万石)新谷藩陣屋(E32°N、約13町＝780間余)と田口天満宮[26](E28°N)があった。田口天満宮は宇都宮宗泰によって正慶2年(1333)に大津城の鬼門除として勧請されたのである(鬼門軸)。

新谷陣屋に目を移すと高虎建立と伝える金毘羅大権現があって、E27°S(約12.2町＝734.8間)で冬至の旭日の方位に近似した配置であった。稲荷神社はS17°E(約10町＝600間)に、二ノ宮社はW32°S(約85間)に配された。

以上より、大洲城天守の位置決定は古代から太陽の運行、特に冬至・夏至・春分秋分の太陽出没方位ならびに北辰北斗を意識した配置手法が鮮明に見てとれる。

4.1.2　視軸のクロスによる天守位置決定

本節では、「Ⅱ　視軸のクロス型」つまり「Ⅰ　冬至・夏至の旭日・落日の方位型」以外の一般的な周辺の古社古刹や霊峰と視軸のクロスを取り結ぶ関係で天守位置が決まった型の事例について仮説の検証を行う。

(1)　宇和島城の天守位置

文禄4(1595)年藤堂高虎は豊臣秀吉より宇和7万石に封ぜられた[29]。高虎39才、

---

*13　妙法寺山：二等辺三角形の標高320mの秀麗な山で、別名富士山と呼ばれる。山頂に盤状の石が2個並ぶ妙法寺山巨石遺跡があり、大きい方の石は「盤珪禅師の座禅石」といわれる。
*14　大洲神社：元弘元年(1331)宇都宮豊房が大洲に入城の時、二荒山神社より勧請して、城内松の台に鎮座した。戸田・藤堂・脇坂・加藤氏に至るまで城内にあった。宝永4(1704)年加藤氏が松岡森に移した[26]。

4.1 視軸による天守位置決定

自分の持ち城を築くのは初めてのことであった。それゆえに名城を築こうと領内 20 ほどあった城跡を検分して思案のあげくに板島を選んだ。ここは西側に海が開け、水軍の基地にするには最も都合が良かった。加えて北、東、南に城下町を経営するに十分な地形であった[30]。

慶長元(1596)年築城工事に着手し、慶長6(1601)年頃までに堀や石垣を築き、天守や櫓・門を建てた。城下町は東部に辰野川を、南部に神田川を外堀として整備された。工事のすべてが完了したのは慶長9(1604)年のことであった。本城は高さ73mの城山に築かれた平山城である。この外郭平面形態が不等辺五角形をしており、これを「空角の経始」と称して、本城縄張の一大特徴であり、幕府の隠密をしても四角形と誤認したほどであった[30]〜[32]。

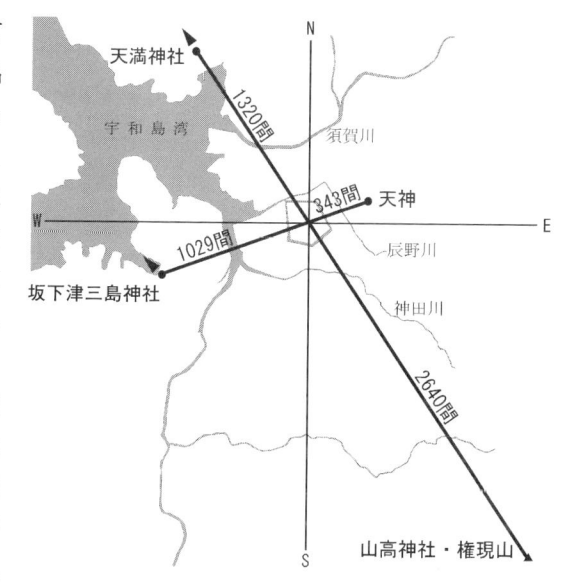

図 4.1.9 宇和島城天守位置(1間 = 6尺5寸)

藤堂高虎は関ヶ原の戦功によって伊予半国20万石を与えられ、今治城の築城に着手し、慶長13(1608)年に今治城へ移ったが、間もなく同年8月伊勢国津に転封となった。その後、富田信濃守信高が12万石で入封したが、慶長17(1613)年改易されて、一時幕府直轄地となった。

慶長19(1614)年、伊達政宗の長庶子秀宗が10万石の領主として入封した。2代宗利の時、寛文4(1664)年から天守以下城郭の大修理に着手して同11(1671)年に完成した。この大改修にあたっては、縄張の変更は認められず、縄張は高虎の時代のままであったとされる[30],[32]。

高虎は板島(現城山)に宇和島城を築城した際、城郭の地選・地取において、どのようにして天守位置を決定したのであろうか、視軸の関係から検証してみよう。

まず、権現山山高神社―天満神社の視軸、次に、天神―坂下津三島神社の視軸が考えられる。天守からこの4ヶ所までの距離はα二角形60間モデュールに符合し、この2つの視軸のクロスする地点を天守位置にしたと推測できる(図4.1.9)。また、

第4章 天守の位置決定

この配置は伊勢神宮三節祭(みふしのまつり)の行われた日の北極星と北斗七星の配置を連想できる(図3.2.7参照)。

　注目すべきは、宇和島城の外郭が個性的な不等辺五角形を成していた点である。この形態はこれまで「空角の経始」と称して、軍略上の理念のみが強調されてきた[32,36]。ここでもう1つの理念として陰陽五行を挙げたい。五角形の5つの隅に注目し、北より19°東に振った線上に黒門・黒門櫓があり、この黒門の黒は陰陽五行に当てはめると「水」(黒・北)である。その延長上に藤堂高虎ほか歴代藩主が崇敬の伊吹八幡神社(天守より1038間 = 30 × 34.6)があり、さらに延長すると大三島大山祇(おおみしまおおやまづみ)神社に至る。この軸と直交するのが「木」(青・東)であり、その延長上に伊達秀宗の代に菩提寺等覚寺(とうかくじ)が後世に建立された。次の角が「火」(赤・南)で、この線上に一宮(いっく)と呼ばれた宇和津彦(うわつひこ)神社があったと想定できる[33]。次の角が「土」(黄・中)でその延長上に歴代藩主敬神の三島神社(865間)があった。次が「金」(白・西)であり、その延長上に住吉社[*15](660間 = 11 × 60)があったと考えられる(図4.1.10)。

図 4.1.10　宇和島城と陰陽五行 (1間 = 6尺5寸)

　以上より、藤堂高虎が国持ち大名として初めて設計した宇和島城の天守位置決定の方法は、いわゆる「視軸」のクロスする位置に天守を置いたとみられるが、陰陽五行説の五行相剋図(そうこく)に当てはめた構図[37]を城地に投影した結果として、上図のような天守の位置決定になったと考えられる。宇和島はいずれにしても五角形の形態的な特徴を有するほか天守位置の構成においても特徴的な存在である。宇和島における高虎の五角形へのこだわりは尋常ではないだけに、その典拠(てんきょ)となったのは何か、また以後の高虎の設計にどのように反映していたかは、興味深い課題でもある。

---

*15　「宇和島元禄16年御城下絵図」(昭和礼文堂)、「安政文久宇和島城下全図」(昭和礼文堂)に向きと位置が確認できる。

(2) 広島城の天守位置

広島城の天守位置については、2.4.3(3)で述べた。広島城を築城した際、毛利輝元は普請奉行二宮就辰に地選させ、黒田孝高の指揮を受け、まず新山に登り、厳島弥山に一線を画し、次に明星院山と己斐松山に登って一線を引いて、その交点を天守の位置に定めた（図2.4.1、図2.4.2）。この天守の位置決めは仮説の「視軸による都市設計」が存在したことを裏づけるとともに、ここにみられた構成は、天守を中心にしたα三角形60間モデュールとも符合し、視軸に加えて、「α三角形60間モデュール」をも重ねて使用した都市設計技法であっただけに、「Ⅱ 視軸クロス型」の典型的事例といえよう。

(3) 丸亀城の天守位置

天正15(1587)年生駒親正は秀吉より讃岐一国15万石を与えられ、はじめ東讃岐の引田城に入ったが、まもなく西讃岐の聖通寺城に移った。親正は津森の庄・亀山、上田井村・由良山に城を築こうとしたが、天正16(1588)年高松城の築城に着手した。さらに西讃岐の支配に不便とみて慶長2(1597)年に丸亀城を支城として建設に取りかかり、同7(1602)年に完成した[38),39)]。

丸亀が地選されたのは、金毘羅参りや四国遍路の上陸地として古くより知られたほか、塩飽諸島の統治とその制海権を握ろうとする意図が読みとれる。その後「一国一城令」[元和元(1615)年]により丸亀城は一時廃城となった。

関ヶ原[慶長5(1600)年]では、生駒親正は石田三成に、長子一正は徳川家康に応じて出兵し、その後親正は隠居して高野山に入ったために、その罪は許された[38)]。生駒家の領地は慶長6(1601)年には讃岐国17万1800石を領有した[39)]。四代高俊の時、生駒騒動[寛永17(1640)年]が発生して、そのため領地を取り上げられ、出羽国矢島庄1万石に移された。一時丸亀城と領地は大洲城主・加藤泰興と今治城主・松平守房に預けられた。

寛永18(1641)年、肥後国天草富岡城主・山崎家治が丸亀藩5万3000石で入封し、領内を検分の後、亀山に城地を選んだ。

丸亀城の再建は寛永19(1642)年7月より起工し、翌年に完成した。羽板重三郎の縄張と伝えられる本城は標高66.6mの亀山に築かれた平山城で、螺旋式の城郭を特徴とする。2代俊家の時代にも城の石垣、外堀を修築し、橋を架けたが、初代家治の時代の讃岐国丸亀絵図山崎甲斐守と張り紙された絵図をみると丸亀城の縄張は現在の城跡とほとんど同じであるとされる[39)]。3代治頼は8才で病死して山崎家は断

第4章　天守の位置決定

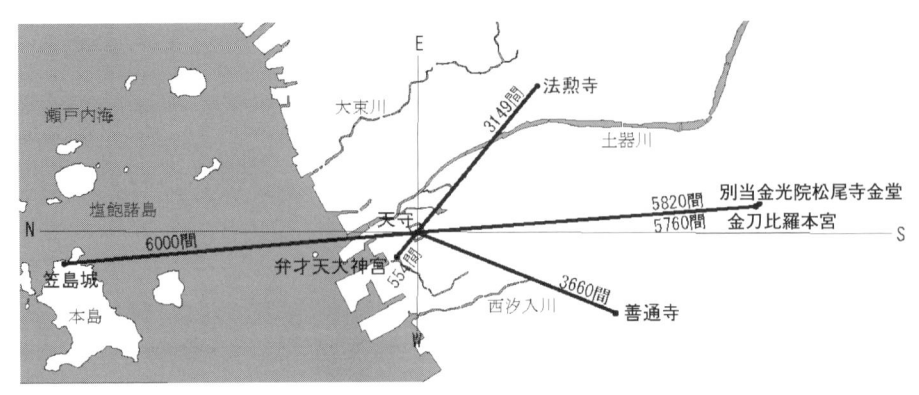

図 4.1.11　丸亀城の天守位置(1間＝6尺5寸)

絶した後、万治元(1658)年、龍野城主・京極高和が西讃岐5万余石と播磨1万石合わせて6万余石で丸亀城に入った。山崎時代に起工した現存天守は万治3(1700)年に完成し、堀浚えも前代の絵図のとおり完成したとみえる。ただし、2代高豊の時、寛文10(1670)年頃に大手門、太鼓門、枡形が城の北に移転された[32),38)～40)]。

以上より、現存の城郭・城下町の縄張のほとんどは、山崎家治の時代の縄張との見方が有力である。この城下町は東汐入川と西の掘割の間を城下町として外堀と内堀の間が士族屋敷であり、外堀の北部を町屋にあてた。その形成は、正保の絵図に古町と記載の町が生駒時代の町割、また、新町と記載の町があり、山崎家治の町割と考えられる[32),38)～40)]。

生駒親正が丸亀城を縄張するにあたり、いかなる方法で亀山に城郭の中心・主櫓を決めたか。その後山崎家治が再びこの地を選び、再構築した時、生駒の城郭をどのように読みとり、それを活かしたかは興味深い。現在に残された遺構から考察できる山崎時代の縄張を中心に、これに仮説「視軸」を置いて考察した(図4.1.11)。注目したのは、生駒、山崎、京極の各時代各藩主が手厚く寄進し、殊のほか崇敬の念が厚かった2つの古社古刹である。

その第1は、金毘羅大権現であり、その別当金光院松尾寺である。現天守から金刀比羅宮本宮まで96町(5 760間＝96×60)に位置し、別当金光院松尾寺金堂(現旭社)まで97町(5 820間＝97×60)に位置している(金毘羅軸)。この軸を逆に延長すると、塩飽諸島本島の笠島城が天守から100町(6 000間＝100×60)に位置し、これらは一直線上の視軸に配されている。さらに金毘羅軸上に天守から約9町(540間＝9×60)に定福寺、大善寺、吉祥院の各本堂がある。その前にある威徳寺と合わせて寺町4ヶ寺と称され、丸亀城の鬼門鎮護のために生駒時代に建立された[39)]。後世の

ことだが、妙見社(産巣日神社)が7町(420間＝7×60)の位置に建立され、鬼門の守りを固めた。よって金毘羅軸は当時鬼門—裏鬼門軸と考えていたことになる。

金毘羅軸を鬼門軸とすると、「見立て南北軸」には双子山(A型1 213間＝35×34.6)を通って元生駒家菩提寺法勲寺跡(A型3 149間＝91×34.6)に至る。一方、この見立て南北軸の逆側に、京極時代に弁才天大神宮(A型554間＝16×34.6)が置かれ、視軸の構成であった。

第2はもう1つの古刹・善通寺西院・誕生院である。各時代各藩主ともに誕生院へは手厚い寄進があったが、とりわけ京極3代高或とその母・松寿院の時は格別であった。天守から誕生院まで61町(3 660間＝61×60)である(善通寺軸)。この善通寺軸を45°振った軸線は丸亀の城下町の縦町・横町の線引きと符合する。それだけに善通寺軸は町割軸と考えられる。この善通寺軸から定まる町割の東西軸に沿って津森天神社9町(540間＝9×60)があり、乾に山崎家の菩提寺寿覚院(C型367間＝5×73.5)がある。

また、生駒一正が築城にあたり亀山の北部山麓から移築した山北八幡宮が(A型554間＝16×34.6)に移築されたことを付記しておく。

以上より、金刀比羅宮本宮—寺町4ヶ寺—笠島城を結ぶ金毘羅軸は鬼門—裏鬼門の鎮護の軸で精神的な軸であり、生駒家菩提寺法勲寺跡—双子山—弁才天大神宮を結ぶ見立て南北軸の2本の視軸がクロスする位置に天守を配したとみなされる。また、善通寺軸は町割・街路線引きの技術的な軸と考えられる。

生駒一正が築城して山崎家治が再整備した丸亀城下町は、本城郭、城下町の縄張に精神的なシンボルとしての金毘羅宮・金光院と塩飽諸島の制海権の拠点・笠島城を結ぶ視軸上に天守を置き、具体的な町割の線引きの基線として善通寺西院・誕生院—天守軸が意識されたと考えられる。

(4) 大分府内城の天守位置

建久7(1196)年大友能直が豊前豊後両国の守護職兼鎮西奉行に任ぜられ、居館を府内に造営して以来22代398年の久しきにわたって大友氏は武威を九州に振ったが、文禄2(1593)年ついに滅亡した。文禄3(1594)年秀吉は豊後に7氏を封じ、府内城主には朝鮮の役で功があった早川長敏が封ぜられて大友屋形を修復して移り住んだ。

慶長2(1597)年正月、早川長敏は木付城に移され、同年2月臼杵城主(6万石)石田三成の妹婿・福原直高が府内12万石へ栄転となった。「慶長3(1598)年3月長臣

第4章　天守の位置決定

生島新助と共に上野の西山台や飯盛塚に登って城地を卜した。北方六百余歩の河畔、荷落（におろし）の地に新城を築くことに決定した」[41),42)]。高崎や小島から大石を運搬させ、郡内の巨木を伐り、精木を土佐に求めた。慶長4(1599)年4月に至り、3階の城楼および諸臣の舎宅の作事も成って荷揚城（にあげ）と名づけ、直高は屋形から新城に入った。

新城に入ってまもなく、福原直高は家康から6万石を削られて旧地臼杵に改易されたが、石田三成を頼って佐和山に入ったようである。

慶長5(1600)年関ヶ原の役における功により家康は高田城主（1万5000石）竹中半兵衛重治の従兄・竹中重利を府内城主（2万石）に領地させた。重利は府内に入部後、城塁の大改修の許可を家康より取り付けて着工した。慶長7(1602)年3月には天守諸櫓を作事して、同年7月には出丸（でま）や中島の入江に舟入を造って水軍の拠点とした。

こうして城郭は成就したが、府内の町屋は大部分が大友時代どおりで城下は武家だけの状態であった。重利は府内の町人を城下に移そうとして、慶長7(1602)年8月城塁の外境、東西10町南北9町に40余の町を割り付け総曲輪（くるわ）の構築が始められた。城下町の工事が完了したのは慶長10(1605)年7月であった。その後慶長13(1608)年には堀川京泊（きょうどまり）の港を完成して、ここに水際城郭府内城を完成した。この縄張を特徴づけたのは海と堀を仕切る土手・帯曲輪（おびくるわ）であり、海水の干満による水位の低下を防ぐとともに水軍の直接攻撃を防止したのである。

竹中2代重義が長崎奉行の時、奸曲（かんきょく）の事があり領地は没収された。寛永11(1634)年、下野国壬生城主（しもつけ・みぶ）・日根野織部正吉明が2万石で入封し、寛永15(1638)年東西の門楼を築き、堀の浚渫（しゅんせつ）をした。明暦2(1656)年吉明は逝去し、世継ぎがなかったため所領は収公された。次年明暦3(1657)年松平忠昭に府内転封の奉書が下され、以後維新まで松平氏が府内の治世に当たった。

福原直高が卜して地選して荷揚城を建設し、竹中重利が大改修した府内城下町はどのようにして城郭の中心である天守の位置を決めたかについて仮説の「視軸」を置いて考察した。

注目したのは、直高が上野の飯盛塚に登って、卜した地点である。これを定かにする前に、現存天守台から真北約323町(19388間=323×60)に両子山があり、ほぼ同軸上に六郷満山天台宗両子寺（ろくごうまんざん）が約313町(18786間=313×60)にある。これから推して考えるに飯盛塚という丘は、天守から真南約10町(600間余=10×60)の地点が「北方600余歩の河畔」[*16]に符合する（北辰軸）。それゆえ飯盛塚に立って真

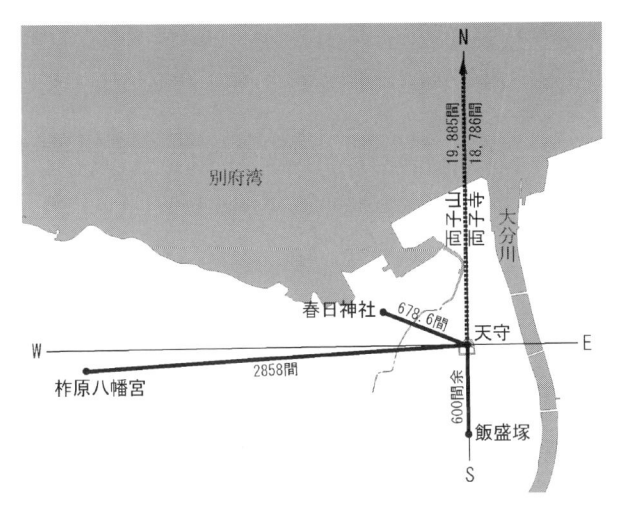

図 4.1.12 大分府内城天守位置(1間＝6尺5寸)

北にそびえる六郷満山修験道両子山を見通す線上、すなわち視軸の構成で天守を築こうとしたと想定しえよう(**図4.1.12**)。

この軸を北辰軸と考えると、ほぼこれに直交する西方にC型α三角形60間モジュール(2858間＝39×73.5)に豊後一ノ宮柞原八幡宮[41]があった(太陽軸)。また歴代藩主より崇敬の春日神社は戌亥の方C16型α三角形60間モジュール(678.6間＝16×42.4)にあり、また、同軸上A13型α三角形60間モジュール(450間＝13×34.6)に住吉神社が配された(戌亥軸)。鬼門の方位は別府湾でその方向の角を欠き落とした縄張であった。裏鬼門には約63町(3780間＝63×60)には国分寺があり、三の丸に菩提寺同慈寺を、城下には光西寺を、裏鬼門に配置して守護する構成であった。

(5) 今治城の天守位置

慶長5(1600)年9月、関ヶ原の戦いでは藤堂高虎は福島正則と並んで東軍の先頭に陣取り、その戦功で板島(宇和島)8万石の城主から一挙に12万石も加増されて伊予半国20万石の大名として国分城(河野氏)に入城となった。直ちに高虎はここを撤して、海沿いに約39町(2335間)北方の蒼社川左岸の「今張」と呼ばれていた遠浅

---

*16 「歩」は古代に6曲尺になり、「歩」が曲尺の6尺におさまったのは、中世の初期とされ、それ以降近世まで存続した[75]。

第4章　天守の位置決定

海岸を城地に決めて城普請を始めた。

その目指すところは、瀬戸内海交通の要衝・来島(くるしま)海峡を挟んで対岸の大島ににらみをきかせ、芸予諸島近海の制海権を握ることであった[45]。

普請の開始は、慶長7(1602)年6月で「今張」を「今治」と改め、同月、大山祇(おおやまづみ)神社の本殿と拝殿を補修し、無事完成を祈願して新城建設工事を始めた[46]。縄張は築城総奉行として増田長盛(ましたながもり)の旧臣で軍略家として知られた新規召し抱えの渡辺勘兵衛了(かんべえさとる)、普請奉行は木山六之丞が務めた[46]。

城は慶長9(1604)年9月に完成した。この今治城は全くの平城である。本丸には高さ8間の天守台の上に5層5重の天守が築かれた。本丸の東方には城主の居館を持つ二の丸を置き、幅30間の内堀で囲んだ。その外には上級武家屋敷が構えられて幅20間の中堀で囲み、さらに外側に下級武家屋敷を置いて幅8間の辰ノ口堀・外堀で囲い込んでいる。このように堅固にめぐらされた3重の堀に海水を引き入れ、中堀の海側には広い船溜を置いた[32),46)]。

本丸には天守を含めて櫓数4、二の丸・三の丸には櫓数3で東門を大手とし、その外には海に面して12の櫓が設けられて北門を搦手(からめて)とし、城門を9ヶ所に配した。総櫓数19のうち12までが海に面して構えられ、来島海峡をにらんでいた。来島水軍が有名になったのも、この来島水道の中の一つの小島である来島を城として海峡を制していたからである。来島城は来島海峡を西から押さえる位置にあり、東から蓋をするような形になっているのが今治城であった[32]。

以上の築城の経緯から西から東上する軍に、来島城と今治城で挟みこみ、制海権を握ろうとする家康と藤堂高虎の戦略が読みとれよう。この戦略を基に、具体的に今治城の城郭の中心本丸とりわけ天守の位置をどうして、当時「小田の長浜」と呼ばれた地を決定したであろうかということについて仮説「視軸」を置いて考察した。

今治城下町建設当時、高虎ならびに当地域の敬神の念ことのほか深かった古社として第1に、産土神・三島大山祇神社*17があげられる。この三島大山祇神社は天守より真北173町(10 380間)にあり、一方、須賀(すが)神社は真南に約7町(415間 = 34.6 × 12)の位置に鎮座し、視軸(北辰軸)を構成する配置であった。ゆえにこの軸を北辰軸と呼ぶことにする(図4.1.13)。

第2には、大濱八幡神社があげられる。この大濱八幡本殿と高虎入封当時の居城

---

*17　三島大山祇神社：伊予国の総社、一ノ宮で、大山祇命を祀る。推古天皇2(594)年、大三島の南東部瀬戸に鎮座し、大宝元(701)年、現在地へ遷座する。

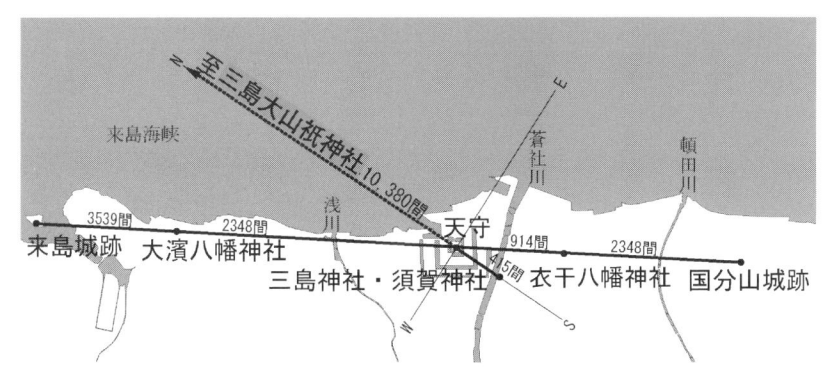

図 4.1.13 今治城の天守位置（1間＝6尺5寸）

の国分山城を結ぶ線上・視軸に今治城天守があったことが図4.1.13にみてとれる。さらに、天守から両点（大濱八幡木殿—天守—国分山城）までの距離を計測すると、等距離で39町8間（＝2348間＝34.6間×68）であり、A68型α三角形60間モジュールに符合する。この軸は北辰軸より30°西へ振っている。また、天守—大濱八幡神社の線を20町（1190間＝60間×20）延長すると来島城に至る。それゆえにこの視軸を海峡軸と呼ぼう。

このように来島海峡の制海権を握ることを強く意識するとともに、この新城と来島城で来島海峡を押さえ込む戦略が読みとれる。また、この海峡軸は、天守のほかに、三の丸北門および辰ノ口、衣干八幡神社など城下町の主要な施設を通る視軸の構成であった。

以上から北辰軸と海峡軸の2つの視軸がクロスする位置に天守を位置取り、この2つの視軸は城郭・天守の位置決定ならびに主要施設配置計画など縄張の要となった都市軸と考えられる。その設計の基底に三島大山祇神社と大濱八幡神社とによって来島城と今治城とを守護するという精神的な意図と来島海峡の制海権をも握ろうとする戦略的な軍事的意図とを併せ持っていたとみられる。

(6) 小倉城の天守位置

細川忠興が慶長5(1600)年12月に約40万石を与えられ中津城に入った。間もなく小倉城の設計・建設に着手し、同7(1602)年正月鍬入れ、同11月落成した（2.1.1参照）。この小倉城天守の位置決めに関連深く注目されるのは妙見社である。

忠興が小倉城建設に先駆け、入国4ヶ月後の慶長6年3月に上宮[56]と下宮の再建の工事にかかり、4月に上棟して遷宮したことは注目される[56]。この時忠興は神領

第4章　天守の位置決定

30石を捧げ、宝積坊を取り立て下宮(御祖神社)としたのであった[56]。この下宮はA30型α三角形60間モデュール(1800間＝60間×30)で上宮を拝む構成で忠興が新たに造営したのであった。

こうして、下宮を建立して6ヶ月後の慶長7(1602)年正月に築城の鍬入れが行われた。ゆえに、下宮建立時期には城郭の地選が出来上がっていたと考えられる。この妙見社下宮―旧祇園社[*18]―天守は視軸の構成であった。さらに忠興は入城15年後の元和3(1617)年に、小倉太鼓祇園で有名な八坂神社[*19]の、旧祇園社にあった御神体を北殿に、愛宕神社にあった祇園社を南殿に移し、総鎮守として建立したのであった。こうして、忠興は天守を挟む視軸構成に仕立て上げていくのであった。この軸は巽乾軸の祥瑞な方角への視軸設定といえよう。

また、忠興が京都西山の愛宕権現を勧請した愛宕神社[*20]と元慶7(883)年創建以来鎮座の須賀神社[*21]は、ともに天守に向けて建立されており、かつ視軸の構成でもあった。この愛宕神社―天守―須賀神社の視軸はほぼ天守の東西軸(太陽軸)を成していたのである。

以上から、天守の位置は、妙見下宮―旧祇園社―八坂神社を取り結ぶ視軸(巽乾軸)と愛宕神社―須賀神社を結ぶ視軸(太陽軸)のクロスする位置に設定されたことになる(3.2.3(3),6)、図3.2.7参照)。

(7) 萩城の天守位置

萩城は慶長9(1604)年2月に指月山の山頂の御城・詰丸から縄張を始め、同年6月には山麓の城郭の絵図をつくり、儀式としての縄張を挙行し、同日鍬入れ、慶長10(1605)年には家臣への屋敷班給が定められた。

城下町の初期の状態を示した『慶安絵図』(近藤隆彦編、荻郷土博物館友の会)をみると、陸繋島であった指月山頂に詰丸を置き、山麓に本丸を築いた平山城であった。その南東部に上級武士の居住地であった三の丸を置き、これを外堀で囲み、そ

[*18] 旧祇園社(現高倉稲荷神社・三本松)：永禄4(1561)年創立、天正6(1578)年大友氏に焼かれた後、細川忠興築城の時に神殿拝殿を新築した。元和3(1617)年鋳物師町に移し、稲荷神社とした[56]。
[*19] 八坂神社：小倉の総鎮守。元和3(1617)年細川忠興が鋳物師町に社地を定め、愛宕の祇園社を南殿に、三本松の祇園社を北殿に移す[56]。
[*20] 愛宕神社：慶長7(1602)年忠興は古よりこの地に鎮座する不動尊にちなんで不動山といわれた山に愛宕権現を勧請し、愛宕山といった[56]。
[*21] 須賀神社：創建は元慶7(883)年、まれにみる古社である。若一王子と尊称され、寛永9(1632)年小笠原氏移封後も城の卯の鎮守として殊のほか崇敬が厚かった[56]。

の外側の松本川と橋本川の自然の要害で囲まれた地区を中下級武士団の居住地とした。町屋は東西の通りでは本町筋、春若筋の2筋、南北の通りでは片河町筋、浜崎筋、唐樋、橋本、平安古町に班給した。

　町割は街区割と屋敷割を定めたもので、身分を反映した家格に応じた屋敷班給を原則として、屋敷の規模と形状が家格によって序列化されていた。したがって街区割つまり街路間隔は、屋敷の序列に照らして設計されたと考えられる。

　慶長5(1600)年関ヶ原の敗戦によって、周防、長門の2ヶ国に減封となった毛利輝元は、安芸国の広島城を福島正則に渡した後、防長両国のなかでどこかを居城としなければならなかった。

　慶長8(1603)年、家康より「国境の警備を厳重にし、居城は適地に自由に建造してよい」[57]と国元へ帰国の許可を得て、同年10月、輝元は小郡に上陸して、山口の覚王寺に入った。そして、新しい城地の候補に3ヶ所があがった。

　1つ目の候補地は、山口の高嶺城であったが、海岸線にないため、海運重視の当時には都合が悪かった。そこで、次の候補地に防府の桑山城があげられたが、桑山城についても居城に決定しかねていた。第3の候補地として浮かび上がったのが萩であった。萩の城地は阿武川の河口部に位置し、分流した松本川と橋本川に挟まれたデルタであり、広島の大田川河口部の三角洲と類似点が多くあった。輝元は広島城築城の経験によって、海と陸と川との接点である河口デルタの優秀性を十分承知しており、居城として萩を選定したのであろう。

　こうして、輝元は慶長9年正月、幕府に城地の選定について意見を求め、同年2月に正式に萩の指月山に居城建設の承認を得た。

　輝元は慶長9年、正月に南禅寺、3月13日に洞春寺の住職に萩城築城の吉凶を占ってもらった[57]。縄張に吉川広家と毛利秀元、普請奉行に二宮就辰を任命し、同年2月18日に、先行して指月山山頂の要害・詰丸の縄張を行い*22、改めて6月1日に鍬初めが行われ、萩城下町の建設が開始された。

　輝元は広島城築城の際、周辺の山からの視軸とα三角形60間モデュールの技法によって天守の位置を決めたことから、萩天守の位置決めにも同様の技法を使用したと考えられるだけに、これらの技法を検証する（図4.1.14）。

　萩の縄張は先行して指月山山頂の縄張が行われたことから、まず指月山の地選の

---

*22　縄張の責任者として『故実抜粋』には「御城縄張、東の方は吉川如兼儀、西の方は毛利宰相秀元公御縄張也」とある[57]。

第4章　天守の位置決定

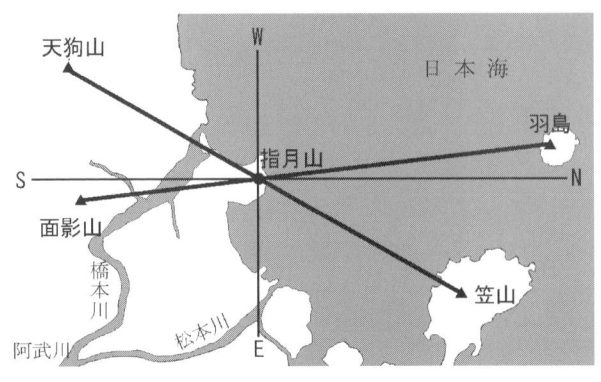

図 4.1.14　視軸と城地

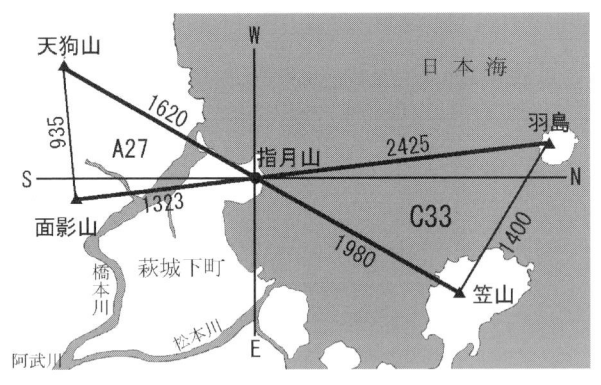

図 4.1.15　α三角形と城地（単位：間、1間＝6尺3寸）

方法をみてみよう。広島と同様に見通しがきく近郊の山に登って見立てるのが通常行われる方法であった。同様に筆者も近郊の山に登って実際に見通した結果、指月山は笠山から天狗山、面影山から羽島への視軸の交点に位置しており、広島城の天守位置決めに類似している（**図4.1.14**）。笠山は指月山から鬼門の方角に位置していたことから、藩政期には猿を放養して樹木の伐採を禁じるなどの鬼門封じが特に強く慣行されただけに萩城にとって重要な鬼門守護の山であった[59]。

面影山は河口一帯を広く見渡せる位置を占めており、山頂付近に山城があったとされる[57]。この3山はいずれの山も萩の城地を見渡すことができる。このように地選にあたり、近郊の築城以前からあった施設や眺望のきく山からのお見通し・視軸によって指月山が選定されたと考えられる。

次に広島と同様にこの視軸にα三角形60間モデュールを当てはめてみよう（**図**

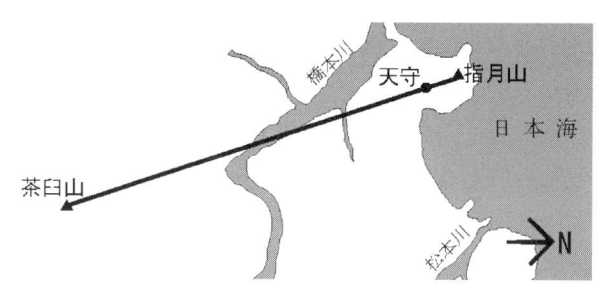

図 4.1.16　視軸と天守位置

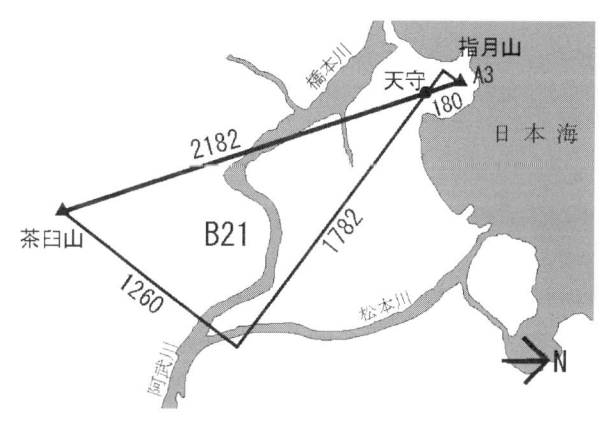

図 4.1.17　α三角形と天守（単位：間、1間＝6尺5寸）

4.1.15）。指月山から各地点への距離がα三角形60間モデュールと符合する。このようにα三角形60間モデュールが当てはまるのも広島と類似しており、輝元は広島の築城技術を踏襲したと考えられる。

こうして城地の指月山詰丸が選定され、山頂の詰丸の縄張をした後、指月山詰丸から輝元自らの検分によって天守の位置が決定されたと考えられる。

実際に山頂の詰丸の現地に登って輝元と同様に実地検分したところ、指月山頂から天守へのお見通しの延長上に茶臼山の山頂があり、このように視軸を描くことができることを確認できた（**図4.1.16**）。茶臼山は山頂付近に古くは山城[57]があって標高も310mと最も高く、萩城下への見通しの良い山の1つであった。

さらに**図4.1.17**にみるように指月山頂から天守までの距離が180間であり、また茶臼山から天守までの距離がα三角形60間モデュールに符合することから天守の位置決定に視軸とα三角形60間モデュールを重複して関連づけるという広島城天守の位置決めと類似の方法が確認できた。

第4章　天守の位置決定

　このように萩の城地選定から天守の位置決定において、笠山や茶臼山のように、信仰のある山や見渡しの良い山から見通す視軸とα三角形60間モジュールを重ねて使用して決められたと考えらる。広島城下町にみる天守位置決定の方法を輝元は踏襲したことが確認でき、視軸による天守の位置決めの仮説を萩においても検証できた。

(8) 佐賀城の天守位置

　天正12(1584)年、龍造寺隆信は島津家久・有馬義純の軍と島原で戦い、敗れて自害した。その時、隆信の嗣子政家は18才で、国事を裁定しかねるとして鍋島直茂に国政を執らせた。慶長12(1607)年政家と嗣子高房が没して、鍋島直茂とその嗣子勝茂(初代藩主)が肥前一国を支配するところとなった。

　こうして近世の佐賀城と城下町は直茂と勝茂によって築かれるところとなった。この地には龍造寺秀家によって築かれた村中城があり、この城郭を東に拡張して建設された。縄張は初め福岡藩主黒田如水軒長政に依頼し[61]、八戸村の北側に縄張したが、直茂の同意するところとならず、現在地に縄張となった。

　天正13(1585)年の縄張に則り、慶長7(1602)年、本丸台所の建築から始められた。同12(1607)年に直茂が引退して、勝茂が後を継ぎ城郭の経営に着手した。西の丸の櫓が建ち、牛島ほかの曲輪の普請や天守の瓦も焼き始められた。翌13(1608)年には城周りの堀が掘られ、家中屋敷や町小路が造られ、「佐賀城総普請」が鍋島主水茂里[32]を総奉行として施行された。同14(1609)年には天守普請が完成し、同16(1611)年に総普請は成就した。勝茂は本丸に入り、蓮池城から家族も移ってきた。天守は長政の好意により小倉城の天守の図面を参考に設計され、5人の大工を世話してもらって慶長18(1613)年に作事は完成した。村中城にあった龍造寺八幡宮および龍造寺(高寺)は白山町に、泰長寺などは精町に、無量寺は松原町に移った。佐賀城の特徴は天守周りの本丸北方および西方にしか石垣がなく、ほかは土居造りになっており、その土手に松を植えていた点である。城下町の町数は寛政元(1789)年には33町となった。

　『荀子』儒効篇に洛陽の位置選定について亀卜を行い東西南北の位置を測り、大社を祭祀したことが記されており、我が国『続日本紀』の平城京遷都の条にも遷都に際して亀筮を行い、四神相応の位置を選定し、正方位に都城条坊を築き、四至に神社を配置したと記されている。

　佐賀城天守の真北には霊峰金立山・金立神社上宮[*23](約95町、5700間、1間＝

4.1 視軸による天守位置決定

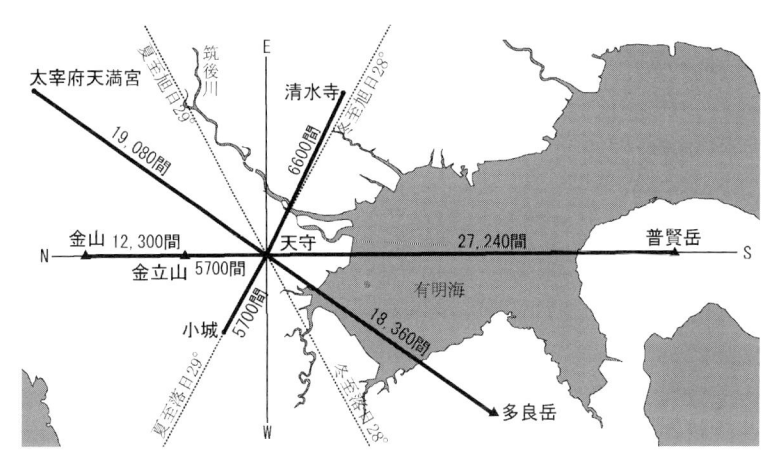

図 4.1.18 佐賀城天守と視軸（1間：6尺5寸）

6尺5寸）があり、さらに北寄りに背振山地金山（約205町、12 300間）がある（図4.1.18）。真南には有明海の向こうに雲仙普賢岳（約454町、27 240間）が見え、これらが視軸（北辰軸）を形成している。真東には蓮池城があり、蓮池社（約45町、2 700）が鎮座する。この正方位軸がクロスする地点に天守を配したと考えられる。正方位から45°振った方位の巽には隆信築城、直茂城代の柳川城（約110町、6 600間）があり、裏鬼門には祐徳稲荷（約225町、13 500間）を、また後年になるが、貞享4年（1687）に鹿島藩主鍋島真朝の夫人花山院萬姫が京都御所内に鎮座していた稲荷大神の分霊を勧請した。

また大宰府天満宮（約318町、19 080間）と霊峰多良岳（約306町、18 360間）を結ぶ視軸に天守があったことも偶然といえようか。さらに冬至の旭日の方位[67]に柳川への街道が延び、その先には清水寺（高瀬、約195町、11 700間）があり、夏至の落日方位には支藩小城（約95町、5 700間）を配しており、祥瑞思想の反映とみなせる。

以上から佐賀城の天守は、金立山―金立神社上宮―天守―普賢岳の視軸（北辰軸）と大宰府天満宮―天守―多良岳の視軸（精神軸）のクロスする位置に配されたといえよう。この北辰軸と精神軸がα三角形のαの角度をしており、かつその距離がα三角形60間モジュールと符合する。また、蓮池城は真東に、小城の城は夏至

---

*23 金立山は佐賀市唯一の山で山頂には金立神社上宮の奥の院があり、中腹には中宮、山麓に下宮がある[3]。修験霊山に列せらる。

第4章　天守の位置決定

の落日方位に、鹿島城は鬼門にあたるため後に祐徳稲荷を勧請するなど、正方位ならびに四至に重要施設の神社の配置がうかがえ、古典的な都城制を範としたとみえる。

　このように、視軸とα三角形60間モデュール、冬至・夏至の旭日・落日方位、四至に神社を配した点など広島や中津に通じる技法が用いられているのは、黒田孝高の嗣子長政に指揮を受けたことが関連しているのだろうか、残された課題である。

(9)　明石城の天守位置
　元和3(1617)年明石藩主となった小笠原忠真(ただざね)は、明石城の西方にあった船上城(ふなげ)に入城した。しかし船上城は一国一城令により大半の建造物は破却されて陣屋に近いものとなっていた。同4(1618)年3月に2代将軍徳川秀忠より譜代大名でかつ小笠原氏10万石の居城にふさわしい城郭を建設するよう築城命令が下った。城郭は伏見城、三木城、船上城の遺材を使用して着工され、坤櫓(ひつじさる)は伏見城、巽櫓(たつみ)は船上城の遺材が使用された。築城工事の普請は元和5(1619)年正月より、作事は同6(1620)年4月より始められ、同年10月におおむね完成すると忠真は明石城に移った。
　寛永9(1632)年忠真が豊前国小倉に転封後、譜代大名の居城として五家(本多、松平、大久保、松平、本多)が入れ替わり入城し、天和2(1682)年2月本多政利が陸奥国岩瀬に転封して、同年5月松平直明が6万石で入城し、以後明治維新まで親藩の松平氏の居城となった。各城の遺材を集めて築城したせいか老朽化が早く、2代藩主直常の元文4(1739)年に早くも大修築が行われた[71]。
　地選は将軍秀忠が本多忠政に領内を巡視させて戦略上の拠点をいくつか選択させ、それぞれに築城の縄張案の報告を求めた。候補地は3ヶ所あり、塩屋、和坂(かにがさか)、築城された人丸山(ひとまるさん)(赤松山)であった。
　人丸山は六甲山系の台地の西端に位置して、台地の南側には絶壁が形成され、西側には明石川、北側には伊川(いかわ)が流れており、また台地の崖下から狭いながらも平地が広がり、明石海峡を前面に臨む[70] 堅固な自然の要害となっていたため城地に選ばれた。
　将軍秀忠は元和4(1618)年10月都築爲政(つづきためまさ)、村上吉正(よしまさ)、建部(たてべ)長政らを築城奉行とし、縄張を軍学者志多羅将監(しだらしょうげん)に、工事全体を本多忠政に命じ、作事奉行には小堀遠州を任用し、町割を宮本武蔵に担当させた[70] とされているだけに、明石城に対する意気込みが感じられる。明石城は連郭梯郭混合式(ていかく)の平山城で、本丸を中心に配

120

4.1 視軸による天守位置決定

して、東側に二の丸、その東に東の丸が配され、南側に三の丸、西側には稲荷郭が設けられた。本丸に天守台は築かれたが、天守は建設されず、四隅に巽櫓、坤櫓、乾櫓、艮櫓が建設された[70]。

また、姫路城より西国の外様大名を仮想敵国とした場合、姫路城は前衛に位置づけられ、明石城は当然その後衛という重要な位置を占めていたため、姫路城に呼応した堅固な城にしなければならなかった[70]。そのため城下町の中に西国街道を付け直し、いざ戦いになれば直ちに封鎖できるよう整備された[70]。では、具体的に明石城の城郭の位置決めにおいて、その中心である天守台の位置決めをみてみよう。

淡路国一ノ宮伊弉諾神宮と千丈寺山とを結ぶ視軸と播磨国国分寺と修験山である葛城山とを結ぶ視軸の交点に天守が位置していることから視軸による天守の位置決定と考える（図4.1.19）。

さらに、天守の位置決めにα三角形60間モジュールの使用の有無の検証を行った。その結果、伊弉諾神宮の本殿の向きがC172型α三角形60間モジュールの斜辺の方向（天守を拝む方向）と一致し、また甲山は天守から17 140間の距離にあり、C202型α三角形60間モジュールの長辺と一致する（図4.1.20）。さらにいずれのα三角形60間モジュール同じC型で構成されていたことが分かった。また、天守・

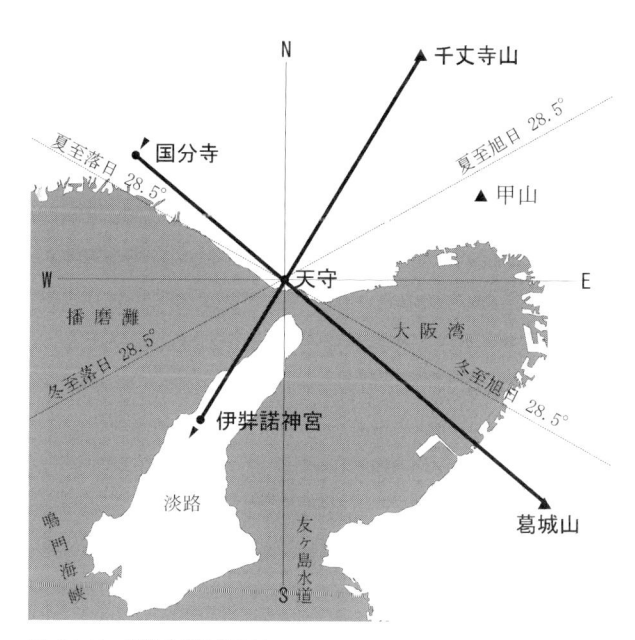

図 4.1.19　視軸と明石城天守

第4章　天守の位置決定

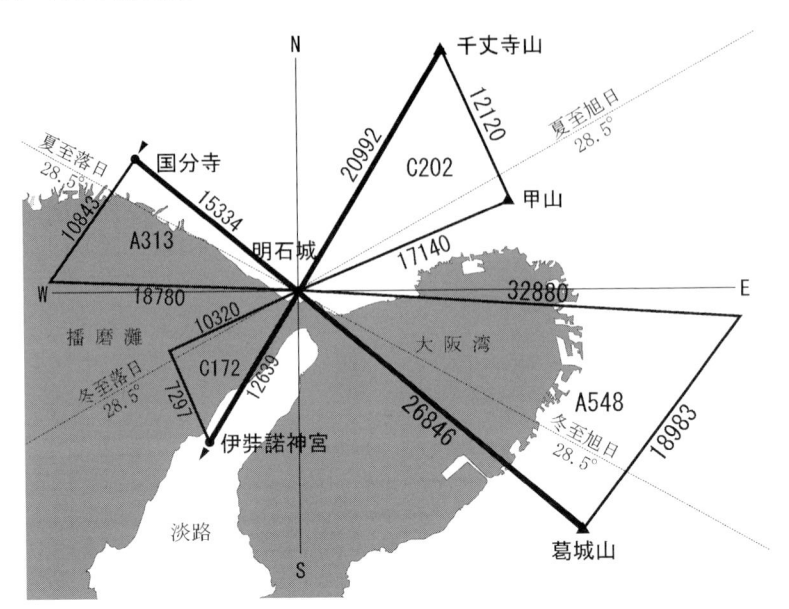

図 4.1.20　α三角形による城郭位置決定(単位：間、1間＝6尺5寸)

甲山・千丈寺山の3点を結ぶとα三角形と符合することから仮説が成り立つことが分かる。

　次に国分寺と葛城山を結ぶ視軸も同様に、国分寺は天守から15334間の距離にあり、本堂の向きがA313型α三角形60間モデュールの短辺と一致する。また葛城山は天守から26846間の距離にあり、A548型α三角形60間モデュールの長辺と符合する。このようにα三角形60間モデュールで、かつ同じA型により構成されていたことが分かった。

　明石城天守台の位置決めに関して、広域の古社、修験山との考察から伊弉諾神宮と千丈寺山、国分寺と葛城山を取り結ぶ視軸の交点に天守位置が決定され、その視軸に加え、α三角形60間モデュールが当てはまることが確認できた。

　この方法は広島城の天守位置決めと同様に、明石城郭の位置決定は視軸にα三角形60間モデュールをも重ねた天守の位置決めの都市設計技法であったといえよう。

4.1.3　視軸のクロスによらない天守位置決定

　4.1.1、4.1.2までに取り上げた事例は「視軸」により天守の位置が決定されたと考えられる類型である。次に、「視軸」による天守位置決定とはみられない事例について紹介し、これについて類型化するのが本項の目的である。

したがって、先に示した類型（**4.1**）に基づき、その類型ⅢとⅣを再掲載しておこう。

Ⅲ　視軸併用型：視軸が1本しかなく、クロスの関係がみられず、ほかの技法（α三角形60間モデュールなど）と併用して位置が決まる型である。

Ⅳ　視軸以外の型：視軸の関与が見当たらず、ほかの技法（α三角形60間モデュールなど）により位置が決まる型である。

(1) 視軸と併用型

　天守の位置決定に関して、本項で取り上げる城下町は、類型「Ⅲ　視軸併用型」である。この型は、天守の位置決めに「視軸」が認められるものの1本しかなく、クロスの関係がみられず、ほかの技法、例えばα三角形60間モデュールと併用して位置が決まる型である。この「視軸併用型」に属する城下町を列挙すれば次のとおりである。

① 　三原城天守位置［永禄10(1567)年］　小早川隆景
② 　高松城天守位置［天正17(1598)年］　生駒親正
③ 　姫路城天守位置［慶長5（1600)年］　池田輝政
④ 　高知城天守位置［慶長6（1601)年］　山内一豊
⑤ 　松山城天守位置［慶長7（1602)年］　加藤嘉明

　以上は西日本地域のしかも分析が進んだ事例であり、全国を対象としたものではない。これら5事例は、いずれも視軸が1本しかなく視軸のクロスが形成されないだけに、ほかの方法が併用されて天守位置が決定できる型である。ほかの方法の併用とは、この場合「α三角形60間モデュール」である。したがって、次の**4.2**に譲る。

(2) 視軸以外の型

　本項で取り上げる城下町は、類型「Ⅳ　視軸以外の型」である。この型は視軸の関与が見当たらず、ほかの技法により天守位置が決まる型である。ほかの技法すなわち「α三角形60間モデュール」により決まる型である。この「視軸以外の型」に属する城下町を次に列挙すれば次のとおりである。

① 　日出城天守位置［慶長6（1601)年］　木下延俊
② 　篠山城天守位置［慶長14(1609)年］　藤堂高虎
③ 　伊賀上野城天守位置［慶長16(1611)年］　藤堂高虎

④　福山城天守位置［元和5（1619）年］　水野勝成
⑤　龍野城天守位置［元和年間(1617〜1658年)］　脇坂安治
⑥　赤穂城天守位置［慶安1（1648)年］　浅野長直

　ここに取り上げた6事例は、いずれも視軸が1本も見当たらず、ほかの方法により天守位置が決められた型であり、視軸による天守位置決定の仮説の例外の事例である。ただし、伊賀上野城は「Ⅰ　冬至・夏至の旭日・落日方位型」と重複しており、どちらの型にも含まれる。ほかの方法とは、この場合「α三角形60間モデュール」を想定している。したがって、**4.2**において述べることにする。

4.1.4　まとめ

　本節では、視軸の技法により天守の位置が決まる事例を西日本地域に拡大して展開し、仮説の検証とその修正を図ることを目的とした。視軸の適用を考察する過程で、次の4つの類型に分けられることが分かった。

Ⅰ　冬至・夏至の旭日・落日方位型
Ⅱ　視軸のクロス型
Ⅲ　視軸併用型
Ⅳ　視軸以外の型

　以上の4類型のうち「Ⅰ　冬至・夏至の旭日・落日方位型」と「Ⅱ　視軸クロス型」は、視軸の技法によって天守位置が決まり、「Ⅲ　視軸併用型」と「Ⅳ　視軸以外の型」は、視軸以外のα三角形60間モデュールとの併用型ないしα三角形60間モデュールの技法で天守が決まる型である。したがって、本節ではⅠとⅡの類型について述べた。その結果の要点は次のようである。

　第一に「Ⅰ　冬至・夏至の旭日・落日方位型」では、
①　「Ⅰ　冬至・夏至の旭日・落日方位型」のなかでも、長浜や中津、唐津が典型的な事例であった。これらの城の天守は冬至・夏至の旭日・落日方位に藩主崇敬の守護神となっていた神社やその地域の陰陽道の霊峰があり、これらを取り結ぶ冬至と夏至の旭日・落日ラインがクロスする位置に天守が配された絶対的ともいえる方法であった。

　　唐津城を築城した寺澤廣高は、多聞院日記によれば、「日本国の八奉行にて六万石の知行取り太閤一段御目を掛け召し使われ候」[10]とある。豊臣秀吉の長浜城、秀吉の軍師参謀であった黒田孝高の中津城、八奉行の1人であった寺澤志摩守の唐津城と秀吉と孝高にかかわる城に特徴的に現われていたといえそうであ

る。
② 松江城や徳島城、伊賀上野城、大洲城では、1本は冬至・夏至の旭日・落日方位のラインに合致するが、もう1本はそれ以外の視軸のクロスであるか、冬至・夏至の旭日・落日方位のラインが天守で止まってしまい貫通しない型であった。この類型も秀吉の側近であり豊臣家三中老の1人、堀尾吉晴の松江城、そして参謀役であった蜂須賀正勝と嫡子家政の徳島城、それに藤堂高虎の大洲城と伊賀上野城であっただけに、秀吉を取り巻く側近と関連があるといってよいであろう。

第二に一般的な視軸のクロス型では、
① 広島城や萩城、佐賀城が視軸のクロス型の典型例であった。これらは藩主崇敬の古社古刹や霊峰を結ぶ視軸が天守でクロスし、こうして結ばれた視軸がα三角形60間モデュールの構成でもあり、視軸とα三角形60間モデールの構成が重複使用されたという特徴があった。これらの事例は黒田孝高の指揮を受けた毛利輝元の広島城と萩城、孝高の嫡子長政の指揮を受けた鍋島の佐賀城であり、黒田父子に関連していた。
② 宇和島城や丸亀城、今治城、小倉城、明石城は一般的な視軸のクロスにより天守位置が決った型である。大分府内城もこの類型に入るが、南北軸（北辰軸）と東西軸（太陽軸）が際立っていた。この類型も宇和島城や今治城の藤堂高虎、丸亀城の生駒親正は豊臣家三中老に列し、小倉城の細川忠興、小笠原忠真の明石城を別にすれば、大きくみれば秀吉との関連がみられる。

このように視軸により天守の位置が決まったのは、織豊系の城下町に際立っていたことが分かった。一方、視軸の技法だけでは天守の位置が決まらない事例が少なからずあることが分かった。これらの類型「Ⅲ 視軸併用型」と「Ⅳ 視軸以外の型」は次節で検証する。

〈参考文献〉
1) 宮本雅明『都市空間の近世史研究』中央公論美術出版、2005.2
2) 長浜市史編纂委員会『長浜市史 第2巻秀吉の登場』長浜市役所、1998.3
3) 宮家準『修験道辞典』東京堂出版、1986.8
4) 長浜市立長浜城歴史博物館『竹生島宝厳寺』長浜市立長浜城歴史博物館、1992.1
5) 宇土徹、髙見敞志、永田隆昌、松永達、山野謙太「黒田官兵衛の城下町設計に見るα三角形」近世城下町の設計原理に関する研究 その50、日本建築学会四国支部研究報告 第7号、2007.5
6) 徳島市史編纂室『徳島市史 第1巻』徳島市、1973.10
7) 徳島城編纂委員会『徳島城』徳島市立図書館、1994.3

第4章　天守の位置決定

8) 河野幸夫『徳島 城と町 まちの歴史』聚海書林、1982.4
9) 課採藍水『阿波誌』歴史図書社、1976.3
10) 唐津市史編纂委員会『唐津市史』唐津市、1962.8
11) 佐賀県史編纂委員会『佐賀県史 中巻』佐賀県、1968.7
12) 島田成矩『増補 松江城物語』山陰中央新聞社、1999.2
13) 上野富太郎『松江市誌』松江市、1941.10
14) 島田成矩『堀尾吉晴』今井書店、1995.1
15) 島根県教育委員会『島根県文化財調査報告書 第10集』島根県教育委員会、1975.3
16) 神宅全太理撰・萩原千鶴全訳『出雲国風土記』講談社、1999.6
17) 伊賀上野城史編集委員会『伊賀上野城史』伊賀文化産業協会、1971.3
18) 上野市史編纂委員会『伊賀上野市史』上野市、1961.10
19) 上野市古文献刊行会『高山公実録 上巻』清文堂出版、1998.4
20) 上野市古文献刊行会『宗国史』上野市、1979.3
21) 髙見敏志、永田隆昌、松永達「伊賀上野城下町の設計技法(1)(2)」近世城下町の設計原理に関する研究 その24、その25、日本建築学会大会学術講演梗概集、2003.9
22) 髙見敏志、永田隆昌、松永達「徳島城下町の設計技法(1)(2)」近世城下町の設計原理に関する研究 その22、その23、日本建築学会四国支部研究報告 第3号、2003.5
23) 髙見敏志、永田隆昌、松永達、九十九誠「松江城下町の設計技法(1)(2)」近世城下町の設計原理に関する研究 その20、その21、日本建築学会大会学術講演梗概集、2002.8
24) 髙見敏志、永田隆昌、松永達、九十九誠「唐津城下町の設計技法」近世城下町の設計原理に関する研究 その14、日本建築学会九州支部研究報告 第41号、2002.3
25) 髙見敏志、永田隆昌、松永達、九十九誠「大洲城下町の設計技法(1)(2)」近世城下町の設計原理に関する研究 その16、その17、日本建築学会四国支部研究報告 第2号、2002.5
26) 大洲市誌編纂会『大洲市誌』大洲市誌編纂会、1972.12
27) 宮元数美『大洲城史概説』大洲市教育委員会、1971.3
28) 大洲市教育委員会『県指定史跡、大洲城跡、保存整備計画書』大洲市、1998.5
29) 宇和島市教育委員会『宇和島城』宇和島市教育委員会、1992.3
30) 井上宗和『四国の城と城下町』愛媛新聞、1994.7
31) 宇和島市教育委員会『宇和島城整備計画書』宇和島市教育委員会、1996.12
32) 藤崎定久『日本の古城2』新人物往来社、1971.1
33) 愛媛県神社庁『愛媛県神社誌』愛媛県神社庁、1974.2
34) 全日本仏教会寺院名鑑刊行会『全国寺院名鑑 第4巻』全日本仏教会寺院名鑑刊行会、1969.3
35) 宇和島市『史跡宇和島城事前遺構調査報告書』宇和島市、1998.3
36) 井上宗和『日本の城の秘密』祥伝社、1980.5
37) 少年社編『陰陽道の本』学習研究社、1993.5
38) 丸亀市史編纂委員会『新編丸亀市史2 近世編』丸亀市、1994.3
39) 新修丸亀市史編纂委員会『新修丸亀市史』丸亀市、1971.3
40) 浜近仁史『城下町古地図散歩6 広島・松山 山陽・四国の城下町』平凡社、1997.6
41) 大分市史編纂審議会『大分市史 上巻』双林社、1955.3
42) 大分市役所『大分市史(1913年の復刻版)』文献出版、1977.3
43) 木村幾多郎『城下町古地図散歩7 熊本・九州の城下町』平凡社、1997.6
44) 大分市役所『大分市史 中巻』大分市役所、1987.3
45) 愛媛県史編纂委員会『愛媛県史 近世上』愛媛県、1986.1

46）斎藤正直『今治の歴史』今治市教育委員会、1985.11
47）今治市役所『今治市誌（1943年復刻版）』名著出版、1973.12
48）髙見敏志、永田隆昌、松永達、九十九誠「宇和島城下町の縄張技法」近世城下町の設計原理に関する研究 その7、日本建築学会中国支部研究報告集 第24巻、2001.3
49）髙見敏志、永田隆昌、松永達、九十九誠「丸亀城下町の縄張技法(1)(2)」近世城下町の設計原理に関する研究 その10、その11、日本建築学会四国支部研究報告 第1号、2001.5
50）髙見敏志、永田隆昌、松永達、九十九誠「大分府内城下町の縄張技法(1)(2)」近世城下町の設計原理に関する研究 その12、その13、日本建築学会大会学術講演梗概集、2001.9
51）髙見敏志、永田隆昌、松永達、九十九誠「今治城下町・藤堂高虎の縄張技法」近世城下町の設計原理に関する研究 その6、日本建築学会九州支部研究報告 第40号、2001.3
52）髙見敏志、永田隆昌、松永達、宇土徹、山野謙太「城下町設計における妙見信仰の影響」近世城下町の設計原理に関する研究 その51、日本建築学会四国支部研究報告 第7号、2007.5
53）衣笠智哉、髙見敏志、永田隆昌、松永達、佐見津好則「萩城下町の設計技法」近世城下町の設計原理に関する研究 その47、日本建築学会九州支部研究報告 第46号、2007.3
54）髙見敏志、永田隆昌、松永達、九十九誠「佐賀城下町の設計技法」近世城下町の設計原理に関する研究 その15、日本建築学会九州支部研究報告 第41号、2002.3
55）佐見津好則、髙見敏志、永田隆昌、松永達、衣笠智哉「明石城下町の設計技法(1)(2)」近世城下町の設計原理に関する研究 その43、その44、日本建築学会四国支部研究報告 第6号、2006.5
56）小倉市役所『小倉市誌 上巻（復刻版）』名著出版、1975.7
57）萩市史編纂委員会『萩市史 第1巻』萩市、1983.6
58）萩市史編纂委員会『萩市史 第3巻』萩市、1987.10
59）坂井忠夫『萩市誌』萩市役所、1959.3
60）佐賀県史編纂委員会『佐賀県史 中巻』佐賀県、1968.7
61）佐賀市役所『佐賀市史 上巻』佐賀市役所、1945.1
62）佐賀市役所『佐賀市史 下巻』佐賀市役所、1952.10
63）佐賀市史編纂委員会『佐賀市史 第2巻』佐賀市、1977.7
64）佐賀市教育委員会『佐賀市文化財調査報告書 第76集』佐賀市教育委員会、1996
65）佐賀市教育委員会『城下町佐賀の環境遺産Ⅰ、Ⅱ』佐賀市教育委員会、1991.1・3
66）河辺秀治『佐賀の神社』1998.6
67）山田安彦『古代の方位信仰と地域計画』古今書院、1986.4
68）黒田義隆『明石市史 上巻』明石市役所、1960.3
69）黒田義隆『明石市史 下巻』明石市役所、1970.11
70）明石城史編さん実行委員会『講座明石城史』明石市教育委員会、2000.3
71）菅英志『日本城郭大系』新人物往来社、1981.3
72）髙見敏志「松山城下町の設計技法」近世城下町の設計原理に関する研究 その18、日本建築学会四国支部研究報告 第2号、2002.5
73）松山城編集委員会『松山城 増補4版』松山市、1984.3
74）松山市史編纂委員会『松山市史 第2巻近世』松山市、1993.4
75）内藤昌『江戸と江戸城』鹿島出版会、1966.1

第4章　天守の位置決定

4.2　α三角形60間モジュールによる天守位置決定

　本節では、4.1の類型「Ⅲ　視軸併用型」、「Ⅳ　視軸以外の型」の事例を取り上げる。これらの類型は、天守の位置決めに「視軸」が認められるものの1本しかなく、クロスの関係がみられず、ほかの技法、すなわち「α三角形60間モジュール」と併用して天守位置が決まる型、および視軸が確認できず視軸以外の技法、つまりα三角形60間モジュールによって天守位置が決まる型である。この視軸ならびにα三角形60間モジュールの技法の存在を確認するとともに、その技法の用例を具体的に考証し、この仮説の検証と修正を図るのが目的である。以上の目的に則して、本節では天守の位置決めに視軸とα三角形60間モジュールが用いられた事例を西日本に拡大して考察する。

4.2.1　視軸とα三角形60間モジュールの併用型

　天守の位置決めに、視軸とα三角形60間モジュールが併用された場合においても、次の2つに類型化できる。東西南北の方位軸ならびに冬至・夏至の旭日・落日方位に関連する場合の「視軸とα三角形60間モジュール併用方位型」と一般的な場合の「視軸とα三角形60間モジュール併用一般型」に分けられる。

(1)　視軸とα三角形60間モジュール併用方位型
　本項では天守の位置決めにおいて、視軸とα三角形60間モジュール併用型のうち、方位軸ならびに冬至・夏至の旭日・落日方位に関連する場合について述べる。
1)　高松城の天守位置
　生駒親正が讃岐15万石の領主として天正15(1587)年8月、引田城に入ったが、領国の東に片寄って位置したため、宇多津の聖通寺山の城に移った。この城も狭苦しく居城として適当でなく、亀山、由良山などを地選に思案したあげくに、香東郡箆原荘の海辺の八輪島を城地に決めた。その地選の過程で安倍晴明の子孫にあたる有政にその吉凶を占わせた。「この地は、富貴繁昌ともにそなわり、四神相応の地である。しかし、地祭をして吉凶を定めてはいかが」[2)]、「土地の名をめでたいものに改めてはいかが」ということで、城地の東方にあった高松の名を城名とした。城地は香東川のデルタ地帯で、北方は海、西方は西方寺山、東方は春日川・新川と、南方だけの心配で防備に適していた[4)]。

4.2 α三角形60間モジュールによる天守位置決定

縄張はその巧者黒田孝高(よしたか)説、細川忠興(ただおき)説、吉川広家(きっかわひろいえ)説など諸説[5]あるが定かではない。高松城は瀬戸内海玉藻浦(たまも)に臨み、3重の堀に海水を引き入れた海城である。また、慶長2(1597)年の春、親正は西讃岐の亀山に丸亀城の築城にかかり同9(1604)年に完成し、嫡子(ちゃくし)一正に西讃岐を治めさせた。

寛永14(1637)年の生駒騒動後、同19(1642)年に松平頼重(水戸藩主徳川頼房の長子)が12万石で入封(にゅうふう)して2年後の正保元(1644)年城下に上水道が敷設された。2代藩主頼常の代[延宝元(1673)年]以後、御家中が城下に集住し、六番町から八番町ならびに古馬場跡が侍屋敷になったほか、町家も増加して城下町は発展した。

高松城天守は3重目が4周に張り出した小倉城天守と類似の「南蛮造り(なんばん)」で、この最上階は戦時の眺望のためだけでなく、神聖な場所として諸神30体、神主入厨子(かんぬしいりずし)4神旗(しんき)を安置し、正月、五月、九月に大般若経を白峰寺(しろみねじ)と五智院(ごちいん)が代わるがわる勤行(ごんぎょう)し、城邑の鎮護を祈祷せしめた所という[5]。この天守の位置決めは、絶対的方位真北に桃太郎の鬼ヶ島伝説とその信仰のある女木島(めぎじま)に16世紀中期以前の木像御神体を有する住吉大明神が2400間(1間＝6尺5寸)C40型α三角形60間モジュールに対応させて立地している(図4.2.1)。

一方、真南4243間に位置する「ちきり神社」[2]はB50型α三角形60間モジュール

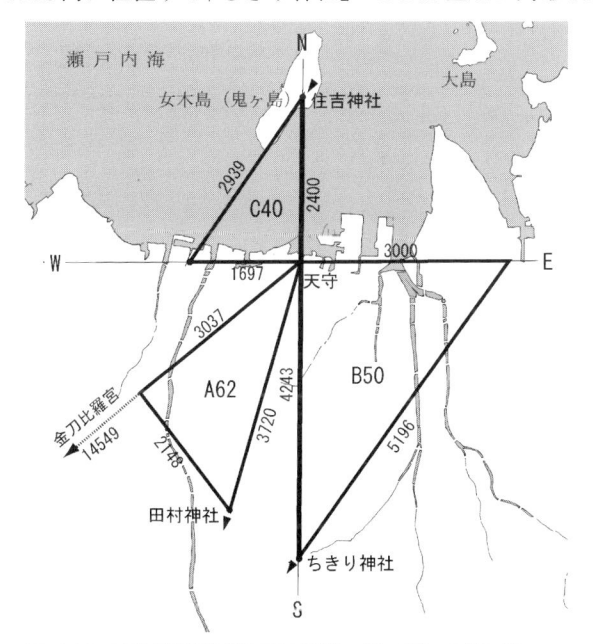

図 4.2.1　高松城天守位置と神社(単位：間、1間＝6尺5寸)

第4章　天守の位置決定

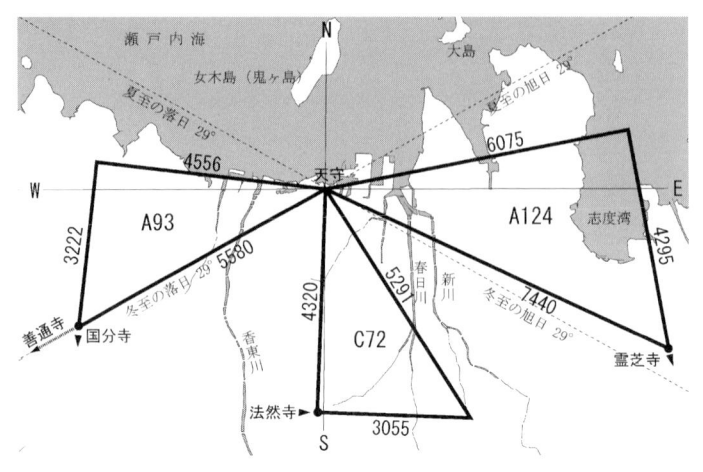

図 4.2.2　高松城天守の位置と寺院（単位：間、1間＝6尺5寸）

と関連づけて配されている。この社はもともと現法然寺の墓地にあったが、寛文9(1669)年、藩主松平家の菩提寺法然寺建設に伴い少し南東の現在地に移転された。この社は松平歴代の藩主から社領6石の寄進を受けるなど厚く崇敬された。

讃岐一ノ宮の田村神社[*1]は3 720間、A62型α三角形60間モデュールに関連づけて配置されており、天守に向いて拝む配置であった。さらにこのA62型α三角形60間モデュールの長辺の延長に金刀比羅宮(14 549間)があり、α三角形60間モデュールとの関連がみてとれる。

天守の位置決めに関与したと考えられる仏寺としては、讃岐国分寺(5 580間 A93型)をまず指摘したい。本寺は天平13(741)年、行基の開基で、当時の金堂は現本堂の目前に礎石があり、天守—国分寺金堂軸は冬至の落日の方位に当たる(図4.2.2)。さらにこの天守—金堂軸を延長すると善通寺本堂(約14 673間)に至り、視軸と重複する構成である。

このようにα三角形60間モデュールが関連したことを後世の2つの松平氏の菩提寺が跡づけている。僧空海開基の生福寺(那珂郡小松庄)を松平頼重が現仏生山に移して浄土宗法然寺(4 320間 C72型)と改め、松平氏歴代藩主の菩提所とした。また、

---

*1　田村神社の創建は元明天皇の和銅2(709)年社殿創建とみえ、田村大社、一宮とも称す。武門の尊崇も厚く細川氏、続いて天正年間仙国生駒氏が社領を寄進し、明暦元(1655)年以来松平氏の社殿修復、社領寄進が歴代城主に及ぶ[4]。

2代藩主松平頼常の菩提所であった霊芝寺(志度日内山)は、7440間A124型の構成であった。法然寺ならびに霊芝寺はその本堂の向きならびにその距離がα三角形60間モデュールと符合し、α三角形60間モデュールによる構成を継承しているのである。

(2) 視軸とα三角形60間モデュール併用一般型
　本項では、天守の位置決めにおいて視軸とα三角形60間モデュール併用型のうち、一般的な場合「視軸とα三角形60間モデュール併用一般型」について述べる。
1) 三原城の天守位置
　三原城は小早川隆景によって永禄10(1567)年に築城された海城である。隆景は、天文2(1533)年に毛利元就の3男として生まれ、同13(1544)年に、小早川の有力庶家・竹原小早川家を相続した。天文19(1550)年、小早川氏の物領家・沼田小早川家を相続することになり、やがて三原城下町の建設に当たることとなった。
　三原は室町時代にすでに港町としての機能を形成して繁栄していた。この地は、沼田小早川の本拠地から沼田川を利用して内海に出入りする要衝の地で、ここが小早川の勢力下に入るや要害の地として整備を進めたとみられる。隆景は沼田小早川家の養子に入り、天文21(1552)年古高山城から新高山城に本拠を移動した。翌天文22(1553)年3月には、隆景は毛利氏から連れてきた家臣の八幡原六郎右衛門に三原要害の在番を申しつけている[7]。
　隆景が毛利の山陽・内海方面の軍事を任されるようになると、自ら沼田から三原に出て指揮を執ることが多くなり、三原要害はやがて三原城へと発展した[7]。
　三原城は三原浦の中央部桜山のすぐ南の海中にあった大島・小島を基盤として築造された。大島は天守台を中心とする本丸、小島はその東南の二の丸の位置にあったという[7]。三原要害の時期には大島・小島をそのまま使用して、警固衆の発着を主とした海賊城の様式であったが、永禄10(1567)年頃には本丸、二の丸、三の丸、舟入などを築造し、三原城として整備された[7]。
　三原城は、毛利と織田の戦が始まった翌年の天正5(1577)年に毛利輝元が本営を置いたことから、この城の修築が進み、織田、豊臣との戦いを通じてより強固な城となっていった。しかし、天正10(1582)年毛利と豊臣の間に講和が結ばれ、豊臣の重圧がなくなったため、隆景は本格的な城下町の建設を進め、沼田地方から小早川関係の寺院を三原へと移したのである[7]。
　文禄4(1595)年、隆景が隠居し三原に帰還してからは、沼田新高山城に残してい

第4章　天守の位置決定

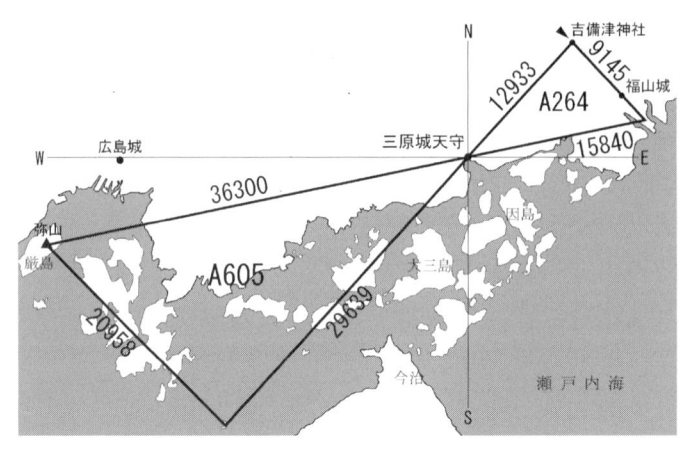

図 4.2.3　三原城天守と両一ノ宮(単位：間、1間＝6尺5寸)

た施設を三原城下に移し、三原城下町の原型が完成したと思われる。しかし隆景は在城わずか1年半余で死去し、慶長5(1600)年福島の時代へと移った。

福島正則は、民政の統括に5名の重臣[9]をあたらせ、町場の拡大とともに商業の振興に力を注ぎ、城下町の整備が進んだのである。

元和5(1619)年浅野の時代となり、三原城は筆頭家老であった浅野右近大夫忠吉に預けられた。三原城下町は西国街道の宿駅として経済の拠点となって交通・商業の要の地となった[8]。

三原城天守の位置決定に関して、小早川隆景の崇敬する2つの一ノ宮との関係をみていく。毛利とともに小早川の崇敬が殊のほか厚かった安芸国一ノ宮・厳島神社の神体山である弥山と備後国一ノ宮・吉備津神社は、互いにα三角形60間モデュールに符合する(図4.2.3)。ここにみられる天守配置の構成は視軸がみられずα三角形60間モデュールの構成であった。

次に天守と近郊の小早川の崇敬する社寺との関係をみるに、小早川家代々の菩提寺であった巨真山寺(現米山寺)は、本堂の向きが天守に向いており、天守よりA66型α三角形60間モデュールと関連づけて3960間の距離に意図的に配置されている(図4.2.4)。

糸崎浦の守護神であった糸崎神社は、小早川により社領330石、銭150貫を寄進された[10]だけでなく、後に城主となった浅野氏にも崇敬された。この糸崎神社もA37型α三角形60間モデュールに関係づけて配置されていた。

小早川より神田45町が寄進された記録がある加羅加波神社は[10]、本殿の向きが

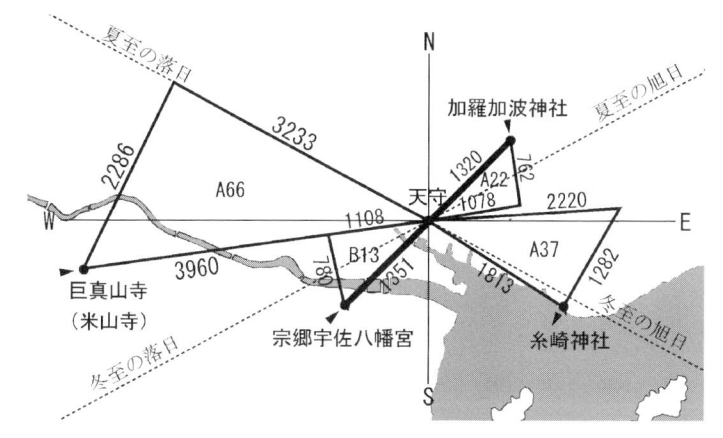

4.2 α三角形60間モジュールによる天守位置決定

図 4.2.4 三原城天守と社寺(単位：間、1間＝6尺5寸)

A22型α三角形60間モジュールの短辺と符合する。
　この加羅加波神社から天守への視軸上に宗郷宇佐八幡宮があり、この本殿は天守に向けたB13型α三角形60間モジュールに符合し、視軸とα三角形60間モジュールの技法が重複して使用されたことが分かる。
　以上のように、三原城下町では視軸が1本しかみあたらず、α三角形60間モジュールの技法と併せて天守位置が決定されたといえよう。

2) 姫路城の天守位置
　元弘3(1333)年播磨守護守・赤松則村(のりむら)が姫山に砦を築き、正平元(1346)年子貞範(さだのり)が城を構え、その後小寺氏、黒田氏と入封し、天正8(1580)年豊臣(羽柴)秀吉が西国攻略の前線の拠点として入城した。
　関ヶ原の合戦後、慶長5(1600)年徳川家康の女婿(じょせい)池田輝政が入封した。輝政は家康の許可を得て翌6(1601)年から8年の歳月を費やし、秀吉が築いた城下町をさらに拡張して整備した。その縄張は家老の伊木長門守忠繁(いぎながとかみただしげ)が担当したと伝えられる[14]。姫路城下町の縄張は、自然の地形を利用し、あるいは自然を制御しながら、新しい構想を持って姫山を中心とした城郭の設計が進められた[13]。
　姫山は東方に桶居山(おけすけやま)と高山、西方に城山と京見山(きょうみ)、北方に増位山(ますい)と書写山(しょしゃ)・広峰山(ひろみね)など三方を標高200m以上の山々で囲まれ、市川と夢前川(ゆめさき)の流域をもって南方に開かれた平野のほぼ中央に位置し、四神相応の地相[14]であったとされる。
　城郭の縄張は城郭を中心に町全体を堀と土塁で囲む総曲輪(どるい)の形をとった縄張で、また内郭の形状は江戸城の右渦巻型縄張に相対して左渦巻型縄張であった[14]。

第4章　天守の位置決定

姫路城は赤松氏の築城から始まり、池田輝政が拡張整備した時まで姫山を中心に縄張されたのである。天守の位置決定に関して、一ノ宮との関係をみると、播磨国一ノ宮である伊和神社へは慶長13(1608)年に御神領を寄進した[16]記録がみえるなど池田輝政入部以来、崇敬が厚かったとされる。その伊和神社と姫路城天守の視軸を南東に延ばすと淡路国一ノ宮伊弉諾神宮[18]に当たり、天守は両一ノ宮と視軸の関係を取り結ぶように配されている(図4.2.5)。さらに、その視軸に加えてα三角形60間モデュールが重層的に関連し、伊和神社は天守から12 120間の距離にあって、本殿の向きがA202型α三角形60間モデュールの長辺の方向と一致する。一方、伊弉諾神宮は天守から18 480間の距離にあり、本殿の向きがA308型α三角形60間モデュールの長辺の方向とおおむね一致する。このことから天守位置は伊和神社と伊弉諾神宮をとり結ぶ視軸上にα三角形60間モデュールを重ね合わせた手法により配置されたといえよう。次に城下の近隣の社寺について次にみてみよう。

広峰神社[16]のある広峰山は修験山であり、当神社は古来より崇敬の厚い神社であった。広峰神社は天守から1980間の距離に位置して、本殿の向きがα三角形の長辺と一致し、かつ本殿が天守に向いており、C33型α三角

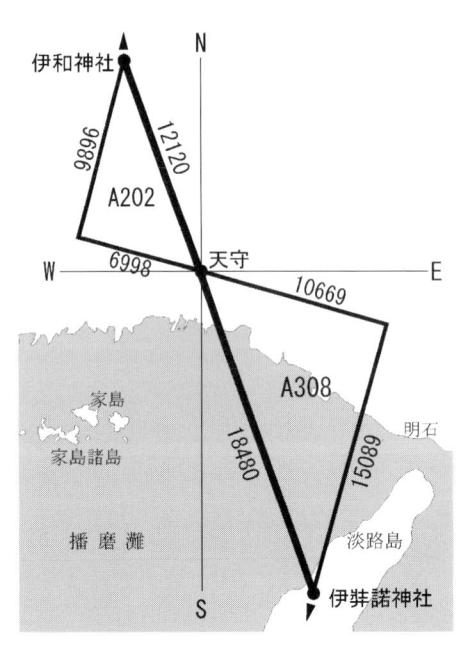

図 4.2.5　姫路城の天守位置(単位：間1間：6尺5寸)

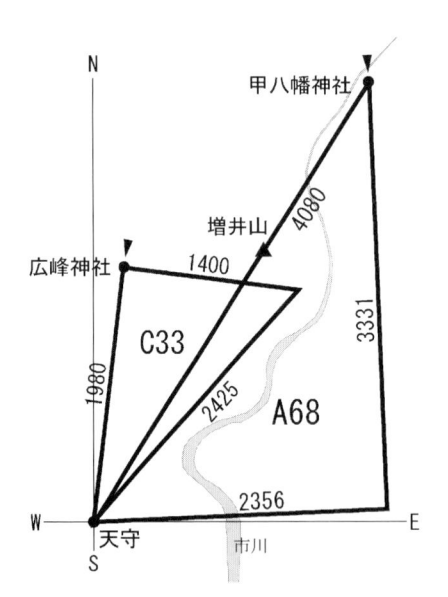

図 4.2.6　姫路城天守と近隣の神社
(単位：間、1間＝6尺5寸)

形60間モジュールの構成であった（**図4.2.6**）。

甲（かぶと）八幡神社[16]は藩主池田輝政が深く崇敬し、社領として5石を寄進し、累代（るいだい）の城主の崇敬の念が篤かった。当神社の本殿は天守から増位山を通る視軸で構成され、さらに鬼門の方角に当ることから鬼門の守護とみられる。この視軸にα三角形を当てはめるとA68型α三角形60間モジュールと符号し、本殿の向きが長辺と一致するとともに、天守から本殿まで60間の68倍の距離であったことから天守位置決めに視軸とα三角形60間モジュールの技法が重複しており注目される。

3）高知城の天守位置

慶長5（1600）年の関ヶ原において、長宗我部盛親（ちょうそかべもりちか）が石田三成に応じて出兵したため、領国土佐を没収された。遠州掛川城主（5万石）山内一豊が新しく土佐（20万2600余石）に封ぜられ、慶長6（1601）年正月に長宗我部氏の居城であった土佐浦戸（うらど）城に入った。

一豊は入国するや同4月に家老百々越前安行らを従え、国中を巡視のうえで、かつて長宗我部元親（もとちか）が城下町経営を始めたものの度々洪水に悩まされ浦戸城に移った経緯がある大高坂山を卜（と）して城地に決め、同8月家老百々安行を総奉行にして、その子出雲とともに設計・築城の一切を委せた[20]。

その築城は五台山竹林寺（ちくりん）の僧空鏡（くうきょう）が地鎮祭[20),21)]を修め、9月初めに着工された。2年後の慶長8（1603）年8月に本丸、二の丸が落成し、一豊は浦戸城から新城に移った。祝宴には総奉行はじめ重臣の面々、竹林寺僧空鏡、真如寺僧在川（ざいせん）、雪蹊寺（せっけいじ）僧月峯（げっぽう）の名がみられる。新城は真如寺僧在川（雪蹊寺僧月峯説もある）によって「河中山（こうちやま）」と名づけられたが、城下町は度々水害に悩まされた。そのため慶長15（1610）年に空鏡が卜して同寺本尊文殊菩薩にちなんで「高智山」と改めたという[21]。

高知城は大高坂山の双峰部に本丸と二の丸を連立させ、両郭を廊下門でつなぎ、その連郭の外側に三の丸を配した連郭環郭型の城郭として知られる。天守は掛川城の様式を取り入れた3層6階の望楼（ぼうろう）型で創建された。城下町は南北を鏡川、江ノ口川の堤防で、東は横堀と堤、西は堤で囲繞（いじょう）された総構えであった。大藩の高知において総構えに固執したのは防御と身分制の反映に加えて洪水への備え[21]が考えられる。

一豊が高知城を築城にあたり、どのようにして大高坂山に本丸の中心・天守を決め、また歴代藩主がどのように整備していったかについて仮説を立てて考察した。

まず注目したのは、長宗我部元親の建立（こんりゅう）の石立（いしだて）八幡宮[20]である。この宮は山内一豊も裏鬼門鎮護の神として尊信し、天守から13町（780間＝13×60）の位置にあ

第4章　天守の位置決定

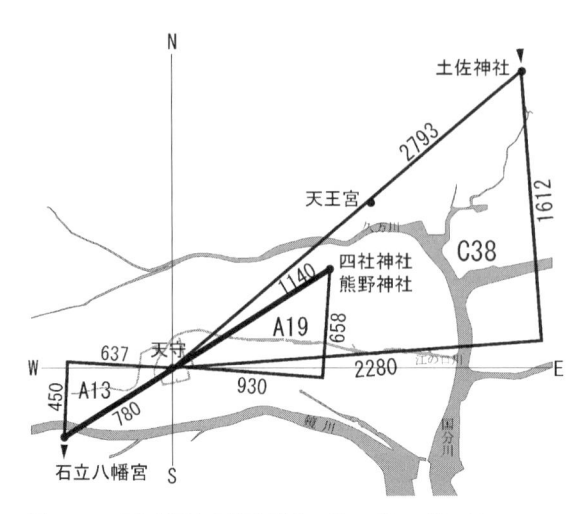

図 4.2.7　高知城天守の位置(単位：間、1間＝6尺5寸)

る(図4.2.7)。これを逆に延長した視軸上の比島山頂[21]に熊野三所権現が天守より19町(＝1140間)にあったと想定できる。その後、その熊野権現に南接して2代忠義が高野山四所権現を正保4(1647)年に勧請したという。さらに延長上に4代豊房が神明宮[20](A25型1223間＝25×48.9)を江戸芝より勧請し、こうして歴代の藩主が手厚く鬼門を守った。この軸は鬼門・裏鬼門軸として当時天守の位置決定に重要な視軸・都市軸と考えられると同時に、α三角形60間モデュールによる構成でもあったことが分かる。

こうして鬼門の守りを固めたが、度々大水害に悩まされ、僧空鏡をして「河中山」を「高智山」と改めたほどだ。そのため長宗我部時代からの守護神、かつ山内時代を通して土佐国中の一ノ宮として権威を持つ土佐神宮(C型2793間＝38×73.5)をも鬼門鎮護とする念の入れようであった。さらには2代忠義によって旧領掛川から天王宮(現掛川神社、B37型3141間＝37×84.9)が鬼門鎮護のため同軸上に勧請せられ、鬼門・裏鬼門軸に加えて鬼門を強化したのであった。この土佐神社はC38型α三角形60間モデュールの構成であったことは図にみてとれる。

以上より、視軸は鬼門・裏鬼門軸1本だけであり、石立八幡宮ならびに四社神社でつくるα三角形60間モデュールと視軸の併用型で天守の位置が決ったと考えられる。これに土佐神社と天守でつくるα三角形60間モデュールがさらに併用されて天守位置が決ったといえよう。

4.2.2 α三角形60間モデュールによる天守位置決定

本項では、視軸が関与せず、α三角形60間モデュールの技法のみにより天守位置が決まった場合を取り上げる。この場合も前項と同様に方位軸ならびに冬至・夏至の旭日・落日方位に関連する場合と一般的な場合に分けられる。

(1) α三角形60間モデュール方位型

本項では天守位置決めにα三角形60間モデュールの技法が用いられた場合のうち、方位軸ならびに冬至・夏至の旭日・落日方位が関連した場合について述べる。
1) 篠山城の天守位置

　慶長13(1608)年、外様大名前田茂勝が狂気の沙汰を起こし改易後、徳川家康の庶子松平康重が大坂城攻略の包囲作戦の重要な任務を帯びて、常陸国笠間から5万20石を領して八上城に入った。この八上城は近世の城に適さないとして新城の地選にかかった。

　八上城の西北に広がる盆地に散在する王地山、篠山、飛ノ山の小山を選んで張子で地形の高低を示した模型絵図を作成し、折から清洲城に滞在していた家康に説明したところ、築城の地は篠山に即決した。篠山の立地条件が「四神相応の規則にかない陰陽の原理」[25]に則していたからだとされる。

　家康は普請総奉行に女婿の池田三左衛門輝政を、縄張奉行に縄張の巧者藤堂高虎を、普請奉行に幕府から石川左衛門重次、内藤金左衛門忠清を命じ、目付役には家康の側近の松平大隈守重勝らを起用[26]した。

　こうして15ヶ国20大名に夫役を命じた大ト普請は慶長14(1609)年3月に鍬初めを行い、10月初旬に奉行衆ならびに諸国大名が帰国し、12月26日に初代城主松平康重が新城に入った。この普請は縄張奉行高虎の家臣渡辺勘兵衛了の指揮の下に総勢8万人といわれる莫大な労力と財力を投じた突貫工事であった。

　篠山城は比高15mの平山城で、縄張は高虎が得意とした方形を基調としたものであり、天守台、本丸、二の丸が梯郭式、それを囲む三の丸は輪郭式であった。三の丸の大手(北)、東、南の三門は土橋で外堀を渡り、それぞれに角馬出が付くのが特色であった。また、二の丸の高石垣の裾に広い犬走りがあったのもこの城の特徴である(図5.1.4参照)。

　城下町の建設は慶長15(1610)年正月、家老岡田内匠車綱を地割奉行として、最初に八上城下にあった尊宝寺、来迎寺、誓願寺、真福寺、観音寺、妙福寺を鬼門な

第4章　天守の位置決定

ど城下の重要な地点に移築した。町人町は立町、呉服町、二階町、魚屋町の町並みが先にでき、西町、河原町へと続き、これら町屋の多くは八上城下より移されたのであった。

　天守台は内堀より10間の石垣を積み、南北10間2尺、東西9間2尺で5層の天守を築くに見合う土台が築かれた。この天守台には単層隅櫓と塀だけで、天守は幕府の要職にあった本多佐渡守正信の意見により築かれなかった。

　天守の位置決定は、家康が清洲城にて慶長14年1月25日から2月4日までに名古屋城の城地を相したが、同時に篠山城の地選[26]をも決定した。城郭と城下町の設計は縄張奉行藤堂高虎とその家臣渡辺勘兵衛了の手になるものであった。

　この高虎設計の次の2つの城郭の地選、つまり大坂城包囲作戦を目的にした伊賀上野城（A350型）と篠山城（B353型）は南北軸（三輪山—日吉大社）を基軸にした見事なα三角形60間モジュールで構成されていた（図4.2.8）。殊に篠山城は日吉大社と全く同緯度（N35°04′12″）であったことには驚き入る。

　天台宗比叡山延暦寺の守護神山王権現を祀った日吉大社は、『延暦寺護国縁起』によれば天智天皇6（667）年「天智天皇が大津京に遷都した翌年に王権の象徴として三輪山の神を移して山王権現として勧請した」[28],[46]という。日吉大社は三輪山の真北にあり、南北軸（北辰軸）の構図が読みとれる。

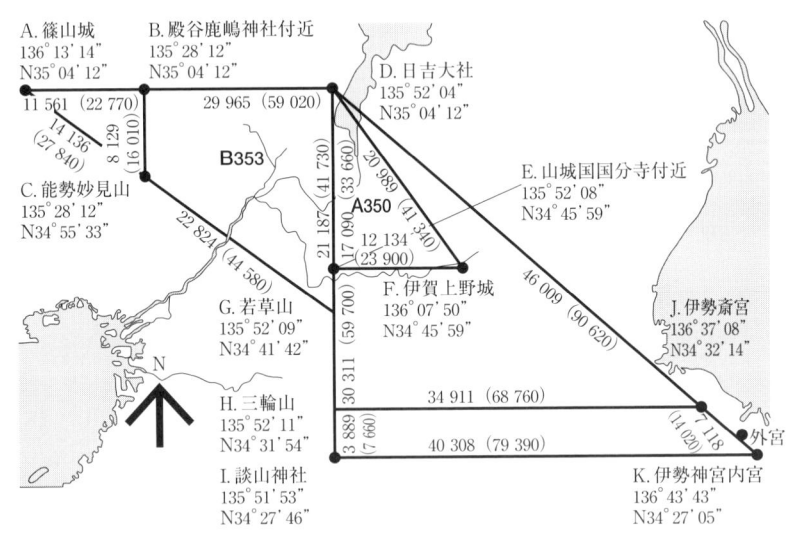

図 4.2.8　篠山上の天守位置
地理院1/200 000で作図、電子地図で計測、単位：間（m）、1間＝6尺5寸。

4.2　α三角形60間モジュールによる天守位置決定

　一方、伊勢神宮の天照大神は、天皇の守護神・大神社の『三輪大明神縁起』によれば、三輪山の神を移したもので、東西軸(太陽軸)の構成であった。この経緯の詳細は3.2.3(4)で述べた。

　高虎と家臣渡辺了が設計した慶長期の篠山城郭と城下町の設計にはα三角形60間モジュールによる構成の設計原理が明確に読みとれる。篠山城の天守位置決定に、日吉大社を基点にした神聖なα三角形60間モジュールにより構成しようとする秘儀をもって家康が決定したと考える。この決定の見えざる影に、家康の軍師慈眼大師天海と縄張巧者藤堂高虎の結びつき[28]が読みとれる。

2)　伊賀上野城の天守位置

　伊賀上野城の天守は、「天守の十徳」の条件の1つである本丸の最高所に設けられていない。本丸の東には一段と高い筒井の旧本丸があって、東方の視界を遮り十徳の条件から外れている。これには天守完成後「東大手の作事小屋へ引平面に多聞櫓を立置」という計画が未完成のうちに大坂城が落ち、元和偃武をもって普請は中止に至ったからであろう。

　この天守台は、図4.2.8にみるように、日吉大社を基点にして三輪山―日吉大社(北辰軸)をα三角形60間モジュールの長辺にした構図により、位置が決められている。先にみた篠山城下町の天守位置決めにおいては日吉大社と同緯度のα三角形60間モジュールで決められていた。大坂城攻略の包囲作戦として同時期に高虎が設計した篠山城と伊賀上野城の両普請において、日吉大社を基点に三輪山―日吉大社ライン(北辰軸)を軸としたα三角形60間モジュールによる設計であったことは注目される。

　家康が天海を比叡山東塔南光坊への在位を命じた直後のことだけに、この構図の成立の背後に家康、天海、高虎の結びつきが読みとれよう。

(2)　α三角形60間モジュール一般型

　本項では、天守の位置決めに視軸が関与せず、α三角形60間モジュールの技法による場合のうち一般的な用法「α三角形60間モジュール一般型」について述べる。

1)　日出城の天守位置

　近世城郭としての日出城は慶長6(1601)年3万石で入封した豊臣秀吉の正室祢々の甥・木下延俊によってその年の秋より築城され、同7(1602)年8月に完成した。延俊の正室・加賀の兄で当時豊前中津城主であった細川忠興は縄張、石工の派遣など物心両面で多大の援助を行っており、天守台が直線勾配で天守も装飾的破風がな

第4章　天守の位置決定

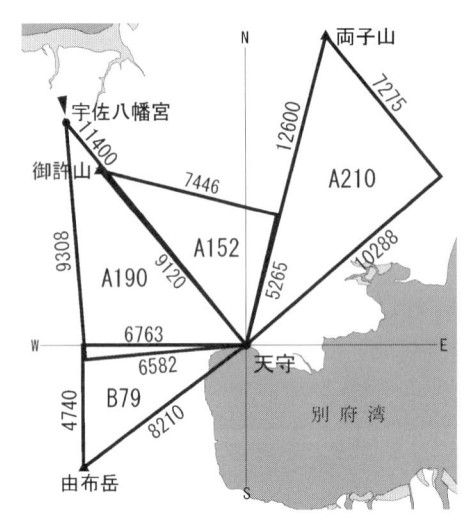

図 4.2.9　日出城の天守位置（単位：間、1間＝6尺5寸）

かった点など小倉城と類似点が多くみられる。

「正保絵図」[47)]は城下町が完成した盛時の整備された日出城下町を知る精度の高い古図である。これ以降、元禄年間に西方の総構からはみ出した侍屋敷・町屋敷が総構に取り入れられたが、それ以外には大きな変化はなく、木下氏歴代の居城として明治に至った。

日出城郭は南側と東側の海蝕崖を利用した水際城郭で、城郭と城下町は梯郭式の縄張であり、台地の南端に本丸を設けてこれを二の丸の侍屋敷が西、北、東側を囲み、その東側に三の丸の侍屋敷が配された。この北側に総構として侍屋敷・町屋敷があり、これらの間は水堀空堀で防備していた。天守は本丸の南東部の最も高所にあたる緩い直線勾配の天守台の上に3層3階で西方に付け櫓を持つ複合式で建設された。

この天守は日出藩領内で唯一の修験道の聖なる山・御許山（標高647m）が北西152町（9120間）、A152型α三角形60間モデュールに位置し、これに関連づけて位置決めされたと考える（図4.2.9）。このように考えたのは、ほぼ天守―御許山延長上に宇佐八幡宮本殿（190町、11400間）がA190型α三角形60間モデュールで関連しており、さらに国東六郷満山の中心、修験道の山・両子山（標高721m、A210型、12600間）と関連づけた配置になっていたからである。

さらに天守から見える修験の山として由布岳（B79型、8210間）が方位軸・西と関連づけて配置されていた。

以上のとおり、日出城の天守位置決めに視軸の構成がみられず、α三角形60間モデュールの構成であった。

2）福山城の天守位置

元和5（1619）年水野勝成は徳川秀忠より備後10万石を与えられ、福山に転封してきた。この勝成の転封は備前・安芸両外様大名の間に割り込む形をとり、長州の毛利氏を含めて、これら外様大名を牽制する使命を担っての布陣であった。

勝成はひとまず神辺の古城に入って領内を巡視のうえで城地候補を探し、品治郡

桜山、沼隈郡蓑島、深津郡野上村常興寺山の3ヶ所が選び出された。検討の末、桜山は海陸の交通路から離れ不便であり、残りの2ヶ所を幕府に願い出たところ蓑島に難色を示したので、常興寺山に決定した[30]。

常興寺山は、山陽道に近くしかも街道筋から外れており、芦田川の河口を押さえた要害の地で北に丘陵を背にして神辺の平野を控え、南は近く内海に臨み外港としての利用には便利であるため備後の中心地として領国を経営していくうえで最適の場所として選定されたとされる。

城主水野勝成は、家老中山将監を惣奉行に、神谷治部[30]を普請奉行に任じて福山城の築城にかかった。築城にあたって幕府から御助力として金12 600両、銀380貫目の拝借を許され、伏見城の遺構である伏見御殿、三階櫓、湯殿、大手門、筋金門などが下賜された。これらはそれぞれ解体して海路より福山に運ばれ、福山城に威容を添えることになった。

天守は5重5階地下1階の複合天守であり、軍事上の要塞として領主権力の威容を誇示する意味を強く表した構造となった。この天守を中心として太閤秀吉の構想になる豪華な伏見城の遺構を移築して構築しただけに、福山城は「西国の鎮衛」たる城主の居城にふさわしい威容を内海の中枢に現した[30]。元和8(1622)年8月に新城は完成し、勝成はその同月15日に正式に入城した。

城下町の構成はまず城郭の西部と南部に広く侍屋敷を選定し、東部を町屋と定め、一部を寺町として寺院を集めた。侍屋敷は三方から本丸を覆い包む形をとっており、城郭の防衛を第1とした構成となっている。さらに有力寺院が城下に集められ、城下町の外回りや侍屋敷の外側の要所に配置されており、軍事的配慮に基づくものであった[30]ことが知られる(図6.2.7参照)。

天守の位置決定に関して、広域の地形図を用いて視軸とα三角形との関係を検討した。天守と備後の一ノ宮である吉備津神社が関係していたことが分かった(図4.2.10)。この備後一ノ宮・吉備津神社は福島正則の時代には荒廃していたと伝えられている。勝成はこれを憂い、一ノ宮の再建に力を注いだが[30]、この吉備津神社本殿の向きの線上(6 075間、A124型)に天守があり、一ノ宮を意識しての配置と読みとれる。

また沼名前神社は5 879間A120型α三角形60間モデュールに対応した位置にある。この沼名前神社は水野時代5代にわたって11石を社地として寄進されており、天和2(1682)年、勝慶の代に社殿の修理が行われ、その時の棟札が残っている[30]。

その沼名前神社のそばにある安国寺は福島正則によって寺領を取り上げられ、一

第4章　天守の位置決定

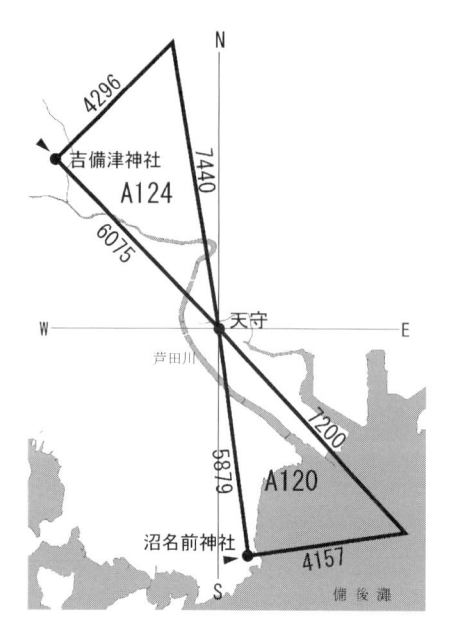

図 4.2.10　福山城の天守位置と社寺
（単位：間、1間＝6尺5寸）

時無住となったが、水野家の代になって住持が置かれたことが知られる[30]。この寺から天守まで5830間のA119型α三角形60間モジュールに対応させて位置とられたことが分かる。

沼名前神社と安国寺はともに本殿・本堂の向きと距離がα三角形60間モジュールに符合するとともにこの両社寺と天守とでつくるα三角形が吉備津神社のα三角形60間モジュールと天守を中心に対象になっていたことは、これらの古社古刹は天守の位置決定に関係していたと考えられる。

この吉備津神社―天守軸線の延長と天守―沼名前神社および天守―安国寺で構成するα三角形60間モジュールとが関連づけられていたことは、往時には神仏に加護を求めた1つの形態的表現として、神秘的なα三角形60間モジュールに当てはめて天守の位置決めに神仏の向きとα三角形60間モジュールとを合致させて構成することによって城と城下町を守るという宇宙観を持っていたと考える。こうすることによって城下町の平安と繁栄を願ったと推測できる。

3）龍野城の御殿位置

龍野城は、鶏籠山の山城と山下の平城構築の2期に分かれ、山城は約500年前、「明応8年（1499）鶏籠山に赤松下野守村秀によって築かれた」[43]とされ、一方、山下の城の建設はいくつかの説があり、1つは「江戸時代に入り、山城は廃され、本多政朝のときに三の丸が御城となり、平城として存置された」とみるものと、もう1つは豊臣氏蔵入地代官の石川紀伊守光元の在任中に、「城は山下に移されたが天守と櫓は京極高豊が移封されたとき壊された」[43]とするものである。

城下町は赤松氏4代（村秀、政秀、広貞、広英）の後をうけて、豊臣大名4名（蜂須賀、福島、木下、小出）が統治した時代に城下町として町場を形成していった。

江戸時代に入り、山下の南から西に流れる十文字川の扇状地（霞城町・福の神）に中核となる侍町が造られ、その下段の揖保川沿いに前代からの町場の発展がみら

4.2 α三角形60間モデュールによる天守位置決定

れた。こうして本多、小笠原、岡部、京極の前期龍野時代(1617～58)に近世城下町としての形態を整えた。

また、京極から脇坂に城主が交代するまでの空白の14年間に城下町は荒廃していった。しかし、脇坂氏の入封後、今日みられる城郭や城下町が整備された。龍野城は山城の初代城主から脇坂氏までに何人もの大名が龍野藩を治めてきたが、山城から山下に変えたとき以外、主だった建物の移動はなかった。

龍野には赤松氏が築城する以前から粒坐天照神社(A6型、360間)があり、その創祀は推古天皇2年(594)と古く、伊和神社、海神社とともに播磨三大社[*2]といわれた古社であった。伊和神社の由緒書には『延喜式』神名帳記載の播磨国宍粟郡の伊和坐大名持御魂神社[18)]とされ、播磨国有数の古社であった。その祭神は大己貴神で「国土を開発し、産業を勧めて生活の道を開き、或は医薬の法を定めて、治病の術を教えるなどして、専ら人々の幸福と世の平和を図り給うた神」とされる。この伊和神社は播磨国一ノ宮であり、慶長13(1608)年に池田輝政から御神領を寄進されている。

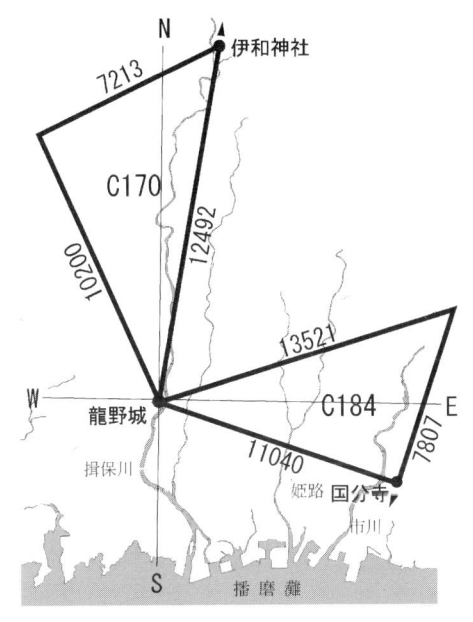

図 4.2.11　龍野城御殿と社寺(単位：間、1間＝6尺5寸)

伊和神社の本殿の向きが龍野城を礼拝する方向に向いており、かつ天守との距離がα三角形60間モデュール(C170型、12 492間)と符合する構図がみてとれる(図4.2.11)。

国分寺は建武中興の時に、足利尊氏によって兵火を受け衰退したものの存続し、永享4(1432)年の地震で大破したが修復され、天正年間に焼失したが慶長年間に再建され、再び焼失し寛永16(1639)年に姫路城城主松平忠明の菩提所[48)]となった。現在では寺域の北の一角に再興された現国分寺がある。

[*2] 播磨三大社：伊和神社(姫路市一宮町)、海神社(神戸市垂水区宮本町)、粒坐天照神社(龍野市龍野町)のことをいい、播磨にある古社。

第4章　天守の位置決定

　この国分寺は本堂の向きならびに城郭の御殿との距離がα三角形60間モデュール（C184型、11040間）と符合するだけに城郭の配置に関与したことが分かる。
　このように城郭御殿の位置決めに関して、広域の古社古刹との考察から、北に位置する伊和神社と東南に位置する国分寺とα三角形60間モデュールと関連づけてその位置が決定されたと推定できる。
　龍野城御殿と伊和神社本殿の向きが一致し、城郭や御殿を礼拝する軸上にあったことは特筆できる。以上のように本城は視軸が関与せず、α三角形60間モデュールによって構成された一般的な城郭主施設の位置決定と考えられる。

4）赤穂城の天守台位置

　慶長5（1600）年池田輝政が姫路に入封後、赤穂に末弟長政が配された。慶長8（1603）年長政が備前国下津井に転封後、赤穂郡代垂水（たるみず）半左衛門が治めたが、のちの城下町発展の基盤となる功績をあげた。輝政の死後、寛永8（1631）年輝興の代で赤穂藩が成立した。その後、輝興の改易により正保2（1645）年常陸国笠間より浅野長直が入封した[35]。
　慶安元（1648）年6月に長直は、幕府に築城許可を得た後、甲州流軍学を修めた軍学師範の近藤正純に縄張を行わせるなど準備を進めた。同2（1649）年正月、本丸東北隅櫓の石垣を築き始めてから13年後の寛文元（1661）年に工事は完了した。この間、承応2（1653）年山鹿（やまが）素行（そこう）が二の丸周辺（虎口）の縄張の一部を変更した[35]。
　長直は近藤正純を総奉行に命じて城地を選定したが、承応元（1652）年には、山鹿素行を招聘して1000石を与え、城郭の縄張を改修した[34]。素行は寛永13（1636）年小幡門四哲の1人でもあった北条氏長の弟子となり、寛永19（1642）年奥秘を伝授された。慶安3（1650）年小幡景憲（かげのり）や北条氏長の斡旋推挙により長直が素行と出会い、素行の門人となった[34]。
　素行の『武教全書（ぶきょうぜんしょ）』の地選条件[34]に赤穂を当てはめ検討するに、南一面は海に開け三方は山によって囲まれており、南北へ長く千種川が延びており、また東に千種川、南は瀬戸内海、西は備前街道、北は山崎山より雄鷹台（おたかだい）・黒鉄山（くろがねやま）などの山々が連なり、四神相応の城地であった[33]。このように赤穂は素行の『武教全書』に書かれている地選条件に忠実であった。
　浅野時代の赤穂城下町は池田時代の城下町を拡張整備したものであり、主に池田時代の侍屋敷を北、西、南に拡張して東惣門（そうもん）の南には藩の船入、清水門の東には御蔵屋敷が置かれた。また、町の北部の要所には花岳寺（かがくじ）をはじめ約10ヶ寺が城の出丸（でまる）的意味を持って新たに建立（図5.1.15参照）された。

4.2 α三角形60間モデュールによる天守位置決定

寺の配置についてみると、随鴎寺・遠林寺は水軍の屯所とし、常清寺は東惣門のための屯所とした。普門寺・妙慶寺は姫路街道を守るべく、また高光寺や長安寺・福泉寺は北の押さえとし、赤穂浪士と浅野家の菩提寺として知られる花岳寺は横町の屈曲部の守りとして配置したと考えられる[35]。

城下町の北東、北西の惣門を桝形にして城の外構えとしたほか、姫路街道から天守に向かう街路を一部西に移動させ、城へ向かう道をT字型、かぎ型の交差に造った。これらは城郭へ直進による侵入を防ぐとともに、遠見ができない造りとし、侍屋敷の区画が南北に長く町屋が東

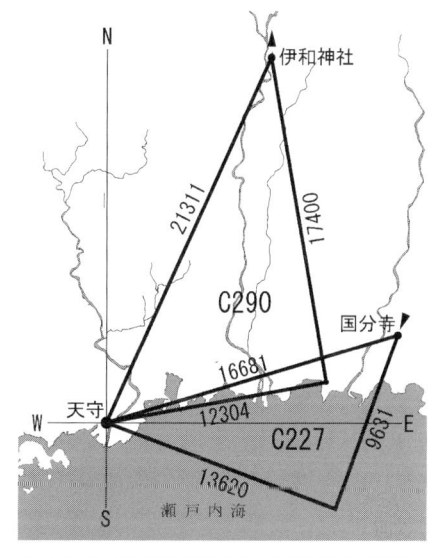

図 4.2.12 赤穂城の天守台と社寺(広域の神社と天守)(単位：間、1間=6尺5寸)

西に長いのは、城下町の町割自体を防御の手段とするプランとして形成されたといえ[35]、これらの縄張の手法は甲州流軍学に基づくものであった。

泰平の世に築かれて政庁的な性格の強い城であったにもかかわらず、城郭・城下町は甲州流軍学[45]を、また、城郭内の門は山鹿流兵法の理論を積極的に導入した縄張が施された点は赤穂城下町の構成上の特徴でもある。

近藤正純が、赤穂城の地選にあたっての天守位置の決定方法について次にみてみる。

伊和神社は、播磨三大社のうちに列せられたとともに播磨国一ノ宮であり、池田輝政が慶長13(1608)年に御神領を寄進するなど[16]とあるほか赤穂藩主とかかわりが深い。伊和神社は天守から21 311間の距離にあり、本殿の向きがC290型α三角形60間モデュールの長辺の方向と一致する。

国分寺は天守から16 681間の距離にあり、本堂の向きがC227型α三角形60間モデュールの短辺の方向と一致するよう配置されたことが分かる(図4.2.12)。

大避神社の創立時期は不詳だが、播磨国総社縁起によると養和元(1181)年には祭神中太神24座に列せられ、当時すでに有力な神社であった[49]。大避神社の本殿の向きがB28型α三角形の短辺と同じ向きにあり、かつ2 376間の距離に天守が位置決めされている(図4.2.13)。

第4章　天守の位置決定

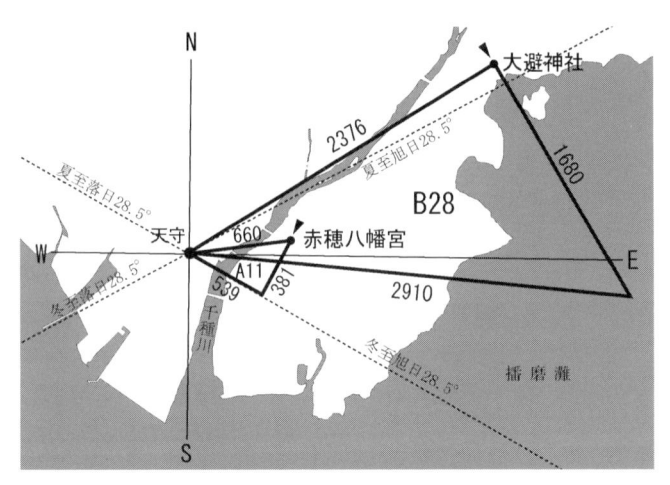

図 4.2.13　天守台と社寺(城下町周辺の神社と天守)(単位：間、1間＝6尺5寸)

　赤穂八幡宮は、もともと赤穂郡眞木村に鎮座していたものを天災により應永13(1406)年に現在の地に遷座され、正保2(1645)年には浅野長直より社領30石を寄進されたことなど厚く崇敬されたことが知られる[35]。この赤穂八幡宮は天守台から660間の距離にあり、かつ本堂の向きがA11型α三角形60間モデュールの短辺に符合し、長辺が冬至の旭日の向きに合致するなどの関連がみられる。
　以上のように赤穂城の天守位置決めに視軸が関与しておらず、α三角形60間モデュールの技法により天守台の位置が決められたとみられるのである。

4.2.3　まとめ

　本節では、天守位置の決定に関して、「Ⅲ　視軸とα三角形60間モデュールの併用型」と「Ⅳ　α三角形60間モデュール型」について、その技法の存在を確認するとともにその用法を具体的に考察してきた。その適用を考察する過程で、類型はさらに次のように分類できることが分かった。

Ⅲ　視軸とα三角形60間モデュール併用型
　Ⅲ−1　視軸とα三角形60間モデュール併用方位型：視軸とα三角形60間モデュールの併用型のうち、正方位ならびに冬至・夏至の旭日・落日方位と関連して天守位置が決まる型である。
　Ⅲ−2　視軸とα三角形60間モデュール併用一般型：一般的な視軸とα三角形60間モデュール併用型である。

Ⅳ α三角形60間モデュール型

Ⅳ-1 α三角形60間モデュール方位型：視軸が関与せず、α三角形60間モデュールにより天守位置が決まる型のうち、正方位ならびに冬至・夏至の旭日・落日方位と関連して、天守位置が決まる型である。

Ⅳ-2 α三角形60間モデュール一般型：一般的なα三角形60間モデュール型である。

本節では、以上の類型ごとに仮設の用法の検証を行った。その結果の要点を列挙すると次のようである。

① 「Ⅲ-1 視軸とα三角形60間モデュール併用方位型」では、高松城が唯一この型に該当する。

　第1に神社と天守位置の考察から、絶対的方位真北の女木島の住吉神社と真南のちきり神社を結ぶ視軸構成にα三角形60間モデュールが併用されて天守位置が決まったと考えられる。

　第2に寺院と天守位置との考察から、天守から善通寺への視軸上に国分寺が存在し、かつA93型α三角形60間モデュールと符合するとともに、この善通寺への軸は絶対的ともいえる冬至の落日の方位とも重複するものであった。

　以上から、高松城の天守の配置は、方位軸と冬至・夏至の旭日・落日の方位と関連深く、これを意識した天守の位置決めとみられる。また、松平時代には松平の歴代菩提寺法然寺は天守から南に、霊芝寺は冬至旭日の方位に近似した配置となっており、方位方角を重視したこの型を後世においても踏襲してこの論理を跡づけたとみられる。

② 「Ⅲ-2 視軸とα三角形60間モデュール併用一般型」としては、三原城、姫路城、高知城がこの型に該当する。いずれも視軸が1本しか見当たらず、視軸とα三角形60間モデュールが併用されて、天守位置が決まったと考えられる。

③ 「Ⅳ-1 α三角形60間モデュール方位型」の用例としては、篠山城と伊賀上野城がこの類型に当てはまる。両城とも藤堂高虎の縄張であり、三輪山―日吉大社を結ぶ南北軸（北辰軸）を基軸として、日吉大社を基点としたα三角形60間モデュールの適用による天守の位置決めであった。

　この両城は大坂城攻略の特別な使命を受けて建設され、徳川家康が天海にあわただしく接近した時期だけに、家康の意向と天海の呪法とを関連づけた高虎の究極の位置決めとして注目されよう。

④ 「Ⅳ-2 α三角形60間モデュール一般型」としては日出城、福山城、龍野城、

赤穂城がこの類型に該当する。この型は視軸の構成がみられず、また方位や太陽の出没方位とも関連がみられない一般的なα三角形60間モデュールによって天守の位置が決められた事例である。

基本的には、その地域の一ノ宮など古社古刹や霊峰とα三角形60間モデュールの関係を取り結ぶように天守が位置決めされたといえよう。

以上の考察を通して、慶長5(1600)年の関ヶ原と前後して、天守の位置決めの方法に大きな変化が起きていることが分かる。特に藤堂高虎の篠山城[慶長14(1609)年]および伊賀上野城[慶長16(1611)年]以降、「α三角形60間モデュール」の技法による天守の位置決めが際立ってきたことが分かる。そして元和偃武以降は視軸構成よりα三角形60間モデュールの構成に移行していくのである。

〈参考文献〉
1) 髙見敞志、永田隆昌、松永達、九十九誠「高松城下町の設計技法(1)」近世城下町の設計原理に関する研究 その28、日本建築学会四国支部研究報告 第4号、2004.5
2) 高松市史編集室『新修 高松市史Ⅰ』高松市役所、1964.12
3) 高松市史編集室『新修 高松市史Ⅱ』高松市役所、1966.2
4) 香川県『香川県史 第3巻通史編 近世Ⅰ』香川県、1989.2
5) 藤崎定久『日本の古城2』新人物往来社、1971.1
6) 衣笠智哉、髙見敞志、永田隆昌、松永達、佐見津好則「三原城下町の設計技法(1)」近世城下町の設計原理に関する研究 その42、日本建築学会四国支部研究報告 第6号、2006.5
7) 三原市役所『三原市史 第1巻 通史編1』三原市役所、1977.2
8) 広島県『広島県史 近世1 通史Ⅲ』広島県、1981.3
9) 広島県『広島県史 近世2 通史Ⅳ』広島県、1984.3
10) 広島県神社誌編纂委員会『広島神社誌』広島県神社庁、1993.8
11) 佐見津好則、髙見敞志、永田隆昌、松永達、衣笠智哉「姫路城下町の設計技法」近世城下町の設計原理に関する研究 その48、日本建築学会九州支部研究報告 第46号、2007.3
12) 石見元秀『姫路城史 上巻』姫路城史刊行会、1952.3
13) 姫路市史編集専門委員会『姫路市史 第3巻 本編 近世Ⅰ』姫路市、1991.3
14) 姫路市史編集専門委員会『姫路市史 第14巻 別編 姫路城』姫路市、1989.7
15) 姫路市史編集専門委員会『姫路市史 第10巻 史料編 近世Ⅰ 付図』姫路市、1986.3
16) 神社本庁調査部『神社名鑑』神社本庁、1963.3
17) 全日本仏教会寺院名鑑刊行会『全国寺院名鑑』全日本仏教会寺院名鑑刊行会、1969.3
18) 兵庫県神職会『兵庫県神社誌 下巻』臨川書店、1938.11
19) 髙見敞志、永田隆昌、松永達、九十九誠「高知城下町の縄張技法(1)」近世城下町の設計原理に関する研究 その8、日本建築学会四国支部研究報告 第1号、2001.5
20) 高知市史編纂委員会『高知市史 上巻』高知市、1958.11
21) 高知市役所『高知市史(1926年の復刻版)』名著出版、1973.9
22) 大脇康彦『城下町古地図散歩6 広島・松山 山陽・四国の城下町』平凡社、1997.6
23) 高知県教育委員会『史跡高知城跡保存管理計画策定報告書』高知市、1982.3
24) 髙見敞志、永田隆昌、松永達、衣笠智哉、佐見津好則「篠山城下町の設計技法(1)」近世城下町の設計原

理に関する研究 その32、日本建築学会四国支部研究報告 第5号、2005.5
25) 嵐瑞澂『丹波篠山城とその周辺』山史友会1992.4
26) 嵐瑞澂『丹波篠山の城と城下町』藤本印刷所、1960.10
27) 神戸新聞丹波総局『丹波の城』丹波文庫出版会、1988.6
28) 栃木県立博物館『天海僧正と東照権現』栃木県立博物館、1994.10
29) 日出町『日出町誌』日出町、1986.3
30) 福山市史編纂会『福山市史 近世編』福山市史編纂会、1968.3
31) 衣笠智哉、髙見敞志、永田隆昌、松永達、佐見津好則「福山城下町の設計技法(1)」近世城下町の設計原理に関する研究 その34、日本建築学会四国支部研究報告 第5号、2005.5
32) 佐見津好則、髙見敞志、永田隆昌、松永達、衣笠智哉「赤穂城下町の設計技法」近世城下町の設計原理に関する研究 その40、日本建築学会九州支部研究報告 第45号、2006.3
33) 赤穂市『赤穂市史 第2巻』赤穂市、1983.3
34) 有馬成甫『日本兵法全集5 山鹿流兵法』人物往来社、1967.11
35) 赤穂市立歴史博物館『絵図に見る城と城下町のうつりかわり』赤穂市立歴史博物館、2000.2
36) 龍野市立歴史文化資料館『赤穂城請取りと龍野』龍野市教育委員会、2000.12
37) 三木敏明『播磨国式内社五十座への誘い―その文献と現状』未来籌、2002.7
38) 兵庫県神職会『兵庫県神社誌 中巻』臨川書店、2001.3
39) 赤穂市教育委員会『平成8年度 赤穂城跡発掘調査現地説明会資料』赤穂市教育委員会、1997.3
40) 赤穂市教育委員会『平成10年度 赤穂城跡発掘調査現地説明会資料』赤穂市教育委員会、1998.7
41) 赤穂市教育委員会『国史跡赤穂城跡二の丸錦帯池発掘調査現地説明会資料』赤穂市教育委員会、1996.5
42) 佐見津好則、高見敞志、永田隆昌、松永達、衣笠智哉「龍野城下町の設計技法(1)」近世城下町の設計原理に関する研究 その36、日本建築学会四国支部研究報告 第5号、2005.5
43) 龍野市『龍野市史 第2巻』龍野市、1981.3
44) 龍野市『龍野市史 第5巻』龍野市、1980.3
45) 有馬成甫『日本兵法全集1 甲州流兵法』新人物往来社、1967.6
46) 曽根原理「『延暦寺護国縁起』の神観念―三輪の神から日吉の神へ―」日本文芸研究会第40回大会、1988.1
47) 矢守一彦監修『名城絵図集成 西日本之巻』小学館、1986.12
48) 玉手英四郎『わが心の国分寺―巡訪事典』里文出版、1997.7
49) 赤穂市教育委員会『文化財をたずねて No.8』赤穂市教育委員会、1999.3

第4章　天守の位置決定

高知城天守

第5章　主要施設の配置

第4章では天守の位置決めに関して仮説に基づき、「視軸」の技法の存在を確認するとともに、「α三角形60間モデュール」と併用するものなど具体的に考証を進めた。

視軸により天守の位置が決ったのは、織豊(しょくほう)系の城下町に際立っており、一方、視軸だけでは天守の位置が決らない事例もあった。この場合、視軸とα三角形60間モデュールの併用またはα三角形60間モデュールを単独で用いて決めたことが分かった。基本的には一ノ宮などの古社古刹(こしゃこさつ)や霊峰と視軸あるいはα三角形60間モデュールを取り結ぶ関係に天守の位置が決められた。

本章ではこのようにして決まった天守を基点に、「城下町の主要施設(警備上重要な門、櫓(やぐら)、橋、番所(ばんしょ)や精神的なよりどころであった社寺)の配置は、視軸とα三角形60間モデュールを関連づけて計画された」とする仮説に従い、適用例を西日本に広げて考証する。

その考証の過程において、軍事施設である門、櫓、橋、番所の配置には「視軸」が顕著に関連し、一方、精神的なよりどころである社寺の配置には「α三角形60間モデュール」が顕著に関連していることが分かった。それゆえに以下、「5.1 視軸による軍事的施設の配置」、「5.2 α三角形60間モデュールによる社寺配置」に分けて検証する。

5.1　視軸による軍事施設配置

本節では軍事施設(門、櫓、橋、番所)の配置について、すでに決められた天守を基点に視軸により決定された施設配置の用例を具体的に考証し、仮説の検証と修正を図ることを目的とする。

第5章　主要施設の配置

5.1.1　藤堂高虎設計の城郭・城下町の軍事施設配置

　軍事施設の配置に関して、藤堂高虎が直接設計に関与した宇和島、今治、篠山、伊賀上野は、ほかと比較して天守からの視軸構成が卓越している。そこで、これら高虎の手になる城下町の軍事施設の配置について述べる。

(1)　宇和島城下町の軍事施設配置

　藤堂高虎は慶長元(1596)年宇和島城の築城に着手し、慶長6(1601)年頃まで堀や石垣を築き、天守や櫓、門などを建設した。

　当時の施設配置を考察するにあたり、延享年間(1744～1747年)の「宇和島城の古図」[1]を参照しながら「宇和島城の曲輪、櫓、門等配置状況および堀推定範囲」[2),3)]を基礎にして宇和島城郭復原図(1/2 500地形図)を作成した。なお、慶長19(1614)年に伊達政宗の庶子秀宗が10万石で封じられ、宇和島城の天守や御殿、門、石垣などは修復されたが、縄張は高虎時代のままであったとされる。また、城下町の復原に関しては、「宇和島元禄16年御城下絵図」(昭和礼文社)や「安政文久頃宇和島城下全図」(昭和礼文社)を参照し、かつ復原図「19C中頃の宇和島城下域・宇和島城下絵図を重ねた図」[2)]を基礎として城下町復原図(1/2 500地形図)を作成した。

　この宇和島城郭復原図に、天守から各軍事施設へ視軸を記入した**図5.1.1**によると、主要な門や櫓は天守からの視軸により配置されたことが分かる。

　そのなかでも次にあげた城外へ通じる主要な門はすべて天守からの視軸(お見通し)の関係を取り結ぶように設計されていたことが分かる。

① 　天守―右髪櫓―追手門
② 　天守―桝櫓―黒門―黒門櫓
③ 　天守―雷門―筈門
④ 　天守―潮分門―潮分角櫓
⑤ 　天守―搦手門―豊後橋

　これらの施設は重要な軍事施設だけに意図的に視軸を使ったとみられる。さらに、次に示す主要な門・櫓も天守からの視軸で配置構成していたことが分かった。

⑥ 　一の門―天守―太鼓櫓
⑦ 　西河裡角櫓―天守―井戸丸門―埋門
⑧ 　天守―桜門―月見櫓
⑨ 　天守―三の門―藤兵衛丸西櫓

5.1 視軸による軍事施設配置

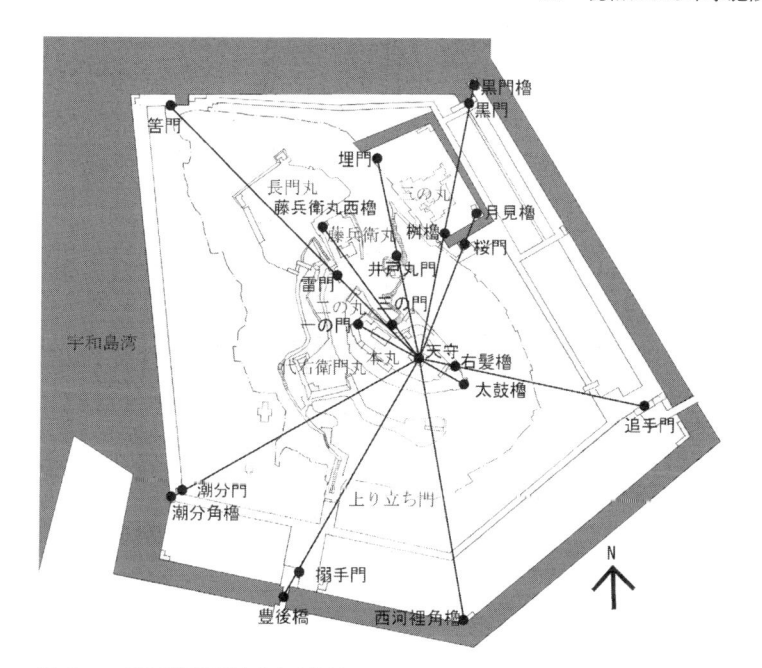

図 5.1.1 宇和島城の天守からの視軸

　内堀とその内側の城郭の形態が五角形をしているのが宇和島城の特徴でもあるが、仮想の敵を陸地側に設定したとみえ、空角になっている海側の辺には視軸は少なく、ほかの4辺に視軸が集中していた。この点からも天守からの視軸は軍事的な意図が表現された結果であり、この天守は監視・司令塔の意味合いが強いといえよう。

　この天守からの「お見通し」の視軸による構成は、城郭だけに限らず城下町設計においても一貫して用いられていた（図5.1.2）。宇和島城下町への出入口は、南の佐伯口と北の大橋口が天守を中心にほぼ一直線にあった。佐伯口へは天守─搦手門─佐伯口が一直線に視軸で設計されたのである。また、天守─搦手門櫓─桝形御門もまた視軸であった。北の大橋口へは天守─桜門─月見櫓─大橋口番所─大橋口へと視軸の構成であったし、東へは天守─追手門─桝形番所─観音堂辻へとこれらの軍事上重要な施設を見通す視軸に配置していたのである。

　また、一の門─天守─右髪櫓─太鼓櫓─桝形の視軸は本丸の重要施設を貫き一ノ宮宇和津彦神社[*1]や愛宕社（延命寺の山上）に至り、本城の守護を目的とする精神的な軸線を形成している。

第5章　主要施設の配置

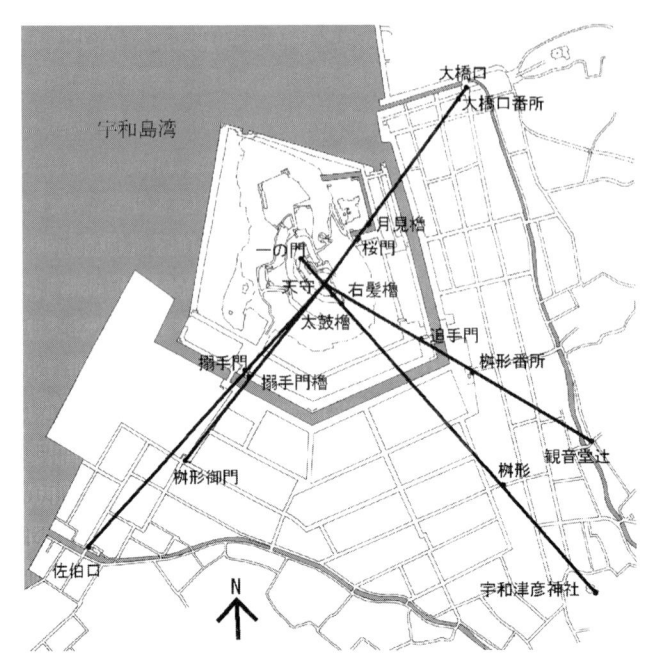

図 5.1.2　宇和島城下町の天守からの視軸

　以上より、藤堂高虎の手になる宇和島城は、寄せ手を監視する物見の塔としての性格が強い天守を中心に徹底した視軸の技法を駆使した門、櫓、桝形番所、出口門の配置設計であったといえる。

(2) 今治城下町の軍事施設配置

　慶長5(1600)年関ヶ原の戦功により、藤堂高虎は宇和島8万石から一挙に12万石を加増され20万石を領して、河野氏が城主であった国分城に入った。直ちに瀬戸内海交通の要路である来島海峡の制海権を握るため、慶長7(1602)年6月より今治城の普請を開始した。普請奉行には妹婿の父渡辺勘兵衛了が任命されてこれを勤めた。

　4.1.2(5) にみた天守の位置決定に続き、天守を基点に主要な軍事施設の配置をみてみよう。

　軍事施設配置の検証には1/2 500地形図(1994年)をベースマップとして、「正保

＊1　歴代の藩主も鎮守の神として崇め、建久年間(1190～99年)に宇和島城の南麓に遷し、寛永9(1632)年に現在地に奉遷された[4]。

城絵図」5)に基づき「今治町絵図」6)を参照にして修正を加え、現存する遺構のほか確定できる街路や地所を定めて作成した復原図を用いた。

　軍事的な主要施設としては、信頼できる「正保城絵図」に記載の19の櫓と9の城門、位置が明らかな番所を取り上げた。今治城の軍事施設の配置の特徴は、すべての櫓が本丸より海側に配置されており、城門についても西門以外はこれもまた本丸より海側に配置されていたことである（**図5.1.3**）。それゆえに、今治城は徹底して海を意識し、来島海峡の制海権を握る意図が、門櫓の配置に明確に反映されたとみられる。

　今治城ならびに城下町の都市設計軸としては、天守から大濱口ラインを想定できる。この都市軸は真北軸と30°の角度を成して形成されており、この都市軸の延長に大濱八幡宮—来島海峡—来島城があり、天守の位置決めの来島海峡軸（**4.1.2(5)**参照）と一致する。天守の真北には一ノ宮三島大山祇神社*2が鎮座し、城郭の設計上の都市軸と三島大山祇神社への信仰軸が大矩（3：4：5でつくる直角三角形）をもって2つの視軸が交差する地点に天守を位置取る構図でもあり、この天守は5層

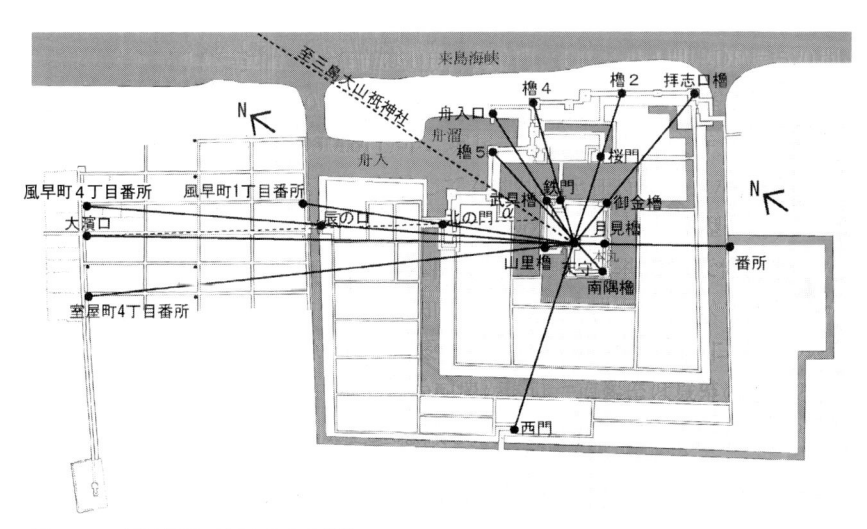

図 5.1.3　今治城下町の天守からの視軸

＊2　大山祇神社は、その祭神が大山積神で天照大神の兄神にあたり、神社名として「日本総鎮守大山積大明神」といい、御島・三島に鎮座したため「三島明神」、「三島社」ともいう。平安時代には大山積神の本地仏は大通智勝仏とされ、この大通智勝仏とその16の王子の仏徳により東西南北四方八方を守護すると考えられ、国土の守護神として厚い信仰を集めてきた。藤堂高虎が寄進して慶長年間（1596〜1615年）に拝殿を大修理した記録がある7)。

155

第5章　主要施設の配置

で構築された。

　特に城郭の掘割や街路、櫓の配置はこの海峡軸に忠実であった。一方、城下町の町割の都市軸は北の門—辰の口—大濱口を取り結ぶラインがこれにあたり、三島大山祇神社信仰軸とはαの角度で線引きされており、来島海峡軸と若干のずれがみられる。天守位置決めには大矩を町割の基軸にはα三角形（$1:\sqrt{2}:\sqrt{3}$）を使ったことは注目される。

　次に、視軸によって天守を基点に軍事施設が配置された状況を、東方の大手門（拝志口）から北方、西方の順にみると次のようである（図5.1.3参照）。

① 　天守—御金櫓—拝志口櫓
② 　西門—天守—桜門—櫓2
③ 　天守—鉄門—櫓4
④ 　天守—武具櫓—舟入口
⑤ 　南隅櫓—天守—櫓5
⑥ 　天守—北の門—風早町1丁目番所
⑦ 　天守—辰の口—風早町4丁目番所
⑧ 　月見櫓—天守—大濱口
⑨ 　天守—山里櫓—室屋町4丁目番所

　以上のように、主要な城門と櫓・番所が天守からの視軸によって配置されたことが分かり、天守を基点にした視軸による設計意図が明確に読みとれる。また、城下の縄張は北の門—辰の口—大濱口の視軸を基軸にして町割された設計意図が鮮明にみてとれる。

　また、藤堂高虎は当時主流であった円形の縄張を捨て、宇和島の個性的な五角形の「空角の経始」（4.1.2(1) 参照）に続き、今治城において直線的な方形の「方郭の経始」[8]で設計した。この方形の郭には死角ができる欠点を見抜き、「歪」つまり軍学にいう「邪」、「斜」、「横矢」の工夫を加えた。この「歪」とは石垣の一部を張り出し、屈曲をつけて、横矢など側防効果を狙った点であった。高虎が円形の徳を捨て方形の縄張としたのは、今治城の仮想の敵を来島海峡に置き、石垣や城壁を一直線状にして銃撃を数重に配置して一斉射撃を反復することにより敵を撃滅する戦術であった。高虎は今治城において鉄砲と火砲の時代の築城術に「方郭の経始」という新機軸を打ち出したのである。

　さらに今治城を特徴づけたのは、城の北に「御船手」という水軍基地を設けたことであった。この高虎の今治城にみる築城技術、「方郭の経始」と「歪」はそれまでの築

5.1 視軸による軍事施設配置

城術の常識を覆し、以後の築城の模範になったであろうことは想像に難くない。

それとともに、天守からの視軸構成による門、櫓、番所などの軍事施設の配置は、徹底した制海権確保のための偏在した門や櫓の配置、「御船手」の水軍基地設置など、この城の狙いに合目的な設計思想が鮮明に打ち出されている。その具体的な軍事施設配置において視軸を駆使した技法を持って特徴的な高虎の技法を達成したことはいうまでもない。また、天守決定に関連した来島海峡軸には大矩を、城下町の町割の基軸にはα三角形を使ったとみえ(**6.2.1(2)、1**)で詳述)、この2つの典型的な直角三角形を用いて今治城は設計されたことは大きな特徴であり、水軍や火砲への合理的な戦術の対応はもとより、精神的な意味での築城術にも秀でていたといえる。

(3) 篠山城下町の軍事施設配置

篠山城は、慶長14(1609)年3月9日に鍬始め、普請奉行に姫路城主池田輝政、縄張奉行に津城主藤堂高虎が命じられ、徳川家康の庶子松平康重による大坂城に対する包囲戦略のもとに西国の外様大名に割付普請として築城された。設計は縄張奉行高虎の家臣渡辺勘兵衛了が縄張した(図**5.1.4**、**4.2.2(1)、1**)参照)。

高虎が手掛けた宇和島城、今治城に続くこの城下町の特色は以下のようにまとめられる。

図 5.1.4 篠山城鳥瞰図
篠山城大書院に展示、丹波笹山城之絵図を基に作成のもの。

第5章　主要施設の配置

① 縄張は輪郭式で本丸と二の丸が今治城に用いた方形の「方郭の経始」を基本的に踏襲した。方形の本丸の南東隅に長方形の天守曲輪を配し、本丸の周囲に広大な二の丸を配置して、二の丸の北と北東、南西に3つの虎口に内側に入り桝形、外側前面に長方形の角馬出を構えた比較的シンプルな縄張であった。

② 単純な方形の本丸と二の丸の東北隅が鬼門にあたるゆえ、欠き込みを造って単調な縄張に変化を与えていた。なかでも本丸の大手側（北側）は鬼門の欠き込みに加えて「歪」に富んでおり、火網の戦略的意図が読みとれる。

③ 本丸と二の丸の周囲には広大な堀があり、この堀を渡る橋は本丸へは廊下橋になっていたし、二の丸へ入る橋にはすべて胸垣ともいうべき土塀がついており、側防とともに秘匿の意図がみえる。

④ 二の丸の単調な土居の上には胸垣状練塀が4周に造られ、その各辺に5つの「屏風折り」が設えてあった。また、南馬出にも2つの「屏風折り」が絵図にみえる。この「屏風折り」は石垣がない土居の上の練塀に特定して使われており、攻撃軍の土塀に取りつく兵士を鉄砲で撃退する狙いのもとに設けたとみられる。

⑤ 篠山城の縄張でこれまでの常識外れの不思議なことがもう1つある。本丸周囲の犬走りが帯曲輪のような広さをしていることである。そもそも本丸の石垣の下にこのような広い犬走りを設けることは弱点にこそなれ利点がないというのが守城を考えた場合の常識であった。一般にこのような犬走りを設けるのは軟弱な地盤に石垣を築く時にその基礎としてやむをえず設けたのである。

以上の篠山城の特徴のなかに、今治城にみた「方郭の経始」と「歪」を発展的に踏襲し、さらに3つの虎口の内側に入り桝形と外側前面に角馬出を構え、本丸の大手側の鬼門の欠き込みに加えて「歪」を大きくして追加し、さらに廊下橋と胸垣、単調な直線状土居の練塀に「屏風折り」を施し、本丸周囲の広大な犬走りを設けた点はこれまでの守勢防御の城の常識を超越したものであった。

そこは百戦練磨の縄張巧者の藤堂高虎ゆえに、当時の鉄砲を主にした攻守の戦術思想と鬼門除けなどの精神的思想とを端的に表現した明快な設計であったといえよう。

次に篠山城天守台からの視軸による軍事施設の配置構成についてみてみる。その方法は今治城などと同様に1/2500地形図に復原図を起こして検証した。復原図は「正保年中・丹波笹山城之図」（内閣文庫所蔵）[5]を主にして元禄年間（1688〜1704年）の「篠山城並びに割図割家中屋敷」（丹南町小前家所蔵）を補助的に参考にして作成した（図5.1.5）。

5.1 視軸による軍事施設配置

図 5.1.5 篠山城下町の軍事施設

　この図により、京口から北周りに天守と軍事施設との視軸の関係をみると次のようである。城下町における天守台からの視軸としては、
① 天守台—真福寺—京口(八上城（やかみじょう）—亀山城—京都へ)
② 小川町木戸—天守台—石山口—下西町番所(大坂へ)
③ 小川口木戸—天守台—上西町番所
④ 王地山山頂（おうじやま）(稲荷社)—天守台—本丸埋門（うずみもん）
⑤ 若宮八幡—来迎寺本堂—東馬出門—天守台—南馬出門—光専寺(鬼門・裏鬼門軸)
⑥ 春日大明神宮山—本丸北東隅櫓—天守台(南北軸)
⑦ 追手—二の丸北東隅櫓—天守台
城郭内の視軸としては、
⑧ 追手馬出西門—追手門—天守台
⑨ 三の丸北西隅櫓—本丸門—天守台—三の丸南東隅櫓

159

⑩　三の丸南西隅櫓―南廊下門南桝形門―天守台
⑪　南門桝形外門―南門桝形内門―天守台
⑫　東門桝形外門―東門桝形内門―天守台
本丸内の視軸としては、
⑬　鉄門前桝形隅櫓―本丸北西隅櫓―天守台
⑭　二の丸北西隅櫓―本丸門―天守台
⑮　南廊下中門―本丸南西隅櫓―天守台

　以上のように、城郭（本丸、二の丸、三の丸）の主要な城門、3つの出丸門、主要な櫓が天守からの視軸によって配置されており、天守を基点に視軸により設計されたことが明らかである。

　また、城下町の主な出入り口であった京口ならびに石山口をはじめ、番所や木戸門が天守を基点にした視軸で構成されていた。

　元篠山城本丸東北隅に地域の氏神として鎮座していた春日大明神は、松平氏が築城に及び東山坪に一時移転したが、災害によりまもなく春日坪に遷座されて以来、歴代藩主によって整備された。この春日神社の宮山は天守の真北に位置し、城郭部ならびに城下町の掘割や街路線引きは南北軸が基軸になっていただけに、天守―春日大明神宮山軸が町割の基軸になったとみなされる。

　当時、殊に築城の場合には、鬼門と裏鬼門に格別神経を使うのが一般の慣習であったが、篠山城においても殊のほかこの方角への気配りを厳重にしている。本丸と二の丸の東北隅を大きく欠き込み、城下の来迎寺と尊宝寺を築城時に八上城下（やかみじょうか）からの移転に際して、天守―東馬出―若宮八幡の鬼門ライン上に置き、その逆の延長線上に光専寺を裏鬼門に配して、視軸の構成に仕立て上げていったのである。

(4) 伊賀上野城下町の軍事施設配置

　伊賀上野城は筒井氏断絶後、慶長13（1608）年8月に藤堂高虎に与えられた。高虎は慶長16（1611）年自ら縄張をして城普請にかかった（**4.1.1(7)**参照）。

　伊賀上野城は彦根城とともに大坂城の豊臣秀頼に対する境目の城としての役割を果たすべく重要な目的をもって建設されたのであった。

　境目の城は、「陰陽和合之縄（いんようわごうのなわ）」[*3]といって、本丸と二の丸を小さく堅固に造り、三の丸は大きく構築されるのが慣わしであった。守勢の時は小さな本丸と二の丸に

＊3　陰陽和合之縄：攻勢防御（陽の縄張）にも守勢防御（陰の縄張）にも両方に都合のよい縄張をいう[10]。

籠って守りぬき、守兵が大勢の時は三の丸で守り、機をみて攻勢に転じるのである。伊賀上野城は二の丸といわれているところが実は三の丸で、この三の丸は極端に大きくできており、東大手と西大手と2つの大手門があるのは守勢から攻勢に移り、城兵の突撃を容易にするために設けられたのであった。また、筒井氏の時代の大手であった北の虎口を搦手として、南の搦手を大手に逆さまに変更して、軍事本意の城郭として縄張されたのであった。

大坂城が早く落城したために、伊賀上野城は未完成のまま、筒井氏の本丸御殿や城門を除いて本丸には櫓も城門も建てられなかった。また本丸の西部高石垣を除くと城門・石垣の構えは非常に簡素であった。

一方、二の丸の土居の上には2層櫓が2棟、単層櫓が8棟建ち、桝形を持った東西両大手が建てられたことなど、本丸と対照的に二の丸は軍事施設が重厚に構えられていた。

天守台には5層の天守が建てられたが、完成間近い慶長17(1612)年9月の台風で倒壊し、それ以後天守は建てられなかった。

次に、この天守台を基点に主要な軍事施設の配置をみる。軍事施設配置の検証は1/2 500地形図をベースマップに、「上野城下町図」(『三重県の城』郷土出版、1991)に基づき「上野城復原図」(『三重の近世城郭』三重県教育委員会、1984)を参照して修正を加え、現存する遺構のほか確定できる街路や地所を定めて復原図を作成し(図5.1.6)、これにより西方の太鼓櫓(二重)から南方へ左回りにみてみよう。

① 小田町番所—太鼓櫓(二重)—天守台—筒井天守—二の丸櫓(二重)
② 幸福寺—太鼓櫓(一重)—天守台
③ 黒門—坤(ひつじさる)櫓—天守台—搦手門(からめて)
④ 徳居町番所—西大手門—天守台
⑤ 愛宕神社本殿—大手門—天守台—北谷馬場東口
⑥ 南一重櫓—馬見所—天守台
⑦ 念仏寺裏番所—東大手門—天守台
⑧ 豊川社—巽(たつみ)櫓—天守台—北谷馬場西口
⑨ 手櫓(一重)—城代屋敷門—天守台
⑩ 赤坂口—東一重櫓—天守台

以上にみたように、伊賀上野城の建設は、豊臣秀頼の大坂城に対する境目の城として建設された経緯から、広大な二の丸(実は三の丸)の周囲に土居と堀を回らせ、かつ東西の大手門に10の櫓をその土居の上に建設した。この尋常でない門・櫓の

第5章　主要施設の配置

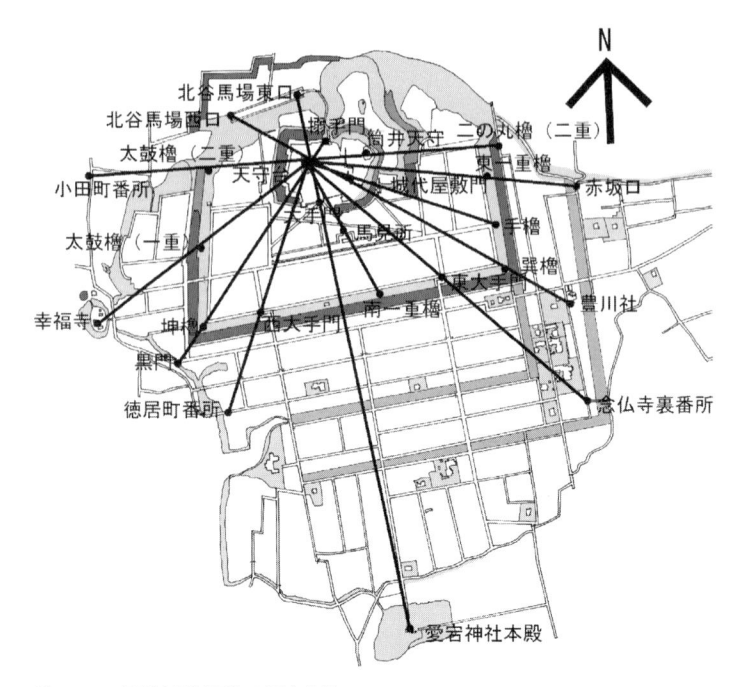

図 5.1.6　伊賀上野城下町の軍事施設

配置は、建設途中の未完成城郭であったにしても、この城は境目の城として合目的な縄張を忠実に行った結果とみられよう。

　この縄張に関連する城郭部の主要な城門・櫓の配置は、天守を基点にして視軸で設計されており、かつ城下町の要所をも視軸で見通す設計であった。このように、軍事施設のほとんどが天守を基点にして視軸により構成されたのである。それだけに再建されなかったが、天守の持つ監視塔・司令塔的な意味と門、櫓などをその指令下に置く軍事的意図が鮮明に表現されていたのである。

　これまで藤堂高虎が設計した城郭・城下町について、天守を基点に門や櫓などの軍事施設を視軸により決定していく技法をみてきた。全体を通して一貫して天守から視軸によって軍事施設を配置する方法を踏襲しており、高虎の設計に視軸の技法が卓越してみられた。

5.1.2　一般の城郭・城下町の軍事施設配置

　前項においては、一連の藤堂高虎設計の城郭・城下町に顕著にみられた天守からの視軸構成による軍事施設の配置をみてきたが、本項ではそれ以外の城郭・城下町

の視軸構成を検証する。

(1) 大分府内城と城下町の軍事施設配置

　慶長2(1597)年石田三成の女婿の福原直高が12万石を領して入部した直後、豊臣秀吉は要害の地を選定して新城を築くことを命じた。そして早くも同年の12月には大分府内城の普請はほとんど完了し、慶長4(1599)年4月には新城の城楼および諸臣の屋敷などの作事（さくじ）も完了した。しかし、間もなく起こった関ヶ原の役で直高は西軍に属して所領を失った。

　慶長6(1601)年3月に竹中半兵衛重治の従弟の竹中重利が3万5000石を領して移ってきた。重利は徳川家康の許可を得て大分府内城の大改修に着手し、慶長7(1602)年3月に天守と諸櫓を建て、同年7月には中島の入江に舟入を造り、水軍の基地を造った。同年8月から総曲輪の構築が始まり、慶長10(1605)年7月に完成した。その後慶長13(1608)年には堀川、京泊（きょうどまり）の港を完成して、水際城郭としての姿を現したのであった。

　本丸はほぼ正方形に近く、その東北隅に4層の天守が置かれた。その南面と西面に付櫓をもっていて複式天守になっており、天守と櫓との間は多聞で連結されていたので連立天守とみられる。

　大分府内城の特徴は小振りではあるが、縄張は巧妙にできている。海と堀を仕切る土手は、海水の干満による水位の調整とともに海上からの水軍による直接攻撃を防止する効果を意図しており、この城の特徴になっている。

　大分府内城下町の復原図は、慶長10年の「府内城下絵図」[12)]を基に1/2500地形図に復原図を作成した。これを用いて竹中重利の大改修完了期の天守から軍事施設への視軸を検証した。

　天守を基点にした城郭の門や櫓への視軸を東から順に反時計回りにみていくと次のようである(図5.1.7)。
① 東之丸二階櫓―天守―山里丸多聞櫓（たもんやぐら）
② 本丸菱櫓―天守―西之丸二階櫓
③ 扇櫓―天守―西之丸桝形門
④ 山里丸東角櫓―天守―本丸廊下橋多聞櫓―東之丸平櫓
⑤ 西之丸北西角二階櫓―本丸北西角二階櫓―天守

　以上に天守から城郭部の門や櫓への視軸を示したが、多くの視軸関係がみられたものの、最も重要な大手門や搦手門への天守からの視軸がみられず、不完全な状態

第5章　主要施設の配置

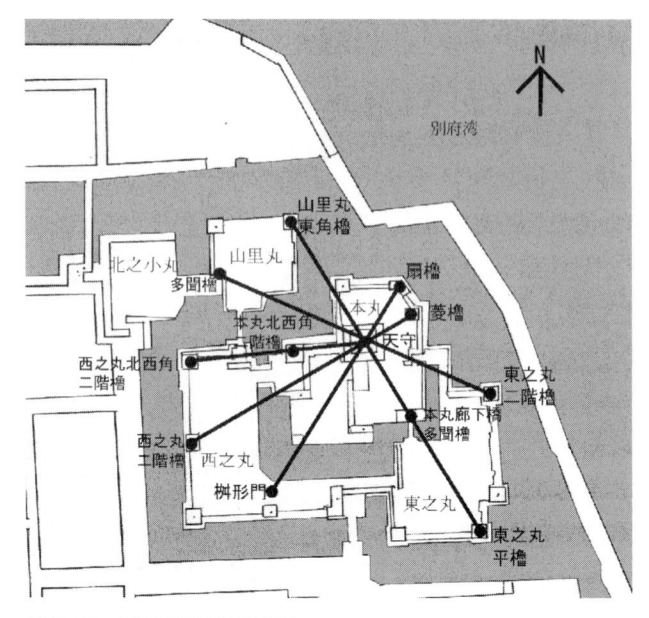

図 5.1.7　大分府内城の軍事施設

である。次に、城下町の門、櫓、番所と天守の視軸については以下のようである（図5.1.8）。

⑥　東之丸二階櫓―天守―山里丸多聞櫓―堀川口
⑦　山里丸東角櫓―天守―本丸廊下橋多聞櫓―東之丸平櫓―萬屋町番所―塩九升口
⑧　北口―山里丸廊下橋―天守
⑨　西口―北大櫓門―天守―菱櫓
⑩　東口―着到櫓―天守

　大分府内城は侍町の三之曲輪へは北口、西口、東口の3つの城門から入ったが、その3つの城門ともに天守からの視軸で構成されている。また、総曲輪の城下町へも堀川口、笠和口、塩九升口の3つの城下町入口から入るが、笠和口を除いて天守からの視軸で構成されている。

　このように、大分府内城郭や城下町においても天守を基点に門や櫓などの軍事施設を視軸により決定していく技法を用いたのである。この天守を基点に軍事施設を配置する方法はこれまでみた藤堂高虎の一連の施設配置法に極めて類似しており、このようなことから類推すれば、福原時代の縄張よりも竹中重利の大改修時の築城

164

5.1 視軸による軍事施設配置

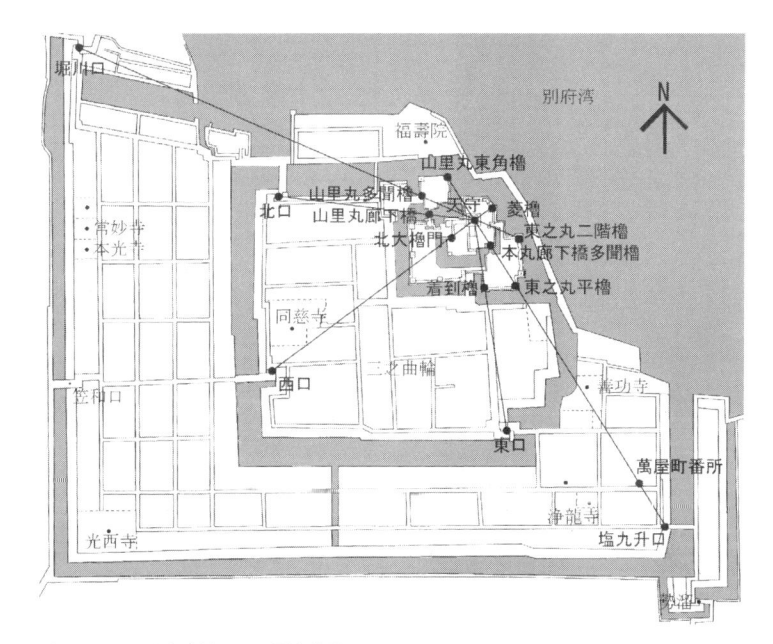

図 5.1.8 大分府内城下町の軍事施設

になる城の特質が現れている。本丸や二之曲輪よりも三之曲輪や城下町部分により視軸が明確にみられるのは、竹中重利の大改修はそのあたりに主要な改修部分があったことと関連していたとみられる。しかし、竹中重利は加藤清正に助言や援助を受けたことが後世の記録にみられるが、高虎との関連は今のところ判明していないだけに断定はできない。しかし、高虎からの技術移転の可能性は考えられよう。

(2) 大洲城の軍事施設配置

大洲はもともと大津といわれて肘川の河港として栄え、大洲と呼ばれたのは元和3(1617)年加藤氏が入部後のことであった。大津城を近世城下町に改造したのは藤堂［文禄4(1595)〜慶長13(1608)年］、脇坂［慶長14(1609)〜元和3(1617)年］の時代とみられる。高虎の養子高吉（丹羽長秀三男）は慶長10(1605)年に田中林斎（伏見城築城の奉行）に命じて城下東入口の塩屋町を縄張しており[13]、町割は藤堂の時代に主要部は完了していたことになる（4.1.1(8) 参照）。

大洲城天守の造営は一般に脇坂時代に完成したという。寛永4(1627)年、幕府の隠密が大洲城の有様を報告しており、これが天守の様子を示した絵図の初見である。

165

第5章　主要施設の配置

　大洲城の縄張の特徴は、藤崎定久氏[16]によると、第一に大手門と南端の搦手門が同じ方向にあるのは珍しく、その縄張に戦術が秘められている。それは搦手門の東にある中ノ島という堀に囲まれた侍屋敷とその裏の寺の配置をみれば、搦手から逆襲に出て敵軍を肱川に落とし込む戦略が読みとれよう。第二には、本丸と二の丸、三の丸の配置における構造から、攻撃軍は本丸に取りつくまでに陣形を180°方向転換が強いられる。つまり大手門で二の丸に入るのに90°、二の丸から本丸に入る中間にある腰曲輪で90°である。ここに設計者の意図は明らかで本丸までに渦巻き運動を敵に強制させており、これを横から鉄砲で打ち上げようという戦略である。第三に二の丸西方の石垣の麓に犬走りが築かれており[14]、高虎の今治城や篠山城に共通にみられる特徴である。第四には古図ならびに天守雛形[15]によれば天守は連立式の4層天守に非常に近い複連結式天守であった。

　大洲城の復原図は、正保年間（1644～48年）の「伊予国大洲之絵図」[5]を基に、「大洲城復元基本図」[15]を参照し、また、城下町復原図は正保年間の「伊予国大洲之絵図」に「現状市街図に元禄絵図を重ねた全体復元平面図」[15]を参照し、1/2500地形図に作成した。これを用いて天守から軍事施設への視軸を検証しよう。

　天守を基点にした城郭の門や櫓への視軸を南から順に反時計回りに見ていくと次のようである（図5.1.9）。

① 三の丸搦手門脇櫓—二の丸門—高欄櫓—天守
② 三の丸搦手門—カマ櫓—天守
③ 三の丸南隅櫓—カマ櫓—天守
④ 大手門—天守—北曲輪御櫓
⑤ 三の丸東隅櫓—本丸南御櫓—天守
⑥ 大手中門—暗り門—天守
⑦ 大手東門—太鼓櫓—天守—北曲輪鉄砲櫓
⑧ 二の丸大手曲輪角櫓—天守—三の丸北西隅櫓
⑨ 本丸台所櫓—天守—北曲輪門—西曲輪搦手門
⑩ 水の手曲輪東櫓—天守—西曲輪門
⑪ 二の丸表御殿北西門—腰曲輪門—天守

　以上のように、天守を基点に大手門や搦手門など軍事的に主要な門や櫓が視軸によって決められており、諸門や櫓は天守の監視下に置かれている。加えて、軍事的意味が強い連結式天守の構成や二の丸西側石垣の犬走りなどの技法は高虎が設計の城郭と関連性が強くみられるだけに、藤堂時代に城郭城下町の設計と築城のほとん

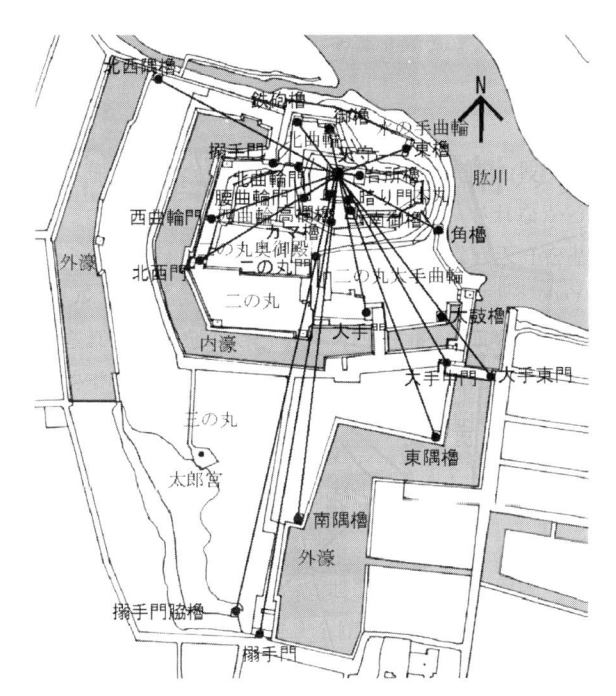

図 5.1.9 大洲城の軍事施設

どは進められていたと考えられる。

(3) 高知城と城下町の軍事施設配置

　慶長6(1601)年正月、土佐に入国した山内一豊は、長宗我部氏の居城であった浦戸城に入った。同年6月大高坂山を城地と決め、同年8月築城の名手といわれた家老百々越前安行を総奉行[16]として、9月鍬始め、築城を開始し、慶長8(1603)年8月21日に本丸、太鼓櫓などができて入城した(4.2.1(2), 3)参照)。天守について『御城築記』[16]に「天守之儀遠州掛川之通リ一豊公御物数寄ヲ以高欄ツキニ被仰付‥」とあり、天守は塔層型天守が流行していた時節に一豊の好みだとしてわざわざ家康に許可を取り、掛川城の様式と同じ望楼型天守3層6階を創建した。

　高知城の復原図は、寛永2(1625)年の「高知城の図」[17]を、城下町の復原は正保年間の「正保の城絵図」[5]を基に、1/2500地形図に作成した。

　天守を基点にした城郭の門や櫓への視軸を南から順に反時計回りに見ていくと次のようである。

　城郭について(図5.1.10)、

第5章　主要施設の配置

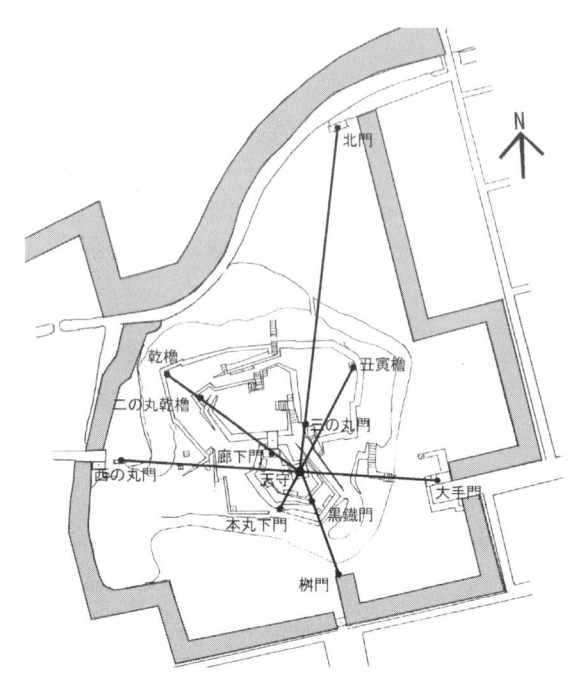

図 5.1.10　高知城の軍事施設

① 桝門—黒鐵門（くろがねもん）—天守
② 大手門—天守—西の丸門
③ 丑寅櫓—天守—本丸下門
④ 北門—二の丸門—天守
⑤ 乾櫓—二の丸乾櫓—廊下門—天守

城下町について（**図5.1.11**）、

⑥ 山内神社鳥居前土居門—南門—天守
⑦ 大鋸屋橋（おおがやばし）—橋詰—大手門桝形—天守—桜馬場橋
⑧ 廿代橋番所—天守—思案橋番所
⑨ 南木土居門—桝形—天守

　以上のように、高知城郭や城下町においても、天守を基点に主要な軍事施設は視軸で構成されていた。しかし、藤堂高虎の設計のようには厳密ではないことが分かる。例えば、城郭では搦手門や南門、城下町では上の橋や中の橋、山田橋からの入口門などが天守と視軸構成になっていない。

5.1 視軸による軍事施設配置

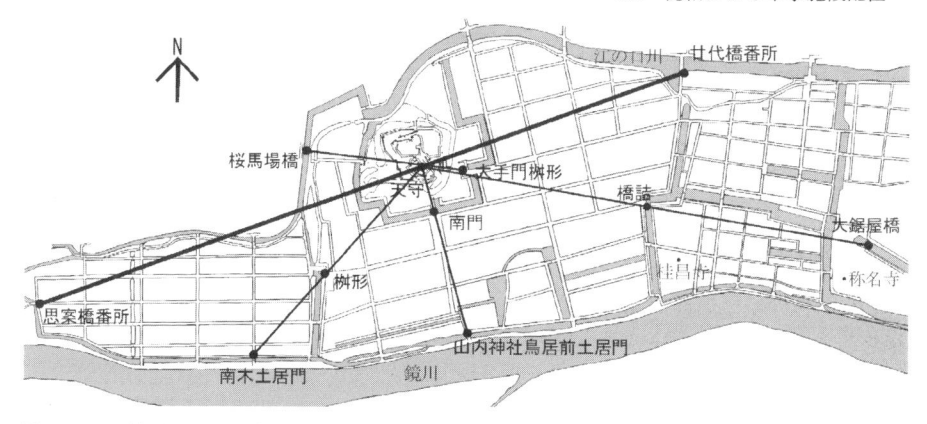

図 5.1.11 高知城下町の軍事施設

(4) 明石城の軍事施設配置

　元和4(1618)年3月に二代将軍徳川秀忠より築城命令が下った明石城は、同年10月都築為政、村上吉正、建部長政らを築城奉行として、縄張を軍学者志多羅将監に命じ、工事全体を本多忠政に総括させ、作事奉行には小堀遠州を任用し、町割は宮本武蔵が担当し、西国の外様大名の押さえとしての役割を担って建設された。築城工事の普請は元和5(1619)年正月より、作事は同6(1620)年4月より始め、同年10月おおむね完成して小笠原忠真は明石城に移った。

　明石城が建設された「元和(げんな)(1615～24年)」という時代は、大坂の陣後、徳川政権が安定化に向けて「一国一城令」の制定、さらに新城の築城を基本的には認めない「武家諸法度」の規制を打ち出し、幕府という「公儀(こうぎ)」による城郭管理政策の仕上げが行われた時期であった。そうしたなかで外様大名の旧地に譜代大名が配属された明石、福山、尼崎などでは例外として新城の築造であった。それだけに、幕府の支援や関与も格別で、資金の融通、奉行の派遣、伏見城の門や櫓の転用など幕府の政治的経済的な優遇処置が採られた。この元和期の新城は藩のレベルを越えた「公儀の城普請」の性格が強く、藩主は「城郭を預かる」といった性格が強くなったのである。

　明石城は連郭梯郭混合式(ていかく)の平山城で、本丸を中心に東側に二の丸、その東に東の丸、南側に三の丸、西側には稲荷郭が設けられた。この城には天守台のみで作事が行われなかったのは、藩主小笠原忠真の意思というよりは幕府の意向ということになる。造営されなかった天守の代役としては一般に天守台のそばにある「坤櫓(ひつじさる)をあて」[16),18)]ている。

　そもそも設計段階から天守の作事はないものとして計画されたとみられるだけ

に、元和期以後の軍事施設配置については天守台の視軸構成に格別な関心を持って以下にみてみよう。

城郭の復原図は「正保城絵図」[5] を基に、「播州明石城図」[18] や「明石城縄張図」[18] を参照し1/2500地形図に作成した。

天守台と門や櫓など軍事施設の関係からみると(図5.1.12)、
① 直の門―天守台―見の門
② 大手―坤櫓―天守台―転櫓
③ 天守台―大の門―真の櫓―角櫓
④ 真の門(搦手)―札の門―天守台―山里門
⑤ 木の櫓―天守台―正の櫓

以上のように、大手を例外とすれば主として公儀(徳川家からの預かり)の空間に限定して、つまり本丸、二の丸、東の丸、西の丸の櫓・門においてのみ視軸の関係がみられる。

それでは天守の役割を果たしたとされる代用天守として従前から指摘があった坤(ひつじさる)櫓からの視軸をみてみよう(図5.1.13)。
① 王子口―西不明門中の門―仕切門―直の門―坤櫓―艮(うしとら)櫓(3階櫓)
② 樽屋町口―坤櫓―見の門―月の櫓

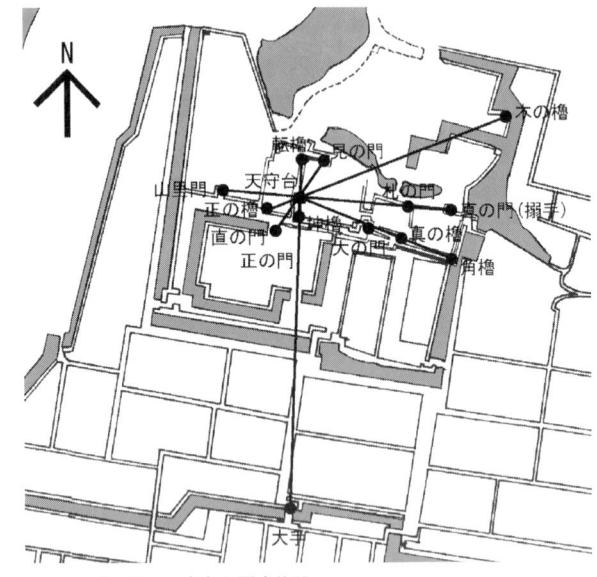

図 5.1.12 明石城の天守台と軍事施設

5.1 視軸による軍事施設配置

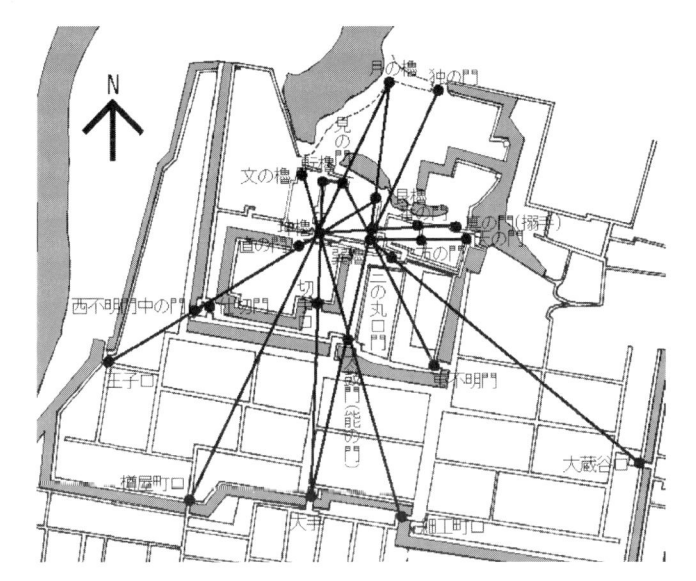

図 5.1.13 明石城の代用天守と軍事施設

③ 大手―切手口―坤櫓―天守台―艮櫓
④ 細工町口―太鼓門(能の門)―坤櫓―文の櫓
⑤ 真の門(搦手)―番の門―坤櫓

　このように、外堀から侍町への入り口および三の丸への城門、本丸、二の丸の主要門・櫓と視軸関係がみられ、まさしく天守の代用櫓といわれるだけの軍事的機能を果たしていたことが図にみてとれる。しかし、注意してみると西方に片寄った視軸構成であったことが分かる。東方の軍事施設を補っているのが巽(たつみ)櫓であったことが図にみえるゆえにこれを次に示す。

　巽櫓からの視軸を示すと、
① 大手―太鼓門(能の門)―巽櫓―番の門
② 東不明門―巽櫓―見の門
③ 大蔵谷口―三の丸口門―巽櫓
④ 天の門―方の門―巽櫓
⑤ 独の門―番の門―巽櫓
⑥ 月の櫓―艮櫓―巽櫓

　このように、巽櫓も坤櫓に劣らず東部の主要な門櫓と視軸を取り結ぶ関係がみてとれる。

これまで天守の近くにあるという理由から坤櫓が天守の代用であるといわれてきた。以上の考察から、むしろ、この坤櫓と巽櫓を合わせて天守の代用の機能を分担して果たしており、この両櫓でもって天守の軍事的な監視機能を分担して補完するように当初から設計されていたと解釈できよう。

この明石城にみる視軸の構成は、天守は設計当初から建設する予定はなく、したがって元和以前にみられた天守の軍事的意味が公儀の空間に限定的な役割に変容している。それに代わって坤櫓と巽櫓が合わさって天守の監視機能を分担して補完する構造に変容していったことが鮮明に読みとれるのである。

(5) 赤穂城と城下町の軍事施設配置

　正保2(1645)年3月池田輝興が突然の発狂により赤穂池田藩は断絶、その後幕府は家康の妹の孫で名君の誉れ高い浅野長直を笠間から移して山陽の押さえとした。赤穂城の築城は、元和偃武下の新城建設禁止の統制下に、幕府の命令で池田時代の城地を拡張再整備したもので、翌正保3(1646)年甲州流軍学を修めた軍学師範の重臣近藤正純を総奉行に命じ、縄張を行わせるなど準備を始めた。

　こうして近藤正純を中心として設計図ができ上がり、翌慶安元(1648)年6月11日、絵図を添えて幕府に伺いをたてた。早くも同月17日に許可がおり、同年11月15日地鎮祭を執り行った。そして縄張工事に2ヶ月を要し、根石置きは慶安2(1649)年正月2日吉日を卜して本丸虎口の櫓台隅より始められた。こうして築城は慶安2年より寛文元(1661)年まで13年間をかけて行われ、この頃になると築城も戦時下と違いゆっくり丁寧に施工するようになった。

　赤穂城の本丸築城が始まった翌年慶安3(1650)年8月、浅野長直と養子長澄は兵法を学ぶために山鹿素行に誓書を提出している。築城半ばにしていったい何ゆえに長直は新たに兵法を学び始めたのであろうか。ちょうどこの頃、幕府の命令で二本松城を築きつつあった丹羽光重も素行の門にしげしげと出入りしていた[9]という。この新しい城普請に山鹿流兵法を取り入れようと意図していたことは確かである。

　山鹿素行の家譜によると、素行は承応2(1653)年10月15日から江戸から赤穂に下り縄張を指導している。「太守二郭の虎口を縄張す。僕間縄を取り改め直す」[9]とある。こうして素行は10月から翌3(1654)年5月上旬まで赤穂に滞在して二の丸、三の丸の縄張を指導して江戸に帰ったのであった。したがって、本丸は近藤正純、二の丸・三の丸は山鹿素行と浅野長直の縄張と考えられる。北条流や山鹿流には「方円の縄」というのがあり、荻生徂徠の『鈐録』には「山鹿流ニテハ城ハ丸ク小ク取

5.1 視軸による軍事施設配置

ヘシ」とある。

ここで、赤穂城の本丸と二の丸をみると、本丸は四角に、二の丸は円に近い形をしていることが分かり、山鹿素行の縄張であったことが知られる。

赤穂城には天守台は造営されたが、天守は建設されなかった。当初から天守があったところは別として、特に元和以後の築城においては譜代大名や親藩においては天守を造ることが許可されたケースはむしろ珍しいのである。したがって設計段階から天守を造営する予定はなかったと目せるだけに、その代用天守はどの櫓であっただろうか。

赤穂城の天守台からの視軸関係からみてみよう。復原図を浅野時代の「赤穂城下絵図」[19]を基にして、「赤穂城跡発掘調査現地説明会資料」[20],[21]を参照して作成してこれにより考察しよう。

本丸、二の丸、三の丸における天守台から城門や櫓への視軸をみると以下のようである(図5.1.14)。

① 天守台―厩口門―清水門―東隅櫓
② 天守台―北東隅櫓―大手隅櫓
③ 天守台―本丸門―二の丸北隅櫓台―西隅櫓台
④ 東仕切門―天守台―西中門

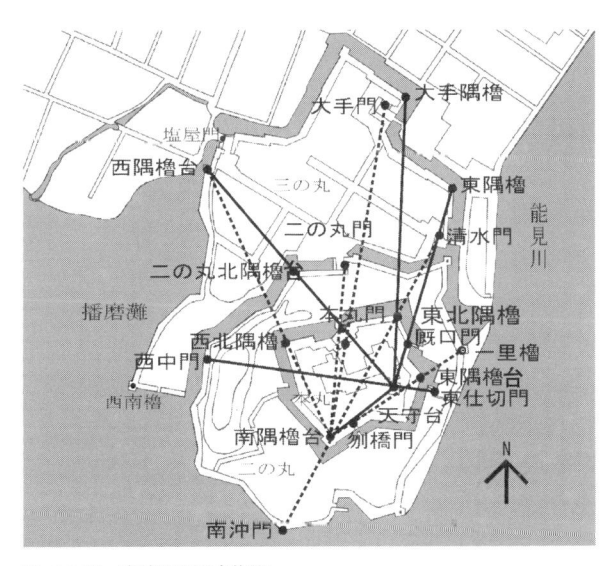

図 5.1.14 赤穂城の軍事施設

第5章　主要施設の配置

⑤　天守台―刎橋門(はねばし)―南隅櫓台

以上のように、天守台からの視軸の構成がみられるも肝心の大手門や二の丸門、塩屋門への視軸がみられなかった。次に天守代用櫓と目される南隅櫓台からの視軸をみてみよう。

① 　南隅櫓台―刎橋門―天守台
② 　南沖櫓―南隅櫓台―東北隅櫓―清水門
③ 　南隅櫓台―本丸門―大手門
④ 　南隅櫓台―本丸門―二の丸門
⑤ 　南隅櫓台―西北隅櫓―西隅櫓台
⑥ 　南隅櫓台―東隅櫓台――一里櫓

以上のように、本丸南隅にあるこの南隅櫓台は、主要な大手門、二の丸門、本丸門、清水門や天守台を視軸に見通し、天守台よりも重要な軍事機能をもった諸施設を監視下に置いていたことが分かる（図5.1.15）。

次に城下町の視軸をみてみる。

赤穂城下町への入口は2ヶ所であり、姫路・龍野からは東総門枡形から、一方、備前岡山からは西総門の大きな桝形から入った。この2つの総門への視軸をみると、天守台からは視軸がみあたらず、一方、南隅櫓台からは

① 　南隅櫓台―東北隅櫓―清水門―東総門
② 　南隅櫓台―塩屋門―西総門

と主要な門を視軸に見通す構成になっていたことが図にみてとれる。

また、「赤穂城本丸指図[*4]」によると、本丸の櫓のなかでは天守台が高4間半、この南隅櫓堀水際まで高4間半と記載があり、天守台と同等の石垣の高さをしていた。東北隅二階櫓の石垣の高さは3間4尺でそのほかもこれと同じ高さであった。このようにみてくると天守は設計当初から建てる計画がなく、この南隅櫓を天守の代用として建設する予定であったと考えられる。ところが、浅野時代の赤穂城本丸指図や絵図[19),22)]にもそれ以後の絵図などにも建てられた形跡がみあたらないのである。

幕府の命により浅野長直が築き、軍学者山鹿素行の兵学完成の時期に実地に縄張をしてまでこだわった赤穂城において、設計の上では見事な代用天守の軍事的機能

[*4] 　元禄14年（1701）年赤穂城請取に伴い差し出された6月10日に完成の「御本丸の指図」の元図と考えられる[22)]。

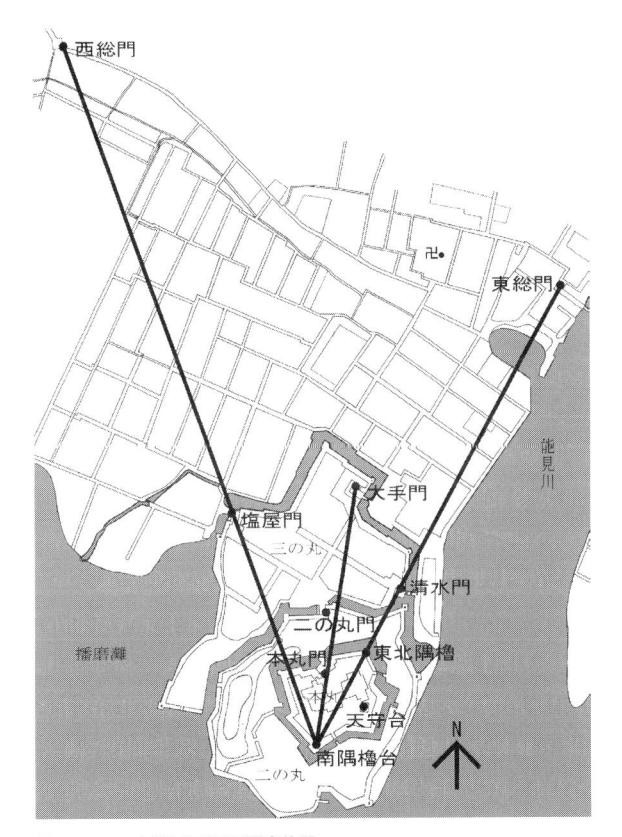

図 5.1.15　赤穂城下町の軍事施設

を持ちながらなぜ南隅櫓が建てられなかったのか不思議である。

5.1.3　まとめ

　本節では、軍事施設(門、櫓、橋、番所)の配置について、仮説に基づき決められた天守からの視軸により決定された用例を具体的に確認するとともに、仮説の検証と修正を図るのが目的であった。具体的に考察するなかで、この用例が顕著にみられた藤堂高虎が設計した築城例をみた後、一般の事例へと展開した。ここで城下町の主要施設の位置決めの基点と考えた天守の動向について少し触れておこう。慶長期までは天守が造営されたが、元和偃武以降では天守そのものが作事されなくなり、この時期以後に築城した事例では天守台よりも天守代用櫓が天守の軍事機能の一部とみられる見張り・監視・指令機能を受け持つようになった。慶長期末から元

第5章　主要施設の配置

和期以後には格別な城以外天守が築かれなくなったが、天守台は通常の場合建設された。こうなると天守からの視軸構成による軍事施設配置の中核的役割は代用天守と考えられる櫓にその設計上の役割ならびに監視・指令塔的な機能は移譲されていったのであった。本節における検証結果の要点を次に列挙しよう。

第一に藤堂高虎設計の城郭においては、天守を基点にした視軸による施設配置は次のようである。

① 宇和島城は「空角の経始」というユニークな平面的形態で設計された。寄せ手を監視し、総合指令塔的な天守の役割を担う性格が強い天守を中心に視軸の技法を駆使して門、櫓、桝形番所、出入り口門などの軍事施設を配置する設計であった。

② 今治城を特徴づけたのは、築城技術として「方郭の経始」という鉄砲を武器に見据えた形態的な新機軸を打ち出し、そのシンプルな形態の弱点を「歪」という石垣・城壁に屈曲をつけて横矢などに工夫をした。さらには「御船手」という水軍基地を設け、櫓や門のほとんどを海側に配置したことであった。

今治城の設計軸として天守から大濱口ラインの来島海峡軸は南北軸(信仰軸)と大矩と関連する30°の角度を成して形成されていた。特に城郭の堀割や街路、櫓の配置はこの都市軸に忠実であったとともにこの軸は天守位置決めの来島海峡軸と一致させた構成であった。天守の真北には一ノ宮三島大山祇神社が鎮座し、城郭の設計上の都市軸と三島大山祇神社へ向かう信仰軸が30°の角度をもってこの2つの視軸が交差する地点に天守を位置取る構図であった。一方、城下町の町割の基軸は北の門—辰の口—大濱口を取り結ぶラインがこれにあたり、南北軸(信仰軸)とα三角形と関連するα($35°26'$)の構成であった。

これら門、櫓、番所などの軍事的施設の配置は、天守からの視軸で構成することによってこの特徴的形態を実現した。この城は海峡の制海権を獲得するという築城目的を忠実に貫き、その合目的な設計を通して高虎の秘法とまでいわれた独特な築城術を打ち出し、これを達成している。

③ 篠山城の特徴は、今治城の「方郭の経始」と「歪」を発展的に踏襲し、さらに3つの虎口の外側前面に角馬出を構え、本丸の大手側の鬼門の欠き込みに加えて「歪」を大きくして追加し、廊下橋と胸垣、単調な直線状土居の練塀に「屏風折り」を施し、本丸周囲に広大な犬走りを設けたのは、これまでの守勢防御の城の常識を超越したものであった。そこは百戦練磨の縄張巧者の高虎ゆえ、当時の鉄砲を主にした攻守の戦術と鬼門除けの精神的思想とを端的に表現した明快な設計術であった。

城郭の主要な城門、3つの出丸門、主要な櫓が天守からの視軸によって配置されており、また、城下の主な出入り口であった京口や石山口をはじめ、番所や木戸門が天守を基点にした視軸で構成されていた。春日神社宮山は天守の真北に位置し、城郭部や城下町の掘割や街路線引きは、天守―春日大明神宮山軸が町割の基軸となった。天守―来迎寺本堂―若宮八幡ラインが鬼門軸でその逆に天守―光専寺が裏鬼門、この鬼門・裏鬼門軸は天守を中心にした一直線の視軸の構図でもあった。

④　伊賀上野城は彦根城とともに大坂城に対する境目の城としての目的を持って建設された。境目の城は「陰陽和合之縄」で本丸と二の丸を小さく堅固に、三の丸は大きく構築した。そのため本丸は西部高石垣を除くとその構えは簡素であったが、三の丸(本城では二の丸)土居には2層櫓が2棟、単層櫓が8棟建ち、東西両大手門が建てられたことなど、本丸と対照的に軍事施設が重厚に構えられた。

境目の城として建設された経緯から、三の丸に偏在した尋常でない門や櫓の配置構成は、境目の城としての合目的な縄張を忠実に行った結果といえよう。

伊賀上野城郭部の主要な城門や櫓の配置は、天守を基点にした視軸で設計されており、かつ城下町の要所をも視軸で見通す設計であった。このように、軍事施設のほとんどが天守を中心とした視軸構成であっただけに、再建されなかったが、天守の持つ監視塔・司令塔的な意味と門櫓などをその指令下に置く軍事的意図が鮮やかに表現されていたのである。

これまで、高虎の設計の城郭と城下町について、天守を基点に門や櫓などの軍事施設を視軸により決定していく技法の検証から、全体を通して一貫して天守からの視軸により軍事施設を配置する方法を踏襲しており、高虎の設計に視軸構成が卓越してみられたのである。そしてこの慶長期までは天守の持つ監視塔・司令塔的な意味と門や櫓などをその指令下に置く軍事的意味が視軸の技法を通して鮮明に表現されたのであった。

第二には一般の事例へと展開するなかで、慶長期までと元和以降ではその軍事施設配置に大きな変化がみえる。元和以降には天守そのものが建設されなくなり、天守代用櫓が天守の軍事的機能の一部とみられる見張り・監視・指令的機能を受け持つようになった。まず慶長期までの事例を列挙すると次のようである。

⑤　大分府内城は慶長2(1597)年から慶長4(1599)年に福原直高が秀吉の命により築城したものを基礎に、慶長6(1601)年から13(1608)年に竹中重利が徳川家康の許可を取って大改修した。

第5章　主要施設の配置

　天守から城郭部の門・櫓への視軸はかなり多くみられたが、最も重要な大手門や搦手門への天守からの視軸が不完全な状態であった。一方、城下町においては天守を基点に門や櫓などの軍事施設を視軸により決定していく技法がより鮮明にみてとれる。この天守を基点に軍事施設を配置する方法はこれまでみた藤堂高虎の一連の施設配置法に極めて類似しており、福原時代の縄張よりも竹中重利の大改修時の築城に城の特質がみえるのである。それは、本丸、二之曲輪よりも三之曲輪や城下町部分により鮮明にみえるのは、竹中重利の大改修はそのあたりに重点があったことと関連していたと推測される。

⑥　大洲城を近世城下町に改造したのは藤堂［文禄4(1595)～慶長13(1608)年］、脇坂［慶長14(1609)～元和3(1617)年］の時代といわれる。天守を基点に大手門や搦手門など軍事的に主要な門や櫓が視軸によって決められており、諸門や櫓は天守の監視下に置かれていたことが分った。

⑦　慶長6(1601)年より山内一豊が築城した高知城郭ならびに城下町においても、天守を基点に主要な軍事施設は視軸で構成されていた。しかし、藤堂高虎の設計のようには厳密ではないことが分った。例えば、城郭では搦手門や南門、城下町では上の橋や中の橋、山田橋からの入口門などが天守と視軸構成になっていなかった。

　以上のように、慶長15(1610)年ぐらいまでに建設された城郭・城下町では、天守を築きその天守からの視軸で城郭や城下町の主要な軍事施設を配置構成するという技術を踏襲していた。しかし、藤堂高虎のように厳格なものから山内一豊の高知城のように緩やかなものまでその程度には差異が見受けられた。

　第三に、元和元(1615)年5月大坂の陣後、元和偃武の下に、徳川政権の安定化に向けて同年6月「一国一城令」の制定、さらに同年7月「武家諸法度」を制定し、新城の築城を基本的には認めない政策と幕府による城郭管理政策の仕上げにかかった。

　このような状況下における天守からの軍事施設配置の設計や築城法はどう変化したかを次に示す。

⑧　明石城は元和4(1618)年3月に将軍徳川秀忠より築城命令が下り、翌5(1619)年正月より起工した明石城では、天守台からの視軸は公儀の空間に限定して視軸の関係がみられた。

　代用櫓といわれた坤櫓からの視軸は、外堀から侍町への入り口および三の丸への城門、本丸―二の丸の主要門―櫓と視軸関係がみられ、まさしく天守の代用櫓といわれるだけの軍事機能を果たしていた。そして巽櫓も坤櫓に劣らず東部の主

要な門、櫓と視軸を取り結ぶ関係がみられたのである。

　これまで坤櫓が天守の代用であるといわれてきたが、むしろ、この坤櫓と巽櫓を合わせて天守の代用の機能を分担しており、この両櫓でもって天守の軍事的な監視機能を分担するように当初から設計されたと解釈できるのである。

　明石城にみる視軸構成は、天守は設計当初から建設する予定はなく、天守の軍事的意味が公儀の空間に限定的になり、それに代わって坤櫓と巽櫓が合わさって天守の監視機能を分担する構造に変化していったことが鮮明に読みとれたのである。

⑨　赤穂城の築城は、元和偃武の新城禁止の統制下、幕府の命令で池田時代の城地を拡張再整備したもので、正保3(1646)年甲州流軍学者近藤正純を築城の総奉行に命じて縄張を行わせ、慶安2(1649)年正月より工事を始め、寛文元(1661)年まで13年間をかけて建設された。この城には天守台はあるが天守は建設されなかった。

　天守台からの視軸構成がみられるも肝心の大手門や二の丸門、塩屋門への視軸がみられず、一方、代用天守と目される南隅櫓台からは、主要な大手門、二の丸門、本丸門、清水門や天守台を視軸に見通し、天守台よりも軍事的機能が重要な諸施設を監視下に置いていたことが分かった。また、本城下への入口である2つの総門への視軸をみると、天守台からは視軸が見あたらず、一方南隅櫓台からは東総門、西総門へと主要な門を視軸に見通す構成になっていた。

　以上より、天守は設計当初から建てる計画がなく、この南隅櫓を天守の代用として建設する予定であったと考えられる。

以上の元和以降に築城の明石城と赤穂城の事例から、「一国一城令」と「武家諸法度」の制定により、新城の築城は基本的には認めない方針となった。それとともに城は将軍からの預かりものという「公儀」による城郭管理政策が明確になった。このような状況下においては幕府の特別な政策上の必然においてしか新城は建設されず、また天守台は築いても天守は造営されなかった。それだけに天守の城郭・城下町の設計上の位置づけも変化し、従前のような軍事施設配置の設計築城法は大きく変化した。天守台は公儀の場としての本丸や二の丸などの空間に限定して監視・制御の役割を果たし、従前の天守に変わって代用天守が監視塔・司令塔的役割を担うことになった。設計上も必然的に変化し、一ないし複数の代用天守の役割を果たす櫓を基点にして軍事施設を視軸を用いて配置するという技法がとられたと考えられる。

第5章　主要施設の配置

〈参考文献〉
1) 兵頭憲一『宇和島城沿革』南予文化協会、1937
2) 宇和島市教育委員会『宇和島城整備計画書』宇和島市教育委員会、1996.12
3) 宇和島市『史跡宇和島城事前遺構調査報告書』宇和島市、1998.3
4) 愛媛県神社庁『愛媛県神社誌』愛媛県神社庁、1974.2
5) 矢守一彦監修『名城絵図集成 西日本之巻』小学館、1986.12
6) 今治市役所『今治市誌(1943年の復刻版)』名著出版、1973.12
7) 大山祇神社『大山祇神社略史』大山祇神社、1997.8
8) 井上宗和『日本の城の秘密』祥伝社、1980.5
9) 藤崎定久『日本の古城1』新人物往来社、1970.11
10) 鳥羽正雄『日本城郭辞典』東京堂出版、1995.9
11) 伊賀上野城史編集委員会『伊賀上野城史』伊賀文化産業協会、1971.3
12) 大分市役所『大分市史 中巻』大分市役所、1987.3
13) 大洲市誌編纂会『大洲市誌』大洲市誌編纂会、1972.12
14) 城戸通徳『大洲城史』大洲市、1958.6
15) 大洲市教育委員会『県指定史跡、大洲城跡、保存整備計画書』大洲市、1998.5
16) 藤崎定久『日本の古城2』新人物往来社、1971.1
17) 高知市教育委員会『史跡高知城跡保存管理計画策定報告書』高知市、1982.3
18) 明石城史編さん実行委員会『講座明石城史』明石市教育委員会、2000.3
19) 赤穂市史編纂専門委員会『赤穂市史 第2巻』赤穂市、1983.3
20) 赤穂市教育委員会『平成8年度 赤穂城跡発掘調査現地説明会資料』赤穂市教育委員会、1997.3
21) 赤穂市教育委員会『平成10年度 赤穂城跡発掘調査現地説明会資料』赤穂市教育委員会、1998.7
22) 龍野市立歴史文化資料館『赤穂城請取りと龍野』龍野市教育委員会、2000.12
23) 髙見敏志、永田隆昌、松永達、九十九誠「宇和島城下町の縄張技法」近世城下町の設計原理に関する研究 その7、日本建築学会中国支部研究報告集 第24号、2001.3
24) 髙見敏志、永田隆昌、松永達、九十九誠「今治城下町・藤堂高虎の縄張技法」近世城下町の設計原理に関する研究 その6、日本建築学会九州支部研究報告 第40号、2001.3
25) 髙見敏志、永田隆昌、松永達、衣笠智哉、佐見津好則「篠山城下町の設計技法(2)」近世城下町の設計原理に関する研究 その33、日本建築学会四国支部研究報告 第5号、2005.5
26) 髙見敏志、永田隆昌、松永達「伊賀上野城下町の設計技法(2)」近世城下町の設計原理に関する研究その25、日本建築学会大会学術講演梗概集、2003.9
27) 髙見敏志、永田隆昌、松永達、九十九誠「大分府内城下町の縄張技法(2)」近世城下町の設計原理に関する研究 その13、日本建築学会大会学術講演梗概集、2001.9
28) 髙見敏志、永田隆昌、松永達、九十九誠「大洲城下町の設計技法(2)」近世城下町の設計原理に関する研究 その17、日本建築学会四国支部研究報告 第2号、2002.5
29) 髙見敏志、永田隆昌、松永達、九十九誠「高知城下町の設計技法(2)」近世城下町の設計原理に関する研究 その9、日本建築学会四国支部研究報告 第1号、2001.5
30) 佐見津好則、髙見敏志、永田隆昌、松永達、衣笠智哉「明石城下町の設計技法(2)」近世城下町の設計原理に関する研究 その44、日本建築学会四国支部研究報告 第6号、2006.5
31) 佐見津好則、髙見敏志、永田隆昌、松永達、衣笠智哉「赤穂城下町の設計技法」近世城下町の設計原理に関する研究 その40、日本建築学会九州支部研究報告 第45号、2006.3

5.2 α三角形60間モジュールによる社寺配置

　本章では「城下町の主要施設は天守を基点に視軸とα三角形60間モジュールとを関連づけて配置された」とする仮説に従い、その事例を西日本に拡大して具体的に考証している。5.1では、主要施設のなかで軍事施設(門、櫓(やぐら)、番所(ばんしょ))の配置について、天守を基点に視軸により決定された事例を考察した。

　本節では社寺の配置についてα三角形60間モジュールとの関連を考証し、仮説の検証と修正を図ることが目的である。5.1の考察から、軍事施設は天守からの視軸で配置されていたが、社寺は基本的に天守とα三角形60間モジュールを構成するように配置されたと考える。α三角形60間モジュールは、視軸と重複使用する場合、視軸と一部併用する場合、単独で使用する場合がみられる。これを類型化すると次のとおりである。

　　Ⅰ　α三角形60間モジュールと視軸の重複型
　　Ⅱ　α三角形60間モジュールに視軸が関与する型
　　　Ⅱ-1　α三角形60間モジュールと旭日(きょくじつ)・落日型
　　　Ⅱ-2　α三角形60間モジュールと視軸の併用型
　　Ⅲ　α三角形60間モジュール一般型

　次に、この類型に従い具体的にその用例をみていく。ここで取り扱う社寺は、藩主が守護神として特別に社領を与え寄進が厚かった崇敬の神社や特別に帰依した菩提寺などを対象とした。

5.2.1 α三角形60間モジュールと視軸の重複型

　この型は天守を基点にα三角形60間モジュールと視軸を重複使用して社寺の配置が決められた事例である。そもそも社寺は軍事施設の機能を代用したこともあったものの崇拝、帰依する精神的なよりどころである。その社寺と天守とが神聖な意味を持つα三角形と視軸とが重複して用いられて位置決めされたこの型は、相互に深い意味がある。いったい何を意味しているのだろうか。この型の典型例は中津城下町と徳島城下町に認められる。

(1) 中津城下町の社寺配置
　中津城の建設は、黒田孝高(よしたか)が求菩提山(くぼてさん)の僧玄海法印(げんかいほういん)をして適地と相して縄張し、

第5章　主要施設の配置

天正16(1588)年正月に地鎮祭を執り行って築城工事にかかった(**2.2**参照)。

中津城の主櫓(しゅやぐら)(模擬天守)は、冬至の旭日の方位に宇佐神宮を、夏至の落日の方位に綱敷(つなしき)天満宮を配し、一直線に見通す「視軸」と冬至の落日の方位に修験山英彦山(ひこさん)の英彦山神宮を配するという位置決めであった。つまり冬至と夏至の旭日と落日の祥瑞ラインと鬼門・裏鬼門ラインのクロスする位置に主櫓を配したことが分かった。この2つの「視軸のクロス」と「α三角形60間モデュール」とが符合するという見事な主櫓の配置技法であった(**2.2.2**参照)。

こうして主櫓の配置が決まった。次に城主崇敬の城下町とその周辺の社寺の配置はこの主櫓とどのような関係で配置されたであろうか。中津城下町建設以前から地域の信仰を集めていた古社として、薦八幡宮(こも)(B26型、2,702間)と古表(こひょう)八幡宮(B5型、520間)がある。この両八幡宮と主櫓は両神殿の中心と主櫓の中心とを結ぶ視軸の構成で、かつα三角形60間モデュールの関係をも重複使用して配置されている(図**2.2.2**参照)。また、薦八幡宮―主櫓―古表八幡宮軸に直交する軸線上には、黒田孝高が築城以前より闇無濱(くらなしはま)神社本殿(B6型、411間)があった。さらに細川忠興(ただおき)は、中津城修築の時、鬼門除けに日霊(にちれい)神社本殿(A2型、120間)を主櫓に向けて創建し、視軸とα三角形60間モデュールの構成で配置した。この両社は鬼門の守護神として配置されたのである。逆に裏鬼門の方位には後世に奥平氏の菩提寺となる自性寺(じしょうじ)本堂(A6型、360間)が享保2(1717)年の転封(てんぽう)の際に置かれた。この裏鬼門軸を延長すると修験の霊峰・求菩提山主峰犬ヶ岳に向い、自性寺は視軸の構成原理によって配置されたことになる。このように歴代藩主は犬ヶ岳―主櫓軸を意図的に鬼門・裏鬼門軸に見立てて視軸の構図に仕立て(した)上げたと考える。

黒田孝高が築城した当時の社寺配置は、主櫓を中心にして薦八幡宮と古表八幡宮を一直線の視軸(巽乾(たつみいぬい)軸)に置き、かつα三角形60間モデュールの構図に配置した。さらにこの軸に直交する闇無濱神社―犬ヶ岳軸を鬼門・裏鬼門軸として構成したと考えられる。黒田孝高が求菩提山僧玄海法印をして宅を相て(ところ)(み)縄張し、地鎮祭を玄海法印が執り行ったことはこれらを裏打ちしているといえよう。

続く細川忠興が中津城下町を拡張再整備した折に闇無濱神社への鬼門軸上120間の距離に日霊神社本殿を主櫓に向けて建立(こんりゅう)し、鬼門除けを強化したのであった。また、裏鬼門には求菩提山主峰犬ヶ岳への軸上に奥平氏の菩提寺自性寺を後世に置き、裏鬼門を守護する構成としたのであった(**2.2.3**参照)。

ここにみられる図**2.2.2**の構図は、図**3.2.5**の伊勢神宮三節(みふしのまつり)祭と北辰北斗(ほくしんほくと)の位置図に類似しており、直交する視軸とα三角形の構図は軍学にいう卍の曲尺(かねじゃく)にもあ

たる。それだけに黒田孝高が崇敬の2つの八幡宮を取り結ぶ巽乾軸と求菩提山主峰犬ヶ岳と闇無濱神社を結ぶ鬼門・裏鬼門軸を直交させたこの配置構成は、天の理を地の理に移した構図であり、当時の宇宙観を小宇宙である孝高の豊前国に投影したものとみられよう。

(2) 徳島城下町の社寺配置

　蜂須賀家政が天正13(1585)年に播州龍野から17万5000余石を領して入封し、早速に徳島城(渭山城)の建設にかかり、翌14(1586)年には徳島城に移った。徳島城の天守位置は、剣山を冬至の落日方位に配し、阿波の国一ノ宮大麻比古神社奥宮—日峯神社を結ぶ視軸のクロスする位置に決めた(4.1.1(3)参照)。

　家政が天正13年、渭山を城地に取り立て築城に着手した時、城山(渭山)とその周辺にあった寺や社を外郭に移した。渭山にあった住吉神社を住吉島へ、名東の諏訪神社を佐古山に、家政が新たに建立した蜂須賀家の菩提寺福聚寺[7)](後の興源寺)を助任に、そして藩政顧問を務めた大安寺を創建した。以上の当藩の政にかかわった古社古刹を取り上げ、その配置について視軸とα三角形60間モデュールの関係を考察しよう(図5.2.1)。

　諏訪神社(C16型、960間)は、数ある徳島城下の神社のなかでも「渭津五社随一」とたたえられ、家政が築城時に社殿を現地に移築して城の守護神として崇めた。一方、家政入城以来城内の鎮守としていた住吉神社(A11型、539間)は元和9(1623)年に渭山から藤五郎島に遷座させて、島名も住吉島と改めた。家政の築城当時、城の鎮守としてひときわ崇敬が厚かった2つの神社、諏訪神社と住吉神社は天守を挟んで視軸の関係に配置され、かつ諏訪神社はC16型α三角形60間モデュールで960間(1間＝6尺5寸)の位置に、住吉神社はA11型α三角形60間モデュールで539間の位置に配置された。また、住吉神社本殿は天守に向き、さらには諏訪神社本殿に向かうα三角形60間モデュールの構成であり、一方、諏訪神社は北向きに本殿が向いており典型的な視軸とα三角形60間モデュールの陰陽の構成であった。住吉神社は東にあって天守に向かう陽、諏訪神社は天守の西に位置して真北の北辰に向かう陰の構成で陰陽和合の理の構成に仕立て上げたのである。

　次に、蜂須賀家政が創建した2つの寺の配置について天守との視軸とα三角形60間モデュールの関係を次にみてみる(図5.2.2)。

　蜂須賀家の家祖正勝から13代藩主斉裕までの歴代当主を祀った菩提所であった臨済宗江岸山福聚寺は当初城内に東嶽禅師により開山された。寛永13(1636)年に

第5章　主要施設の配置

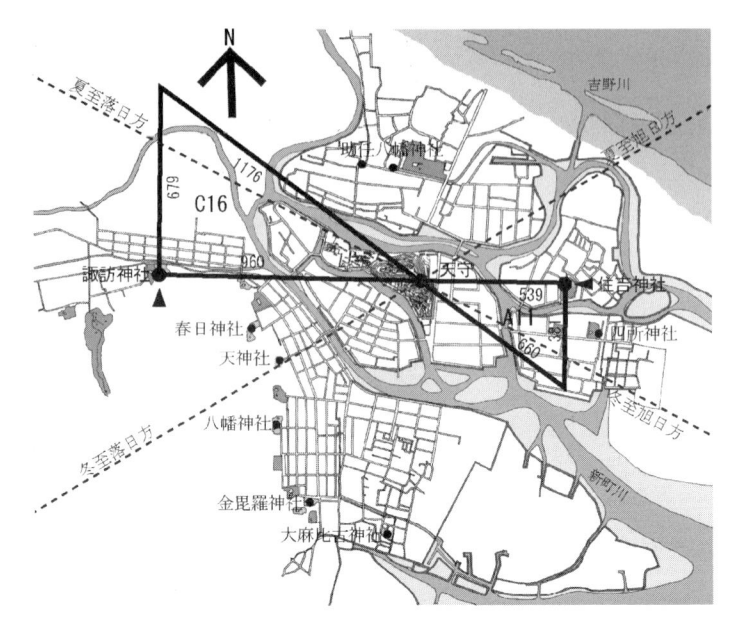

図 5.2.1　徳島城下町の神社配置(単位：間、1間＝6尺5寸)

寺号を大雄山興源寺と改めて天守の真北の現在地に東向きに移転再建された。この本堂の位置と向きが天守から420間でC7型α三角形60間モジュールに符合する。

　大安寺は初代藩主家政が建立して慶長7(1602)年に泰雲和尚をして開山し、初祖とした。この大安寺は天守に向けて建立されており、C22型α三角形60間モジュールと関連づけて配置したのであった。第10代藩主重義の明和3(1766)年以後、大安寺の南の万年山は埋葬墓となり、興源寺墓所は遺髪の拝み墓として両墓制となった。

　以上の2つの寺院は位置においても不思議な陰陽のα三角形の配置形態をしている。大安寺本堂は西にあり東の天守に向けた陽(西方浄土の太陽)、興源寺は真北に位置して東に向く陰(北辰北斗の構図)のα三角形60間モジュールの構成で陰陽和合の構図であったといえよう。

　なお、以上は天守を基点に考察したが、興源寺と大安寺は山下の御殿を中心に考えると直交するα三角形60間デュールの構成となる。

　以上、豊臣秀吉の軍師であった黒田孝高の築いた中津城下町と参謀・軍師であった蜂須賀彦右衛門正勝の嫡男家政が築いた徳島城下町の社寺配置に視軸とα三角形

5.2 α三角形60間モジュールによる社寺配置

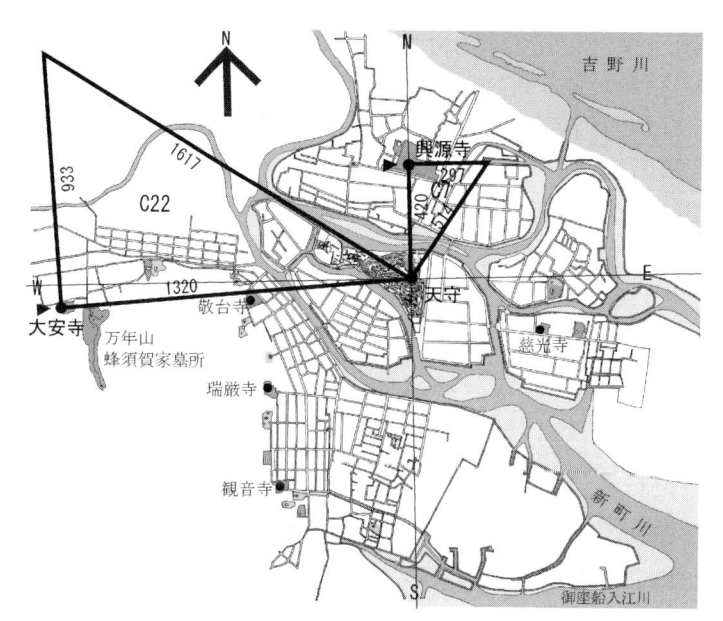

図 5.2.2 徳島城下町の寺院配置(単位:間、1間=6尺5寸)

60間モジュールが重複して用いられたことは注目される。

5.2.2 α三角形60間モジュールと視軸による社寺配置

5.2.1で、中津城下町と徳島城下町の社寺配置に視軸とα三角形60間モジュールが重複して用いられたことを述べた。本項では、α三角形60間モジュールを基本に社寺配置が決められた事例のうち、冬至・夏至の旭日・落日が関与した用例と視軸が一部に関連した用例をみてみる。

(1) α三角形60間モジュールと旭日・落日方位型

ここでは、α三角形60間モジュールを基本に社寺配置が決められた事例のうち、冬至・夏至の旭日・落日が関与した用例として、松江城下町を取り上げ社寺の配置を検証しよう。

1) 松江城下町の社寺配置

関ヶ原の功績により、慶長5(1600)年堀尾吉晴は出雲隠岐両国24万石を拝領して月山富田城に入城した。やがて吉晴・忠氏父子は富田城より松江に城を移築することを決意し、慶長8(1603)年に秀忠より築城の許可を得て同12(1607)年に工事

第5章　主要施設の配置

開始となった。堀尾父子が地選をして地取り、縄張は軍師、医者、史家として名高い小瀬甫庵、作事縄張は工匠城安某を棟梁として城郭・城下町割の設計を完成した（**4.1.1(6)参照**）。

　朝日山—平浜八幡宮を結ぶ冬至旭日・夏至落日のラインと月山富田城—茶臼山—天守—佐太大社を結ぶラインがクロスする位置に天守が配置された。

　吉晴が築城の時、城地に取り立てた亀田山から遷宮した春日神社、富田城下から遷宮した愛宕神社、自性寺、清光院、築城時に開山した菩提寺瑞応寺（後の天倫寺）を取り上げ考察する。

　城下町の神社配置についてみると、堀尾吉晴が築城の際、亀田山（神多山）から遷宮した社としては、『松江亀田山千鳥城取立之古説』[9]によれば、「若宮八幡、稲荷明神、春日大明神、宇賀荒神、荒神様2社」がみえる。このうち若宮八幡と稲荷明神は城内北の丸の北西に位置する城内稲荷神社に合せて祀られた。残る春日大明神、宇賀荒神の遷座先について『雲陽誌』[8]によれば、

　　「神祀の地をもって第一城を経営せんとす　しかれども垂迹の地を懼れ神人を召して斯挙を計る　則天明山其占甚吉なり　是をもって亀田の神宇を春日の餘地に遷たてまつる今の宇賀玉神祀是なり　荒神を合殿にまつる　是府城の鎮守なり」[8]

とあり、吉晴が松江城を亀田山に開府するときの遷座の事情をこのように伝えている。こうして天守の北東部の奥谷に春日大明神と宇賀荒神が遷されたという。この春日神社はC7型α三角形60間モデュールの構成であった（**図5.2.3**）。

　また、冬至落日の方位に近接して配置された愛宕神社は、『雲陽誌』によると、吉晴が亀田山に城普請のとき、富田から松江の今の山に移したという。この社は同書によれば寶照院という天台宗の寺と習合していて、「本社は愛宕大権現、…本地勝軍地蔵で戦に勝つという文字の心をもって武家崇敬するなるへし」[8]とあるように武門の神として遷座し、崇敬を集めたのであった。この愛宕神社はA13型α三角形60間モデュールと符合し、636間の距離で冬至落日の方位に近い位置に遷座したのであった。

　次に寺の配置について、富田城下から移した自性院と清光院、築城時に開山した菩提寺瑞応寺（後の天倫寺）をみてみる（**図5.2.4**）。

　冬至旭日方位には、自性院[8]がA11型α三角形60間モデュールと関連づけて381間の距離に位置取り、藩主の祈祷所として移築された。一方、冬至落日方位には清光院がC8型α三角形60間モデュールと関連づけて588間に配置されたのである。

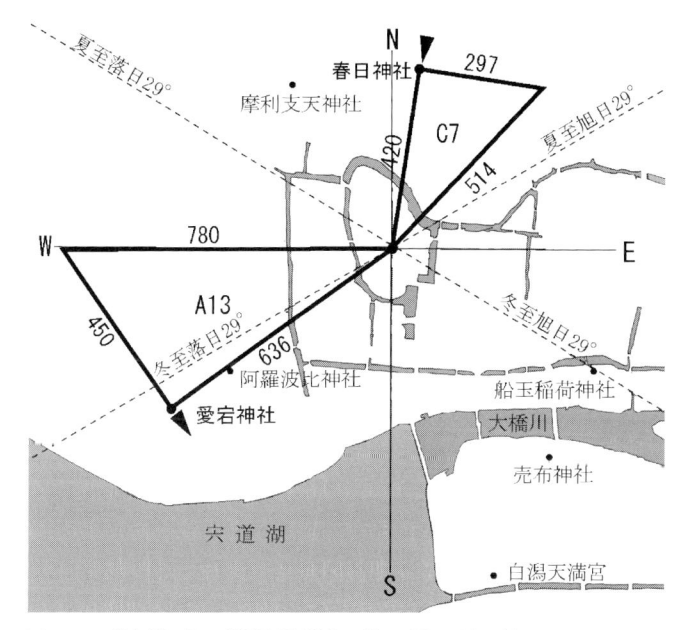

5.2 α三角形60間モデュールによる社寺配置

図 5.2.3　松江城下町の神社配置(単位：間、1間＝6尺5寸)

　天倫寺はA13型α三角形60間モデュールと符合し、780間の距離に位置する。この天倫寺は松江開府の慶長16(1611)年、堀尾吉晴が菩提寺城安寺を富田からここに移して建立し、龍翔山瑞応寺[8]と号して春龍和尚を住持となした。京極忠高入封時、菩提寺・泰雲寺と改称し、堀尾家の菩提所を円成寺(A18型、1080間)に移した。さらに寛永15(1638)年に至り松平直政が入封して神護山天倫寺と改めて現在に至るのである。

　このように松江城下町においては、天守の位置決めに冬至の旭日―夏至の落日の軸線が関与し、さらにまた城下町の社寺配置においても冬至と夏至の旭日と落日の軸線とα三角形60間モデュールとを意識した社寺配置が特徴的にみられたのである。なぜこのようにこだわったのだろうか。このこだわりを解くヒントが吉晴と忠氏父子の床几山においての亀田山に地選した経緯に垣間みられよう。

　つまり、亀田山に地選の折、事前調査などにより大橋川以北の島根郡が候補にあがり、吉晴と忠氏父子が床几山(乃木村元山)において意見を述べ合った。その時、忠氏は、亀田山は別名神多山といい神々が多く祭られた山であったことと、24万石という財力・経済力に見合う城地規模の適切性の2点より亀田山を推奨した。この忠氏の進言を『松江亀田山千鳥城取立之古説』に求めると「亀田山荒神其外神々多

第5章　主要施設の配置

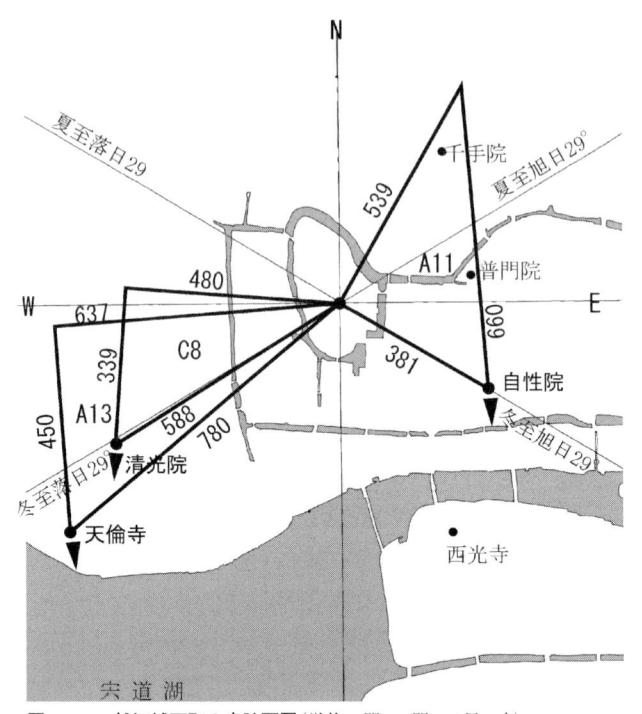

図 5.2.4　松江城下町の寺院配置（単位：間、1間＝6尺5寸）

候処、神多山与申由へも御座候」[9)] とあり、亀田山は神多山といわれる神聖な由緒ある山であり、築城の縁起もよい。そして築城後も手厚くこれらの神々を御遷座すれば城郭の鎮護の神々になろうと武運長久を願ってのことであった。こうしてこの城山の神々の遷座先の位置決めに古典的な藤原京の経始などに使われた冬至と夏至の旭日・落日の方位、巽乾の祥瑞な軸線と鬼門・裏鬼門の軸線を用いたといえよう。

(2) α三角形60間モジュールと視軸の併用型

ここでは、α三角形60間モジュールを基本に社寺配置が決められた事例のうち、視軸が関与していた用例として、広島、佐賀、篠山、明石城下町を取り上げ社寺の配置をみてみる。この型の典型例として広島から提示する。

1) 広島城下町の社寺配置

広島城下町の社寺配置については、**2.4**にすでに詳述した。ここではその要点のみを記す。

188

5.2 α三角形60間モジュールによる社寺配置

　広島城築城の際、毛利輝元は普請奉行二宮就辰に地選をさせ、その城地を黒田孝高に宅を相てもらい、天正17(1589)年2月、まず新山に登って厳島弥山に一線を画き、次に明星院山と己斐松山に登って一線を引いて、その交点を天守の位置と定めた。

　輝元は築城と前後して数々の神社を造営した。なかでも碇神社は城地を開くとき海神の怒りに触れることを恐れ、海神を天守より480間の位置に社殿の向きをA8型α三角形60間モジュールと関連づけて配置された。また天正19(1591)年、輝元は広島の総氏神として白神社を天守より735間の位置にC10型α三角形60間モジュールに関連づけて建立し、歴代の藩主に崇敬された(**図2.4.4**参照)。毛利家の2つの菩提寺、洞春寺と妙寿寺(後の明星院)は輝元の入城とともに移ってきている。洞春寺は毛利元就の霊を祀った菩提寺であり、高田郡吉田より広瀬に移転した。天守よりちょうど600間に位置し、A10型α三角形60間モジュールに符合する(**図2.4.5**参照)。一方、妙寿寺は毛利輝元の生母妙寿院の菩提寺であり、天守より540間に位置し、A9型α三角形60間モジュールに符合する。互いに鬼門・裏鬼門除けとして天守の位置決めに使われた視軸上に意図的に配置されたのであった。

　毛利氏の軍師であった安国寺恵瓊は、文禄3(1594)年、城下に安国寺を建立した。安国寺は天守より720間に位置し、C12型α三角形60間モジュールに基づく配置であった(**図2.4.5**参照)。このα三角形の斜辺が新山から厳島弥山への天守の位置決めの視軸と重なり、この本堂の配置にα三角形60間モジュールと視軸が使用された。

2) 佐賀城下町の社寺配置

　慶長7(1602)年頃から佐賀城の普請は始められたが、同12(1607)年鍋島直茂が引退した後、勝茂が引継ぎ、城郭・城下町の普請は本格化し、同16(1611)年に総普請は成就した。その社寺配置の方法についてみてみよう(**図5.2.5**)。

　注目されるのは2つの天満宮である。牛嶋天満宮は『肥前古跡縁記』によると「蓮池町牛の島に宮ありしを鍋島勝茂公佐嘉城を築かれるに当り、鬼門に移し祭るべし」(牛嶋天満宮由緒書に記す)とあり、天守から大宰府天満宮を結ぶ線上(E55°N)にC10型α三角形60間モジュール734.8間の位置に配置された。また、北面天満宮は国府の蛎久の天満宮を移そうとしたが神慮に叶わず、その下宮として六座町[10]に天守よりC10型α三角形60間モジュール734.8間で蛎久天満宮へ向けて(北向き)造営された。この2つの天満宮は全く同じC10型α三角形60間モジュール734.8間の寸法で配置されたことは注目される。

第5章　主要施設の配置

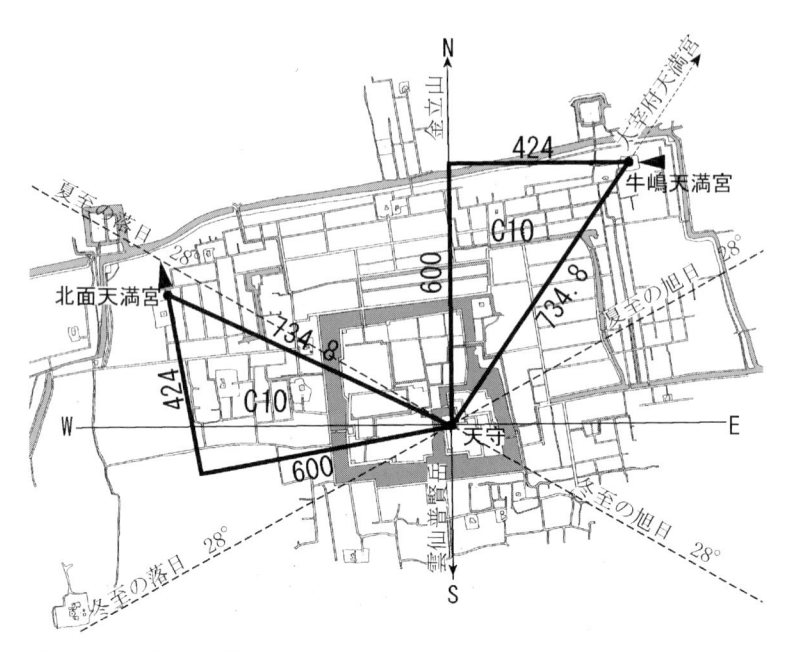

図 5.2.5　佐賀城下町の神社配置(単位：間、1間＝6尺5寸)

　また、牛嶋天満宮を鬼門と考えたことから同視軸にある宝淋寺(5C型、367.4間)は裏鬼門の守りとして建立されたと考えられる(図5.2.6)。この鬼門・裏鬼門軸(大宰府天満宮―牛嶋天満宮―天守―宝淋寺)は天守の位置決めに関与した視軸であり、先にみた広島の鬼門・裏鬼門軸(明星院山―明星院―天守―洞春寺―広瀬神社―己斐松山)ならびに天守の位置決め軸とよく似た構図である。この佐賀城の縄張にも黒田長政が関与した[10]ことが知られるだけに共通の技法がみえるところに興味深いものを覚える。面白いのは、この牛嶋天満宮―天守―宝淋寺の視軸にαの角度で北辰軸が設定されており、真北には霊峰金立山・金立神社上宮(約95町、5700間)さらに北寄りに金山(約205町、12300間)があり、正南には有明海の向こうに雲仙普賢岳(約454町、27240間)が見え、これが視軸で北辰軸を形成していたのであった。このαの角度で視軸がクロスする構成は広島城下町と類似の方法であった。

　冬至の落日の方位(W28°S)に近似したW25°Sには鍋島家歴代藩主の菩提寺・高伝寺(A29型、1003.4間)があり、また天祐寺(C13型、955.3間)はW27°Nにあり、夏至の落日方位に近似した配置となっていた。

　平安京など城都の四至に神社や寺院を建立したが、佐賀城においては、牛嶋天満宮はこれにあたるであろう。龍造寺家鍋島家の祈祷所として建立された清心院

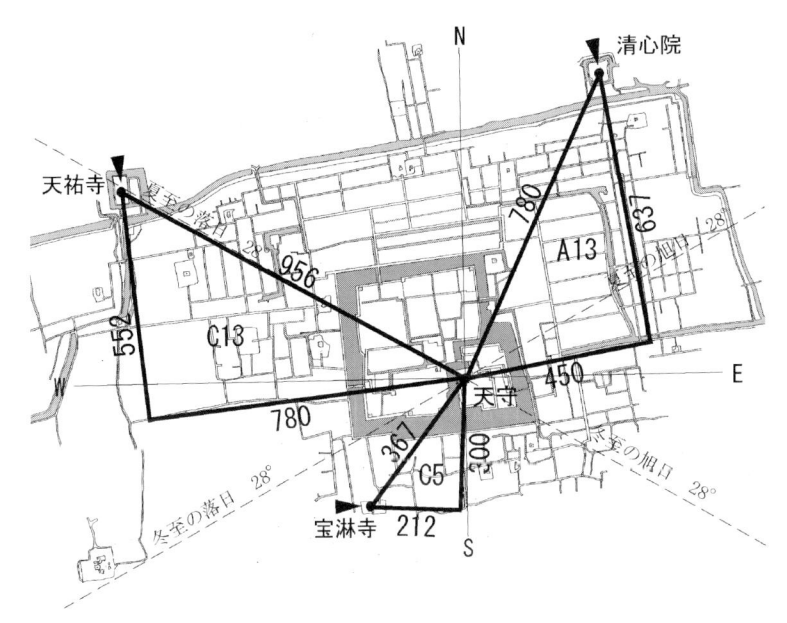

5.2 α三角形60間モジュールによる社寺配置

図 5.2.6 佐賀城下町の寺院配置（単位：間、1間＝6尺5寸）

（A13型、780間）および龍造寺高房の霊を祀る天祐寺（C13型、956間）をも佐賀城下町の四至として鍋島直茂によって建立された。この両寺は土居と堀を有する出丸の役割をも担っていたのである。

以上のように、αの角度を有する視軸のクロスする地点に天守を置き、鬼門・裏鬼門の視軸上に社寺を配置し、冬至・夏至の旭日・落日位置に菩提寺などの寺を配置したこの技法は、黒田孝高が地選、縄張に関与した中津や広島の城下町と類似の興味深い社寺の配置法であった。

3) 篠山城下町の社寺配置

大坂城包囲戦略上重要な篠山城の縄張は、縄張巧者藤堂高虎に命じ、天下普請は慶長14（1609）年3月に鍬初めを行い、12月に初代城主松平康重が新城に入った。

慶長14年3月、お宮のあった篠山に新城が築かれることになった。築城の城地に鎮座の春日大明神は同年4月氏子総出で山ノ内東山坪に移されたものの間もなく災害が起こり、現在の春日坪に造営し、歴代藩主によって整備された。この春日大明神が鎮座する宮山山頂は天守台の真北（C5型、300間）に位置した（**図 5.2.7**）。以下、天守台との関連を示す。

慶長15（1610）年城下町建設時八上城下から移築された浄土宗来迎寺（B4型、339

第5章　主要施設の配置

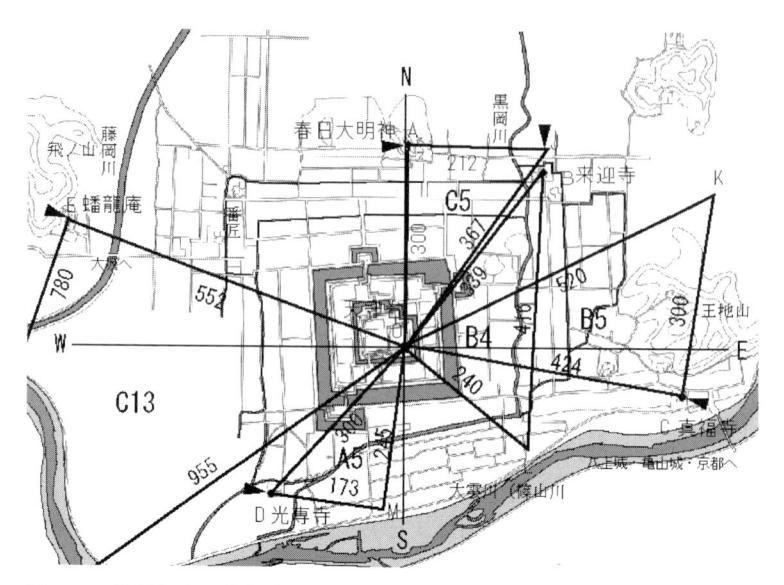

図 5.2.7　篠山城下町の社寺配置（単位：間、1間＝6尺5寸）

間）は鬼門除け[11]として現地に配され、一方、裏鬼門除けには光專寺（A5型、300間）が配置された。来迎寺―天守台―光專寺は、鬼門・裏鬼門軸を形成し、視軸とα三角形60間モジュールを重複使用して配置された。同じく城下町建設時八上城下から移築された浄土宗真福寺（B5型、424間）は、京口から河原町の警備の要としてα三角形60間モジュールで設置された。歴代藩主の菩提寺・臨済宗蟠龍庵[11]は本堂を天守台に向けて距離が552間のＣ型α三角形60間モジュールに関連づけた配置であった。

　以上のように、大坂城包囲戦略の特別な目的を持ち警備を重視した城下町の築城においても、社寺の配置は基本的にはα三角形60間モジュールを用いて配置する方法であった。そのなかでも、鬼門・裏鬼門軸においては天守台からのα三角形60間モジュールに加えて視軸を重複して使用した配置方法であり、天正期末の技法が踏襲されていたのである。

4）明石城下町の社寺配置

　明石城は元和4（1618）年3月に2代将軍徳川秀忠より築城命令が下り、同年10月、縄張を軍学者志多羅将監に命じ、町割は宮本武蔵が担当し、西国の外様大名の押さえとしての役割を担って建設された。築城工事は元和5（1619）年正月より始め、元和6（1620）年10月におおむね完成して小笠原忠真は明石城に移った。

5.2 α三角形60間モデュールによる社寺配置

　この明石城は、元和偃武の下で新城の築城は原則的には禁止のなかで、築城された。このような時代的背景のなかで城下町やその周辺における藩主崇敬の神社と天守台との関係を考察する(図5.2.8)。

　神明神社は寛永2(1625)年に鬼門の守りとして建立され、この神社の本殿は天守台を中心に南北軸に長辺をあてがったA11型α三角形60間モデュールで構成され、本殿を天守に向けて660間の距離に配された。

　裏鬼門の方角には、つまびらかでないが崇神天皇6(紀元前92)年創建と伝えられる伊弉冊神社[13]がC9型α三角形60間モデュールで661間に位置し、上記の神明神社と視軸の関係を取り結ぶように配置されている。

　成務天皇13(143)年に奉祀したと伝えられる岩屋神社は、城主累代の氏神として領内安全祈願のため城主自ら参拝祈願された[13]。岩屋神社はB6型α三角形60間モデュールで構成され、本殿が天守を拝む方向に509間の距離に配された。

　次に城下町の寺院配置とα三角形60間モデュールの関係をみてみる(図5.2.9)。
　月照寺は、弘仁2(811)年弘法大師が楊柳寺として人丸山(明石城本丸の位置)に

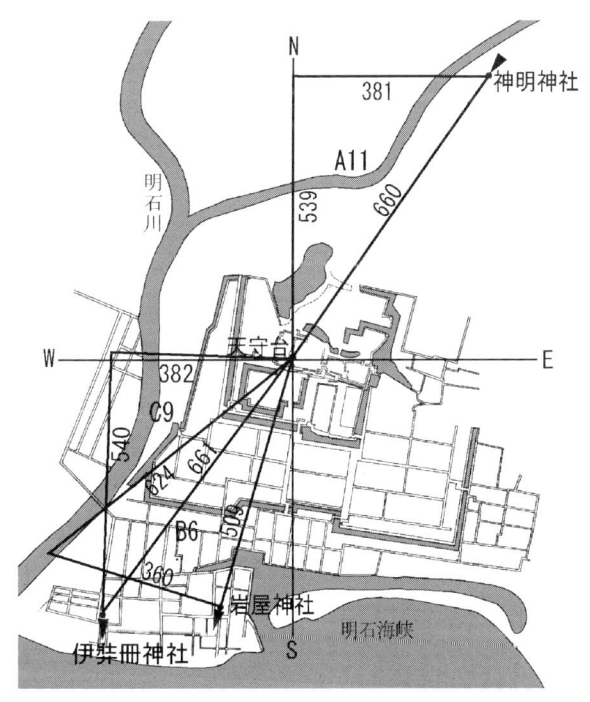

図 5.2.8　明石城下町の神社配置(単位：間、1間 = 6尺5寸)

第5章　主要施設の配置

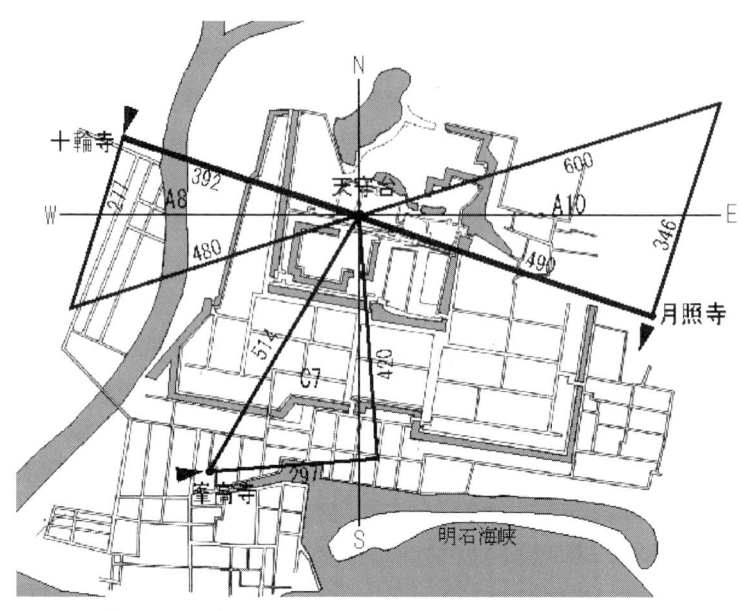

図 5.2.9　明石城下町の寺院配置(単位：間、1間＝6尺5寸)

建立し、明石城築城と同時に月照寺と改称されてこの地に移った[13]。月照寺はA10型α三角形で構成されており本堂の向きが短辺と一致する。この月照寺―天守台を逆に延長した視軸上に十輪寺が立地している。

十輪寺は小笠原忠真が寺領[12]を寄せ帰依したのに続き、忠政の時に城主の後室が先君の追福菩提を弔い寺格をあげた[13]。この十輪寺はA8型α三角形60間モジュールで構成されており、本堂が短辺と一致する向きに392間の位置に配された。

元和5(1619)年、藩主小笠原忠真は母の菩提寺として峯高寺を建立し、寛永9(1632)年忠真が小倉転封時に移転した。その後、天叢和尚が同地に龍谷寺を開創した。その時、本堂の向きは東向きから南向きに変更された[13]。この峯高寺は天守台から514間の位置にC7型α三角形60間モジュールで配置され、本堂が短辺と一致する向きに建立されたのであった。

以上にみたように、藩主崇敬の社寺は天守台を基点にα三角形60間モジュールを使用して配置しており、仮説に当てはまることが分かった。元和の「武家諸法度」制定後の公儀の城普請として建設された明石城下町においても、従前の社寺配置の法則を踏襲していたのである。明石城下町の特徴は、鬼門・裏鬼門軸に配された神社や城地から移転した月照寺と菩提寺の十輪寺は、天守台からα三角形60間モデ

194

ュールと視軸の技法を重複して使用して位置取りされたことであった。精神的な意味があると考えるα三角形60間モデュールに視軸を加えることによりその守護を強化しようとしてのことであろうか。

5.2.3 α三角形60間モデュール一般型

　ここでは、α三角形60間モデュールを基本に社寺配置が決められた事例のうち、極めて一般的な城下町を取り上げ社寺の配置をみてみる。この一般型の事例としては、三原、高松、姫路、萩、福山、赤穂などの城下町が挙げられる。

(1) 三原城下町の社寺配置

　三原城は小早川隆景(たかかげ)によって永禄10(1567)年頃に本丸、二の丸、三の丸、舟入などを築造し、海城として整備された。毛利と織田の戦が始まった翌年の天正5(1577)年に毛利輝元が本営を置いたことから、三原城の修築は一層進み、より強固な城となった。天正10(1582)年毛利と豊臣の間に講和が結ばれた後、隆景は城下町の本格的な建設を進めた。沼田地方から小早川関係の寺院が三原へと移されたのはこの頃であった。

　文禄4(1595)年隆景が隠居(いんきょ)し、三原に帰還してからは、沼田新高山城に残していた施設を三原城下に移し、三原城下町の原型が完成した(**4.2.1(2),1)**参照)。

　三原城下町の築城にあたって隆景は、守護神と定めた神社を城下町に移動して、これらに手厚く寄進を寄せている。

　隆景は、天正2(1574)年二原浦の守護神であった西宮八幡宮(三原八幡宮)を三原城築城の最中に現社地に遷座させて氏神として崇敬し、それ以後三原八幡宮と称した[18]。この三原八幡宮本殿は天守から588間にあり、向きとその距離をC8型α三角形60間モデュールに対応させて配置された(**図5.2.10**)。

　隆景は、三原城築城の際に城内小島に在った稲荷社を瀧宮神社境内に移して小島稲荷社として祀った。そして当神社を祈願所と定めて社領を寄せて天正12(1584)年に本殿を修復したことが知られる[18]。この瀧宮神社本殿は天守に向いており、天守からの距離が441間、C6型α三角形60間モデュールと関連づけてこの城の鬼門除けとして祀られたのであった。

　他方、寺院の移転は元亀2(1571)年頃竹原からの移転が進み、天正5年頃からは、三原の城下町整備が進められたことに合せて小早川と関係深い寺院の多くが沼田地方から三原へ移された。

第5章　主要施設の配置

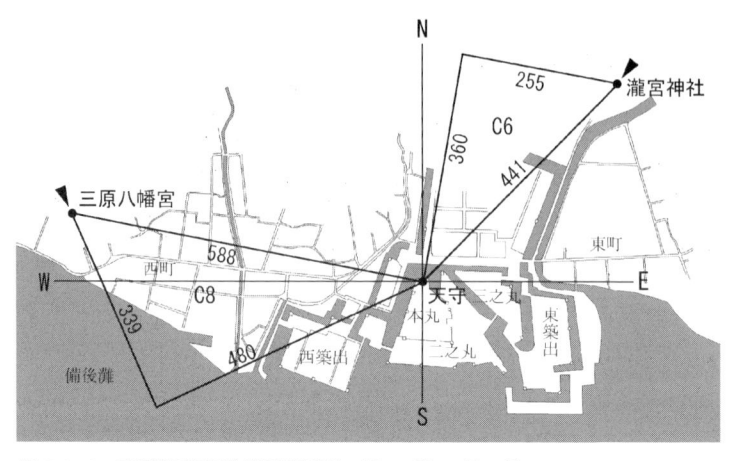

図 5.2.10　三原城下町の神社配置（単位：間、1間＝6尺5寸）

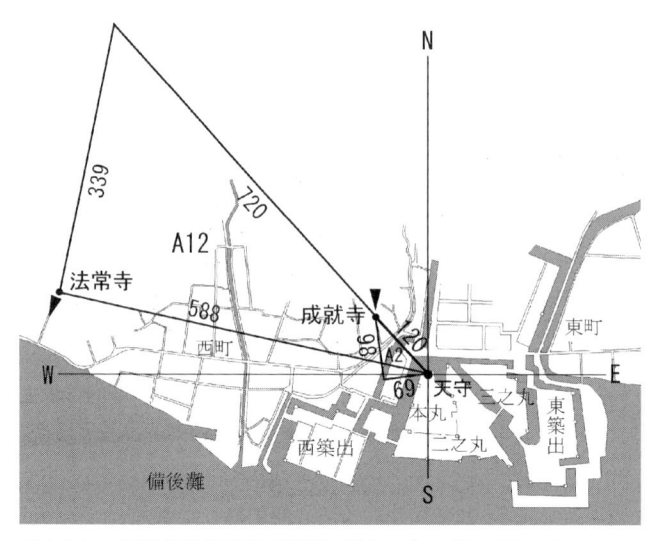

図 5.2.11　三原城下町の寺院の配置法（単位：間、1間＝6尺5寸）

　竹原小早川家代々の菩提寺であった法常寺は、元亀2年竹原新庄から三原に移された[19]。本堂の向きやその距離がA12型α三角形60間モデュールと符合し、法常寺はα三角形60間モデュールの仮説にしたがって配置されたことが分かる（図5.2.11）。

　小早川貞平の菩提所であった成就寺は沼田高山城の城地内から移転[19]された。この成就寺は本堂の向きや距離が天守とA2型α三角形60間モデュールの関係を取

196

5.2 α三角形60間モジュールによる社寺配置

り結ぶように配置されたのである。

このように小早川と縁の深い寺院の多くがα三角形60間モジュールと関連づけて三原城下町に移転されたのであった。

(2) 高松城下町の社寺配置

天正15(1587)年8月、生駒親正(いこまちかまさ)が讃岐15万石の領主として引田(ひけた)城に入った。間もなく、安倍晴明の子孫にあたる有政にその吉凶を占わせて、箆原荘(のはらのしょう)の海辺の八輪島を城地に決めて、高松城の建設にかかった。縄張はその功者黒田孝高説、細川忠興説、吉川広家(きっかわひろいえ)説など諸説あるが定かではない。高松城は瀬戸内海玉藻浦(たまもうら)に臨み3重の堀に海水を引き入れた海城であった(**4.2.1(1), 1)参照**)。

天正16(1588)年生駒親正は高松城築城とともに石清尾八幡宮(いわせおはちまんぐう)[20]を城の鎮守の産土神(うぶすなかみ)と定め、社殿を改築して社領24石余を寄進した。当時この石清尾八幡宮(いわせおはちまんくう)は亀尾山頂の山城にあった。生駒家お国替えの後松平頼重が入封(にゅうほう)した。頼重は生駒氏と同様に当社を崇敬し、寛永21(1644)年社殿を現在地(C14型、1 029間)に移し、社領202石余を寄進した(**図5.2.12**)。この石清尾八幡宮の参道と天守で形成するα三角形の短辺と長辺は城下町の縦町横町の街路の軸線と合致しており、本城下町の町割の基軸となったことが図にみてとれる。

弘安元(1278)年箆原郷西浜城主岡田清高が創建の愛宕神社(C10型、600間)は、生駒氏高松城築城後も、生駒氏の祈願所となって崇敬された。この愛宕神社はその本殿の向きや天守からの距離がC10型α三角形60間モジュールと符合し、その原則に基づき配置された。

次に生駒氏の菩提寺について検証しよう(**図5.2.13**)。生駒親正夫妻の菩提を弔うため親正の嫡子(ちゃくし)一正は法勲寺(ほうくんじ)を高松城下に移して法号をとって寺名を弘憲寺(こうけんじ)とした。この弘憲寺はA8型α三角形60間モジュールの480間の位置に配置され、50石の寄進を生駒氏より受けていた。

また、親正が元寺町に建立し、その後頼重が菩提所にした浄願寺(じょうがんじ)は、承応3(1654)年に火災で消失した後、明暦2(1656)年五番町の現在地にB6型α三角形60間モジュールに対応させて天守より509間の位置に復興再建された。

以上のように、高松城下町においても、生駒家崇敬の神社や菩提寺などの寺院は仮説のα三角形60間モジュールに対応させて配置されたことが分かる。

第5章　主要施設の配置

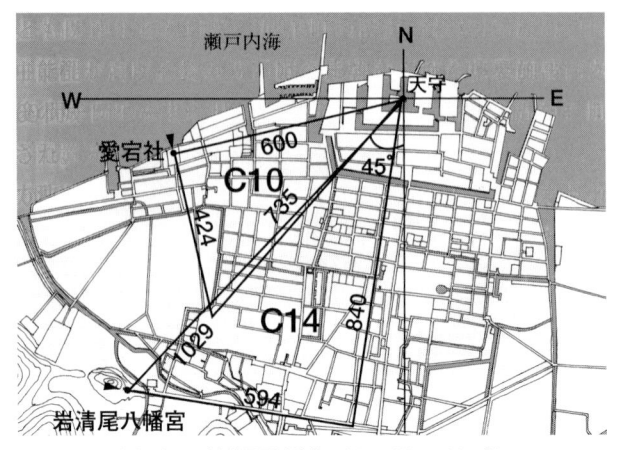

図 5.2.12　高松城下の神社配置(単位：間、1間＝6尺5寸)

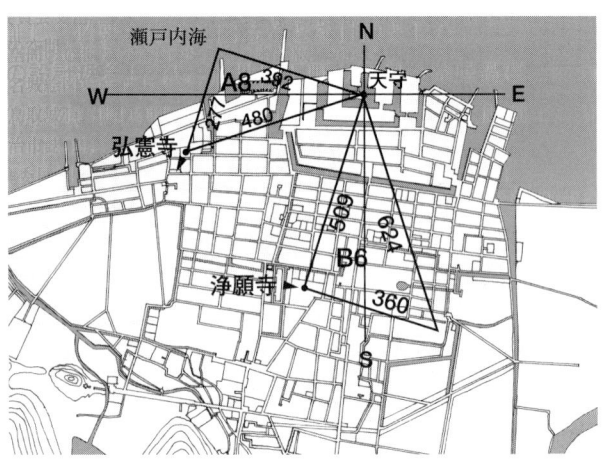

図 5.2.13　高松城下の寺院配(単位：間、1間＝6尺5寸)

(3) 姫路城下町の社寺配置

　関ヶ原の合戦後の慶長5(1600)年、徳川家康の女婿池田輝政が入封した姫路は、翌6(1601)年から8年の歳月を費やして豊臣秀吉が築いた城下町の拡張整備が家老の伊木長門守忠繁の縄張により行われた。この縄張は自然の地形を利用し、また自然を制御しながら、新しい構想を加えて姫山を中心とする城郭の縄張が進められた(**4.2.1(2), 2)**参照)。

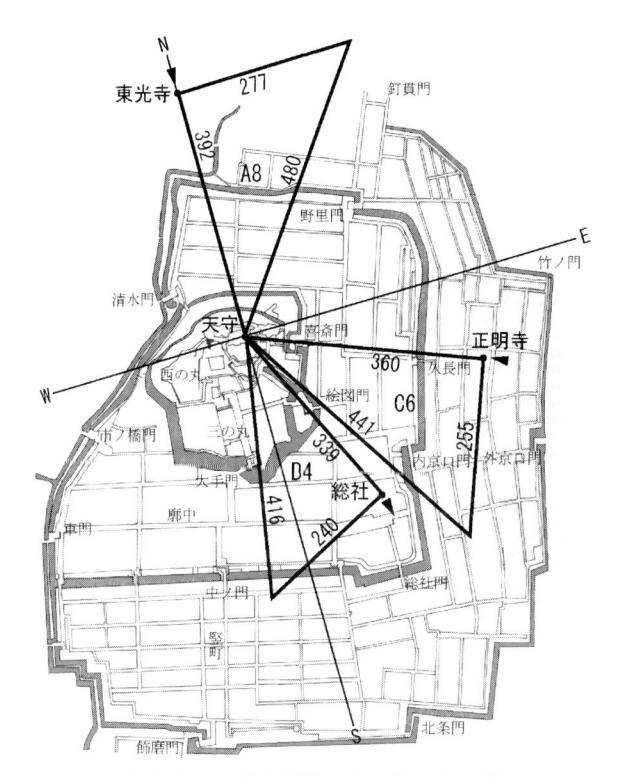

5.2 α三角形60間モジュールによる社寺配置

図 5.2.14 姫路城下町の社寺(単位：間、1間＝6尺5寸)

　輝政が入部した月日はつまびらかでないが、総社や書写山円教寺などの文書によると「慶長6年12月20日総社、正明寺、東光寺、二十二日朝光寺、書写山円教寺の社寺領安堵させた」[23]とあることから、そのころに入部したと考えられる。また、これらの社寺は、入部間もない時期に社寺領を安堵されたことから、輝政が格別重要視した社寺であったと考える。この5社寺のうち現存するは総社、正明寺、東光寺、円教寺の4つの社寺である。これら4社寺にα三角形60間モジュールを当てはめ考察する(図5.2.14)。

　射楯兵主神社と呼ばれていた総社は、「社領1千町歩を有し黒印領を城主より、将軍家よりは朱領150石余」[21]寄進されたとあり、藩主池田家はもとより将軍徳川家からも崇敬が厚かった。この総社は天守より339間の距離にB4型α三角形60間モジュールに基づき配置された。

　正明寺は平安時代に姫道山称名寺として開山した天台宗の古刹である。慶長年間に輝政が城下町の町割をしたとき現地に移転し[22]、その時正明寺と改称された。

199

第5章　主要施設の配置

その町割の時、この寺は天守とC6型α三角形60間モジュールに対応させて本堂を天守に向けて配置された。

東光寺は伏見天皇の開基で法灯国師が開山し、伏見天皇の離宮に定められた由緒ある臨済宗妙心寺派の古刹で、慶長8(1603)年に城主輝政により本堂が再建された[22]。その東光寺本堂はA8型α三角形60間モジュールの392間の位置に天守に向けて再建された。

円教寺は**4.2.1(2), 2)**で述べたとおり、これまたB34型α三角形60間モジュールと符合し、仮説のとおりの配置の原則に従ったものであった。以上のように、輝政が入国して間もない時期に安堵された4つの社寺は城下町の町割のとき移転や改築が行われたが、それらがα三角形60間モジュールの配置の原則に従っており、仮説のとおりに構成されたことが分った。姫路城下町の社寺配置は、視軸は見当たらず、α三角形60間モジュールの配置原則に従った構成であったといえる。

(4) 松山城下町の社寺配置

加藤嘉明は秀吉に仕え、山崎合戦[天正10(1582)年]などの功績により淡路国志智城主(1万5000石)に、続いて文禄の役[文禄4(1597)年]などの戦功により伊予国松前(まさき)城主(6万石)に封ぜられ、慶長の役[慶長2(1596)年]の戦功で10万石に加増され、関ヶ原[慶長5(1600)年]の功績により20万石の大名になった。

慶長6(1601)年、嘉明は家康に勝山城築城の許可を受け、翌7(1602)年正月15日の吉日を卜して、足立半右衛門を普請奉行として築城の工を起こした。同8(1603)年10月この城を松山城と命名して嘉明は松前城から松山城に移った。その後も工事は継続され20余年後の寛永4(1627)年にようやく松山城普請は完了した。

寛永4年、嘉明は会津に転封となり、出羽国上ノ山城主蒲生忠知(がもうただとも)が24万石で入封し、続いて寛永12(1635)年伊勢国桑名城主松平定行が15万石で入封した。定行は天守を5層から3層に、そのほか石塁の改修を幕府から許可されたが、その改変は軽度のものであった(**4.1.1(5)**参照)。

こうして加藤嘉明が築いた松山城、その天守から松山城下町の社寺はどのように配置されたかをみてみる。

神社の配置については、**4.1.1(5)**で概観したので詳細はそれに譲る。嘉明が松山城築城に及び、城地勝山にあった大社・勝山三島大明神や勝山八幡宮を移転した。それらの社は慶長7年に城の西方、441間の位置にA8型α三角形60間モジュールに基づき遷座して味酒(みさけ)大明神と改称した[21]。延喜式では阿沼美(あぬみ)神社と書かれていて

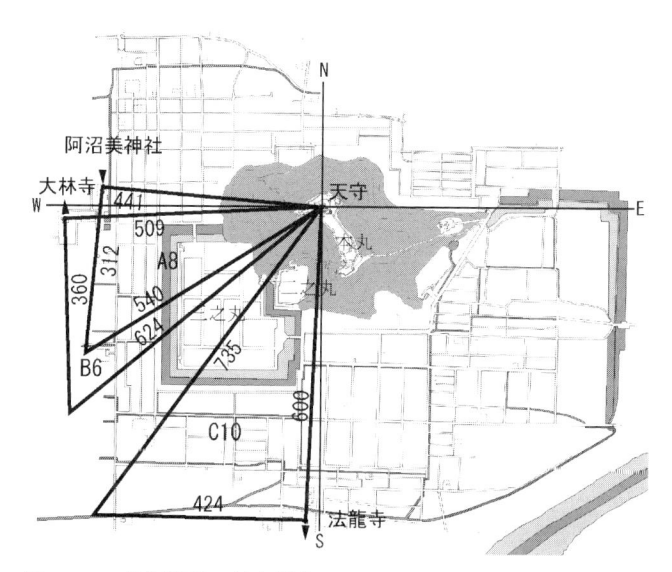

5.2 α三角形60間モジュールによる社寺配置

図 5.2.15 松山城下町の社寺(単位：間、1間＝6尺5寸)

それ以後は阿沼美神社と称すようになった。この境内に勝山八幡宮などが摂社として祀られている。

次に寺院についてみてみる(**図5.2.15**)。加藤嘉明は城山の西方と北方に加藤氏ゆかりの寺を置き、寺町としてその方面の防備に備えた。しかし嘉明は治世24年にして会津若松に転封されたため、菩提寺は残っていない。寛永4年、出羽国上ノ山から蒲生忠知が入部し、菩提寺として見樹院[24]を創建した。その忠知は就封からわずか7年後に病死し、その後松平定行が入部し、この見樹院を菩提寺とし、寺名を大林寺に改めた[24]。この大林寺は天守から509間の位置に北に向けてB6型α三角形60間モジュールに基づき配されている。

また、定行の室・長寿院の墓所がある法龍寺[24]は、南方600間に天守を拝む方向にむけてC10型α三角形60間モジュールに従い建立されたのであった。

このように、松山城築城から少し時代が下り、また藩主が代わっても、基本的にはα三角形60間モジュールを基本にして菩提寺を建立しており、その配置の原則は踏襲されたとみられる。

(5) 萩城下町の社寺配置

慶長5(1600)年関ヶ原の敗戦によって、周防、長門の2ヶ国に減封となった毛利輝元は、安芸国の広島城を福島正則に渡した後、慶長9(1604)年正月、幕府に城地

第5章　主要施設の配置

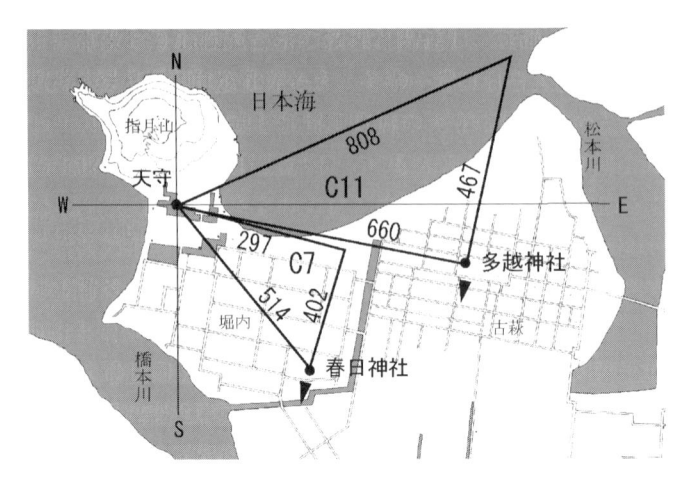

図 5.2.16　萩城下町の神社（単位：間、1間＝6尺5寸）

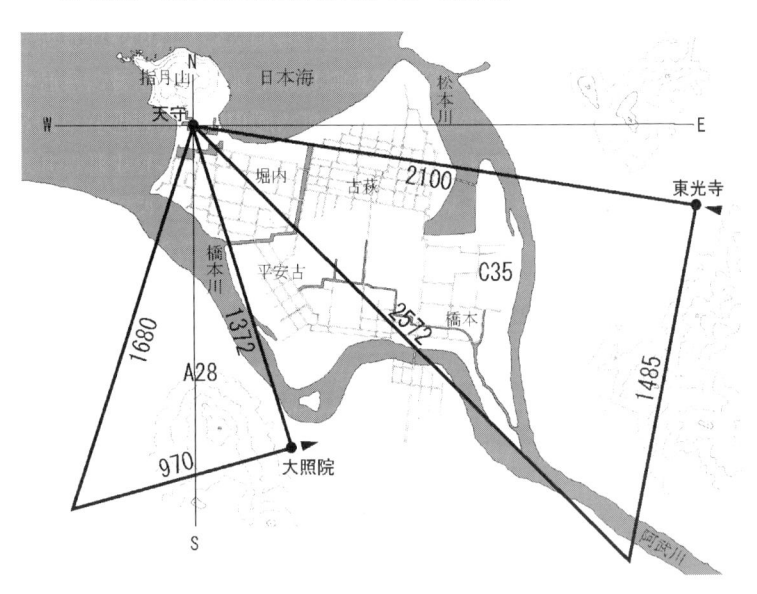

図 5.2.17　萩城下町の寺院（単位：間、1間＝6尺5寸）

の選定について意見を求め、同年2月に正式に萩の指月山に居城建設の承認を得た。輝元は慶長9年正月に南禅寺、3月に洞春寺の住職に萩城築城の吉凶を占ってもらった。縄張に吉川蔵人、作事奉行に三浦内左衛門が任命され、同年2月に、指月山山頂の要害の縄張を行い、改めて6月に鍬初めが行われて萩城下町の建設が開始された（**4.1.2(7)**参照）。

萩城築城にあたり輝元は、城下町に新たに神社を移転して厚く寄進している。

慶長9年輝元の萩入城後、山口円政寺町にあった円政寺とともに現在地に移された多越神社は、城下町の守護神として藩主の崇敬が厚かった[25]。この社の本殿は天守から660間の位置にC11型α三角形60間モジュールの短辺にその向きを合致させて建立された（図5.2.16）。

また、輝元は古春日に鎮座していた春日神社を、防長2州の祈願所と定めて、慶長13（1608）年、社殿を堀内の現在地に建立して萩総鎮守として崇敬厚く社領を寄進した[25]。この本殿は天守から514間の距離にC7型α三角形60間モジュールの短辺に本殿の向きを符合させて配置されたのであった。

次に毛利家の菩提寺の配置をみてみる（図5.2.17）。大照院は、承応3（1654）年から明暦2（1656）年にかけて初代藩主秀就の菩提所として堂宇を再建された寺院である[25]。東光寺は3代藩主吉就が元禄4（1691）年に下関の古寺を移して一宇を建立し、同7（1694）年吉就没後、廟所として以来大照院と並ぶ毛利家の菩提寺になった[25]。この毛利家の2つの菩提寺の配置に、共通して本堂の向きと天守からの距離がα三角形60間モジュールに符合し、菩提寺の配置に仮説の用法が適用されたことが明らかになった。

(6) 福山城下町の社寺配置

元和5（1619）年水野勝成は徳川秀忠より備後10万石を与えられ、福山に転封してきた。この勝成の転封は備前・安芸両外様大名の間に割り込む形をとり、外様大名を牽制する使命を担ってのことであった。

勝成は家老中山将監を惣奉行とし、神谷治部を普請奉行に任じて福山城の築城にかかった。築城にあたって幕府から金12,600両、銀380貫目の拝借を許され、伏見城の遺構である伏見御殿、三階櫓、湯殿、大手門、筋金門などが下賜された。

天守は5重5階地下1階の複合天守であり、軍事上の要塞として領主権力の威容を誇示する構造となっていた。福山城は「西国の鎮衛」たる城主の居城にふさわしい威容を内海の中枢に現わしたのである。元和8（1622）年8月に新城は完成し、水野勝成はその同月15日に正式に入城した（4.2.2(2),2)参照）。

このように幕府からの命をうけて元和年間に建設された福山城下町の社寺配置を従前との違いに注意してみてみる。

福山八幡宮はもと深津島山に2つの八幡宮として奉祀されたと伝えられる。福山城を造営する際、2つの宮は野上口と延広小路へ遷座して奉斎された。東の宮は城

第5章 主要施設の配置

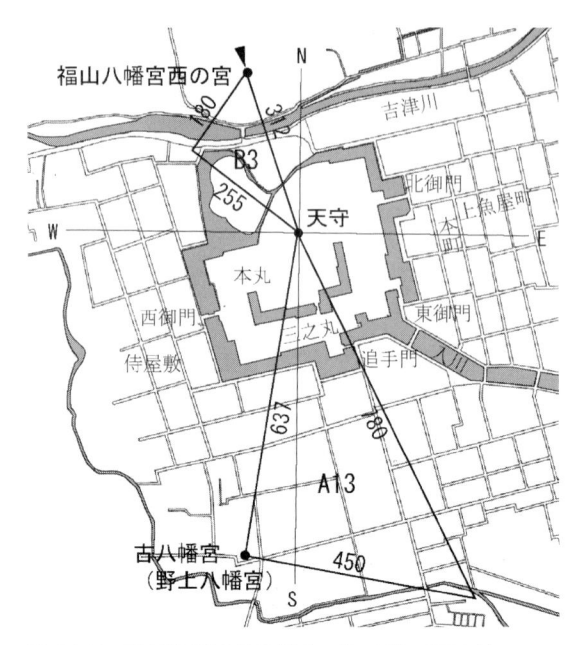

図 5.2.18 福山城下町の神社(単位：間、1間＝6尺5寸)

下町成立時にその産土神として祀られていたが、2代水野勝俊の時、神島町の大火事で類焼して延広町に移転された。西の宮は福山築城以前から存在した野上村の鎮守の八幡であり、築城の時、城の守護神として崇められた。

　勝成は神仏への信仰の念が厚く、備後一ノ宮の復興や城下の守護神として八幡宮の崇敬などなみなみならぬ配慮を示した。東西両八幡宮とも2石ずつの社地の寄進を受けたほか寄付米、掃除米を受けている[32]。現在地に移ったのは4代水野勝種によって天和3(1683)年備後福山八幡宮として西御宮、東御宮と相並び同じ構造で建てられたときから、城中城下の守護神として崇敬された[32]。西の宮本殿はB3型α三角形60間モジュールに基づき312間の距離に天守に向けて建立された。

　その西の宮本殿―天守の視軸延長は、古八幡宮の西の宮(野上八幡)のα三角形60間モジュールの斜辺に重なり、古八幡宮の配置にもα三角形60間モジュール(A13型、637間)が関係していた(**図5.2.18**)。

　次に、藩主および藩主の父母ならびに子女の菩提のために建立または移転した寺院としては、賢忠寺、妙政寺、定福寺などが挙げられる。これらの寺の配置について次にみてみる(**図5.2.19**)。

　賢忠寺は、元和8(1622)年に建立され、水野家から寺地72石の寄進をうけ、2代

5.2 α三角形60間モデュールによる社寺配置

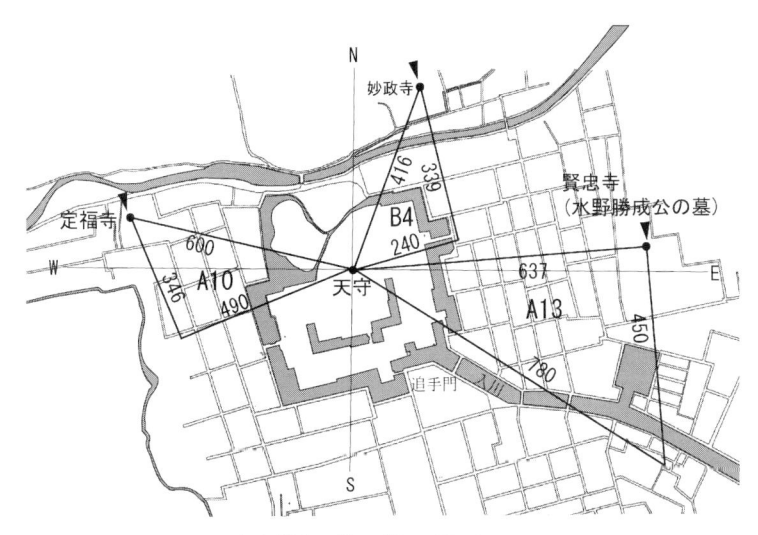

図 5.2.19　福山城下町の寺院(単位：間、1間＝6尺5寸)

勝俊を除く水野家代々の菩提寺[32]となった。この賢忠寺は天守から637間の位置にA13型α三角形60間モデュールの短辺の方向に本堂を向けて建立されている。

　妙政寺(B4型、416間)は、もと三河国刈谷に創建された寺であり、水野家の家老上田氏代々の菩提寺であった。水野氏が備後に転封になり、家老として福山に永住したため、福山城下に寺を移した。その後、この寺は2代藩主勝俊の菩提寺となり、それ以後62石の寄進を受けるようになったのである[32]。妙政寺の本堂はB4型α三角形60間モデュールに符合させて配された。

　定福寺(A10型、600間)は、勝成の息女心光院追福のため三河刈屋に創建したものを水野家転封に伴って現在地[32]に建立された。定福寺の本堂の配置もA10型α三角形60間モデュールに準じて配されていたことが図にみてとれる。

　以上のように、藩主が格別に崇敬の神社や菩提寺として帰依し寄進が厚かった寺院の配置は、もっぱら仮説のα三角形60間モデュールに基づくものであり、視軸の関連はみられなかった。

(7)　赤穂城下町の社寺配置

　赤穂城の築城は、元和の新城禁止の統制下、幕府の命を受けて、浅野長直が正保3(1646)年甲州流軍学師範の重臣近藤正純を築城の総奉行に命じ、縄張を行わせ、慶安元(1648)年6月に幕府の許可がおりた。同年11月地鎮祭を施行して縄張し、

第5章　主要施設の配置

築城工事は翌2(1649)年正月本丸虎口の櫓台隅より始め、寛文元(1661)年まで13年間をかけて建設された。本丸は近藤正純、二の丸・三の丸は山鹿素行と長直の縄張と考えられる(**5.1.2(5)**参照)。この城には天守台は造営されたが天守は建設されず、設計段階から天守を造る予定はなかったと考えられる。

愛宕山社は、浅野長直が入封した翌年の正保3年近藤正純に命じ、新城の鎮守として城の丑寅の鬼門に位置する場所に建立された。同社縁起によれば「城の丑寅の方角になるため厄除けと武運繁栄を願って」[33]とみえ、長直は築城に先駆けて建立させたのである。現在では社殿は荒廃して礎石だけとなっているが、残された基礎の遺構から本殿の位置や向きが分かる。本社は天守台から1080間の位置にあり、社殿の向きはC18型α三角形60間モジュールの長辺と一致し、天守台に向けて建立された(**図5.2.20**)。

日吉神社は浅野長直が築城最中の承応元(1652)年に五穀豊穣を祈願して近江の日吉大社から山王宮を勧請し、田地三反を寄進するなど[34]手厚く崇敬している。この日吉神社本殿は天守から1143間の距離にあり、B11型α三角形60間モジュールの短辺と同じ向きに建っている。

次に、城下町の寺院配置に関して天守台とα三角形60間モジュールの関係をみてみる(**図5.2.21**)。

図 5.2.20　赤穂城下町の神社(単位：間、1間＝6尺5寸)

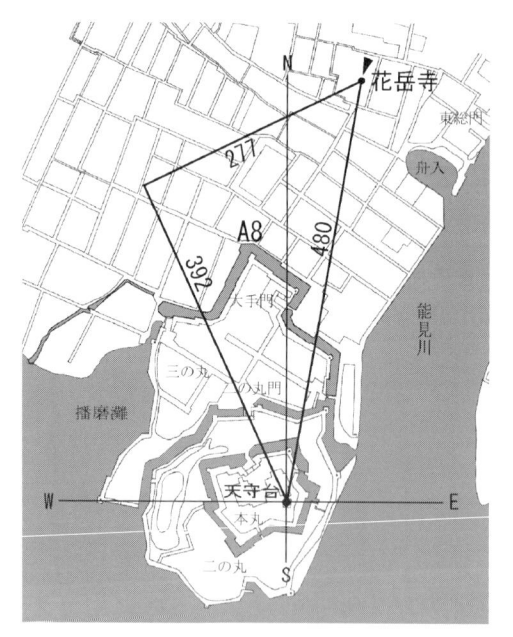

図 5.2.21　赤穂城下町の寺院(単位：間、1間＝6尺5寸)

花岳寺は正保2(1645)年浅野長直が浅野家菩提寺として建立し、浅野家歴代藩主の菩提寺となった[22),35)]。この寺は天守台から480間に位置し、A8型α三角形60間モジュールに基づき天守台に向けて配置されたのである。

以上のように元和偃武以後に築城の城下町においても藩主が崇敬の社寺の配置は、仮説のとおりα三角形60間モジュールに基づく配置の原則が踏襲されていたのであった。

5.2.4 まとめ

本節では、すでに決まった天守を基点にして城下の社寺の配置はどのような方法で行ったかについて、α三角形60間モジュールとの関連を考証し、仮説の検証と修正を図ることを目的とした。

具体的に考察するなかで、社寺は基本的に天守とα三角形60間モジュールを取り結ぶように配置したが、視軸と重複使用する場合、視軸と一部併用する場合、α三角形60間モジュール単独の使用の場合などがみられた。これを類型化すると、

Ⅰ　α三角形60間モジュールと視軸の重複型
Ⅱ　α三角形60間モジュールに視軸が関与する型
　Ⅱ-1　α三角形60間モジュールと旭日・落日型
　Ⅱ-2　α三角形60間モジュールと視軸の併用型
Ⅲ　α三角形60間モジュール一般型

と分類でき、この類型に従いその用例をみてきた。その結果を次に列挙する。

「Ⅰ　α三角形60間モジュールと視軸の重複型」の例としては、豊臣秀吉の軍師であった黒田孝高が築いた中津城下町と参謀・軍師であった蜂須賀彦右衛門正勝の嫡子家政が築いた徳島城下町が挙げられ、その社寺配置に視軸とα三角形60間モジュールが重複して用いられたことが分かった。

なかでも中津城下町における社寺の配置は、伊勢神宮三節祭が執り行われた時の北辰北斗の位置図に相似しており、直交する視軸とα三角形の構図は軍学にいう卍の曲尺にもあたる。黒田孝高が崇敬の2つの八幡宮を取り結ぶ巽乾軸と霊峰求菩提山主峰犬ケ岳と闇無濱神社を結ぶ鬼門・裏鬼門軸を直交させたこの配置構成は、天の理を地の理に移した構図を実現したものと考えられる。それは当時の宇宙観を小宇宙である孝高の豊前国中津城下町の社寺配置に投影したものとみられよう。

「Ⅱ-1　α三角形60間モジュールと旭日・落日型」の例としては、松江城下町を取り上げ考察した。松江城下町では、天守の位置決めに冬至の旭日―夏至の落日の

軸線が関与し、さらに城下町の社寺配置においても冬至・夏至の旭日・落日の軸線とα三角形60間モデュールとを意識した社寺配置が特徴的にみられた。

　堀尾吉晴と忠氏父子が床几山にて亀田山に城地を決定したとき、忠氏が選んだ理由の1つは、亀田山は別名神多山といい、神々が多く祭られた神聖な山ゆえに築城の縁起もよいということであった。さらに忠氏は、築城後もこれらの神々を手厚く御遷座して崇敬すれば、城の鎮護の神々になろうと武運長久を願った意味を告げている。こうしてこの城山の神々の遷座先の位置決めに古典的な藤原京の経始などに使われた冬至・夏至の旭日・落日の方位、巽乾の祥瑞な軸線と鬼門・裏鬼門の軸線を用いたと考えられよう。

　「Ⅱ－2　α三角形60間モデュールと視軸の併用型」の例として、広島城下町、佐賀城下町、篠山城下町、明石城下町が挙げられる。そのなかで広島と佐賀の城下町はαの角度を有する視軸がクロスする地点に天守を置き、鬼門・裏鬼門の視軸上に崇敬の社寺を配置して、冬至・夏至の旭日・落日位置に菩提寺などの寺を配置したこの技法は、黒田孝高が地選・縄張に関与した中津城下町と類似の興味深い社寺の配置法であった。

　また、篠山城下町、明石城下町は幕府の特別な意図を持って建設された城下町であった。これらの城下町の社寺の配置はα三角形60間モデュールを基本として用いて配置する方法であった。そのなかでも、鬼門・裏鬼門軸においては天守台からのα三角形60間モデュールに加えて鬼門・裏鬼門軸の視軸を重複して使用する配置方法が特徴的にみられた。この鬼門・裏鬼門軸に精神的な意味があるα三角形60間モデュールに視軸を加えることによりその守護する力を強化する意図が込められていたのであろう。

　「Ⅲ　α三角形60間モデュール一般型」の例として、三原城下町、高松城下町、姫路城下町、松山城下町、萩城下町、福山城下町、赤穂城下町を取り上げ考察した。

　これらの城下町における藩主が崇敬の神社や菩提寺として帰依し寄進が厚かった寺院の配置は、専ら仮説のα三角形60間モデュールに基づく手法であり、視軸の関連はみられなかった。また、関ヶ原の前後、元和元（1615）年の「武家諸法度」以後に建設された城下町においてもこの社寺の配置原則には大きな変化は見当たらなかった。

　以上の全類型に共通するのは、α三角形60間モデュールにより社寺が配置されたことである。これは門、櫓などの軍事施設の配置における視軸の構成を主にした配

置と対照的である。それはα三角形60間モデュール自体に神秘的かつ神聖な意味があったことと関連しているとみられる。つまり北辰北斗信仰と北辰北斗の構図や伊勢神宮の三節祭の北辰北斗の構図にみるα三角形の神聖さと60間という数的な吉凶観を合わせて秘めていたことにかかわると推察される。

〈参考文献〉

1) 髙見敞志、永田隆昌、松永達、九十九誠「中津城下町の設計原理に関する研究」日本都市計画学会学術論文集 Vol.37、2002.11
2) 髙見敞志、永田隆昌、松永達「徳島城下町の設計技法(1)(2)」近世城下町の設計原理に関する研究 その22、その23、日本建築学会四国支部研究報告 第3号、2003.5
3) 髙見敞志、永田隆昌、松永達、九十九誠「松江城下町の設計技法(1)(2)」近世城下町の設計原理に関する研究 その20、その21、日本建築学会大会学術講演梗概集、2002.8
4) 髙見敞志、永田隆昌、松永達「高松城下町の設計技法(1)(2)」近世城下町の設計原理に関する研究 その28、29、日本建築学会四国支部研究報告 第4号、2004.5
5) 黒屋直房『中津藩史』碧雲荘、1940.11
6) 中津市史刊行会『中津市史』中津市、1965.5
7) 徳島城編集委員会『徳島城』徳島市立図書館、1994.3
8) 松江藩儒臣黒沢長尚撰『雲陽誌』享保2(1717)年
9) 島田成矩『松江城物語』山陰中央新報社、1985.3
10) 佐賀市役所『佐賀市史 上巻』佐賀市役所、1945.1
11) 嵐瑞澂『丹波篠山城とその周辺』山史友会、1992.4
12) 黒田義隆『明石市史 上巻』明石市役所、1960.3
13) 黒田義隆『明石市史 下巻』明石市役所、1970.11
14) 衣笠智哉、髙見敞志、永田隆昌、松永達、佐見津好則「広島城下町の設計技法」近世城下町の設計原理に関する研究 その39、日本建築学会九州支部研究報告 第45号、2006.3
15) 髙見敞志、永田隆昌、松永達、九十九誠「佐賀城下町の設計技法」近世城下町の設計原理に関する研究 その15、日本建築学会九州支部研究報告 第41号、2002.3
16) 髙見敞志、永田隆昌、松永達、衣笠智哉、佐見津好則「篠山城下町の設計技法(2)」近世城下町の設計原理に関する研究 その33、日本建築学会四国支部研究報告 第5号、2005.5
17) 佐見津好則、髙見敞志、永田隆昌、松永達、衣笠智哉「明石城下町の設計技法(2)」近世城下町の設計原理に関する研究 その44、日本建築学会四国支部研究報告 第6号、2006.5
18) 広島県神社誌編纂委員会『広島神社誌』広島県神社庁、1993.8
19) 三原市役所『三原市史 第1巻 通史編1』三原市役所、1977.2
20) 高松市史編集室『新修 高松市史Ⅱ』高松市役所、1966.2
21) 神社本庁調査部『神社名鑑』神社本庁、1963.3
22) 全日本仏教会寺院名鑑刊行会『全国寺院名鑑』全日本仏教会寺院名鑑刊行会、1969.3
23) 石見元秀『姫路城史 上巻』姫路城史刊行会、1952.3
24) 松山市史編纂委員会『松山市史 第2巻近世』松山市、1993.4
25) 萩市史編纂委員会『萩市史 第3巻』萩市、1987.10
26) 衣笠智哉、髙見敞志、永田隆昌、松永達、佐見津好則「三原城下町の設計技法(2)」近世城下町の設計原理に関する研究 その42、日本建築学会四国支部研究報告 第6号、2006.5
27) 佐見津好則、髙見敞志、永田隆昌、松永達、衣笠智哉「姫路城下町の設計技法」近世城下町の設計原理に

関する研究 その48、日本建築学会九州支部研究報告 第48号、2007.3
28) 髙見敞志、永田隆昌、松永達、衣笠智哉、佐見津好則「松山城下町の設計技法(2)」近世城下町の設計原理に関する研究 その19、日本建築学会四国支部研究報告 第2号、2002.5
29) 衣笠智哉、髙見敞志、永田隆昌、松永達、佐見津好則「萩城下町の設計技法」近世城下町の設計原理に関する研究 その47、日本建築学会九州支部研究報告 第46号、2007.3
30) 衣笠智哉、髙見敞志、永田隆昌、松永達、佐見津好則「福山城下町の設計技法(2)」近世城下町の設計原理に関する研究 その35、日本建築学会四国支部研究報告 第5号、2005.5
31) 佐見津好則、髙見敞志、永田隆昌、松永達、衣笠智哉「赤穂城下町の設計技法」近世城下町の設計原理に関する研究 その40、日本建築学会九州支部研究報告 第45号、2006.3
32) 福山市史編纂会『福山市史 近世編』福山市史編纂会、1968.3
33) 赤穂市『赤穂市史 第2巻』赤穂、1983.3
34) 兵庫県神職会『兵庫県神社誌 中巻』臨川書店、1938.3
35) 赤穂市教育委員会『文化財をたずねて No.8』赤穂市教育委員会、1999.3

赤穂城天守台(本丸内より)

第6章　町　　割

　前章までに城郭の中心・天守を位置決めし、その天守を基点にして城郭・城下町の主要施設の配置を決めた技法について考察した。

　本章では仮説の「町割における街路の線引きは、主要施設を基点としたヴィスタならびに視軸とα三角形60間モデュールとを関連づけて計画したのではないか」とする仮説を実例に基づき考証し、必要な修正を図ることを目的とする。

　したがって、本章では町割の定義から始め、近世初期城下町の町割の規範となった築城期以前の町割を考え、近世城下町の町割の先駆的事例として長浜城下町や近江八幡城下町をまず取り上げる。次に、これら近世城下町の町割の先駆的用例がどのように普及していったか。その過程を具体的にみていく。

　さらに、町割の基軸の設定は、天守を基点に視軸やヴィスタを使ってどのように設定されたか。また、その町割の基軸を基にして具体的な街路設定は視軸やヴィスタ、α三角形60間モデュールとどのように関連したかを考察していこう。

6.1　町割の設計理念

　本節では、町割の規範となった都城の町割や近世初期から最盛期、そして終期に至る町割の発展過程をみたうえで、近世城下町の町割に大きな影響を与えた長浜城下町や近江八幡城下町をみていく。続いて、町割の背景にあった身分制度や地域的制約としての地形との関連、交通の要衝としての港や街道への対応関連を考察していく。そして最後には、街区割や屋敷割の規模や形状について具体的な計画の用例として小倉城下町に事例を求め、この事例を通して町割の設計計画の基本を考察する。

6.1.1　町割の基本理念

　「町割」とは、『建築大辞典』[1)]によれば「桃山、江戸時代の都市において街路形式、

第6章　町　割

主要施設の配置、土地利用状態などを決定するために土地を配分すること」とある。したがって町割は、城下町など新都市建設ならびに既成市街地の再整備の際、主要施設配置や土地利用計画、街区計画や宅地割まで広範な都市計画を意味する。また、『広辞苑』[2]には、「町の地割、町を設けるために土地を仕切ること」と、簡潔に説明している。

町割は広く都市計画を意味するほか、個々の町の割り出しを意味し、形態的には街路網によって確定される街区の形状および屋敷割を含む街区の配列の規定を主な内容とした。

一般に、人口が緩やかに増加した場合には、それに伴う建築物の配置など都市計画は端整なものではなかった。しかし、人口が一時に大量に移住した時には、その配置は計画的に設計し建設されてきた。平城京や平安京の条坊制や近世の城郭建設の際の家臣や町人の集団移住に伴う城下町の町割がその例である。

近世初期の城郭建設の場合には、城地に取り立てられた部分にあった社寺や集落は強制的に移転させられ、新たな理念で町割された。それではその近世城下町建設当時の町割の理念として、どこを模範にして町割したのであろうか。その模範とした町割の技術からみてみる。

(1) 町割の規範

近世初期においては、国都として建設された平安京(京都)が唯一の計画された実在の都市であった。応仁の乱以後、荒廃していたとはいえ京都の町割には理想とするところが残されていた。

『平安通志』[3]は次のようにその条坊制を記しており、その町割の概要を知りえる。

「坊ハ町ヨリ成ル　凡ソ坊ヲ立ツル方四十丈ヲ町トシ　四町ヲ保トシ　四保十六町ヲ坊トシ　四坊十六保六十四町ヲ條トシ　毎條ニ四坊ヲ置ク　坊ノ間ニ必ズ大路アリ　縦横之ヲ畫ス　二條以北ハ各三坊ヲ管シ三條以南ハ制ノ如シ　其中央ノ通街ヲ坊門ト称ス一町ニ四行トス　行ニ八門アリ　之ヲ一戸トス　凡ソ町内小径ヲ開ク　大路ノ邊町ニハ二広サ各一丈五尺　市人ノ町ニハ三　広サ各一丈　自餘ノ町ニハ一　広サ一丈五尺トス」。

近世初期において城下町を建設しようとした場合、この京都のように端整に計画したいと願望するのは当然の成り行きであった。

『日本都市成立史』[3]には、次の事例を挙げて近世城下町の多くが京都の町割を典

範としていたと述べている。

永正16(1519)年、武田信虎の躑躅ヶ崎の城下は世にいう甲州流の縄張であり、『甲府略志』[3]には、「街路が其初京都の條路に倣ひ　南北に四條の大道を開く」と述べている。

また、天正18(1590)年、徳川家康による江戸開都の際の城下町計画について、『東京市史稿』[3]には、「予メ町割ヲ為シタル部分ハ　明ニ平安都制ヲ参考シタリ」とあり、これは古文献に基づく記述であろう。さらに近世城下町建設期の最後に近い実例として慶長19(1614)年の松平忠輝の高田城下町の計画において、『高田市史』には「京都の街に倣ひしを以て区畫整然たり」と記されている。

以上は近世城下町の最初と最後に近いものと最大の江戸を例に挙げたが、ほとんどの城下町の町割の記録が「京都を模範とした」と記述しているのである。しかし、実際の町割は後述のごとく、必ずしも京都のように端整なものではなかった。

(2) 町割の発展過程

このように「京都を模範として」と記されていたのであるが、近世城下町の初期の町割においては整然さを欠いたものが多く、築城期を通して後になるほど統制がとれた設計へと変容していったのである。

このことは、1人の大名が転封により居城を移転した場合に、その城下町設計は時期とともに町割が大きく変化していくことによって知られる。『日本都市成立史』に紹介されている数例のうち、蒲生氏郷の場合を次に示す。

蒲生氏は天文3(1534)年近江日野に町割をした。氏郷の時代に最も繁栄して、町数79を数えたが、地形に従って道路は弦状をなしていたため、町割も碁盤割に整備できなかった。氏郷は天正16(1588)年、伊勢に転封を命じられ松坂を開いたが、街路は屈折して雑然としていた。松坂権輿雑集に「伊勢の松坂毎着て見てもひだの取様でまち悪し」と揶揄された。

この「ひだ」は、氏郷が飛騨守であったから、飛騨守築営の町割が乱脈を極めたのを衣服に例えたのである。その後、天正18(1590)年、氏郷は会津に封を移されて黒川城に入った。そのときまた、「黒かはを袴にたちてきてみれば　まちのつまるは　ひだの狭さに」と落書された。そこで氏郷は意を決して、曽根内匠らに命じて、甲州流縄張を用いて築城し、郭内には将士の邸宅を列ね、郭外には商舗職工軒を並べ、方一里有半の間、市井を改画して端整なものにした。こうして氏郷一代の間に、日野、松坂、会津と城下町の設計に顕著な計画技術の進展がみられたのであっ

213

第6章　町　割

た。

　同様に家康についても、岡崎、浜松［元亀元(1570)年］、江戸［天正18(1590)年］、駿府[慶長12(1607)年]へと技術が進展し、近世城下町の初期から終期に近い時代まで町割は設計計画の技法に大きな変化をみせたことを知る。

　以上、氏郷や家康の城下町建設にみるように天正期末期から慶長期初期頃までには町割が端整なものに急速に変化している。では、近世城下町の町割に大きな影響を与えた城下町設計の先駆的事例を次に述べる。

(3) 秀吉の長浜城と八幡城

　近世城下町の設計にみる町割の先駆的事例としては、織豊政権が理想とした城下町経営のなかでも織田信長よりも豊臣秀吉が築いた城下町に明瞭に見いだせる。信長の安土城建設に先立つこと2年、天正2(1574)年、琵琶湖に臨む地に建設した長浜城下町は、近世城下町の町割の先駆けといえる設計を試みている（図6.1.1）。

　この長浜城下町の町割をみると、琵琶湖に臨む城郭と武家地や町人地が外堀により明瞭に区分されていた点が注目される。そして「城に向かう本町を基軸として矩形街区の町割」[4)]を整然と施し、地元の今浜と小谷城下から移した町人町を統合して城下町を形成した。天正期の長浜城に秀吉が天守を築いたことは広く知られてい

図 6.1.1　長浜城下町の町割（単位：間、1間＝6尺5寸）

6.1 町割の設計理念

る。その天守の位置は本丸北側の突出部だと比定されており、『都市空間の近世史研究』によれば、「本町から天守を見通すヴィスタが成立していた可能性が高い」[4]という。それだけに天守からの「お見通し」つまり「ヴィスタ」による町割の基軸設定の技法はすでに使われていたことになる。なお、それ以前の戦国大名の居城、近江の佐々木六角氏の観音寺城や鳥栖勝尾城とその城下にも山頂の城の本丸からまっすぐに見通す構図に市町を形成していたことが同書に記述されている。

この天正期の長浜城下町は、きわめて整然とした矩形の町割を呈しており、これ以後の織豊系の城下町に広く普及した町割手法をみてとれるだけに、その影響の強さをうかがい知ることができる。この街区の芯々寸法はおおむね東西42.4間[3),4)]、南北60間の矩形をしており、C1型α三角形60間モジュールに対応づけて計画した蓋然性が高い。

屋敷割についても、町筋が交差する地点の屋敷は東西の町筋に間口を開いており、東西の町筋を表通りとしていたことが分かる。お城に向かう町筋を表通りにしたこの形式をタテ町型という。この型は以後の織豊系の城下町に広く普及した形式であった。

さらに、4.1.1(1)で述べたように天守の位置決めや元八幡町に鎮座した八幡宮の遷座先の配置計画などの施設配置において、これまでにみてきた近世城下町の視軸やα三角形60間モジュールの設計手法の多くが、この長浜城下町に見いだせるのである。

このような意味から、秀吉の長浜城下町は町割のみにとどまらず、近世の城郭・城下町設計の原理原則をここに見いだせ、以後の織豊系の城下町に広く普及した近世城下町設計の先駆的事例といえる。

長浜に始まった秀吉の城下町の造営の完成型と考えられているのが、豊臣秀次が城主となった近江八幡である。

この八幡城下町は、天正13(1585)年、秀吉の意向に沿って建設が進められ、整然とした長方形街区の町割が施されて完成した。琵琶湖から導かれた八幡堀によって、八幡山山頂の本丸、山麓の武家地と町人地が明確に分離されていた(図6.1.2)。

安土城下から町が移され、また地元の町場も八幡に移されて城下町が繁栄した。この町割にみる街区構成は八幡山の本丸を基点にしたヴィスタによって本町が線引きされており、長浜城下町と類似の手法によって、町割の基軸が設定されていた。また、タテ町型の町割であり、街区長辺がタテ町に変化した点を除けば、長浜城下町の町割手法を踏襲している。そのほか長浜城下町との類似点を挙げると、街区長

第6章　町　割

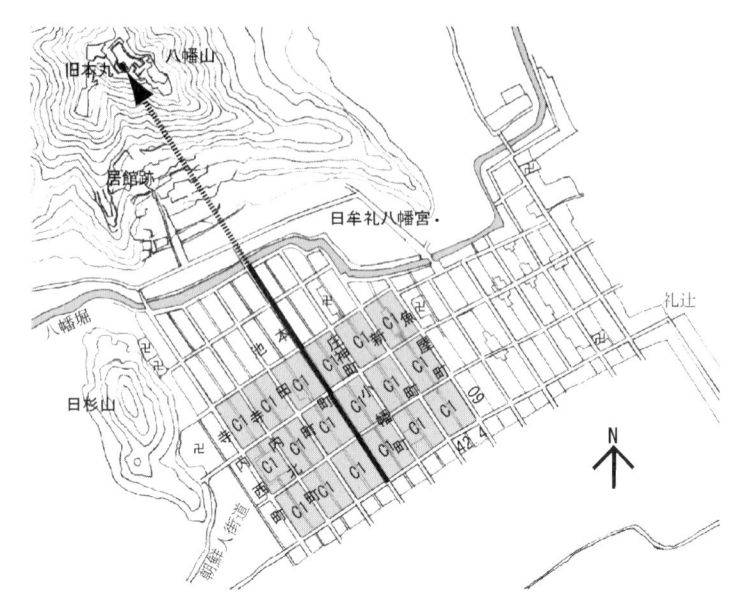

図 6.1.2　近江八幡城下町の町割(単位：間、1間＝6尺5寸)

辺の方位つまり町立ての軸が巽乾に振れていたこと、街区芯々寸法が長辺60間、短辺42.4間[3),4)]であったことである。さらに八幡城下町は、街区の形状の均質性に加えて、屋敷割においても屋敷奥行を同じくする均質な長方形街区の端整な町割が施されたのであった。

　天正11(1583)年秀吉は大坂城を経始し、慶長3(1598)年に至って船場島之内全域を、芯々寸法方42.4間[4)]に町割して碁盤型の街区を成立させた。

　この形状は街区寸法こそ京都より小振りであったが、街路を東西南北に正方形の碁盤型に配しており、京制を模した雄大なものであった。また、この秀吉の大坂城天守を正面に見通すヴィスタは、島町通、高麗橋通[4)]でみられ、天正13(1585)年頃の設定と伝えられる。

　この大坂にみた碁盤型街区の町割構成は、熊本、江戸、小倉、名古屋、駿府などの城下町に採用された。そのほとんどは芯々寸法方60間ほどであり、小倉城下町の方35間[5)]、大坂城下町の方42.4間は特殊な寸法であった。そして均質な碁盤型街区の設計は、町人地において共通して使用された。その訳は6.1.2(2)に詳細を譲るが、屋敷割の敷地のサイズに関連していたのであって、均質な町人という身分に特定して設計されたのであった。

　以上にみた秀吉の長浜城下町の町割から近江八幡城下町、大坂城下町に共通にみ

られた均質で端整な町割の技法、つまり天守からのヴィスタに基づく町割の基軸設定、42.4×60間の長方形街区、42.4間の碁盤型街区、タテ町型の町割が、以後の織豊系の大名たちの城下町普請(ふしん)に急速に普及していったのである。街区の規模、形状、向きは異なるものの、これら町割の先駆けとなったのは長浜城下町に成立した均質な長方形街区の構成であった。

6.1.2 小倉城下町にみる街区割・屋敷割

　前項の町割の基本理念に続き、本項では少し視点を変えて、細川忠興(ただおき)が慶長7(1602)年1月築城に着手し、同時に城下町の建設を始めた小倉城下町を事例に、町割の土地利用や街区割、屋敷割の具体的な用例を通して、その町割の基本を考えたい。

(1) 小倉城下町の町割にみる土地利用

　小倉城下町における町割と土地利用(地形、身分、交通)との関連については**2.1.1**で詳しく述べたのでここでは概説にとどめる。

　細川忠興が建設した城下町は、紫川河口に臨む左岸の洪積台地、標高10mに本丸、松の丸、北の丸を第1郭に構え、その北側の第2郭には5軒の家老屋敷を置く二の丸を、その南西一帯の第3郭には重臣たちの三の丸を構え、内郭を形成した。その外側に外郭が形成され、三の丸南側一帯には中・下級武家屋敷を配し、これらの武家屋敷地は長方形街区で町割された。二の丸の北側および三の丸西側一帯には町人町が形成され、紫川の西側に位置するのでこの部分を西曲輪(くるわ)と称した。一方、紫川右岸の沖積平野の低湿地に新開の東曲輪が構築され、主に町人地を配置し、碁盤状の正方形街区に町割された。さらに西曲輪の西側海岸線に帯状の帯曲輪が形成されており、以上3つの曲輪による総構えの構成であった。

　これらの街区の形状に着目すれば、武家地では長方形街区に、町人地では正方形街区の碁盤型に町割するという理念が明瞭に読みとれる。

　身分制と住み分けについてみると、本丸天守、大手、虎の門、二の丸の家老屋敷、三の丸の上級武家屋敷、篠崎の中級武家屋敷、豊後橋あたりの下級武家屋敷、東曲輪の碁盤型街区の町人地、常盤橋(ときわ)や室町、立町の町人地へと反時計回りの渦巻状に家格・身分が下がる構成になっていた。江戸城下町の時計回り渦巻状構成に対し、逆回りであるものの、大手に近いほど家格が高いという配置の原則に従った渦郭(かかく)式の構成であった(**図2.1.1**)。

第6章　町　割

　地形と身分との関係では、本丸、なかでも天守が最も高く、本丸、二の丸、三の丸と続き、高台の上級武家、新開地の下級武家、谷間・低湿地の町人という配置の原則に従っており、江戸城下町などと類似の構成であった。

　次に交通と町屋の配置をみてみる。当時の主要な交通は水運であった。常盤橋（大橋）を中心とした紫川河口一帯は港の機能が充実していた。細川忠興がこの港の整備に情熱を注ぎ続けたのは、関門海峡に面した要衝の地であったためだけではなく、南蛮や大陸との貿易に着眼してのことでもあった。また、紫川河口の常盤橋一帯は、九州の陸路の起点として宿駅の機能も併せ持つことになった。長崎街道、中津街道、香春街道、福岡街道、門司往還の5街道の起点として常盤橋周辺は人や物が集散して商業が特に振興した。その各街道に沿って商家が建ち並び、町人町が形成された。中津街道・香春街道が通った魚町、長崎街道に沿った室町や立町、門司往還に沿った京町など通行の多い街道筋に商家が建ち並びにぎわった。

　この小倉城下町の町人地の町割、つまり広大な東曲輪と西曲輪の室町界隈は、基本的に芯々寸法方35間の碁盤型街区で整然と街区割されていた。小倉城下町においても京を範として町割されたといわれてきたが、豊臣秀吉の大坂城下町をはじめとする織豊系の城下町の町割の影響と考えたほうが蓋然性は高い。

(2) 小倉城下町の街区割と屋敷割

　小倉城下町を事例にその町割における街区の形態とその配列をみていく[6]。

　街区の形態を図6.1.3でみると、西曲輪の武家町では長方形街区がほとんどであるのに対し、東曲輪では正方形街区の碁盤型で主要部が構成され、町人町を想定して設計されたとみられる。図には裏界線と間口方向を図示されており、門を開く方向が特定できる。

1) 西曲輪の街区形態

　二の丸は第2郭の大手より続く虎の門と大坂門との間を連絡する小倉城下町でも、最も重要な堀端の街路に5軒の家老屋敷が間口を開き、城主に表を向けて屋敷が構えられていた。

　三の丸は第3郭の北の端にあった大坂門と南の端に位置した南の口門、西の口門を結ぶ方向に主街路を通して、この南北方向の街路を長辺とする長方形街区で構成された。したがって裏界線は主要街路に平行に通そうとした意図はみえるものの、大身の侍屋敷のため、家格に大きな差があったがゆえに屋敷規模の差が大きく、裏界線が乱れて貫通していなかった。また、屋敷規模は身分を反映したために、街区

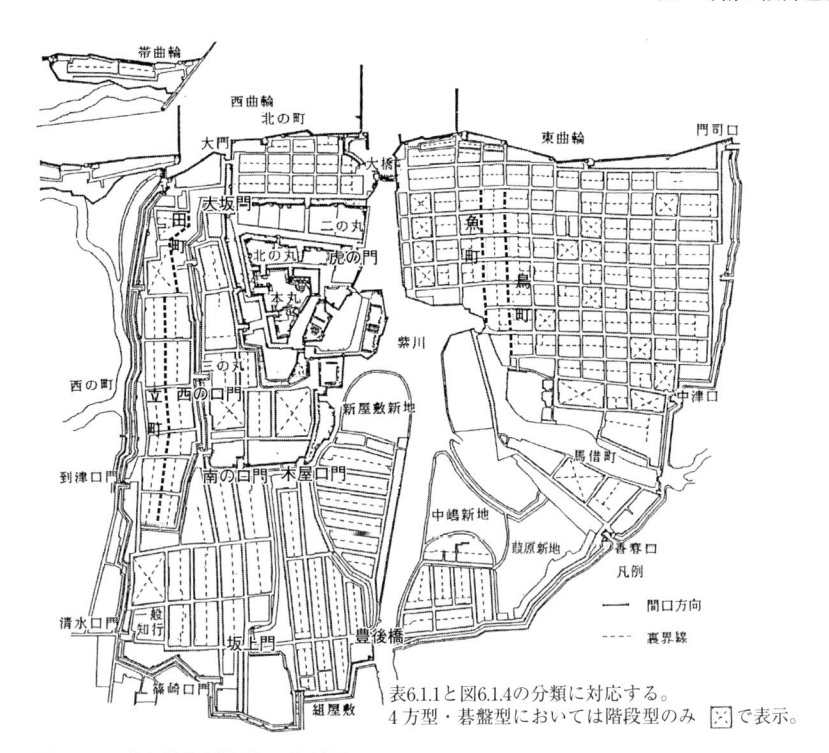

図 6.1.3 幕末期小倉城下町の町割図

の形状と寸法は不揃いで、特に街区短辺にその差が大きいのが三の丸の特徴となっていた。各屋敷の門は南北方向の街路に開くことを原則にしていたのである。

次に、三の丸の南に位置する篠崎の知行屋敷では、街区の形状や規模に統一性がみられ、南北方向に裏界線を引いた長方形街区で構成された。この篠崎地区は、北の端に三の丸に通じる西の口門と南の口門があり、南端には城外に通じる清水口門、篠崎口門、そして組屋敷に通じる坂上門があり、この南北の門を取り結ぶ街路に門を開くことを原則にしていた。

続いて組屋敷では、同様に南北に長い短冊状の街区が並び、屋敷の門は南北に通る街路に開いていた。この組屋敷は、家格の差が小さくまた屋敷規模も小さいため、街区短辺が短くて画一的な短冊状街区が整然と計画された。

次の新屋敷新地では、西端で木屋口門に、南端で豊後橋に通じたため、主要街路を矩の手に通して主要門と連絡した。したがって東西に長い短冊状街区を並列に配置していた。

第6章 町　割

　次に西曲輪の町屋部分に目を移すと、北ノ町(室町界隈)はほぼ正方形に近い長方形街区で碁盤状に構成され、裏界線は東の常盤橋(大橋)と西の大門とを結ぶ方向を基軸にして町割された。

　三の丸の西側の田町や立町など西の町ならびに帯曲輪では、堀で囲まれた地形がうなぎの寝床のように細長かった。また主要門がその長手方向の両端に設置されたため、街区形状も地形に合わせて長方形で、裏界線および街区長辺は曲輪の長手方向に計画された。そして屋敷の門は街区長辺方向に連続して開いていたのであった。以上のように西曲輪の街区形状は長方形がほとんどであり、表6.1.1に長方形街区をパターン分類して示した。

　長方形街区はヨコ型、タテ型、4面型の3つに大分類でき、さらに9つに小分類できる。間口方向や裏界線を分別できた長方形街区は全部で137あり、そのうち約66％が西曲輪にあった。全体でみるとタテ型とヨコ型が拮抗し、合せて95％になり、4面型はきわめて少なかった。ヨコ型、タテ型のなかで一番多いタイプは背割

表 6.1.1　小倉城下町の長方形街区の類型

			ヨコ型（東西型）				ヨコ型小計	タテ型（南北型）				タテ型小計	4面型	計
			片側型	1面型	2面型(背割2列型)	3面型		片側型	1面型	2面型(背割2列型)	3面型		4面型	
西曲輪	武家	二の丸	2				2					0		2
		三の丸	3				3	2	1	4		7	2	12
		知行地	2				2	2		10		12	1	15
		組屋敷	1				1	3		8	2	13		14
		新屋敷		2	6		8	1				1		9
	武家小計		8	2	6	0	16	8	1	22	2	33	3	52
	町屋	北の町	1		10	2	13				1	1		14
		西の町	2				2	8	1	12	1	22	1	25
	町屋小計		3	0	10	2	15	8	1	12	2	23	1	39
東曲輪・帯曲輪	武家	中町	2		3	1	6	1		1	3	5	1	12
		東町	6	1	9	6	22	3	4	1		8	2	32
	町屋				2		2					0	0	2
	東・帯小計		8	1	14	7	30	4	4	2	3	13	3	46
計			19	3	30	9	61	20	6	36	6	69	7	137

街区の長辺が東西方向のものをヨコ型、南北方向のものをタテ型とし、各街区について間口を開く面数により1面から4面型に分類した。さらに接道条件が片側のみの場合を1面型と区分し片側型と呼び、4面型は、厳密にはタテ・4面型とヨコ・4面型に分かれるが、ここではまとめて4面型とした。

2列型で続いて片側型であった。小倉城下町の町割は、背割2列型を基本とし、地形の関係と郭の端部で片側型を計画しており、道路の有効利用を基本に考えた経済的な街区割の計画手法であったとみなせよう。

西曲輪全体で拮抗するタテ型とヨコ型は地区別にみると様相は異なる。つまり西曲輪の武家地では、二の丸はヨコ型ですべて片側型、三の丸および篠崎の知行地、組屋敷はタテ・背割2列型、新屋敷ではヨコ・背割2列型が主であった。町屋部分についても同様に、北の町はヨコ型、西の町はタテ型、帯曲輪はヨコ型でいずれも背割2列型を計画の基本としていたことが分かる。

以上の小倉城下町の西曲輪の町割は、まず天守から主要施設である郭の門が視軸などにより決まり、その郭の主要門を取り結ぶ方向に主街路が線引きされ、その主街路の方向を長辺とする長方形街区の背割2列型の屋敷割で配列する方法であったことを意味する。そして屋敷規模は身分によって配分され、大身の武家屋敷から小身の武家屋敷まで街区の短辺寸法で調整する方法であったといえる。

2）東曲輪の街区形態

東曲輪の町割は、細川忠興は町人町として京都を範として設計したことが知られるが、基本的に碁盤型に街路を計画しようとした意図は絵図などから充分に読みとれる。しかし、見通しを避けるため、東西方向の街路は鳥町で折り曲げ、交差部では直交させず、ずらして遠見遮断(えんけんしゃだん)の城下町独特な工夫や芯々35間の寸法を使うなど、京都を範としたという意味は碁盤型街区の町割という程度のこととして解釈したほうがよい。

東曲輪の周辺部では長方形の背割2列型や片側型がみられたものの、中央部では碁盤型街区で計画しようとした設計意図は明瞭である。この碁盤型街区の類型を**表6.1.2**に示した。

表 6.1.2　碁盤型街区の屋敷割類型

	ヨコ型（東西型）				タテ型（南北型）			4面型（4面町型）	
	1列型	背割2列型	南3面型	北3面型	背割2列型	西3面型	東3面型	4分割型	階段状型
基本型									
実 例									
実例数	1	41	4	6	5	4	6	1	12
計(all=80)	52				15			13	

ヨコ型が6割強、タテ型と4面型はともに2割弱の比率で、ヨコ型の碁盤型街区が主であった。

紫川の河口に架かる常盤橋(大橋)は、長崎街道ほか5街道の起点であったとともに宿場町と港町を兼ねた城下町の中心地であった。その常盤橋から門司往還に通じた門司口に向かう京町筋は、東曲輪の東西を結ぶ主要な街路であった。このため、東曲輪の町割は、京町筋をまず線引きして、これを基軸に碁盤型街区に設計したと推定できよう。

一方、南への連絡は旦過橋より馬借を通って香春口から香春街道、もう1つは旦過橋より中津口を経て中津街道に通じたのである。よって旦過橋は南側の要所であった。旦過橋から京町筋に通じた魚町筋は南北方向の街路計画の基軸になったと推定できる。このことを裏づけたのはタテ型街区の分布である。すなわち、タテ・背割2列型街区の屋敷割は、南北方向の街路に間口を開き、背割線が南北に通った町割であった。このタテ・背割2列型の屋敷割がみられたのは魚町筋と鳥町筋に挟まれた1列の街区だけであり、タテ・3面型がそのすぐ西側と東側の町筋に現れていた。タテ・3面型が形成されたのはタテ型の町筋にヨコ型の町筋が交差する部分で形成されたからである（図6.1.3参照）。

4面型の分布は碁盤型町割部分の東西の端の町と永照寺の周りでみられた。そのうち東西の端の町では、東西方向の交通の流れを受け止めて、南北の方向に交通の流れが変換される。この端の町では人と物の交通が多く、商業の振興を促したであろう。

交通の多い通りに商店の間口を開こうとするのは世の常である。こうしてヨコ・背割2列型街区の変容の結果として4面型に変容したと考えられる。

一方、永照寺より東の町は小笠原時代に市街地化した部分である。その永照寺界隈では格式の高い永照寺とその参道に表を向ける設計意図が作用して3面型や4面型が形成されたと推定できる。

(3) 小倉城下町の街区規模と形状

街区寸法の割り出しは、「小倉藩士屋敷絵図」(北九州市所蔵)[7]と「藩政時代小倉市内図」(北九州市歴史博物館所蔵)に記載された各屋敷の寸法より算出し、これが可能な部分をまとめたのが表6.1.3である。この表には1間が6尺5寸の内法の街区寸法を記載している。

二の丸の家老屋敷を除く知行屋敷の内法の街区寸法は平均で約38間(1間=6尺5

6.1 町割の設計理念

表 6.1.3 小倉城下町の街区寸法

		基盤統計				ランク別構成比（％）								
		N	MAX	MIN	MEAN	S.D	10～	20～	30～	40～	50～	60～	70～	80～	90～	100～
知行屋敷	N	16	53	28	38.2	6.35		6.3	75.0	6.3	12.5					
	S	16	50	33	38.0	5.75			81.3	12.5	6.3					
	E	16	88	50	62.5	9.40					31.3	56.3	6.3	6.3		
	W	16	81	45	62.5	8.87				6.3	18.8	62.5	6.3	6.3		
組屋敷	N	6	20	17	18.2	0.97	100.0									
	S	6	20	18	18.3	0.88	83.3	16.7								
	E	6	93	58	80.4	13.3						16.7	0.0	33.4	16.7	33.3
	W	6	90	45	73.1	17.3				16.7		0.0	16.7	33.3	16.7	16.7
							27～	28～	29～	30～	31～	32～	33～	34～	35～	36～
東曲輪基盤地区	N	50	35	28	31.5	1.27		2.0	2.0	38.0	24.0	22.0	6.0	6.0		
	S	50	34	28	31.2	1.23	2.0	2.0	2.0	32.0	40.0	12.0	8.0	2.0		
	E	50	37	28	31.2	1.52			6.0	6.0	36.0	24.0	16.0	10.0	0.0	2.0
	W	50	35	27	31.5	1.69		2.0	8.0	26.0	32.0	12.0	8.0	4.0	6.0	

N、S、E、Wは各方位の街区寸法、MAX、MIN、MEAN 各ランクの単位は間、1間に6尺5寸。

寸）であり、30〜39間に7〜8割が集中していた。長辺寸法は平均で約62.5間であり、60〜69間に約6割が集中していた。

　一方、下級武士団が住んだ組屋敷の短辺寸法は平均で約18間、10間代に8割以上が分布し、長辺寸法は平均で78間、最も多いのは70〜79間に30％、80〜99間にも分散して分布する傾向がみられた。組屋敷は知行屋敷に比べて短辺が約半分で狭く、逆に長辺が長い短冊状街区の町割であった。

　このように武家屋敷地での街区設計は家格が下がるほど、街区短辺が狭く、街区形状は短冊状に画一化する傾向が顕著にみられる。逆に格式が高い武家屋敷地の街区ほど街区短辺が厚くなる傾向が強くみられ、街区形状は正方形に近い長方形となり、街区形状・規模ともに分散の傾向が明瞭にみられる。武家屋敷の街区割は、家格に応じて屋敷班給(はんきゅう)したので、街区短辺で調整したことが分かる。

　東曲輪の碁盤街区の寸法は4辺とも平均31.2〜31.5間であり、29〜31間に8割が集中分布し、正方形街区の碁盤型であったことを示している。平安京や江戸城下町の碁盤型街区の寸法は約60間に対して小倉城下町は約半分の街区寸法で計画されたことになる。

　また、**2.1.5**ですでに述べたように、街区内法寸法31間余という端数は、35間モデュールで街区基線を引き（芯々寸法に対応）、街路を3〜4間で配した結果と推定できる。小倉城下町の碁盤型街区は、それまで30間の町割といわれていたが、実は街区芯々寸法35間モデュールによる町割であり、31間余の端数を持った内法寸

法で線引きした結果であったといえる。

　細川忠興は東曲輪を町割するにあたり、その計画理念として当初から屋敷規模が小さく画一的に配列できる町屋を主に配すべく、背割2列型の正方形碁盤型街区の町割を想定していたとみなせよう。江戸城下町の約半分の寸法で街区割した結果、江戸のように中央に会所(かいしょ)を取らず、また熊本城下町のように中央に寺屋敷を取らず、背割2列型屋敷割を基本にした街区割を施したと推定できる。このような意味から、「京都を範として」というよりは京都のように碁盤型の町割であり、実際の街区屋敷割は秀吉の大坂城下町を範としたといったほうが蓋然性は高いといえよう。

(4) 小倉城下町の屋敷規模と形状

　当時、屋敷は武家も町人も家格・身分に応じて班給された。それゆえに家格・身分と屋敷の規模・形態とがどのように対応づけられて計画されたかに興味と関心が向けられる。

　屋敷の形態は間口寸法、奥行寸法、面積、形状の4要素に分けられる。この屋敷の諸元(間口寸法、奥行寸法、面積、形状)を概観するに、武家屋敷と町屋では全く傾向が異なる。また武家屋敷においても上級武家屋敷と下級武家屋敷で、さらに上級武家のなかでも二の丸の家老屋敷と三の丸、篠崎の一般知行(ちぎょう)屋敷では大きくその傾向が異なる。身分、家格と対応させて屋敷の諸元を**表6.1.4**にまとめて示した。武家屋敷の抽出数は1365であり、「小倉藩士屋敷絵図」に記載の読みとれたものすべてを対象とした。なお、不詳部分が組屋敷に若干あった。

　また、町屋については東曲輪の京町筋から堺町筋までの4列で、1丁目から6丁目までの24の碁盤型街区を抽出し、その範囲の全屋敷を「藩政時代小倉市内図」より読みとった。抽出数は585、抽出率は約3割である。

1) 身分と屋敷の間口・奥行

　間口寸法の平均は、知行屋敷16.5間、切米(きりまい)屋敷7.2間、組屋敷4.4間、町屋2.8間という順であった。さらに知行屋敷を身分と対応させてみると、二の丸34.6間、三の丸21.4間、一般知行16.7間、西の町12.3間、東曲輪14.3間と大身の武家から小身の武家へ、そして町屋へと身分階層の序列と対応して間口が狭くなっていたことが分かる。またランク別構成比をみても、家格・身分と間口幅が対応し、段階構成になっていた。

　奥行寸法の平均は、知行屋敷18.4間、切米屋敷12.2間、組屋敷10.2間、町屋9.1間と家格を反映しているものの、間口ほど格差が大きくなかった。間口において、

6.1 町割の設計理念

表 6.1.4 小倉城下町・屋敷の諸元

			基礎統計 (間・坪)						ランク別 構成比 (%)									
			N	MAX	MIN	MEAN	S.D	V%	0~	5~	10~	15~	20~	25~	30~	35~	40~	45~
間口寸法 (f)	知行屋敷	二の丸	5	43	28	34.6	5.42	15.7					20.0	40.0	20.0	20.0		
		三の丸	46	47	8	21.4	7.54	35.2		2.2	19.6	28.3	19.6	17.4	8.7	2.2		2.2
		知行	101	50	7	16.7	7.83	47.0		17.8	26.7	33.7	10.9	2.0	5.0		1.0	1.0
		西の町	25	21	7	12.3	4.36	35.0		48.0	20.0	24.0	8.0					
		東曲輪	103	24	7	14.3	3.75	26.0		13.6	40.8	37.9	7.8					
		小計	280	50	7	16.5	7.18	43.5		16.1	29.6	32.9	10.7	3.9	3.9	1.4	0.7	0.7
	切米屋敷		611	30	2	7.2	3.70	51.4	30.3	50.6	13.7	4.9	0.3		0.2			
	組屋敷		474	28	1	4.4	2.59	59.4	71.7	24.3	3.0	0.8			0.2			
	武家合計		1365	50	1	8.1	6.22	76.6	38.5	34.4	13.3	9.2	2.3	0.9	0.9	0.3	0.1	0.1
	東曲輪・町屋		585	16	1	2.8	1.65	58.7	94.2	4.4	1.2	0.2						
	合計		1950	50	1	6.5	5.82	89.1	55.2	25.4	9.6	6.5	1.6	0.6	0.6	0.2	0.1	0.1
奥行寸法 (d)	知行屋敷	二の丸	5	45	29	37.4	7.01	18.8					20.0	20.0	20.0	40.0		
		三の丸	46	43	8	20.9	6.64	31.8		2.2	8.7	39.1	30.4	13.0	2.2	2.2	2.2	
		知行	101	39	10	18.4	4.50	24.5		2.0	9.9	65.3	15.8	5.0		2.0		
		西の町	25	27	10	18.8	4.37	23.5		4.0	24.0	16.0	52.0	4.0				
		東曲輪	103	32	7	16.3	3.96	24.3		2.9	22.3	61.2	8.7	3.9	1.0			
		小計	280	45	7	18.4	5.61	30.5		2.5	15.4	53.9	18.6	6.1	1.1	1.4	1.1	
	切米屋敷		611	27	2	12.2	3.88	31.7	1.0	34.7	30.6	30.3	2.6	0.7				
	組屋敷		474	23	4	10.2	3.24	31.7	1.1	66.2	16.9	15.4	0.4					
	武家合計		1365	45	2	12.8	5.07	39.6	0.8	39.0	22.7	30.0	5.2	1.5	0.2	0.2		
	東曲輪・町屋		585	29	2	9.1	5.05	55.3	28.9	27.2	13.0	30.3	0.3					
	合計		1950	45	2	11.7	5.33	45.6	9.2	35.5	19.8	30.1	3.7	1.2	0.2	0.2		

			ランク別 構成比 ----->						0~	50~	100~	150~	200~	250~	300~	350~	400~	450~
敷地面積 (d×f)	知行屋敷	二の丸	5	1896	909	1314	420	31.9										100.
		三の丸	46	1164	174	450	237	52.7				4.3	6.5	21.7	4.3	13.0	13.0	37.0
		知行	101	1017	110	307	172	56.1			8.9	19.8	16.8	13.9	13.9	6.9	3.0	16.8
		西の町	25	429	119	226	90	39.7			24.0	32.0	8.0	4.0	24.0	4.0	4.0	
		東曲輪	103	495	77	231	76	33.1		1.0	9.7	32.0	22.3	15.5	10.7	6.8	1.0	1.0
		小計	280	1896	77	313	222	70.9		0.4	8.9	22.5	16.1	14.6	11.8	7.5	3.9	14.3
	切米屋敷		611	363	13	89	56	63.3	26.4	41.1	19.5	7.9	3.1	1.8		0.3		
	組屋敷		474	297	8	46	37	79.8	67.9	25.3	3.6	2.1	0.6	0.4				
	武家合計		1365	1896	8	120	148	123.3	35.4	27.3	11.8	8.9	4.9	4.0	2.4	1.7	0.8	2.9
	東曲輪・町屋		585	373	3	30	36	120.7	87.4	9.6	0.9	1.2	0.5	0.2	0.2			
	合計		1950	1896	3	93	132	141.9	51.0	21.9	8.5	6.6	3.6	2.8	1.7	1.2	0.6	2.1

			ランク別 構成比 ----->						0~	0.5~	1.0~	1.5~	2.0	2.5~	3.0~	3.5~	4.0~	4.5~
敷地形状 (d/f)	知行屋敷	二の丸	5	1	1	1.1	0.14	13.2		20.0	80.0							
		三の丸	46	3	1	1.1	0.54	49.0	6.5	45.7	34.8	8.7		2.2	2.2			
		知行	101	3	0	1.3	0.54	41.9	3.0	30.7	30.7	23.8	9.9	2.0				
		西の町	25	3	1	1.7	0.73	42.4		20.0	32.0	8.0	24.0	12.0	4.0			
		東曲輪	103	3	0	1.2	0.51	41.0	1.0	36.9	36.9	17.5	4.7	1.9	1.0			
		小計	280	3	0	1.3	0.56	44.1	2.5	34.3	34.6	17.1	7.5	2.9	1.1			
	切米屋敷		611	10	0	2.1	1.27	59.5	3.8	8.7	16.5	23.9	20.6	8.3	7.2	4.4	2.1	2.8
	組屋敷		474	28	0	2.8	1.15	41.1	0.8	4.4	5.9	16.7	9.3	7.2	28.3	17.3	3.4	6.8
	武家合計		1365	10	0	2.2	1.24	56.8	2.5	12.5	16.6	20.0	14.0	6.8	13.3	8.0	2.1	4.3
	東曲輪・町屋		585	16	0	3.6	2.20	61.0		2.4	9.1	14.5	9.9	8.7	9.2	8.7	5.8	30.8
	合計		1950	16	0	2.6	1.72	65.8	2.0	9.4	14.3	18.4	12.8	7.4	12.1	8.2	3.2	12.3

間口寸法、奥行寸法の単位は間（1間＝6尺5寸）、敷地面積の単位は坪。

第6章　町　割

下級の武家や町屋は5間未満に特に集中傾向を示して画一的であったのに対し、奥行は全般に分散の傾向があった。それは町割に関連しており、屋敷の奥行は背割2列街区の短辺の1/2に規定されたからであった。

2）身分と屋敷規模

　以上の間口と奥行から屋敷面積が決定された。知行屋敷の面積は平均で313坪、同じく切米屋敷89坪、組屋敷46坪、町屋30坪と身分階層と関連づけた屋敷班給であった。とりわけ知行屋敷とそのほかでの格差が大きく、同じ知行屋敷のなかでも二の丸は家老屋敷のためほかを引き離し1300坪もあった。一方、西の町や東曲輪にあった知行屋敷は230坪程度で両者の格差が大きい。また、ランク別構成比の分布にも明確に現れており、二の丸の屋敷は広く、一方、町屋および組屋敷は規模が小さく同じランクに集中して分布していた。中間層の一般知行屋敷は、家格に差があるため屋敷規模にバラツキがみられた。また、町屋の中には少数の広大な屋敷を拝領した豪商があったこともみてとれる。

3）身分と屋敷形状

　屋敷の形状は、d/f（d：奥行、f：間口）比で表せる。d/f 比が1.0より大きいときは奥行が広い形態、逆に1.0より小さいときは間口が広い形態、1.0前後が正方形を表す。

　知行屋敷の d/f 比の平均値は1.3で正方形に近い形態であり、切米屋敷は2.1で間口より奥行が広い長方形、組屋敷は2.8で奥行が深い短冊形、町屋になると3.6でさらに奥行の深い短冊形であった。

　知行屋敷の平均値でみると、東曲輪を除き、上級武家屋敷ほど1.0に近づき正方形で屋敷班給されていた。東曲輪における武家地は、家格がそれほど高くないにもかかわらず正方形に近いのは、正方形の碁盤街区であったからである。また、西曲輪では長方形街区であったため、街区短辺を屋敷規模に応じてバリエーションをつけて計画したためと考える。

　屋敷面積と形状（d/f 比）の関係を散布図に示したのが図6.1.4である。これにより身分階層別の分布範囲をみるに、上級の家臣であった知行屋敷は正方形に屋敷割されており、特に二の丸の家老屋敷は別格の屋敷規模をしていた。一方、下級武士団が住んだ切米屋敷や組屋敷の分布状況は類似の傾向で、上級武家とは屋敷規模と形態に大きな相違が認められる。切米、組屋敷の町割は、分布上では町屋と重なり、屋敷の規模と形状に限定すれば、町屋と類似の傾向が見受けられる。

　この小倉城の屋敷形状を彦根城下町と比較すると、彦根城下町の足軽屋敷は d/f

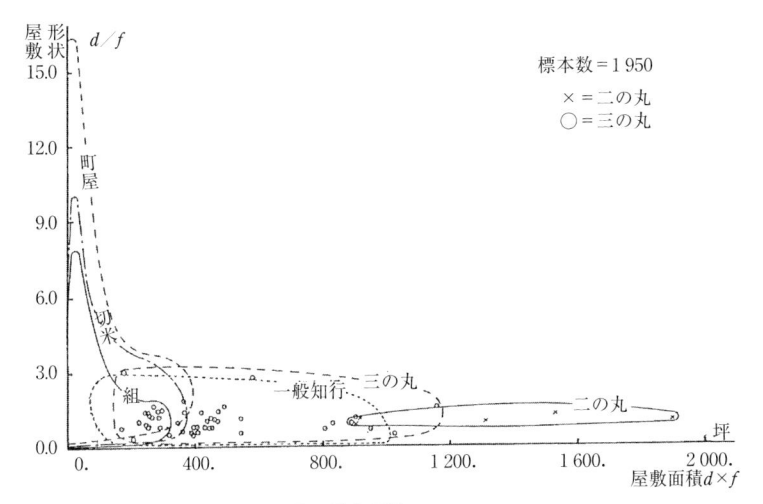

図 6.1.4 小倉城下町・身分別屋敷面積と形状

比の平均値は2.0（平均間口5間、奥行10間）で、小倉城の組屋敷はd/f比が2.8（平均間口4.4間、奥行10.2間）であったから、小倉城の形状は奥行が深い短冊状が特徴といえる。

また、江戸城下町の組屋敷の形状・面積[8]と比較すると、江戸城下町のd/f比は2～3の長方形で、その面積は140～200坪であったから、江戸城下町の屋敷面積は小倉城下町の3～4倍も大きかったが、形状は長方形ないし短冊状で相似していた。

4）屋敷割の技法

小倉城の武家屋敷の屋敷規模は身分・家格と対応関係にあったことは諸城下町と同様であった。身分・家格に応じて、屋敷規模をどう調整していたかという点につき、屋敷面積を説明変数に面積の要素である間口（f）と奥行（d）を目的変数にとって相関係数を求めると表6.1.5のようになる。

表 6.1.5 相関係数（$Y=aX+b$）

地区名			N	$Y=f, X=d \times f$		$Y=d, X=d \times f$
武家	知行屋敷	二の丸	5	0.9257	≒	0.9330
		三の丸	46	0.7556	>	0.6889
		篠崎	101	0.8739	>	0.5225
		西の町	25	0.7698	>	0.4699
		東曲輪	103	0.7005	>	0.5740
		切米屋敷	611	0.7528	>	0.6245
		組屋敷	474	0.8495	>	0.6272
		武家全体	1 365	0.8751	>	0.7535
町屋		東曲輪	585	0.8161	>	0.6464
		全体	1 950	0.8843	>	0.7107

第6章　町　割

　二の丸を除くすべての地区で間口の方が奥行より相関係数は高い。このことは、街区を背割2列に裏界線で二分割して奥行は街区短辺の1/2とし、屋敷規模は家格に応じて間口で調整するという手法がとられたことを意味する。実際の屋敷割は西曲輪（くるわ）と帯曲輪は表6.1.1に示したように長方形街区をしており、方位との関係でタテ型とヨコ型に分かれた。方位を分類条件に入れないことにすると、片側型、1面型、背割2列型、3面型の4つの基本パターンに集約できる。

　実際に最も多い型は背割2列型で約5割を占め、側界線（そくかいせん）が裏界線（りかいせん）に直交するように割り付けていた。このように街区短辺を裏界線で二分し、側界線は家格に応じて間口幅を調整して割り付ける方法であった。

　裏界線の方向つまり街区の長辺方向は、曲輪の形状や地形、主要門を結ぶ軍事的軸線と関連深く、日照や通風などの快適性に対する配慮はみられなかった。

　片側型は約3割あり、堀によって囲まれた曲輪の形状により、道路を直線に計画すると端部でこの型が使用されたのであった。同様に1面も曲輪の形との関係で街区幅が狭く、かつ交通上重要な部分で用いた。3面型は、知行屋敷とりわけ三の丸に多く、大身の武家地で背割2列型では家格の調整がつかない場合や、街区短辺が特に広い場合に用いられ、このとき裏界線は乱れて貫通していない。

　以上のように、長方形街区における屋敷割は、原則として背割2列型であったが、地形や曲輪の形、軍事的主要門との関係から屋敷と街区の配列が決まり、身分・家格による屋敷規模を街区短辺と間口寸法で調整する技法であった。

　一方、東曲輪の碁盤型街区割の部分については、碁盤型街区の屋敷割類型（表6.1.2参照）にみたように、方位との関係でタテ型とヨコ型、4面型に大分類でき、これに裏界線を考慮に入れると9分類になる。方位の条件を考慮に入れないと、1列型、背割2列型、3面型、4面型の4類型になる。

　背割2列型が最も多く、碁盤型街区の屋敷割の基本になっていたことが分かる。屋敷割は裏界線に側界線が直交するように割りつけ、原則として職業や家柄、藩主への貢献度などの家格によって間口を調整し、奥行は街区の1/2つまり15間余に屋敷取ることを基調とした。3面型はヨコ・背割2列にタテ・背割2列が交差する部分に計画された。4面型は交通の流れが方向転換した部分とタテとヨコの交通が交差した部分に配置することを基本としていた。

　この4面型は表通りのにぎやかな通行量の多い通りに店の間口を開くという原理が働いているとみなせる。この4面型は細川忠興が城下町を建設した当時からこのように屋敷割したのか、その後の変容過程を経て幕末時に4面町に変化したのかに

6.1 町割の設計理念

ついては、今のところ判断史料に恵まれず、つまびらかにできないことを付記しておく。

6.1.3 まとめ

本章では町割の仮説を実例に基づき考証し、必要な修正を図ることを目的とした。本節では、町割の規範となった都城の制や近世城下町の町割の発展過程をみたうえで、近世城下町の町割に大きな影響を与えた長浜城下町や近江八幡城下町の町割をみてきた。続いて、小倉城下町を事例に町割の背景にあった身分制度や地域的制約としての地形との関連、港や街道への対応関連を考察した。そして街区割や屋敷割の規模や形状について具体的に計画の用例を通して町割の設計計画の基本を考察した。

町割は施設配置や土地利用などを含む広く都市計画を意味した一方、個々の町の割り出しを意味し、街区割と屋敷割の配列を主な内容として後になるほど統制がとれた設計へと変容していったのである。蒲生氏郷や徳川家康の城下町建設にみたように天正期末期から慶長初期頃までには町割が端整なものになり、その技術が急速に整ってきた。

その先駆けになったのは豊臣秀吉の長浜城下町である。長浜城下町の町割から近江八幡城下町、大坂城下町に共通にみられた均質で端整な町割の技法、つまり天守からのヴィスタに基づく町割の基軸設定、42.4×60間の長方形街区、42.4間の碁盤型街区、タテ町型の町割は、以後の織豊系の大名たちの城下町普請に採用され、急速に普及していったのである。街区の規模や形状や向きは異なるものの、これら近世城下町の町割の先駆けをなしたのは長浜城下町に成立した均質な長方形街区の構成でもあった。小倉城下町を事例にした町割の考察から、近世城下町の町割に共通する原則がみえてくるのである。

街区の形状に着目すれば、武家地には長方形街区を、町人地には正方形街区の碁盤型をもって町割するという理念が明瞭に読みとれた。しかし、端整な碁盤型街区の構成は、大坂、熊本、小倉、名古屋、駿府などの城下町において限定的に採用されたが、主流は長方形街区であり、後世になるほどその傾向は強くなった。

身分制と住み分けは、大手に近いほど家格が高いという配置の原則に従った構成であった。地形と身分との関係では、高台の上級武家、新開地の下級武家、谷間・低湿地の町人という配置の原則に従った構成でもあった。城下町は宿駅の機能も併せ持ち、場合によると強引に街道を城下に引き込み、その街道沿いに商家を配した

第6章　町　　割

町割であった。

　武家屋敷を主に配した西曲輪の町割は、まず天守から主要施設である郭の門が視軸とα三角形60間モデュールにより決まり、その郭の主要門を取り結ぶ方向に主街路が線引きされ、その主街路の方向を長辺とする長方形街区の背割2列型の屋敷割で配列する方法であった。そして屋敷規模は身分によって班給され、大身の武家屋敷から小身の武家屋敷まで街区の短辺寸法で調整する方法であった。

〈参考文献〉
1) 下出源七編『建築大辞典』彰国社、1974.10
2) 新村出『広辞苑 第5版』岩波書店、1998.11
3) 玉置豊次郎『日本都市成立史』理工学社、1974.4
4) 宮本雅明『都市空間の近世史研究』中央公論美術出版、2005.2
5) 髙見敞志「小倉城下町の町割技法と現在市街地への影響と特性」日本建築学会計画系論文報告集 第380号、1987.10
6) 髙見敞志「城下町小倉の町割」小倉城下町調査報告書、北九州市、1997.3
7) 北九州市教育委員会文化課『小倉城 小倉城下町調査報告書』北九州市の文化財を守る会、1977.3
8) 陣内秀信『東京の空間人類学』筑摩書房、1986.2

会津若松城天守へのヴィスタ

6.2 町割の技法

　前節の町割の基本理念に引き続き、本節では町割の実際の技法について、天守からのヴィスタによって町割の基軸が設定された場合と、されなかった場合に分けてみていく。天守からのヴィスタがみられなかった場合は、天守を基点に視軸やα三角形60間モジュールで諸施設の配置が決まり、その諸施設へのヴィスタで街路が決められたと考えられる用例をみていく。

　次に町割の基本的モジュールについて、町屋を想定した碁盤型街区の事例を中心に町割の寸法系列を検討し、次に主流になった長方形街区の設計例を通してその寸法系列を検証する。続いて、α三角形60間モジュールで町割された典型的事例としての中津城下町、その先駆事例の長浜城下町を検証した後、α三角形60間モジュールの適用例を広くみていく。

6.2.1　町割とヴィスタ

　本項では、天守からのヴィスタにより町割の基軸が設定された事例をまず考察する。しかし、すべての城下町において、天守からのヴィスタによって町割の基軸が必ずしも決定されたわけではないことも、先学の研究成果、例えば宮本雅明氏の『都市空間の近世史研究』[1]から知ることができる。天守からのヴィスタによる基軸の設定がみられない場合の町割については、天守からの視軸やα三角形60間モジュールにより主要施設配置が決まり、その主要施設へのヴィスタで町割の主要な街路が設定された事例をみていくことにする。

(1)　天守へのヴィスタで町割の基軸設定
1)　天正・文禄期
　天正2(1574)年に豊臣秀吉が築いた長浜城下町は、天守からのヴィスタにより町割の基軸「本町」が設定され、本町を基軸に整然とした芯々寸法東西42.4間、南北60間の長方形街区に町割し、α三角形60間モジュールに対応づけて町割した可能性が高く、城に向かう町筋を表通りにしたタテ町型の構成であった(**6.1.1(3)**参照)。

　天正13(1585)年、秀吉の意向に沿って建設された近江八幡城下町は、八幡山上の本丸の天守と目される地点を基点にヴィスタによって町割の基軸「本町」が設定され、これを基に街区芯々寸法60×42.4間の均質なタテ町型長方形街区に町割し、

基本的には長浜城下町の町割手法を踏襲していた。

また、天正11(1583)年秀吉は、大坂城の築城にかかり、慶長3(1598)年に船場島之内全域に、方42.4間の碁盤型街区に町割した。この秀吉の大坂城天守を見通すヴィスタで島町通・高麗橋通が天正13(1585)年頃設定[1]されたのであった。

① 三原城下町

小早川隆景により築城された三原城下町は、天正10(1582)年の高松城講和の直後から本格的に整備された。小早川関係の寺院が沼田地方から三原へと移されたのはこの頃であり、文禄4(1595)年隆景が隠居して三原城に帰還してからは、沼田新高山城に残していた施設は三原城下町に移され、三原城下町の原型が完成したとみられる(4.2.1(2), 1)参照)。

こうして整備された城下町は、瀬戸内海に臨む海城を挟んで東西に分かれ、それぞれ東町、西町と称された。東町は早くから山陽道の往還として開けた立町を中心に形成した町であったが、西町は天正期以後沼田から数多くの寺院が移転した頃に成立した町とされる。この西町は山陽道の往還とされ、城下町の中心的市街地として形成された。

正保年間(1544～48年)の「備後国之内三原城所絵図」(内閣文庫所蔵)[2]に基づき復原する(図6.2.1)と、この西町の本通は、三原城の天守台の中心とがヴィスタによる構成であったことがみてとれる。この本通が西町の中心の繁華街で城に向かう大通であったから、タテ町型のヴィスタによる構成ということになる。

② 徳島城下町

蜂須賀家政が天正13(1585)年5月に播州龍野から17万5000余石を領して入封

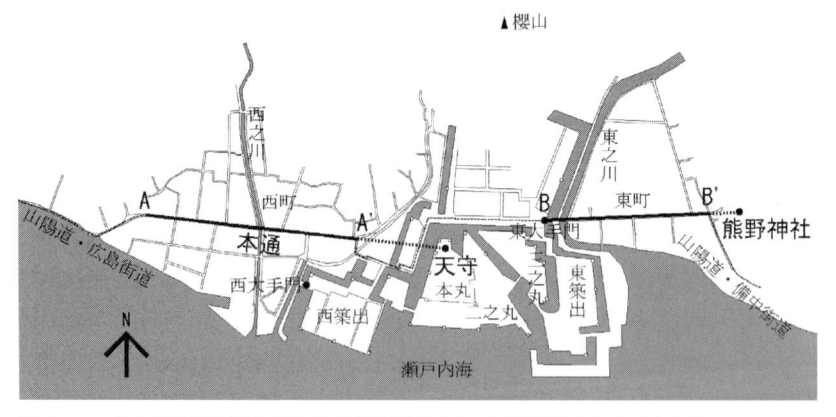

図 6.2.1　三原城下町の町割の基軸(正保期「備後国之内三原城所絵図」に基づく作図)

232

し、早速に徳島城の建設にかかり、翌14(1586)年には徳島城に移り、城普請と並行して吉野川河口のデルタ地帯に城下町を築いた。築城は武市太郎左衛門信昆と林図書頭能勝が縄張し、城郭を中心にして城下町が計画された。大臣の武家屋敷は徳島と寺島の一部に、また上層の町屋は寺島に配され、この両島合せて城郭城下町の中核を形成した。注目されるのは『渭水見聞録』に「第一・二・三ノ郭ハ皆山上ニアリ」[2]と記され、築城当初は山上に城郭は構えられていたとされる。

　その山上にあった天守は、家政の申付状に「山ノ古天守取潰シ候間手伝人ノ儀ノボリサシ‥早々ニ取潰シ材木は対馬家ノ東ニ積シ置クベシ」[2]と記事があり、天守は城郭完成間もない頃に取り壊されたとみられる。こうして3重の天守が一段下がった東の丸に移されたのであった。

　徳島城を描いた最古の絵図である正保3(1646)年の「阿波国徳島城之図」(内閣文庫所蔵)[2]よって復原した図（図6.2.2）によると、寺島では内魚町A-A'のほか数本の町筋が本丸南西隅の弓櫓を見通すようにヴィスタで構成された。さらに、撫養街道に接続した助任町B-B'は本丸の御殿を正面に見通すようにヴィスタで設定さていた。伊予街道の佐古裏町C-C'は、少し後世の寛永期の設定であったが、同じ弓櫓を基点としたヴィスタで構成されたのである。また、元和9(1623)年に城内渭

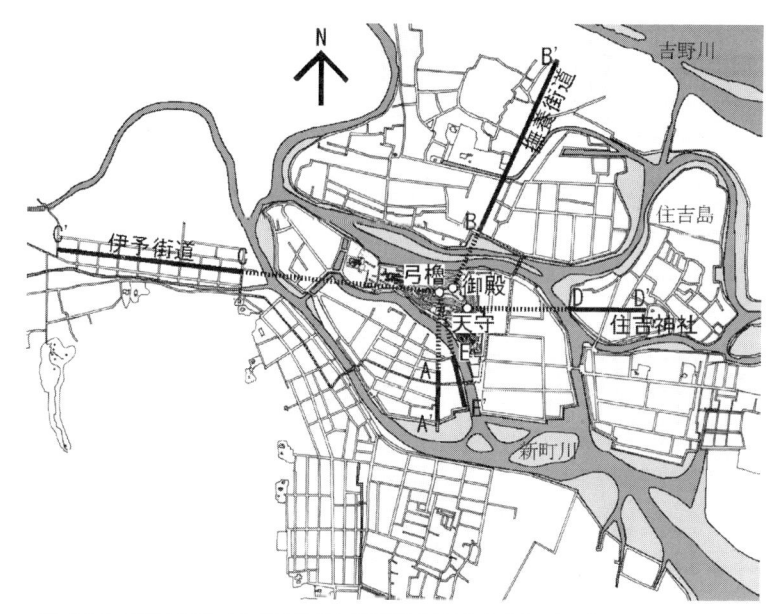

図 6.2.2　徳島城下町の町割の基軸（正保期「阿波国徳島城之図」に基づく作図）

第6章　町　割

山にあった住吉神社を藤五郎島に遷座させて住吉島と改称した。この住吉神社の参道D-D'は東の丸の天守に向かうヴィスタの構成であったことが知られる。このように徳島城下町の町割は、天正期の創設期においては渭山山上の天守と目される弓櫓や御殿をヴィスタにして、時期が下っても佐古や住吉の町割において山上の主櫓を見通すヴィスタで線引きされたいわゆる島普請で、個性的な形態の各島の郭に主要な街路は天守や主櫓からのヴィスタで基軸を設定して、これに基づき町割されたことは注目される。

③　広島城下町

毛利輝元は、天正17(1589)年2月に見立山ほか3山に登り天守の位置を決め、城普請とともに城下町建設に着工した(2.4参照)。この広島城下町においても町割の基準となった街路の1つが天守を見通すヴィスタで設定されたことを知る。

正保年間(1644～47年)の「安芸国広島城所絵図」(内閣文庫所蔵)[2]に基づいて復原図を作成(図6.2.3)し、これに依拠して実見したところ、宮本氏の研究では「毛利時代に本通A-A'とともに町割の基軸とされた大手門から南に延びる白神通B-B'が平坦な地形の城下から約40mの高さにそびえ建つ本丸天守を正面に見通すことが看取される」[1]としているが、筆者らの追試においてもそのとおりであった。

図 6.2.3　広島城下町の町割の基軸(正保期「安芸国広島城所絵図」に基づく作図)

慶長5(1600)年毛利輝元が移封の後、入部した福島正則は城の北側の郭外を通過していた西国街道を強引に城下に引き込み、城下町を整備した。その本町筋A-A'とともにこの白神通が中心街を形成し、町割の基軸になったであろうことは当時の絵図をみると充分に想像できることである。

以上のほか、宮本氏の『都市空間の近世史研究』には、宇喜多秀家が天正17(1589)年に築城にかかった岡山城下町、文禄元(1592)年に蒲生氏郷が経営に着手した会津若松城下町、文禄2(1593)年の佐竹義宣による水戸城下町の事例が詳しく述べられており、天正文禄期の町割において天守へのヴィスタが基軸になったことが知られる。

2) 慶長期

続く慶長期に城下町整備を行った事例のなかで、天守からのヴィスタにより町割の基軸を構成していたものをみてみる。

① 高知城下町

高知城は、慶長6(1601)年掛川から土佐に転封になった山内一豊によって築かれた。同年6月大高坂山を城地と定めて、同年8月築城の名手といわれた家老百々越前安行を総奉行として、9月鍬始め、築城を開始し、慶長8(1603)年8月に本丸、太鼓櫓などが完成して入城した(**4.2.1(2), 3**)参照)。

城下町も築城と並行して建設が進められ、武家地を城郭の周りに配して郭中とし、それを挟む東西に町人地を配して西側を上町、東側を下町と称した。

正保年間(1644～48年)調製の「土佐国城絵図」(内閣文庫所蔵)[2]に基づく復原図(**図6.2.4**)によると、掘割に沿う下町の中心街であった東堺町から浦戸町A-A'が

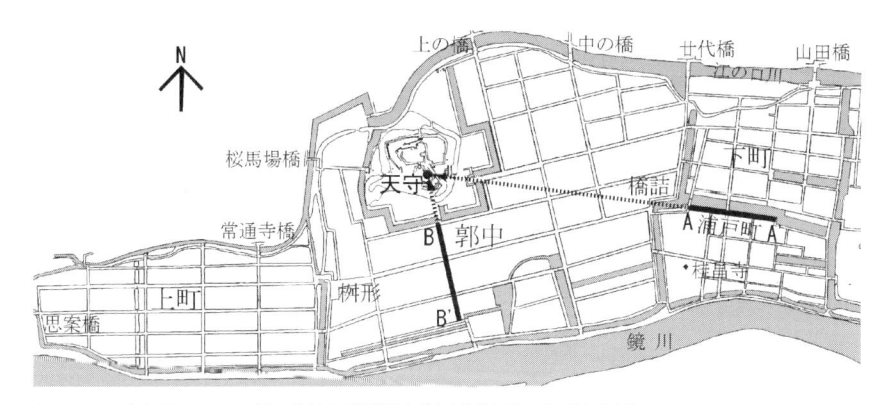

図 6.2.4　高知城下町の町割の基軸(正保期「土佐国城絵図」に基づく作図)

第6章　町　割

本丸天守を見通すヴィスタの構成であった。このA-A'が基軸となって、下町の町割が施されたであろうことは図にみてとれる。また、郭中の武家屋敷においても天守を見通す街路B-B'があり、これが郭中の町割の基軸となっていたことが分かるのである。

② 萩城下町

慶長5(1600)年関ヶ原の敗戦によって、周防、長門の2ヶ国に減封となった毛利輝元は、安芸国の広島城を福島正則に渡した後、慶長9(1604)年正月、幕府に城地の選定について意見を求め、同年2月に正式に萩の指月山に居城建設の承認を得た。縄張に吉川蔵人、作事奉行に三浦内左衛門が任命され、同年2月に指月山山頂の要害の縄張を行い、6月に鍬初めが行われ、萩城下町の建設が開始された(**4.1.2 (7)**参照)。翌10(1605)年に藩士への屋敷班給が行われ、慶長13(1608)年6月に工事は完成をみた。

萩城下町絵図として最も古くて信頼できる慶安5(1652)年に作成された「慶安古図」(山口県文書館所蔵)に基づき作成した復原図(**図6.2.5**)によると、古萩地区の樽屋町A-A'と平安古地区の満行寺筋B-B'が天守へのヴィスタによる町割の基軸になっていたことが分かるのである。

以上のほか、宮本氏の『都市空間の近世史研究』には、慶長8(1603)年からの徳川家康の江戸城大拡張と同11(1606)年の5層天守へのヴィスタによる町割の基軸、慶

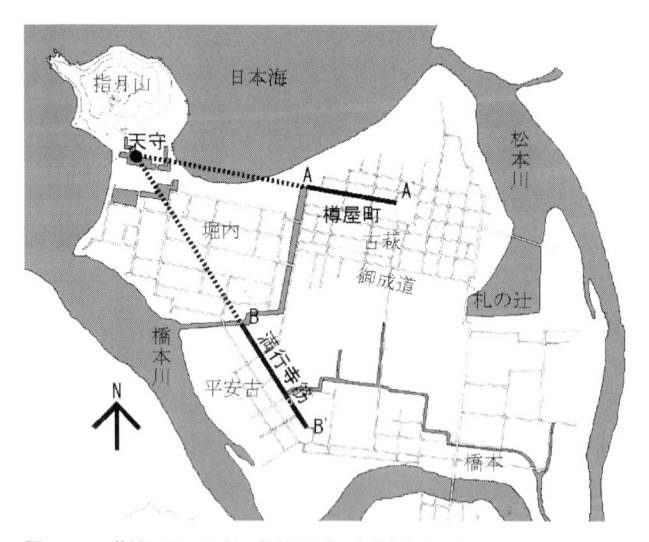

図 6.2.5　萩城下町の町割の基軸(慶安5年「慶安古図」に基づく作図)

長11(1606)年から築城にかかった家康の永住の居城・駿府城、慶長16(1611)年に町割の藤堂高虎の居城・津城など天守からのヴィスタによる町割の基軸設定の事例が詳しく述べられている。

　大坂城が落城した後、慶長期も末期に建設された城下町では、天守は築かれなくなり、また落雷などにより焼けた後も再建されないことが多くなった。このような時期に建設された津、米沢、弘前の城下町では代用天守と目される主櫓にヴィスタの対象が変化していくのである。

3）元和・寛永期

　慶長期の城下町築城ラッシュが去った後、元和元(1615)年の「一国一城令」や「武家諸法度」の制定後のヴィスタによる町割の基軸設定はどのように変化したか興味深く次にみていく。

① 鳥取城下町

　久松山鳥取城は天文14(1545)年に山名氏の天神山城の出城として中世の山城として創建の後、天正元年(1573)年、山名豊国が天神山から本拠を久松山に移してから本格的に発展した。この城も秀吉の鳥取城攻めにより落城し、これを再興したのは宮部善祥坊継潤であったが、詳細は定かでない。慶長6(1601)年、池田長吉が転封され城郭と城下町の改造を行い、この城普請により鳥取城が確立した。続いて元和3(1617)年姫路から池田光政が入部し、大家臣団を収容するため、主として城下町の大改修を行い近世城下町が形成された。

　宮本氏の研究によると、元和5(1619)年の「因幡国鳥取絵図」ほかの城絵図による復原（図6.2.6）と発見したところ、「北御門から鹿野口へ通じる惣堀内A-A'の通りと元和期の絵図にはまだ現われていないので、少し遅れて実施されたとみられる上町通りB-B'、そして『鳥府志』に述べる大手の通りである智頭街道C-C'という三本の主要街路が標高260mの久松山上の本丸天守を正面に見据えるように設定されている」[3]としている。また、この本丸からの見通しのヴィスタによる町割が防御を目的とした軍事上の観点に基づいて行われたことを『鳥府志』ほかの史料に基づき明らかにしている。

　この度の筆者らの追試考察においてもそのとおりであって信憑性がある。ただ、同氏も指摘のように鳥取城下町のヴィスタに基づく街路再整備は、A-A'は池田長吉時代に天守が改築された慶長6(1601)年までさかのぼる可能性が充分にあり、元和の改修ではない可能性もある。智頭街道C-C'と上町通りB-B'は天守を見通して計画されたことは明らかであるだけに、元和の時期に軍事的目的を持って街路設

第6章　町　割

図 6.2.6　鳥取城下町の町割の基軸（慶安2年以前「鳥取城下之図」に基づく作図）

定に必要に固執した例として注目されよう。

② 福山城下町

　元和5(1619)年水野勝成は徳川秀忠より備後10万石を与えられ、外様大名を牽制する使命を担って福山に入部し、家老中山将監を惣奉行に任じて福山城の築城にかかった。築城にあたって幕府から金12600両、銀380貫目の拝借を許され、伏見城の遺構である伏見御殿、三階櫓、湯殿、大手門、筋金門などが下賜された。天守は5重5階地下1階の複合天守であり、軍事上の要塞として権力の威容を誇示する意味を強く表した構造となっていた。元和8(1622)年8月に新城は完成して勝成は正式に入城した。

　正保年間（1644～48年）調製の「備後国福山城図」[1]を基に作図した復原図（図6.2.7）をみると、築城以来の町人町である上魚屋町A-A'が天守を見通すヴィスタの構成で配され、これを基軸に本町筋B-B'が直交して町割されたことが図にみてとれる。

　このように元和期においても幕府のお墨付きで特別の意図を持って建設された福山城は、威容を誇示する天守とともに町割においても従前の天正期以来の方法を継承していたのであった。

6.2 町割の技法

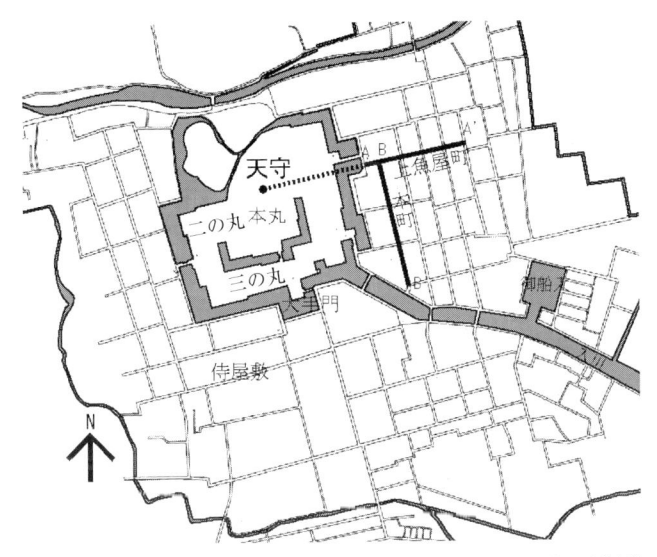

図 6.2.7 福山城下町の町割の基軸（正保期「備後国福山城図」に基づく作図）

　以上にみてきたように、天正期に秀吉が築いた長浜城下町［天正2(1574)年］や近江八幡城下町［天正13(1585)年］は、天守からのヴィスタによって町割の基軸「町人町の中心街・本町」が設定され、この本町筋を基軸にして42.4×60間の長方形街区で整然としたタテ型の町割が施された。この町割の形式が、以後の織豊系の大名によって経営された徳島や広島、会津若松などの城下町の町割に影響していった。この方法が軍事的意味のほか公権力を一元的に束ねていく意味を持って進められてきたという指摘[1]は注目される。
　慶長期の城下町建設ラッシュの時には、この天守からのヴィスタに基づく基軸設定の方法を継承しながらもヨコ町型など多様な展開をみせている。
　慶長末期頃から変化がみえてくるが、元和元(1615)年「武家諸法度」制定により新城の築城は原則的には禁止、天守を建設することを遠慮するなかでの城下町建設にともなう町割は、かなり大きく変化してくる。元和以後の町割の基軸設定は、従前のように天守からのヴィスタに基づく例として鳥取城下町や福山城下町でみられたが、明石城下町（6.2.1(2)参照）にみるように天守台は建設したものの天守は建設されず、代用天守と目される主櫓を基点にした基軸設定がなされるようになった。
　しかし、ここで強調しておきたいのは、すべての城下町の建設において、この天守からのヴィスタによる基軸を基にして町割されたということではなかったことで

第6章　町　割

ある。

(2) 主要施設へのヴィスタで街路設定

　これまで天守からのヴィスタで町割の基軸が決まり、その基軸の本町など主街路に直交する街路を基準にして町割された事例を述べてきた。しかし、すべての城下町において天守からのヴィスタで町割が決まったわけでもない。

　ここでは、天守からの視軸により軍事施設が決定されたことと、α三角形60間モデュールにより社寺が決定されたことを踏まえて、こうして決まった諸施設からのヴィスタで街路が線引きされた用例をみていくことにする。その用例はすこぶる多いのであるが、ここでは数例を示す。

① 今治城下町

　慶長5(1600)年、関ヶ原の戦功により、藤堂高虎は宇和島8万石から一挙に12万石が加増されて20万石を領して国分城に入った。高虎は、直ちに瀬戸内海交通の要路来島海峡の制海権を握る目的を持って慶長7(1602)年6月より今治城の普請を開始した。普請奉行には妹婿の父渡辺勘兵衛了が任ぜられ、慶長9(1604)年9月に今治城は完成した。

　この今治城の施設配置の特徴は、天守からの視軸構成による門、櫓、番所などの軍事施設の配置と、徹底した制海権確保のため海側に偏在した門、櫓の配置をしてこの城の建設の狙いに合目的な設計思想が鮮明に打ち出されていた点であった。また、天守決定に関連した来島海峡軸が城下町の町割の都市軸とほぼ一致し、この町割軸は三島大山祇神社信仰軸と大矩の直角三角形と関連し、30°の角度で整合していた点も今治城設計上の大きな特徴であった(**5.1.1(2)**参照)。

　1/2500地形図に「正保城絵図」(内閣文庫所蔵)[2]に基づき「今治町絵図」[4]を参照して修正を加え作成した復原図により町割(**図6.2.8**)をみてみよう。

　中堀と外堀の間の広大な第3郭の武家地の北の門と辰の口門を結ぶA-A'は天守位置決めの来島海峡軸ラインと一致し、この来島海峡軸への都市軸は南北軸(三島大山祇神社へ向かう信仰軸)と30°の角度を成して形成されていた。

　一方、町人町の町割の基軸は、辰の口から大濱口を結ぶ本町B-B'である。この本町の基軸は辰の口から北の門にヴィスタになっていたことが分かり、この町割の基軸は南北軸(信仰軸)とαの角度(35°26')をなして構成されていたことは注目される。なかでもこの町割は北の門を基点にして門や番所を決め、それを基点にタテ町・ヨコ町が町割したことが知られる。その整然とした街区は内法寸法60×30間

6.2 町割の技法

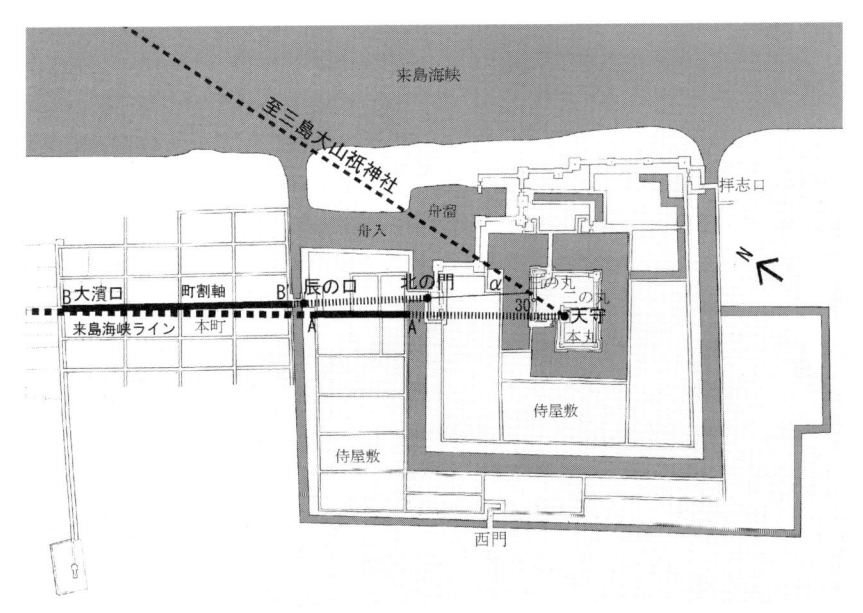

図 6.2.8 今治城下町の町割

(6尺5寸)[5] の長方形街区[6] で町割されたのであった。
② 伊賀上野城下町

　伊賀上野城は、大坂城の豊臣秀頼に対する境目の城として藤堂高虎によって慶長16(1611)年、自ら縄張をして城普請にかかった(**4.1.1(7)**参照)。

　伊賀上野城は、境目の城として築城された経緯から広大な二の丸(三の丸)を有し、その周囲には土居と堀を巡らせ、東西の大手門のほか10の櫓がその土居の上に建設されるなど、軍事施設が二の丸に集中的に構築された特徴がある。

　宝永5(1708)年頃の「伊賀上野城図」(藤堂合子所蔵)[2] に基づき、「上野城復原図」[7] ならびに「上野城下町復原図」[8] を参照して復原図1/2500を作成した(**図6.2.9**)。

　この復原図でみるに、「中の立町通」A-A'は、高虎が城普請を始めるにあたり手厚く崇敬した巽の方位に鎮座の愛宕神社本殿と筒井時代の大手(搦手門)をヴィスタに結ぶタテ町が町割の基軸になっている。天守へのヴィスタは町割の基軸から後退している。

　この中の立町通と札の辻でクロスする本町B-B'は、菅原神社本殿と黒門を基点としたヴィスタの関係で線引されている。そして、この本町は伊賀上野城下町の中心街を形成していた。この菅原神社は、高虎が築城に際して上野山平楽寺の伽藍神

241

第6章 町　割

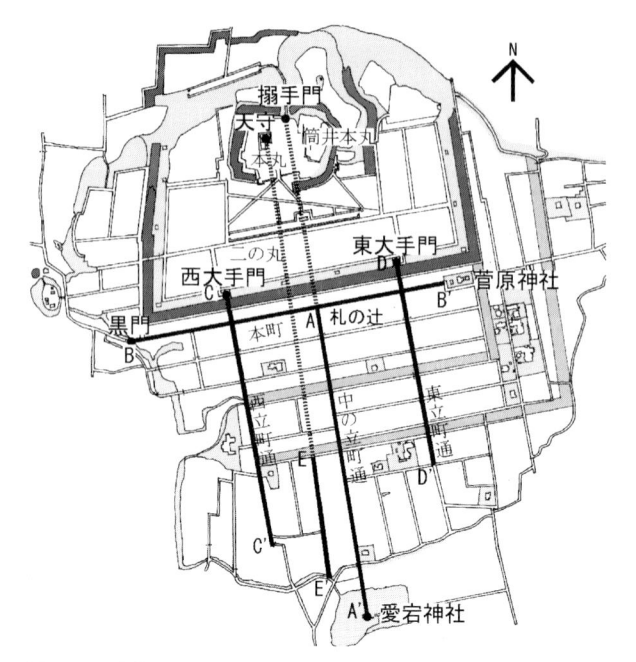

図 6.2.9　伊賀上野城下町の町割

として祀られていたものをこの地に奉還して城郭の鎮守とし、黒門は本城下町への西方からの重要な城門であり、黒門から菅原神社本殿まで480間(8町)に計画されたのであった。

　注目されるのは、伊賀上野城下町を特徴づけた二の丸の東西2つの大手門から南下する西立町通C-C'と東立町通D-D'はともに西大手門と東大手門を正面に見通すヴィスタの町割であった。

　天守は完成間際の慶長17(1612)年9月に台風により倒壊して再建されなかったが、この天守台へのヴィスタは中の立町通A-A'の1つ西側の東鉄砲町E-E'でみられる。しかし、この東鉄砲町は当初高虎が計画した総曲輪の町割[9]の中に入っておらず、伊賀上野城下町のメインストリートでなかったことから、高虎は伊賀上野城下町の町割において、天守からのヴィスタは重要視しておらず、むしろ二の丸の東西の大手門が天守や本丸の施設以上に重要な役割を演じていたことが鮮明に読みとれる。

　この城下町の町割においても藤堂高虎は、伊賀上野城の境目の城という目的に忠実に対応づけて二の丸の施設に重点を置き、その施設を基点に計画されたことが分

かる。

　以上から伊賀上野城下町の町割は、**5.1.1(4)**にみた城郭・城下町の門、櫓、番所など軍事施設が天守台を基点にして視軸で配置され、その軍事施設を基点にしたヴィスタで街路線引きを行う方法であったといえ、天守からのヴィスタは後退して代わって東西の大手門が主役に登場してくるのであった。

③　明石城下町

　明石城は「一国一城令」、「武家諸法度」制定により新城の築城は原則的には禁止のなかで元和4(1618)年3月に将軍徳川秀忠より築城命令が下り、同4(1619)年10月、縄張を軍学者志多羅将監に命じ、町割は宮本武蔵が担当し、西国の外様大名の押さえとしての役割を担って建設された。築城は元和5(1619)年正月より工事を始め、元和6(1620)年10月おおむね完成して小笠原忠真は明石城に移った。

　正保年間(1644〜48年)調製の「播磨国明石城絵図」(内閣文庫所蔵)[2]に基づき作図した復原図(**図6.2.10**)をみると、外堀に開く大手門先の元和の築城時以来の2本のタテ町の1つである大手町筋A-A'は代用天守の坤櫓を正面に見通すヴィスタ

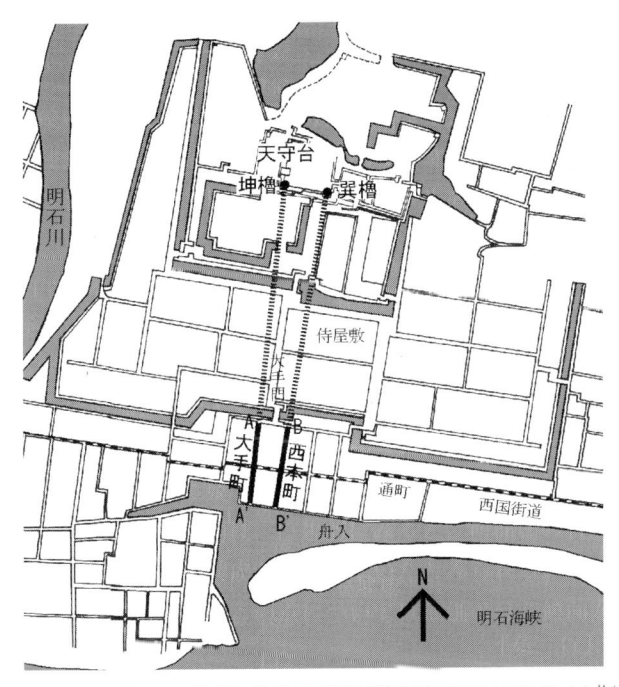

図 6.2.10　明石城下町の町割の基軸(正保期「播磨国明石城絵図」に基づく作図)

第6章　町　割

で構成されていた。また、もう一本の西本町筋B-B'はもう1つの代用天守であった巽櫓(たつみやぐら)を正面に見通すヴィスタで配された。この2本のタテ町に直交する通町は西国街道の往還であり、明石城下町のメインストリートでもあった。このように代用天守へのヴィスタにより町割の基軸が設定された明石城は、天守が築かれなくなった時期の典型例と考えられ、伊賀上野城とともに注目される。

(3) 山当てのヴィスタで町割

　近世城下町の町割の手法として「山当て」のヴィスタが使用されたという指摘は、管見では桐敷真次郎氏の江戸と駿府を対象にした景観設計の観点からみた城下町設計手法の考察[10],[11]が初見であろう。桐敷氏は、家康が天正から文禄・慶長期(1573～1615)にかけて建設した江戸の主要街路のうち天正期の大手筋本町が富士山を、慶長期に設定された通町が筑波山を見通すことのほか、愛宕山や上野忍ヶ丘、神田山などの山や天守を望むように設定されたことを指摘している。また、家康により慶長期に改造された駿府城下町においても富士山と天守を見通すように主街路が設定されたことを述べている。この指摘は、極めて示唆に富むものであったが、文献的史料に基づく実証的なものではないだけに、今後この仮説は実証されなければならないが、山当ての存在の指摘は注目される。

　また、佐藤滋氏と城下町研究体の研究には、北海道から九州まで53の城下町を対象に、当時の城下町の構成原理を復元的に読み解くことを目的にした考察がある。その著書『図説 城下町都市』[12]では、盛岡や角館(かくのだて)、新庄、村上、鶴岡、岡山、松江、臼杵(うすき)など多くの城下町の町割に山当てがみられるとして取り上げられている。その山当てラインの意味として、第一に測量の基準点、第二に自然・風景への応答、第三に山をアイストップとしての空間デザイン上の意味などを指摘して、現在の城下町都市の基盤にあるその構成原理を読みとることの手がかりとしての重要性を強調している点は共感できる。しかし、当時の絵図などを基にした復原図に基づく解析や実見を踏まえての山当てであったとしても、文献資料が得られない今となってはかなり困難なことといわねばならないが、当時そのように実際に設計したかどうかは分からないだけに、何らかの史料をともなった論拠が欲しい。

　桐敷氏や佐藤氏らがたどった山当ての事例を全国に当てはめながら、裏づけとなる文献資料を探しているが、今のところ提示できない状況である。城郭・天守位置決めにおける修験山などの霊峰への視軸ないしはα三角形60間モジュールによる設定は指摘できたと考えるが、町割の街路設定における山当ては、実見しうる多く

の事例がありながらも今のところ史料に恵まれておらず、論理的な問題の解決が残されているのである。

6.2.2　町割のモデュール

　前項では天守および諸施設からのヴィスタにより町割の街路設定について考察した。城下町の町割は基軸の設定に続き、街路網を成し、街区の配列として面的に計画され、同時に屋敷割と整合性をとらなくてはない。それゆえに線的な街路に寸法の概念が加わってはじめて街路網・街区構成としての町割計画が成立する。次に、町割における街区の寸法系列・モデュールをみてみる。

(1) 基本的モデュール

　近世城下町の初期の町割に、それ以前の平城京や平安京の都城（とじょう）の制度を参照したことは容易に想像できるが、なかでも京都を範として街路設定がなされたことは前節でみた。その内容は街区形状や街区寸法、そのネットワークとしての街路網を含んでのことであったと考えがちである。しかし、実際には街区寸法は必ずしも京都（40丈、内法60間）に端正ではなかったし、街区形状においても端整な正方形ではなかったことはすでに述べたとおりである。

　屋敷割に目を向けると、平安京の町割の典型である四行八門制（しぎょうはちもん）の屋敷割ではなく、背割2列型が主流であり、江戸の日本橋や熊本、名古屋などでは正方形街区の中央に会所や寺を配した4面町型の屋敷割であった。これら近世城下町のそれは、平安京の原形の町割ではなく、当時の京都の形態を参考にしたものであった。したがって、近世城下町の多くは、京都を範としたと記述されている場合でも碁盤型に近い街区割を意味したと考えられるのである。では、具体的に町人地に多く計画された碁盤型街区と武家地と町人地にも時期が下るほど多く計画された長方形街区に分けてみていこう。

(2) 碁盤型街区のモデュール

　碁盤街区で町割された多くは、「京都を典範として」と記載され、天正から慶長期（1573～1615）に主として家格が比較的均質な町人地において主に計画された。次に、その碁盤街区の寸法系列はどのようなものを使ったかをみてみる。

第6章　町　　割

- 大坂城(船場・島之内)　　天正11(1583)年、芯々方42.4間
- 熊本城(古町:呉服二・魚屋三)　　天正16(1588)年、東側67間4尺、西側69間4尺、北側66間5尺、南側65間5尺[13]
- 江戸城(本　町)　　天正18(1518)年、方40丈、内法方60間(6尺5寸)
  (『校注天正日記』)
- 小倉城(東曲輪)　　慶長7(1602)年、芯々方35間[14](6尺5寸)
- 駿府城(碁盤地区)　　慶長14(1609)年、内法平均南北51.57間、東西51.31間[15]
- 名古屋城(碁盤地区)　　慶長15(1610)〜19(1614)年、芯々方60間(6尺1寸)[16]

　以上のごとく、碁盤型街区は、天正〜慶長期に、特定の城下町の町人地において主に計画された。京都を範としたといいながらも、碁盤街区の寸法は多様であり、最小の小倉城の芯々方35間、大坂城の芯々方42.4間、駿府城の内法方51間余、江戸城と名古屋城は芯々方60間、熊本城は少し大きく65〜69間の碁盤型街区であった。

　街区寸法の大きい江戸城と名古屋城、熊本城は、京都の当時の寸法や屋敷割が参照されたとみえ、中央に江戸城では会所が、熊本城や名古屋城は寺を置き、4面町型に町割されている。一方、街区寸法が小さな小倉城や大坂城では背割2列型の屋敷割・町割が基本であった。

　小倉城の35間はA1型α三角形60間モジュール(1.3、3.2.1参照)に、大坂城の42.4間はB1型α三角形60間モジュールに対応させて計画したものと考えられる。また、駿府城の内法方51間余と熊本城の65〜69間は用尺に関連しているようであるが、60間モジュールの関係は今のところ明らかにできず、課題として残されている。

(3)　長方形街区のモジュール

　前項に取りあげた以外のほとんどの城下町では、長方形街区で計画された。なかでも武家屋敷は大身の家老屋敷から小身の組屋敷まで家格の差が大きく、その家格に応じて屋敷の面積と形態を調整して班給(はんきゅう)された。また、同じ程度の家格の屋敷が並ぶように配列した関係上形状は小身の屋敷を除いて正方形の背割2列型を原則としている。したがって街区短辺で屋敷規模を調整したので、武家屋敷の街区は基本的に長方形が適していたのである。また、各藩大名の間にも家格があり、江戸と地方の城下町でも大きな差[14]があったことが知られる。

6.2 町割の技法

このようなことから、本項では町人地の長方形街区の事例をみることにする。

天正〜文禄年間（1573〜95年）
- 長浜城　　　天正2（1574）年、　本町〜北町、芯々42.4×60間
- 近江八幡城　天正13（1585）年、本町〜魚屋町、芯々42.4×60間
- 中津城　　　天正15（1587）年、京町〜寺町、芯々35間×60間
- 宇和島城　　文禄4（1595）年、　本町、芯々30×60間

慶長年間（1596〜14年）
- 丸亀城　　　慶長2（1597）年、　新町（宗古町〜通町）芯々44.4×73.5間
- 高知城　　　慶長6（1601）年、　下町、芯々44.4×60間、上町、芯々37.6×100間
- 府内城　　　慶長7（1602）年、　町人町、芯々33.3×51.4間、　内法30×48.9間
- 今治城　　　慶長8（1603）年、　本町、内法30×60間
- 萩城　　　　慶長9（1604）年、　古萩、芯々42.5×42.5間
- 篠山城(ささやま)　慶長14（1609）年、上立町、芯々50×140間
- 伊賀上野城　慶長16（1611）年、本町、芯々42.4×124間

元和〜慶安（1615〜51年）
- 明石城　　　元和3（1617）年、　本町、芯々36×55間
- 福山城　　　元和5（1619）年、　大手町、芯々51×67間
- 赤穂城　　　慶安2（1649）年、　通町（浄念寺）、芯々30×72間

以上は、町人町の長方形街区の寸法（1間＝6尺5寸）である。

天正〜文禄期における豊臣秀吉の築城にかかる長浜と近江八幡の本町を中心とした街区は、芯々42.4×60間であり、曲尺(かねじゃく)の表目と裏目に対応させたC1型α三角形60間モジュールの端整な町割であった。また、秀吉の軍師を務めた黒田孝高が設計した中津城の町人町では芯々35×60間であり、A1型α三角形60間モジュールに対応づけた街区構成であったことが分かる。藤堂高虎の初期設計で居城とした宇和島城は、芯々30×60間の街区で中心街が形成されており、60間の基本モジュールを用いたことが分かる。

このように天正〜文禄期の町人地の街区寸法は、曲尺の表目裏目に関連した60間を基準にしたα三角形60間モジュールと関連させて設計されていたのである。

それだけに、寸町分間図という縮尺図としての設計絵図を作成して町割・地割したと考えられ、その際に曲尺を使った蓋然性(がいぜんせい)は高い。

慶長期では、天正・文禄期とは様相がかなり異なり、多様な展開をみせている。

藤堂高虎の今治城では宇和島城と同じ寸法系列・内法30×60間を使って端整な町割を町人地全体に施し、従前の方法に従っているが、それ以外では多様な展開を示す。

竹中重利の大分府内城では、街区短辺(30間内法、33.3間芯々)に長辺(48.9間内法、51.4間芯々)を基本にしており、街区内法寸法は［30間＝60間の1/2、48.9間＝A1型(34.6、48.9、60)］であり、α三角形60間モジュールに対応させて、整然と割りつけられていた。

生駒親正(いこまちかまさ)と子一正による丸亀城の中心街・宗古町〜通町は、芯々44.4×73.5間の町割であり、変則的な寸法である。つまり、街区短辺の芯々寸法は44.4間であったが、内法寸法は42.4間であり、短辺と長辺で芯々寸法と内法寸法を使い分けたと仮定すると、C1型α三角形60間モジュールに符合するのである。

また、山内一豊が築いた高知城の下町は芯々44.4×60間であり、短辺を内法42.4間、長辺を芯々60間で設計したとすれば、丸亀城と同様にC1型α三角形60間モジュールに符合するのである。

萩城の古萩では、芯々42.5×42.5間の街区構成がみえるが、これはB1型α三角形60間モジュールの方85間の正方形街区に中道を入れて構成したと考えられる。

高虎が設計にかかわった篠山城と伊賀上野城は、短辺は42.4間と50間であり、α三角形60間モジュールのC1型、A1型に対応するものの長辺の140間および124間は街路幅員を考慮してもα三角形60間モジュールで関連づけるには若干の無理がある。これは用尺の問題なのか誤差とみるべきなのか、地形への対応なのか充分な検証が必要である。

元和〜慶安期になると、多様な展開を示し、天正〜文禄期や慶長期初期のような端整で均質な町割はみられなく、また、α三角形60間モジュールとの対応はみられなくなった。この時期における町割は、α三角形60モジュールと関連づけて説明することは今のところできず、残された課題である。

6.2.3　α三角形60間モジュールによる町割

前項まで、天守からのヴィスタによる町割の基軸の設定ならびに諸施設からのヴィスタで街路が決められた用例を検証し、次に町割の寸法系列を考察してきた。本

6.2 町割の技法

項では、α三角形60間モデュールで町割された典型的事例としての中津城下町と大分府内城下町、その先駆事例の長浜城下町を検証した後、α三角形60間モデュールの適用例を広くみていく。

(1) α三角形60間モデュールの町割の典型例
1) 中津城下町

α三角形60間モデュールによる町割の典型例としては中津城が挙げられる。天正15(1587)年、黒田孝高は豊臣秀吉から豊前6郡をあたえられて入封後、山国川に面する丸山を求菩提山の僧玄海法印が適地と相し、孝高が縄張し、翌16(1588)年正月に地鎮祭[16]を玄海が執り行い、築城工事を開始した。その概要は **2.2.5** で述べたが、それ以後の考察も含めてここに述べる。

精度の高い信頼できる絵図として、幕末期の慶応2(1866)年「中津藩士屋敷割之図」を中心に天保7(1836)年～弘化2(1849)年「中津城下絵図」ほかを参照して1/2500地形図に復原図(**図6.2.11**)を作成した。これによると、黒田孝高が縄張したと目される町割は、線分URを基軸としたC1型からC10型のα三角形60間モデュールにより設計された部分であったことは容易に分かる。

この基軸URは、闇無濱神社を基点とした夏至の旭日・冬至の落日ラインと一致し、鬼門・裏鬼門軸とみなされる。さらに、この基軸URは闇無濱神社を基点としてその延長は修験の霊峰求菩提山の四至(浄利結界。菩提山、犬ヶ岳、経読岳で囲む一帯の聖域)の中央に向かうだけに、闇無濱神社を鬼門除けに、菩提山の四至を

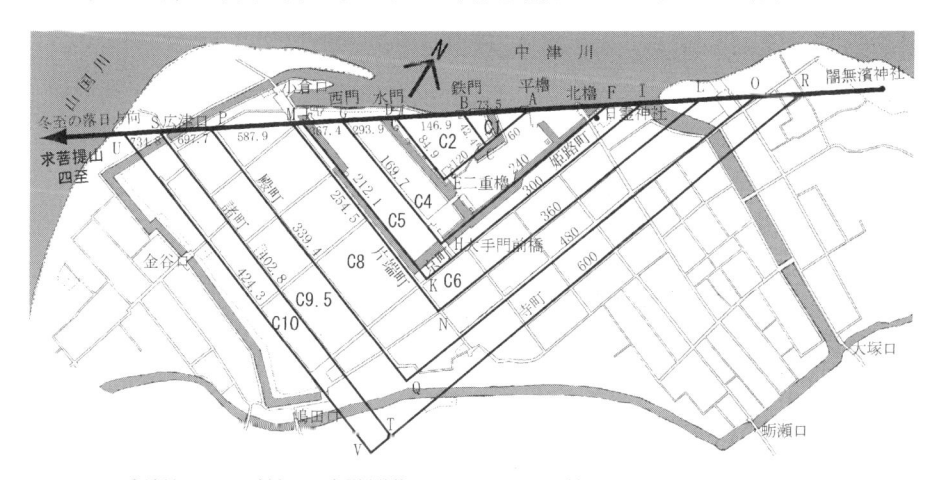

図 6.2.11 中津城下町の町割とα三角形(単位：間、1間＝6尺5寸)

第6章　町　割

裏鬼門除けにしたことは、菩提山の僧玄海法印が地選を卜し、地鎮を執り行ったことからこれを裏づけている。

　孝高は縄張に際して城郭の中心主櫓から北に向かって右方にある闇無濱神社を中国の古典『周礼』の「右社」とみなして鬼門の守護神と決め、この社が夏至の旭日冬至の落日ラインと一致するのを見て、このラインを基軸と定めたとみられる。

　そして実際の町割は、線URを基軸に定め、曲尺を用いて表目裏目の同じ寸法使い、寸町分間図の縮図の要領で設計絵図を作成したと考えられる。というのは、本丸部分はC1型からC2型α三角形60間モデュールが対応し、二の丸と三の丸の内郭はC5型α三角形60間モデュールが対応していただけに、分間図が適当であった。

　黒田時代の町人町部分は、C5型からC10型α三角形60間モデュールが見事に各横町の街路と対応しており、寸町図で描かれたと考えられる。

　また、曲尺に付された特別目盛、3.54寸、5寸、7.07寸、10寸は寸町図に当てはめると、212間、300間、424間、600間に対応し、中津城下町の町人町部分の横町の街路設計と密接に対応していたことが分かる。

　この中津城下町の町割にみるα三角形の図6.2.11は、北条流兵法にいう「城取遠路をするは、寸、町、分間の図を以、可仕なり」を裏づけるとともに、縄張の指図に寸町分間図の縮尺図が使用された蓋然性が高い。以上のことは、その寸町分間図という縮尺図で設計絵図を作成し、道具として曲尺を使用した痕跡を現在に伝えるとともに、結果としてα三角形60間モデュールに基づき計画して築かれた極めて個性的な市街地形態とその技法の存在とを現在に伝えるものといえよう。

2) 大分府内城下町

　慶長2(1597)年、福原直高が秀吉の命により大分府内城の築城にかかり、慶長4(1599)年に竣工した。関ヶ原の役には直高は西軍に属して所領を失い、その後、慶長6(1601)年に竹中重利が移ってきた。重利は大分府内城の大改修に着手し、慶長7年に天守および諸櫓を建て、中島の入江に舟入を設けて水軍の基地を造り、同年8月から総曲輪の構築を始め、慶長10(1605)年7月に完成した。その後慶長13(1608)年には堀川・京泊の港を完成して水際城郭としての姿を現わした。

　大分府内城は平城の梯郭式の海城であり、その城郭の外側に総構堀で囲み、L字形に城下町を配されている。城下への入口は三ヶ所、豊前への大道に堀川口、肥後筑後へは笠和口、日向薩摩へは塩九升口(米屋口)に門を設けて士卒6人を置いて守った。原則的に武士と町人は完全に分離した総郭型城下町であった。豊府聞書には「城塁の外境、東西十町、南北九町、其の中に四十余の町を割る」とみえ、正保の

6.2 町割の技法

城下絵図には鍛治屋町から萬屋町(よろずや)までの東西軸、茶屋町から西町までの南北軸の2軸に朱線が引かれており、この2軸を骨格とした横町型の城下町であった。

典型的な町割がみられたのは、京泊(今在家町)から光西寺までの城郭の西部の町であった。この部分の町割は街区短辺(30間内法、33.3間芯々)に長辺(48.9間内法、51.4間芯々)を基本にしており、街区内法寸法は[30間＝60間の1/2、48.9間＝A1型(34.6、48.9、60)]α三角形60間モデュールに対応させて、整然と割りつけられていた。

慶長10年の「府内城下絵図」[17]を基に作成した復原図(図6.2.12)により竹中重利が大改修した町割をみるに、この町割は先にみた中津城と類似のα三角形60間モデュールによる町割であったことが分る。

大分府内城下町は外堀と中堀に囲まれたL字型の総曲輪の中に端整に街路が線引きされており、外堀に近い外側の街路(今在家、光西寺、米屋町、塩九升口)はB6型α三角形60間モデュールを当てはめ、つまり△ABCはAB＝360間、BC－509間、AC＝624間で線引きされたことは図に明らかである。

一方、中堀側の街路(魚町、京町、東上市町、万屋町)の線引きは、B5型α三角形60間モデュールに従い、△DEFはDE＝300間、EF＝424間、DF＝520間の寸法をそれぞれに割り当てて計画されたことは明瞭である。

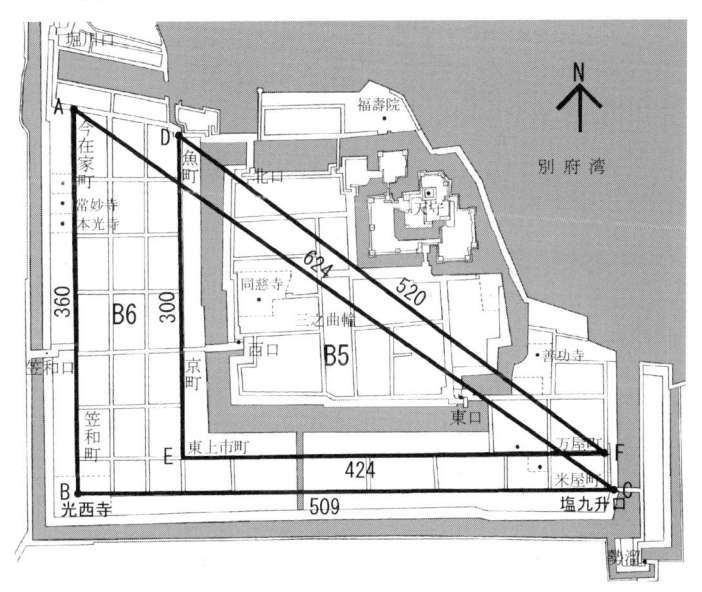

図 6.2.12　大分府内城下町の町割とα三角形(単位：間、1間＝6尺5寸)

第6章　町　　割

　このように竹中重利が大改修した大分府内城下町の町割は黒田孝高の中津城下町の町割に極めてよく似ている。両城ともに水際城郭で、その城郭の外側に総構堀で囲み、L字形のヨコ町型城下町を施しており、その街路線引きはα三角形60間モデュールを用いて設計された可能性が高い点である。

　竹中重利は、秀吉の軍師であった竹中半兵衛重治の従弟であっただけに、黒田孝高と直接にまた間接にかかわった可能性があり、また、孝高の中津城の設計に秀吉と半兵衛の影響が考えられる。また、大分府内城と中津城は距離的にも近く実際に見て影響を受けた可能性も高いと考えられる。後世の記録に竹中重利と肥後国加藤清正との関係はみえ清正の縄張ともいう説もあるが、孝高との関係は今のところみつかっていないのである。

　いずれにしても、大分府内城下町にみられる町割はα三角形60間モデュールによる完成度の高い典型例であるが、大分府内城と城下町は実際に誰が縄張したのか判明しておらず、興味ある課題として残されることになる。

(2)　α三角形60間モデュールの先駆例

　近江の琵琶湖湖畔の今浜に、秀吉が天正2(1574)年に築いた長浜城下町は、近世城下町の典型的な空間構成理念を実現した。

　その長浜城に天守が築かれたことは周知のことであるが、その天守の位置は、夏至の落日方位にあった当時天台宗の古刹宝厳寺への視軸と修験の霊峰・大悲山と伊吹山を結ぶ視軸がクロスする位置にあり、かつ、α三角形60間モデュールの構成とを合わせた設計理念で配置された(**4.1.1(1)**参照)。

　秀吉は元八幡町(現朝日町)に鎮座した八幡宮を城下外に移転して、琵琶湖に臨む城郭の武家地と町人地を2重の堀で画然と隔て、移転した八幡宮から大手門に向かう大手町ならびに天守から「お見通し」のヴィスタにより本町[1]を決め、これを基軸にして長方形街区を整然と区画して町割を施した。

　現在の長浜市街地の町割が天正期にさかのぼることは、天正13(1585)年発生の大地震の被災地跡から出土した遺物や遺構と天正8(1580)年頃とみられる「血判阿弥陀如来像」の裏に記載の当時の町名[19]から疑いない。

　ところで、長浜の町割を伝える最古の絵図である元禄9(1696)年に作成の「長浜町絵図」の写しには、元和元(1615)年の城郭廃絶後の町人地の姿が記されている。これによると内堀、中堀、外堀の3重の堀で囲まれた廃絶前の城地と外堀の前面に広がる廃絶後の町人地が描かれている。

252

これまで天正期の町割を知ることは極めて難しいとされてきたが、宮本氏の研究では「血判阿弥陀如来像」に記載の町名や北町西の住人数を元禄8(1595)年「大洞弁財天祀堂金寄進帳」にみる人数の比較、堀の開設による住人の移転などを比定して、天正19(1591)年頃の町割を復原[1]している。

この天正期の長浜城下町の復原図を参照しながら、「長浜城縄張比定図」[19),20)]を基にして作図した復原図(図6.2.13)により当時の町割を次にみてみる。

天正度の天守位置の比定ならびに本町の天守へのヴィスタは、宮本氏の研究[1)]に詳しく、そこに「本町から天守を見通すヴィスタが成立していた可能性は高い」と指摘がある。

この本町を中心にしてこれより北側に大手町、魚町、北町の3筋のタテ町、一方、南側には横浜町、紺屋町、南新町の三筋の城へ向かうタテ町が施され、南北方向には4筋のヨコ町が形成されていた。

大手町や本町は城下町の根幹をなす町名で、城下町造成にあたって最初に成立した部分と推定される。これがいずれもタテ町であったことは、その成立がヨコ町より古いことの証しであろう。また、現状の道幅もヨコ町よりタテ町のほうが広い点

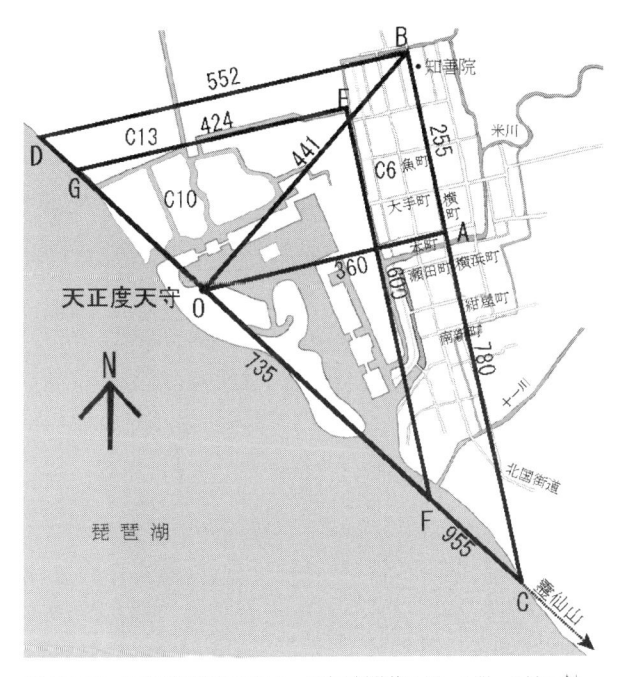

図 6.2.13　長浜城下町の町割とα三角形(単位：間、1間＝6尺5寸)

第6章　町　　割

からもタテ町のほうが古いと考えられる。各時代の長浜町切絵図による屋敷割の考察[19),21)]から、天正期に秀吉が開いた初期の町割は、タテ町の本町、大手町、北町、横浜町、瀬田町などを根幹に、天正8(1580)年頃までに小谷(おだに)城下など領内から移転してきた町がヨコ町に加わり形成された。

そして江戸時代後期になって北国街道が整備されたことにともなって、南北方向の街道筋に間口を開くヨコ町の町割に部分的に修正されたのである。

天守を見通した本町と横町との交点Aから天守Oまでの距離は360間(1間＝6尺5寸)、A点から北の端Bまでの距離は255間、BOは441間であり、△OABはC6型α三角形60間モデュールの構成であった。

また、天正度天守から海抜1 083mの霊仙山(りょうぜんざん)を望む山当ての軸線と線BAの延長との交点をC(湖岸)とし、線COの延長とB点から線CBの垂線の交点をD(湖岸)とすると、△CBDはC13型α三角形60間モデュールと符合する。

天正期の外堀の延長線である△FEGもまたC10型α三角形60間モデュールに符合するのである。この天守から霊仙山を望む軸線(DC)を基軸にしたC10型およびC13型α三角形60間モデュールによって、長浜の町割がなされており、先にみた中津城下町や府内(こくじ)城下町の町割と酷似しているのである。

ちなみに、長浜城の城郭部の復原は不明な点が多く、つまびらかではないが、α三角形60間モデュールと関連していたのではと推測される。

以上から、長浜城下町の町割は、天守からのヴィスタに基づいて本町を線引きし、これを基軸にして町割した可能性は高い。また、この本町の基軸は天守からのC6型α三角形60間モデュールと関連づけられており、外堀もC10型α三角形60間モデュールと関連づけられていたことから、長浜城下町の町割ならびに掘割など城郭城下町の設計の根幹にα三角形60間モデュールが関与した可能性が高い。

以上より、先にみた見事な町割の中津城下町や大分府内城下町のα三角形60間モデュールによる町割の先駆例として長浜城下町が挙げられ、α三角形60間モデュールは曲尺の使用による寸町分間図といった設計絵図の作図と関連するだけに、これより後の町割への影響は甚大で計り知れないものがある。

(3) α三角形60間モデュールの町割の普及

α三角形60間モデュールに基づく町割は、管見では秀吉が築いた長浜城下町にその祖型を見いだせるが、その後近江八幡城や京都伏見城、聚楽第(じゅらくてい)などに使われて、その後、秀吉に仕えた武将たちが築いた城下町に採用されていったと推定できる。

なかでも、長浜城築城中に仕官した黒田孝高は強く影響を受けたと1人と思われ、孝高が築いた中津城下町においてα三角形60間モデュールに基づく町割を見事に完成し、築城実績が極めて少ないにもかかわらず、築城の巧者といわれるようになった。城郭・城下町の平面形態がα三角形60間モデュールそのものの形をみせているのは、長浜城、中津城、大分府内城であるが、その形態そのものよりも町割の作法として、モデュール（寸法系列）や曲尺を使って設計絵図を描く技術として、またその神聖な意味、広くは日本の文化ともいえる精神を引き継いでいったと考える。その多様な展開をみていく。

1) 高松城下町

豊臣政権の三中老に列せられた生駒親正が讃岐15万石の領主として天正15(1587)年引田城に入ったが、間もなく安倍有政にその吉凶を占わせて、篦原荘の海辺の古名八輪島を城地に決めて、翌16年(1588)高松城下町の建設にかかった。縄張はその名人黒田孝高説、細川忠興説、吉川広家説など諸説あるが定かではない。高松城は瀬戸内海玉藻浦にのぞみ3重の堀に海水を引き入れた海城である（4.2.1(1), 1)参照）。文化年間(1804～17年)の「高松城下絵図」（高松市立図書館所蔵）を基に明治28(1895)年の「高松市街明細図」（高松市所蔵）を参照して作成した復原図により町割をみてみる（図6.2.14）。

高松城郭の縄張の軸についてみると、生駒時代の城郭（中堀より内側）□ABCD（本丸、二の丸、三の丸、西の丸、桜の馬場）とそれより外側の□EFGH、□LMNPでは都市軸がずれている。つまり、城郭は方位に準拠しているのに対し、城下町では条里に準拠した縄張がみられる。

郭内では、中堀内側BCは3町、180間のC3型α三角形60間モデュールが基準となり、斜辺は本丸中川櫓で交差する。一方、生駒時代の城下町部分[*1]の□EFGHは寺町8町(480間)を長辺とするC8型α三角形60間モデュールが関連しており、松平時代の城下に集住したいわゆる城下拡大期の地区□LMNPは15町、900間のC15型を基準に街路を線引きしたとみられる。

天正16(1588)年生駒親正は高松城築城と同時に石清尾八幡社を城の鎮守・産土神と定め、社殿を改築して社領24石余を寄進したが、当時この社は亀尾山頂の山城に石清尾八幡があった。生駒家お国替えの後の松平頼重も当社を崇敬し、寛永

[*1] 寛永16(1639)年頃の「生駒時代讃岐高松城屋敷割図」（高松市歴史資料館常設展示図録所収）によれば生駒時代の城下町部分は、南は寺町まであったことが分かる。

第6章　町　割

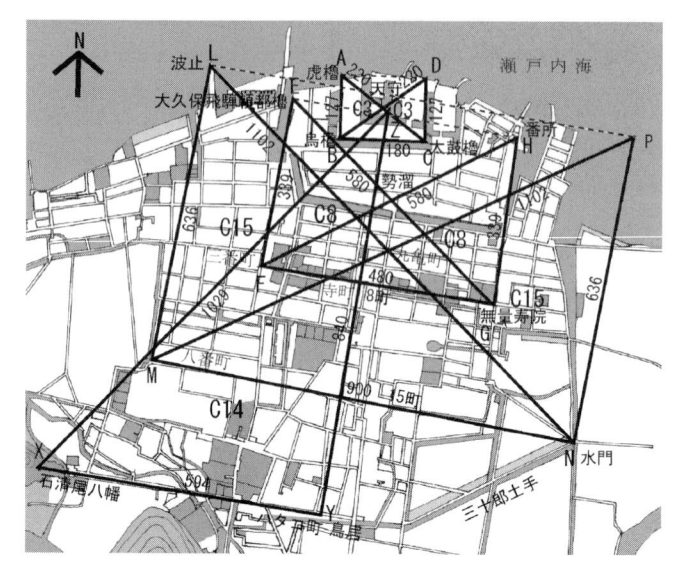

図 6.2.14　高松城下町の町割とα三角形（単位：間、1間＝6尺5寸）

21(1644)年社殿を山頂から現在地に移して社領202石余を寄進した。

　この石清尾八幡本殿Xと天守Zとの関係は1029間の距離に、本殿Xからハタゴ町鳥居Yまで594間、この鳥居Yから天守Zまで840間であり、C14型α三角形60間モデュールに符合する。注目すべきは石清尾八幡社の参道XYは生駒時代ならびに松平時代に拡張した町割のヨコ町の街路と平行であり、かつ天守Zと鳥居Yを結ぶラインはタテ町の基軸になっていたことが分かる。それだけに、現在の石清尾八幡本殿の位置には、生駒時代から何か重要な社殿ないし鳥居があったのではないかと想像を巡らすが、今後に残される。

　長浜城や中津城と比較すれば、城郭・城下町の形態が四角形に変化し、町割は天守に向うタテ町からヨコ町の町立てに変化しているが、天守からみて「右社」にあたる石清尾八幡を基点にα三角形60間モデュールの理念に従い、天守と関連づけて町割したと推定できる。また、特に生駒時代の町割に端整な街区構成がみられたのも注目しておきたい。

2) 広島城下町

　毛利輝元は、天正17(1589)年2月に見立山ほか3山に登り天守の位置を決め、城普請とともに城下町の建設に着手した（**2.4**参照）。この広島城下町においても町割の基準となった白神通が天守を見通すヴィスタで設定されたことを知る（**6.2.1(1)**

256

6.2 町割の技法

参照)。

広島城下町の町割も普請奉行を務めた二宮就辰(なりとき)が担ったが、広島の町人頭を務めた尼子氏の旧臣平田屋惣右衛門もその計画に加わった[22]とされ、聚楽第を模して縄張したと伝える城郭を取り囲んで武家地を置き、その南に町人地を配置し、整然と区画した町割が施された。慶長5(1600)年輝元が萩に移封の後、福島正則が入部し、城郭の北側を通過していた西国街道(さいごくかいどう)を城下町に引き込み、町人町を拡大するなどの城下町の改修を慶長8(1603)年頃に加え、近世城下町の整備を図った。

正保年間(1644～47)の「安芸(あき)国広島城所絵図」(内閣文庫所蔵)[2]に基づいて作成した復原図(図6.2.15)により、毛利時代に本町(AB)とともに町割の基軸とされた天守を見通す白神(しらかみ)通(FE)とα三角形60間モデュールの関連をみてみよう。

同図によれば、正則によって慶長期に引き込まれた西国街道が東西に貫通する本町と白神通とが交差する点(A)と般舟寺(はんじゅうじ)(D)、天守(O)を結ぶ三角形は、B6型α三角形60間モデュールと符合し、天守を見通す白神通を基軸にして本町が線引きされたとみられる。

天守から見通して白神通を線引きし、この通りに曲尺をあてがい裏目360間(表目509間、1間=6尺5寸)の地点(A)から般舟寺(D)に表目360間で本町通を引いたと考えられる。城下町整備が進んだ往時の様子は「寛永年間広島城下絵図」(三谷耕

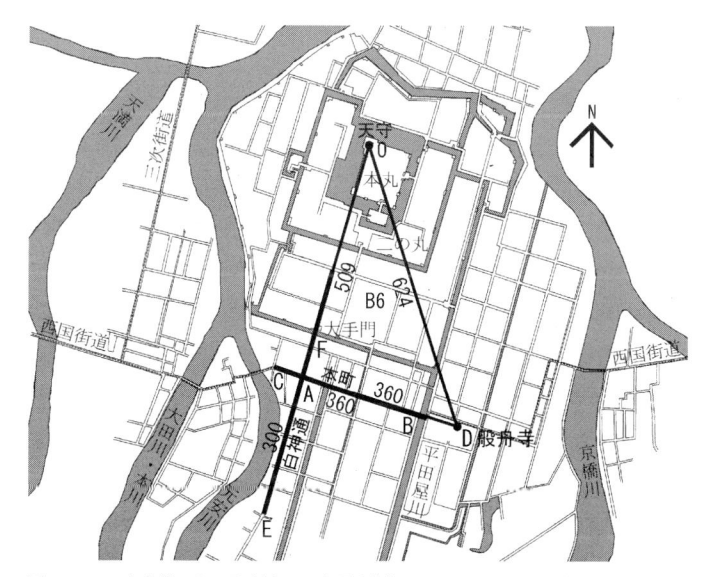

図 6.2.15　広島城下町の町割とα三角形(単位：間、1間=6尺5寸)

治所蔵)²³⁾にうかがえるが、この絵図には本町は横町、白神通は立町と記載され、いずれも本城下町の中心市街地を形成していたことが知られる。

その本町は平田屋川を渡ったたもと(B)から西に向かい西国街道が南に屈曲する点(C)まで360間(6尺5寸)、6町に町立てされた。また、白神通は本町と交差する点(A)から地点(E)まで300間まっすぐ南へ延びていたことが輝元の町割を示す「芸州広島城町割之図」にうかがえるのである。

3) 萩城下町

慶長9(1604)年毛利輝元が築城にかかった萩城下町は、慶長13(1607)年6月に完成をみた。慶安5(1652)年に作成された「慶安古図」に基づく復原図によると、古萩地区の樽屋町A-A'と平安古地区の満行寺筋B-B'が天守へのヴィスタによる町割の基軸になっていたことを知る(6.2.1(1)参照)。この2つの天守へのヴィスタをα三角形60間モデュールに当てはめ用尺を6尺5寸として考察するに、樽屋町A-A'は、B3型α三角形60間モデュールに符合し、255間の寸法で町立てされた可能性が高い(図6.2.16)。さらには、満行寺筋B-B'は、御許町が入江のところで折れ曲がる地点Fとで描く△FBB'もまたC9型α三角形60間モデュールに当てはまり、382間の寸法で割りつけられた。

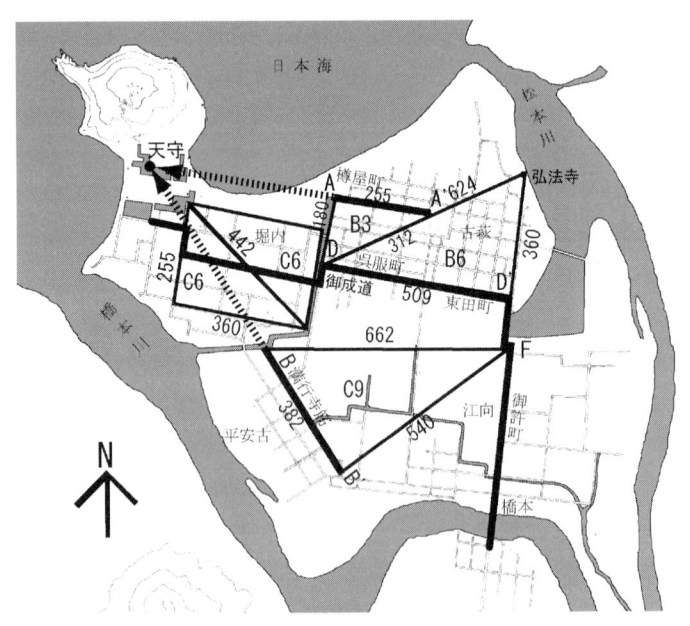

図 6.2.16 萩城下町の町割とα三角形(単位：間、1間＝6尺5寸)

萩城下町の表通りは橋本から御許町を通り、札場を経由して東田町、呉服町へ出て、外堀を渡って堀内の武家屋敷を通って南門に至るが、これを御成道と呼ぶ。古萩の御成道の呉服町Dから東田町D'は、B6型α三角形60間モデュールに、また堀内の武家屋敷町においてもC6型α三角形60間モデュールにより御成道をその地区の中央に取って町割されていたことが図にみてとれる。

一見個性的で複雑にみえる萩城下町の町割は、基軸の設定に天守へのヴィスタを使い、御成道の設定にα三角形60間モデュールを当てはめて街区寸法を決めたと読みとれるのである。

4）篠山城下町

大坂城包囲戦略の要の城として、藤堂高虎に縄張を命じ、天下普請として築かれた篠山城は慶長14（1609）年3月に着工して同年12月に初代城主松平康重が新城に入った。正保年間（1644〜47）の「丹波篠山城之図」（内閣文庫所蔵）[2]に基づいて作成した復原図（図6.2.17）によると、縄張巧者・高虎設計の城郭は、天守台、本丸、二の丸が梯郭式、二の丸と三の丸が輪郭式で方形を基調とし、鬼門隅を方形に欠き込んだ近世城郭のなかでも「方郭の経始」（5.1.1（2）参照）の典型であった。

本丸の四隅に配した櫓を結ぶと30×42間の長方形になり、それに対角線を引く

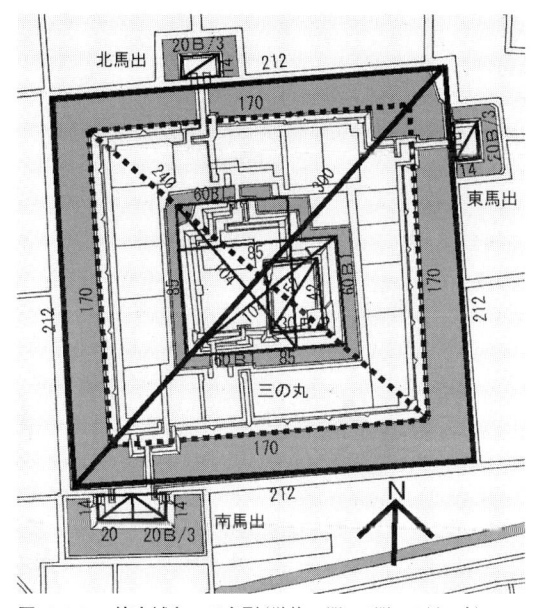

図 6.2.17　篠山城とα三角形（単位：間、1間＝6尺5寸）

第6章　町　割

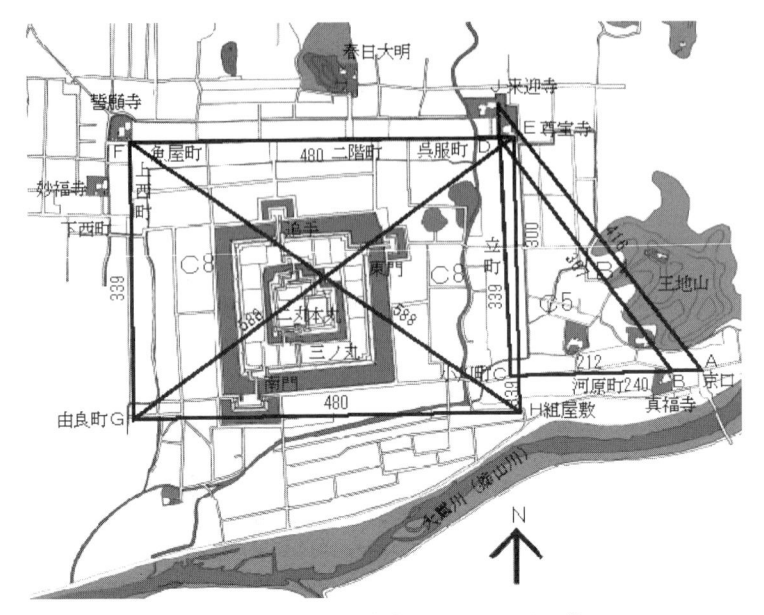

図 6.2.18　篠山城下町の町割とα三角形（単位：間、1間＝6尺5寸）

とB1/2型α三角形60間モデュール（30：42：52間）の構成がみてとれる。また、二の丸は60×85間（B1型α三角形60間モデュール）の長方形を縦横に組み合わせた構成あるいは85×85間の方形の構成ともみられる。三の丸の堀内側は170×170間の方形、対角線は240間で、堀外側は212×212間の方形、対角線は300間で設計されていた。また、3つの馬出も14×20間（B1/3型α三角形60間モデュール）を原則に設計されており、篠山城はα三角形60間モデュールを巧みに駆使した縄張とみなせる。

城下町の町割の骨格をなす町人町は北斗七星形をしている（**図6.2.18**）。追手先の中心街、魚屋町角Fから尊宝寺本堂Eは480間（8町）であり、□FGHEは339×480間の寸法でC8型α三角形60間モデュールと符合する。河原町・立町はB4型α三角形60間モデュール△ACJで線引きしたとみられ、立町は300間（5町）、河原町は240間（4町）であった。

篠山城下町の町割は天守台から真北に位置する春日大明神の宮山山頂を見通すヴィスタを基軸にして、城郭と城下町をα三角形60間モデュールに当てはめて設計した見事な設計であった（**5.2.2(2), 3**）参照）。

6.2.4 まとめ

　本節では、天守からのヴィスタで町割の基軸が設定された場合と主要施設へのヴィスタで町割された事例を検証してきた。続いて町人町の碁盤型街区と長方形街区の設計の寸法系列をみた後、α三角形60間モデュールで町割された先駆的事例の長浜城下町、典型的事例の中津城下町、そして一般への波及をみてきた。

　天正期に豊臣秀吉が築いた長浜城〔天正2(1574)年〕や近江八幡城〔天正13(1585)年〕は、天守からのヴィスタによって町割の基軸「本町」が設定され、この本町筋を基軸にして城に向かう縦の町筋が主軸をなすタテ町型の町割が施された。この町割の形式が、以後の織豊系の大名によって経営された城下町の町割に影響を及ぼした。

　慶長期の城下町建設ラッシュの時には、この天守からのヴィスタに基づく基軸設定の方法を継承しながらもヨコ町型など多様な展開をみせたが、慶長末期頃から変化がみえ始め、元和元(1615)年の「武家諸法度」制定後、新城の築城は原則的には禁止、天守を建設することをも遠慮するなかでの町割は、大きく変化してきた。従前の天守からのヴィスタに基づく町割は、鳥取城下町や福山城下町で継承されたが、明石城ように天守台は建設したものの天守は建設されず、代用天守と目される主櫓を基点にした町割の基軸設定がなされるように変化した。

　しかし、すべての城下町おいて、この天守からのヴィスタによる基軸を基にして町割されたということではなかった。今治城〔慶長7(1602)年〕や伊賀上野城〔慶長16(1611)年〕ではその城普請の目的が関連し、東西2つの大手門へのヴィスタが町割の基軸になり、慶長期も後半になると天守の位置づけにも変化がみえ始め、天守自体の建設を遠慮するようになった。

　天正～文禄期(1573～95年)の町人地の街区の形状と寸法は、曲尺の表目裏目の使用とみられるα三角形60間モデュールと関連が顕著であっただけに、寸町分間図という縮尺図の設計絵図を作成して町割した蓋然性は高い。

　慶長期(1596～1614年)の街区寸法は、天正～文禄期とは様相が異なり、多様な展開をみせたものの、α三角形60間モデュールに関連づけた用例が主であった。元和～慶安期(1615～51年)になると、一層多様な展開を示し、天正期や初期慶長期のような端整で均質な町割やα三角形60間モデュールとの対応は脆弱になった。

　長浜城下町の町割は、天守からのヴィスタに基づく本町を基軸にしてα三角形60間モデュールと関連づけて町立てされ、その場合には曲尺の使用と寸町分間図とい

第6章　町　割

った設計絵図とも関連するだけに、城下町の設計の根幹にα三角形60間モジュールが関与した可能性が高い。長浜城下町の影響を受けた典型的事例が中津城下町であり、それ以後の城下町（高松、広島、大分府内、萩、篠山など）の町割に展開していったのであった。

　なお、本章で取り上げた城下町は、先学の研究成果の蓄積があり、しかも管見による片寄ったものだけを扱った。町割の技法としてヴィスタやα三角形60間モジュールが確認できたとしても、史料の制約があり実際にそのように設計されたかどうかは確定できない場合が多く、今後史料の発掘が進めばこうした設計が存在したことを明らかにしていくことができよう。

　また、このヴィスタやα三角形60間モジュールに基づく城下町設計はすべてに当てはまるかどうかは検証しておらず、多岐にわたる城郭・城下町設計の一端にすぎないかも知れないことをここに付記しておかなくてはならない。

〈参考文献〉
1) 宮本雅明『都市空間の近世史研究』中央公論美術出版、2005.2
2) 矢守一彦監修『名城絵図集成 西日本之巻』小学館、1986.12
3) 河田晃『久松山鳥取城 第5版』鳥取県立博物館、1995.9
4) 今治市役所『今治市誌（1943年の復刻版）』名著出版、1973.12
5) 今治郷土史編纂委員会『今治郷土史 資料編 近世2第4巻』今治市役所、1989.3
6) 愛媛県史編纂委員会『愛媛県史 近世上』愛媛県、1986.1
7) 上野市『史跡上野城跡保存管理計画書』上野市、1995.3
8) 上野市『上野の町家と町並み』上野市、1996.3
9) 伊賀上野城史編集委員会『伊賀上野城史』伊賀文化産業協会、1971.3
10) 桐敷真次郎「天正・慶長・寛永期江戸市街地建設における景観設計」東京都立大学都市研究報告 第24、1971
11) 桐敷真次郎「慶長・寛永期駿府における都市景観設計および江戸計画との関連」東京都立大学都市研究報告 第28、1972
12) 佐藤滋、城下町都市研究体『図説 城下町都市』鹿島出版会、2002.4
13) 熊本市『新熊本市史 通史第3巻』熊本市、2001.3
14) 髙見敏志「住環境整備のための街区・敷地計画に関する研究」学位論文、1989.3
15) 静岡市『静岡市史』静岡市、1979.4
16) 黒屋直房『中津藩史（1940年の復刻版）』国書刊行会、1991.2
17) 大分市役所『大分市史 中巻』大分市役所、1987.3
18) 木村幾多郎「豊後府内の都市建設」大分・大友土器研究 第21号、1997.12
19) 長浜市史編纂委員会『長浜市史 第2巻秀吉の登場』長浜市役所、1998.3
20) 長浜市立長浜城歴史博物館編『近世城下町のルーツ・長浜』長浜市立長浜城歴史博物館、2002.2
21) 長浜市史編纂委員会編『長浜市伝統的建築物群保存対策調査報告書』長浜市史編纂委員会
22) 広島市『新修広島市史 第6巻 資料編その1』広島市、1959.3
23) 広島市立中央図書館編『広島城下町絵図集成』広島市立中央図書館、1990.3

第7章　近世城下町の町割の変容

本章では、近世城下町の町割の技術が築城期を通してどのように変化したかを検証(7.1)し、次にその町割の原型から現在までの変容過程を通して街区割・屋敷割の変容の特質(7.2)を明らかにしたい。

7.1　築城期における設計技法の変容

本節では、近世城下町の築城期において地選、なかでも天守の位置決定の方法がどのように変化したかをこれまでの検証を踏まえて整理する。視軸とα三角形60間モジュールによる天守の位置決定の変容過程をみていく。次に、視軸は軍事施設の配置に、α三角形60間モジュールは社寺の配置に使われたが、その技法も微妙に変化することについて背景も含めて考察する。

続いて、街区割と屋敷割の変化を整理し、築城期初期にしかも特定の城下町で使われた碁盤型街区はあまり普及せず、専ら長方形街区が使われた意味を検証し、その背景に屋敷割の技術が関与していたと想定してその変容と併せて考察する。

7.1.1　天守配置の変化

天守の位置決定の方法として、その初期には視軸によって天守の位置が決定されたが、次第にα三角形60間モジュールによる方法へと変化していった。本項では、その過程にみられる技術的な背景を含めてその意味を整理しておく。

(1)　視軸による天守配置の変化

築城期の初期においては、それ以前の卓越した築城術を模範にすることが通常行われたが、それは古代の平安京などの都城の制度であったことは、周知のことである。

藤原京の宮殿や国府の配置法に関する山田安彦氏の『古代の方位信仰と地域計画』

(古今書院、1986)によれば、藤原京の朝堂院は冬至の旭日を拝する位置、大和国魂の宿る聖地・天香具山、内裏は冬至の落日位置に畝傍山を拝する構成であったし、また常陸国府など多くの国府の位置決めに冬至・夏至の旭日・落日の方位に国府の重要施設が配置されたことが知られる。

このように冬至・夏至の旭日・落日の方位に関連づけて施設を配置した意味を考えるに、冬至の旭日の方位は当時「陰極って陽萌す」と考え、生産霊の日向信仰の対象である辰巳方位を崇拝するようになった。夏至の落日の方向は穀霊神信仰の対象の方位であり、祖霊・地霊の座す方位とされた。他方、夏至の旭日方位には平安京の鬼門鎮護として比叡山延暦寺を建立し、冬至の落日方位には裏鬼門鎮護として社寺を配したことは古来より広く執り行われた。

このような冬至・夏至の旭日・落日の方位に関連づけた古典的ともいえる視軸のクロスする位置に天守を置いた事例は、その先駆的事例として秀吉の長浜城を、典型的事例として中津城と唐津城を4.1.1で取り上げた。秀吉の長浜城、秀吉の軍師であった黒田孝高の築城になる中津城、八奉行の1人寺澤志摩守廣高の唐津城と秀吉と孝高や廣高など秀吉の側近の城普請に特徴的にみられた(4.1.1(2)、(4)参照)。

これら冬至・夏至の旭日・落日の方位を結ぶ視軸がクロスする位置に天守を置いた事例は天正～文禄期(1573～95年)の近世初期城下町で特徴的にみられ、この方法はそれ以後に築城の秀吉側近の蜂須賀家政の徳島城、堀尾吉晴の松江城、それに藤堂高虎の大洲城などに受け継がれていったとみられる。

毛利輝元が広島城の天守を位置決めするにあたって『陰徳太平記』には「‥右社後市の位を正し‥」とあり、中国の古典『周礼』の「考工記」に「左祖右社　面朝後市」とあるのを援用して「神社を基準にして天守の位置を正すべし」と記述している。広島城の地選は安芸一ノ宮の宮島の厳島神社の弥山を右社とみなして、毛利輝元は新山に登り、厳島の頂上に一線を画き、次に二葉山と己斐松山に登って一線を引いて、その交差する点を天守の位置と定めた。この広島城の地選は視軸のクロスによる天守の位置決めの典型例であるとともに、α三角形60間モデュールと重複して天守位置を決定した典型例であった。この広島城と類似の事例として萩城と佐賀城が挙げられ、これらは黒田孝高ならびにその嫡子長政の指揮を受けた城下町であったことは興味深く、孝高は縄張の実績が少ないにもかかわらず、築城の巧者といわれるほど卓越した技術力と影響力をもっていたことを証する所以といえよう。

また、北辰北斗信仰の関連では、軍学書のなかでも甲州流・北条流の流れを汲む山鹿流兵法の奥秘本伝によると、「破軍尾返」つまり北斗の剣先の向きが最も大事と

7.1 築城期における設計技法の変容

された。北条流秘伝の極意としての「方円神心」は天照大神信仰を訓えており、その伊勢神宮の内宮・外宮の祭神は北辰・北斗に習合し、その重要な三節祭は北斗の剣先が東西南北に向いた構図になった時に執行された。

この「三節祭の北辰北斗の構図」(図3.2.7参照)は視軸・α三角形・卍字の曲尺の構成であり、この卍字曲尺の構成を城郭の縄張に用いたと奥義に記す。それだけに中津城や広島城にみる視軸とα三角形が重複して天守位置を決めたこの方法は、北辰北斗の宇宙の哲理に基づく理想郷の心象を地表面にポジティブに投影し、小宇宙として実現したものとみられる。

(2) α三角形60間モジュールによる天守配置の変化

伊勢神宮の三節祭の執行にかかわる北辰北斗の構図が、理想とされたとみられるが、中津城のように信仰対象の神社や霊峰が冬至・夏至の旭日・落日の方位と符合するのはまれなケースであったとみなければならない。この絶対的といえる冬至・夏至の旭日・落日の方位に信仰の対象があり、視軸を取り結ぶ関係に天守を配置することは、どこにでも当てはまることではなかった。

ちょうど築城期の頃、最盛期にあった北辰北斗を信仰対象とする妙見信仰が関連したと想定され、次第に「北辰北斗とα三角形の構図」(図3.2.6参照)に天守を配置しようとしたと考えられる。

このように想定すれば、類型「Ⅲ-1 視軸とα三角形60間モジュール併用型」の高松城、類型「Ⅲ-2 視軸とα三角形60間モジュール併用一般型」の三原城、姫路城、高知城は、「三節祭の北辰北斗の構図」から「北辰北斗とα三角形の構図」への過渡期とみられよう(類型については4.1参照)。つまり、視軸とα三角形60間モジュールの構成からα三角形60間モジュールの構成への変容過程の変革期に位置づけられ、文禄から慶長期初期の築城に主としてみられたのである。

こうして慶長期も後半になってくると、天守の位置決めにα三角形60間モジュールによる構成が主流になってくるのであった。類型「Ⅳ-1 α三角形60間モジュール方位型」の篠山城、伊賀上野城、類型「Ⅳ-2 α三角形60間モジュール一般型」の日出城、福山城、龍野城、赤穂城などは、α三角形60間モジュールによって天守の位置が決められている(類型については4.2参照)。

特に藤堂高虎の篠山城[慶長14(1609)年]と伊賀上野城[慶長16(1611)年]以降、α三角形60間モジュールによる天守の位置決めが際立ってきたことが分かり、元和偃武以降視軸よりもα三角形60間モジュールの構成が主流に変容していくのであ

る。それだけに密教とりわけ天台宗の教理と関連し、天海と徳川家康の深奥な接触*1以降の高虎の設計思想に変化がみえ、その一端は日吉大社を基点としたα三角形60間モデュールによる篠山城と伊賀上野城の天守の位置決めとして表出してくるのである（**5.1.1(3)**、**(4)**参照）。

7.1.2 主要施設の配置の変化

主要施設の配置は、天守を基点にして視軸あるいはα三角形60間モデュールにより決められたと仮説しているが、天守そのものの性格が軍事施設の頂点としての物見櫓、司令塔、最後の砦で、かつ多くの軍神を祀る精神的シンボル[5)～7)]でもあった。安土城や大坂城では居城として贅をつくし自己の権勢をみせつけ、石落しや狭間を装備した重防備な天守へ変化したが、大坂城落城後はさらに大きな変化がみられ、元和元(1615)年以降は天守の創建は原則禁止となり、城主の威厳の誇示へと変容していった[3)～8)]。

天守を基点にして視軸により軍事施設を配置する技法が広く採択されたが、藤堂高虎の設計になる城郭・城下町の軍事施設の配置に明瞭に見受けられる。高虎の設計にも変化の兆しがみえ始めたのは、天海と家康の親密な接触が始まった慶長15(1610)年頃からであり、その感化が高虎の設計に及ぶのであった。元和以後になると天守が建設されなくなり、代用天守がこれに代わり、天守代用櫓に視軸の基点が変わっていったのであった。

(1) 視軸による軍事施設配置の変化

藤堂高虎の経始になる宇和島城［慶長元(1596)年］や今治城［慶長7(1602)年］では、寄せ手を監視し、総合指令塔的な性格が強い天守を中心に視軸の技法を駆使して門、櫓、桝形番所、出入り口門などの軍事施設を配置する設計であった（**5.1.1(1)**参照）。慶長14(1609)年に城普請にかかった篠山城は本多佐渡守正信の意見により天守は建設されなかったが、軍事施設配置においては従前の天守台からの視軸

---

*1 天海と家康の接触は、『慈眼大師全集(上)』[1)]所収「慈眼大師略記」によれば、慶長12(1607)年の条に「依家康公命移南光坊、為探題執行」と文書にみえ、これ以降急に親密になった。家康公により比叡山東塔南光坊の探題を命じられた慶長12年以降を拾うと、慶長14(1609)年権僧正に任じられ、智楽院の号を賜る。慶長16(1611)年僧正に任じられ、翌17(1612)年、家康により仙波北院(無量寿寺)は喜多院と改められ関東天台宗の本山に定め院主に天海が招請された。この頃から特に天海は家康の信頼を得ること大きく、家康は駿府に招き、また喜多院を訪れたこと数度に及ぶ。慶長19(1614)年家康は天台の血脈を5回に分けて伝授されている。

によって門、櫓、番所などが配置された。続く伊賀上野城［慶長16(1611)年］では天守が建設されたが、完成間近の慶長17(1612)年9月の台風で倒壊し、その後天守は再建されなかった。この城郭部の主要な城門・櫓の配置は、天守台を基点にした視軸で設計されており、かつ城下町の要所をも視軸で見通す設計であった。こうして、高虎の城普請においては軍事施設のほとんどが天守を中心とした視軸構成であっただけに、天守の持つ監視塔・司令塔的な意味と、門や櫓などをその指令下に置く軍事的意味が鮮明に表現されていた。

　このように慶長15～16年頃までは天守を建設し、その天守を基点とした視軸により軍事施設を配置するという従前の方法が、大分府内城［慶長2(1597)年］、大洲城［文禄4(1595)年～慶長13(1608)年］、高知城［慶長6(1617)年］など一般に踏襲され普及していった。

　しかし、元和元(1615)年5月大坂の陣後、徳川政権は、同年6月の「一国一城令」、同年7月の「武家諸法度」によって、新城の築城を基本的には認めない政策と幕府による厳しい城郭管理政策を打ち出した。この時期に幕府の特別な命により築城された明石城［元和4(1618)年］と赤穂城［慶安元(1648)年］では、天守台は築かれたが天守は造営されなかった(**5.1.2(4)**、**(5)**参照)。それ故に天守の城郭・城下町の設計上の位置づけも変化し、軍事施設配置の築城法は大きく変化した。従前の天守に変わって、代用天守とみられる櫓が、監視・司令塔的役割を担うことになった。設計上も必然的に変化し、代用天守の役割を果たす櫓を基点に見据えて視軸を用いて軍事施設を配置する技法になったのである。

(2) α三角形60間モデュールによる社寺配置の変化

　社寺の配置は軍事施設の配置と異なり、初期近世城下町の築城期の天正期では視軸とα三角形の併用、冬至・夏至の旭日・落日の方位に配した例が散見できた(**5.2.1(1)**、**(2)**、**5.2.2(1)**参照)が、視軸による社寺配置は比較的早い段階から後退し、α三角形60間モデュールによる配置手法が主流になってきた。

　α三角形60間モデュールと視軸の重複型の例としては、中津城下町［天正16(1588)年］と徳島城下町［天正13(1585)年］が挙げられ、なかでも中津城下町における社寺の配置は、伊勢神宮三節祭が執行された時の北辰北斗の構図になっており、この直交する視軸とα三角形の構図は軍学にいう卍の曲尺にも符合する。黒田孝高が崇敬の2つの八幡宮を取り結ぶ巽乾（たつみいぬい）軸と霊峰求菩提山主峰犬ヶ岳と闇無濱神社（くらなしはま）を結ぶ鬼門・裏鬼門軸を直交させたこの配置構成は、宇宙の哲理を小宇宙に投影し

267

たものと考えられ、当時理想とした宇宙観を豊前国中津の小宇宙に社寺配置として置き換えたものとみられよう。

α三角形60間モジュールと旭日・落日型の例としては、松江城下町［慶長8(1603)年］の社寺配置において特徴的にみられ(**5.2.2(1), 1**)参照)、これは古典的な都城の経始などに使われた冬至・夏至の旭日・落日の方位、すなわち巽乾の祥瑞な軸線と鬼門・裏鬼門の軸線を用いたと考えられる。以上の事例は築城期でも比較的に早い慶長期の前半までにみられた手法であった。

α三角形60間モジュールと視軸の併用型の例としては、広島城、佐賀城、篠山城、明石城が挙げられるが、一般的には、三原城、高松城、姫路城、松山城、萩城、福山城、赤穂城などの城下町のように藩主が崇敬の神社や菩提寺など仏寺の配置は、専ら仮説のα三角形60間モジュールに基づく手法であった(**5.2.3**参照)。

以上の全類型に共通するのは、α三角形60間モジュールにより社寺が配置され、門、櫓などの軍事施設の配置における視軸の構成を主にした配置と対照的であった。精神的なよりどころであった社寺配置にα三角形60間モジュールが多用されたのは、それ自体に神聖な意味があり、北辰北斗信仰と関連深い伊勢神宮の三節祭の北辰北斗の構図にみるα三角形の神聖さと「60」という数的な祥瑞観を合わせて秘めていたからであろう。

7.1.3 町割の変化

近世城下町の町割は「京都を模範」として計画されたと多くが記載され、近世初期の町割は整然さを欠いたものが多かったが、天正末から慶長初期には町割は端整なものに整えられた。慶長期までは碁盤型街区が町人地の町割に特定して使われたが、武家町では初期から長方形街区が主流になっていた。その町人地においても次第に碁盤型街区は採用されず、長方形街区に変化していくのであった。そのような町割の変化の意味を本項で考える。

(1) 町割の発展過程

築城期の比較的に早い時期に町割が整然さを欠いたものから端整なものに変化していった。その先駆けは豊臣秀吉が築いた長浜城［天正2(1574)年］であり、天守からのヴィスタで町割の基軸「本町」が設定され、城に向かう縦の町筋が主軸をなすタテ町型の町立てが施された(**6.1.1(3)**参照)。長浜城下町の町割は、本町を基軸にしてα三角形60間モジュールと関連づけて町立てされ、そのα三角形60間モジュー

7.1 築城期における設計技法の変容

ルの使用は、曲尺の使用と寸町分間図による設計絵図の作成とも関連するだけに、城下町の設計の根幹にα三角形60間モデュールが関与した可能性が高い。長浜城下町の影響を受けたα三角形60間モデュールによる町割の典型事例が中津城下町であり、それ以後の高松、広島、大分府内、萩、篠山などの城下町に多様に展開していった。

慶長期の城下町建設ラッシュの時には、この天守からのヴィスタに基づく基軸設定の方法を継承しながらもヨコ町型など多様な展開をみせた。慶長期末期頃から変化がみえ始め、元和元(1615)年以後、新城の築城禁止、天守建設の遠慮のなかでの町割は大きく変化してきた。従前の天守からのヴィスタに基づく町割は、鳥取城下町や福山城下町で継承されたが、明石城下町のように天守台は建設したものの天守は建設されず、代用天守と目される主櫓を基点にした町割の基軸設定がなされるように変化した。今治城［慶長7(1602)年］や伊賀上野城［慶長16(1611)年］ではその城普請の目的が関連し、大手門へのヴィスタが町割の基軸になり、慶長期も後半になると天守の位置づけにも変化がみえ始め、天守自体の建設を遠慮するようになった(5.1.1(2)、(4)参照)。

天正～文禄期(1573～95年)の町人地の街区の形状と寸法は、曲尺の表目・裏目の使用とみられるα三角形60間モデュールとの関連が顕著であっただけに、寸町分間図の縮図として設計図を作成して町割した可能性は高い(6.2.2(2)、(3)参照)。

慶長期(1596～1614年)の街区寸法は、天正～文禄期とは様相が異なり、多様な展開をみせたものの、α三角形60間モデュールに関連づけた寸法系列の用例が主であった。

元和～慶安期(1615～51年)になると、一層多様な展開を示し、天正期や初期慶長期のような端整で均質な町割やα三角形60間モデュールとの関連は弱くなった。

(2) 街区割・屋敷割の変容

町人地の町割において街区形状が碁盤型に割りつけられた城下町のほとんどは、武田信虎の躑躅ヶ崎城［永正16(1519)年］では「京都の條路に倣い」、徳川家康の江戸城下町［天正18(1590)年］では「平安都制を参考」とあり、松平忠輝の高田城下町［慶長19(1614)年］でも「京都の街に倣い」とあるように、その初期から後期に至るまで一様に京都の町割を参照し、模範にしたと記載されている。

しかし、京都を範としてという意味は、街区形状が碁盤つまり方形とすることだが、その街区寸法は多様であり、最小の小倉城下町の芯々方35間、大坂城下町の

芯々方42.4間、駿府城下町の内法方51間余、江戸城下町と名古屋城下町は方60間、熊本城下町は少し大きく65〜69間の碁盤型街区であった。

街区寸法の大きい江戸城下町と名古屋城下町、熊本城下町は、京都の当時の寸法や屋敷割が参照されたとみられ、中央に江戸では会所を、熊本城下町や名古屋城下町では寺を置き、4面町型に町割されていた（**6.2.2(2)**参照）。一方、街区寸法が小さな小倉城下町や大坂城下町では背割2列型の屋敷割・町割が基本とされた。

時期的にみると天正期から慶長期に碁盤型街区が採用された例が散見できるが、それ以後はほとんどみられなくなり、長方形街区の背割2列型で計画された。

武家町の町割は基本的には長方形をもって築城期の初期から町立てされた。それは武家屋敷は大身の家老屋敷から小身の組屋敷まで家格の幅が大きく、その家格に応じて屋敷の面積と形状を調整して班給されたためである（**6.1.2(4)**参照）。また、同じ程度の家格の屋敷が並ぶように配し、形状は小身の屋敷を除いて正方形の背割2列型を原則にした。したがって街区短辺で屋敷規模を調整したので、武家屋敷の街区は基本的に長方形が適していたのである。

この長方形街区の町割は大局的にみれば京都の四行八門制の町立てに中道を入れた長方形街区の背割2列型とみられるだけに京都を範としたとみることもできる。小倉城下町の変容過程にみたように1列型の片側町は曲輪の周辺で使われただけに、この長方形街区の背割2列型の町割は築城期を通して主流であったとみなせる。

時期的にみると、天正〜文禄期（1573〜95年）の町人地の街区寸法は、曲尺の表目・裏目に関連した60間を基準にしたα三角形60間モジュールと関連させて設計されていた。それだけに、寸町分間図の縮尺図の作成に曲尺を使ったと推定できる。慶長期（1596〜1614年）の町割は、天正〜文禄期とは様相がかなり変わっており、多様な展開をみせている。しかし、その街区寸法はα三角形60間モジュールと関連した寸法系列が使用されていた。元和〜慶安期（1615〜51年）になると、一層多様な展開を示し、天正期や初期慶長期のような端整で均質な町割はみられなく、また、α三角形60間モジュールに対応づけて説明することは今のところできず、用尺などの問題を含めて以後の課題として残される。

7.1.4　まとめ

本節では近世城下町築城期の全般を通して町割の原型の変遷を考察してきた。築城期の初期に絶対的ともいえる冬至・夏至の旭日・落日の方位に関連づけた視軸の

7.1 築城期における設計技法の変容

クロスする位置に天守を置いた長浜城を先駆としてその完成版と目される中津城へ波及し、巽乾、鬼門・裏鬼門の方位信仰と関連づけたこの方法は天正〜文禄期で特徴的にみられた。これは絶対的な方位であるだけにどこにでも当てはまるわけではなく、広島城に典型的にみられた一ノ宮神社を基点とした視軸のクロスとα三角形60間モジュールとを重ねて天守位置を決めた方法へと文禄〜慶長期初期に展開していった。その頃から北辰北斗信仰の最盛期を迎えようとする時期でもあり、「北辰北斗の構図」を城下町に投影したα三角形60間モジュールにより天守位置を決める方法に変容していった。その典型的例は藤堂高虎の篠山城や伊賀上野城であり、天海と徳川家康の深奥な接触と関連して慶長14(1609)年頃から際立ってくるのであった。

天守を基点にして視軸により軍事施設を配置する方法が築城期初期から全般にみられたが、慶長15(1610)年頃から変化がみえ始め、元和以後になると天守が建設されなくなり、天守代用櫓に視軸の基点が移っていったのであった。

一方、社寺は天守とα三角形60間モジュールに関連づけて配置されたのは、それ自体に北辰北斗の構図をしたα三角形と60という吉数を合わせ持ち秘儀(ひぎ)とされたからであろう。

天守からのヴィスタで町割の基軸・本町を設定し、α三角形60間モジュールと関連づけてタテ町型に町立(まちだ)てした長浜城下町[天正2(1574)年]は、それ以後、慶長15年頃までの町割に多大な影響を及ぼした。しかし、高虎の伊賀上野城下町[慶長16(1611)年]では天守へのヴィスタに代わって2つの大門へのヴィスタが町割の基軸になるなどその頃から変化がみえ始め、元和元(1615)年以降は明石城下町のように天守代用櫓へのヴィスタが町割の基軸になった。

街区・屋敷割についても、天正〜文禄期の町人地の街区寸法は、曲尺の表目・裏目の使用とかかわるα三角形60間モジュールと関連しており、寸町分間図の作成に曲尺を使った可能性が高いと推定する。慶長期の街区割、屋敷割は多様な展開をみせたが、その街区寸法はα三角形60間モジュールと関連した寸法系列が使用されていた。元和〜慶安期になると、一層多様な展開を示し、天正期や初期慶長期のような端整で均質な町割はみられなく、α三角形60間モジュールとの関連の分析が今後の課題として残された。

第7章　近世城下町の町割の変容

〈参考文献〉
1) 寛永寺編『慈眼大師全集(上)』寛永寺、1976.5
2) 栃木県立博物館『天海僧正と東照権現』栃木県立博物館、1994.10
3) 大類伸、鳥羽正雄『日本城郭史』雄山閣、1936.11
4) 内藤昌『城の日本史』日本放送出版協会、1979.11
5) 辻泰明『信長の夢『安土城』発掘』日本放送出版協会、2001.7
6) 藤岡道夫『城と城下町』中央公論美術出版、1988
7) 三浦正幸ほか『よみがえる日本の城23 天守のすべて①』学習研究社、2005.11
8) 藤崎定久『日本の古城2』新人物往来社、1971.1
9) 髙見敞志「住環境整備のための街区・敷地計画に関する研究」学位論文、1989.3
10) 髙見敞志「城下町小倉の町割」小倉城下町調査報告書、北九州市、1997.3

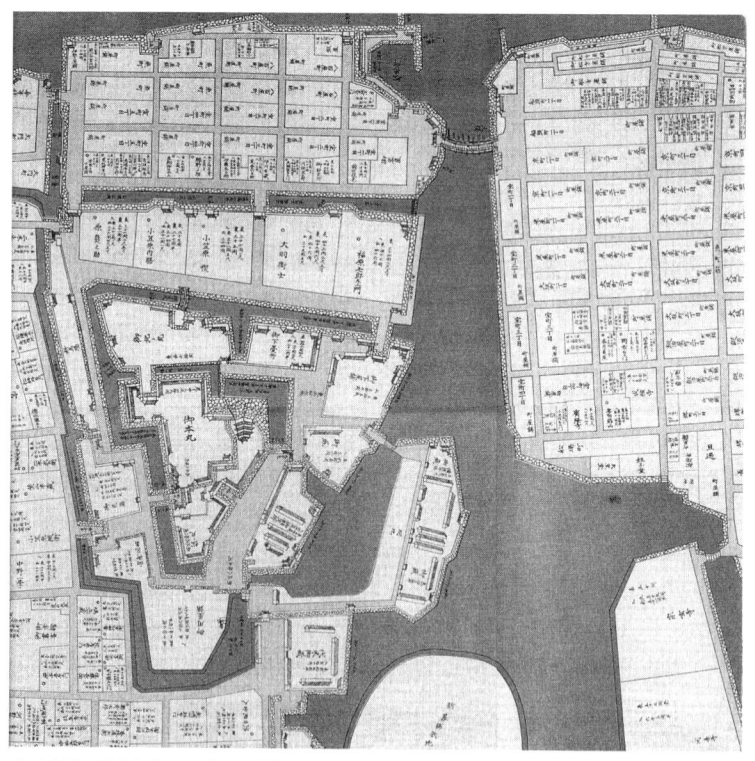

安政年間の「小倉藩士屋敷絵画」(部分)

7.2 小倉城下町の町割の変容過程

2.1、6.1.2でみたように、35間モジュールに見通しの技法を重ねて設計された小倉城下町の町割は重要な地域特性であった。この小倉城において使われた計画技法により町立てされた街区・屋敷割の形態的特性が、以後の都市計画にどのように反映されたかを検証することは意義深いと考える。

本節では、小倉城下町の町割の地域特性が崩壊していく変容過程とその背景をみていく。碁盤型街区の背割2列型に町立てされた2面町の端整な原街区構成からの変容過程を通して考察し、その変容の法則性を導き、その背後にある屋敷割の変容の法則をも併せて見いだしたい。こうして小倉城下町の持つ地域特性を明確にするとともに今後の都市計画に向けて変容過程からみた設計の指針を導きたいと考える。

7.2.1 近世小倉城下町の町割の変容

本項は、前章までに明らかになった小倉城下町の原型が持つ形態的な特性が、以後の都市の市街地構造の変化を背景に、どのように変容していったかをみていく。

(1) 近世小倉城下町の地域特性の崩壊
1) 土地利用の変化

慶応2(1866)年長州軍との戦闘の中、小倉藩士自ら東西両曲輪の武家屋敷と城内の諸館に火を放ち自焼した。その後、しばらく小倉の中心市街地、特に城内と武家屋敷は荒廃していた。

明治4(1871)年鎮西鎮台が開所したのに続いて、同8(1875)年歩兵第14連隊、同30(1897)年西部都督府、そして同31(1898)年第2師団司令部の開庁へと続き、さらに大正5(1916)年小倉兵器製造所、昭和8(1933)年陸軍小倉工廠の開設へと続いた。こうして小倉城と西曲輪の武家地は、明治政府の富国強兵の国策の下で、西日本における帝国陸軍の枢要拠点としてよみがえり、軍都として新たな発展をしていったのである。

城内に本部、司令部が置かれ、下級武士団の屋敷地は練兵場として明治末まで利用された。この練兵場も兵器製造所の設営に続き工廠の建設によって、旧下級武家屋敷は軍需工場へと変身していった。

第7章　近世城下町の町割の変容

　敗戦後もしばらく軍都小倉は米軍第24師団司令部が城内に置かれたが、昭和30(1955)年頃から城内は市役所、市民会館、図書館などが建設されて政治行政の中心地に、そして旧工廠は払い下げられて民間の工場に一時移行した。近年になって工場移転が進みこの地区は公園緑地や高層市街地住宅団地、市民ホールなどへ用途の変更が進んでいった。

　一方、東曲輪は西曲輪の軍事施設の立地と関連しながら発展し、明治31(1898)年頃には永照寺東部の武家地から馬借町まで、大正末期には葭原新地から中嶋新地まで市街化し、商業の町として復興した。そして、現在の政治行政の中枢地区としての西曲輪に対して商業業務の中心地としての東曲輪という土地利用形態は、奇しくも細川忠興の築城時の構想と一致して継承される結果となっている。

2) 古町割の崩壊

　小倉城下町の35間モデュールに見通しの計画技法を重ねた都市設計技法によって町立てされた小倉城下町の町割は、フィジカルな固有の特性であった。この小倉城下町の特性は、以後の都市計画にどのように理解されて反映されたであろうか。

　九州鉄道[*1]は城下町の外堀の海側を通し、九州電気鉄道[*2]は大坂町筋を通り、城の北側では第2郭、西側では第4郭を通すなど、明治から大正末期までの都市改造は城下町の骨格を崩さないように実施された。

　しかし、昭和10(1935)年代より市街地拡大が始まり、戦後の昭和26(1951)年以降の急激な市街地発展とモータリゼーションによって街路網の整備は急務となった。

　都市計画道路の計画は自動車交通の処理が最大問題であり、市街化していない部分から着手し、既成の街路の拡幅など経済的に早くといった観念で計画した形跡が色濃くみられたのも否定できない事実であった。

　そのような時代的背景の下では、35間モデュールの整然とした精緻な町割特性を考慮した都市設計の意図などは碁盤型街区の町割地区を除いて全くみられなかった。また、区画整理事業を戦前と戦後に分けてみても個々の事業間には、形態的な統制がなく、寸法の系列化などはみられず、かつての小倉城下町の特性とは異質な市街地(図7.2.1)に変質していった。

[*1] 九州鉄道は明治24(1891)年4月黒崎・門司港間が開通した。同40(1907)年に国有化し、翌41(1908)年に戸畑線が鹿児島本線に昇格したため、元の路線は大蔵線と呼んだ。大蔵線は同44(1911)年に廃線となった。

[*2] 九州電気鉄道は明治44(1911)年までに開通し、その後西鉄黒崎線に引き継がれた。

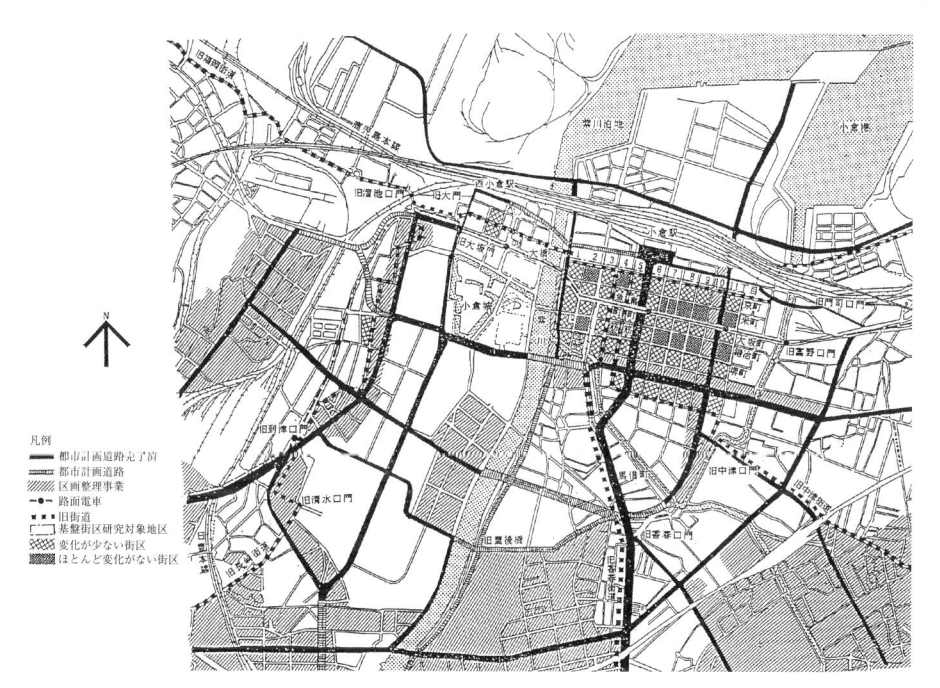

図 7.2.1　小倉都心部・都市計画図

　このように戦後の都市改造は歴史的な町割がもっていた個性に根ざし、かつ現在の生活、経済、社会的な諸問題を解決していくような視点、なかでも特に都市全体を総合化するような計画理念と技術など都市計画の基本的な要素が欠落していたといえよう[1]。

(2) 町割の変容の背景

　昭和期、特に戦後の急激な市街地拡大は交通の発展ともあいまって、小倉城下町の改造計画が次々に実施された。その過程は囲郭の段階的撤廃の過程でもあった。囲郭が段階的に撤廃されて都市計画道路が新設されると、城門によって限定されていた都市への入口が多数化して城下町地区全体は都心的機能が集中する地区に変貌していった。その土地利用の傾向は、巨視的にみると、西曲輪の行政、東曲輪の商業という構造は藩政時代末期の構成と一致していたとみられる。しかし、商業地の中心は大きな変化をみせていく。この点については地価の分布傾向が明確にその変化を示している。

　明治18(1885)年の地価[3]は近代交通が未発達で、藩政時代の名残をとどめてい

第7章　近世城下町の町割の変容

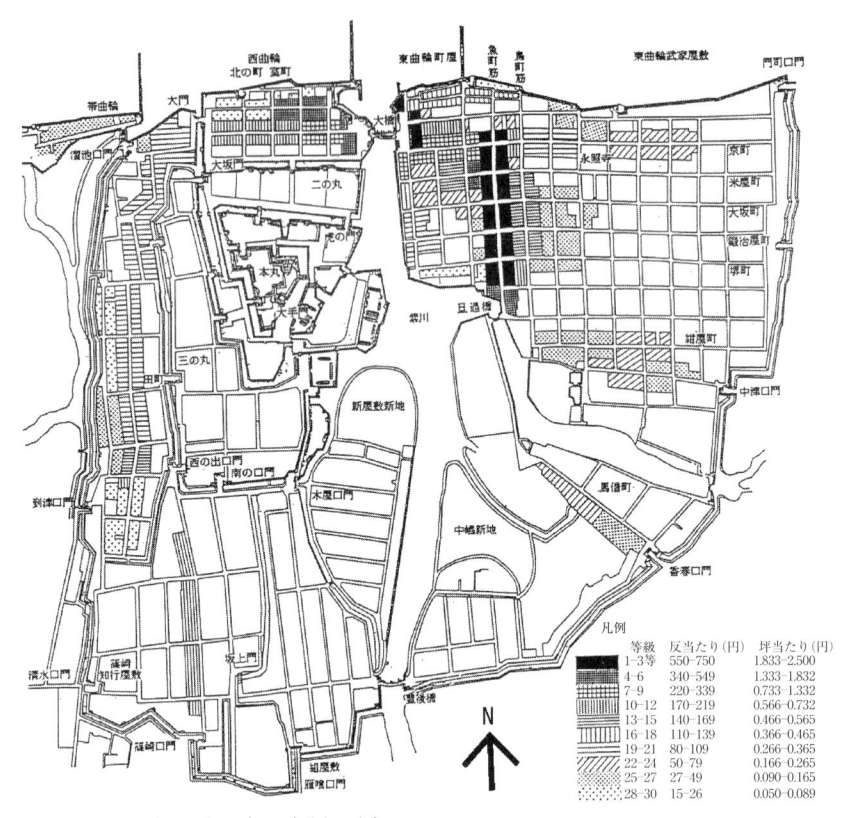

図 7.2.2　旧小倉町地価分布図（明治18年）

たと考えられる時期のものである。

　最も地価が高い部分は魚町筋と東西の橋本であり、長崎街道沿いに橋本から遠ざかるほど地価が下がる分布（図7.2.2）を示していた。

　当時の橋本(大橋)は、小倉の港の中心部であり、ここから紫川の川筋に豪商が軒を並べ、流通経済の中心地であった。ここから九州の諸大名は関門海峡を渡海し、本陣、脇本陣、旅籠が多く立地して宿駅の機能も併せ持っていた。一方、魚町は呉服や食料品の問屋が多く商業の中心地であり、中津街道、香春(かわら)街道に連絡する街道筋でもあった。

　明治初期の地価分布（図7.2.2）は、幕末の商業活動と密接な関係を持ちつつ、港を中心とする地区から街道沿いに高い地価が形成され、その裏筋では地価は低い状況を明瞭に示し、藩政期の構成を垣間みたようである。

276

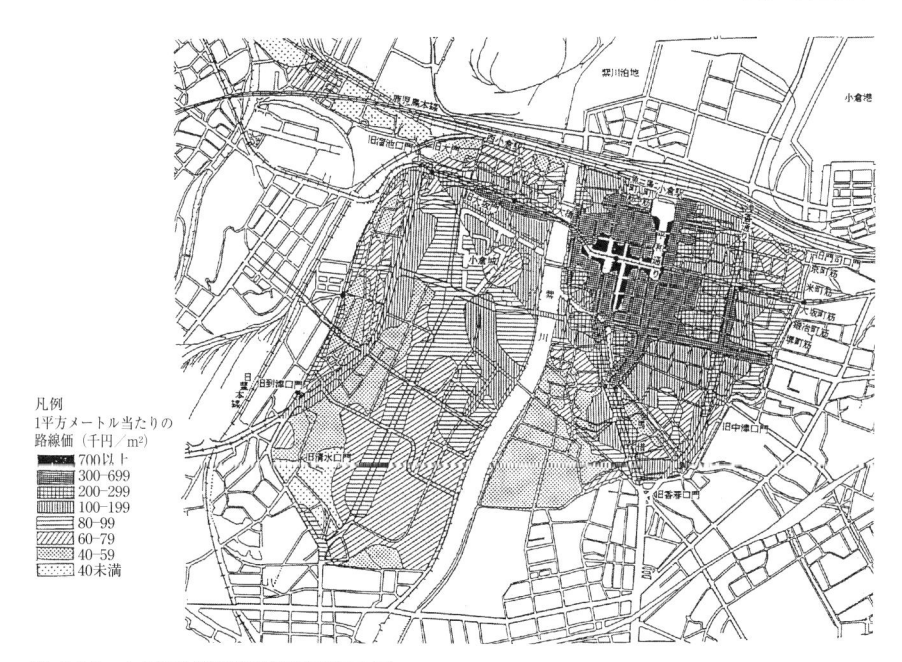

図 7.2.3　小倉都心部地価分布図（昭和59年）

　一方、昭和59（1984）年路線価より作成した地価分布[5]（**図7.2.3**）によると、最高地価を示した地区は、小倉駅から平和通りを路面電車道（旧大坂町筋）までと、路面電車道沿いに橋本方面へ5丁の地区、魚町の3丁の地区でみられた。次のランクは東曲輪の碁盤型街区の主要部に広がり、さらに拡幅された都市計画街路沿いと路面電車沿いに延びていたことが明らかである。

　この明治初期からの地価分布の変化は、港と街道中心の分布から鉄道駅・幹線自動車道沿い中心の分布への変遷であり、交通体系の変遷と密接な対応関係をみせていたのであった。

7.2.2　碁盤型街区の変容

　以上の明治以後の市街地の性格の変化がどのように歴史的な町割に影響を及ぼしたかについて次に検証していく。

（1）2面町から4面町への変容

　以上の市街地の性格の変化、とりわけ交通体系と地価分布の変遷は町割に強い影

第7章　近世城下町の町割の変容

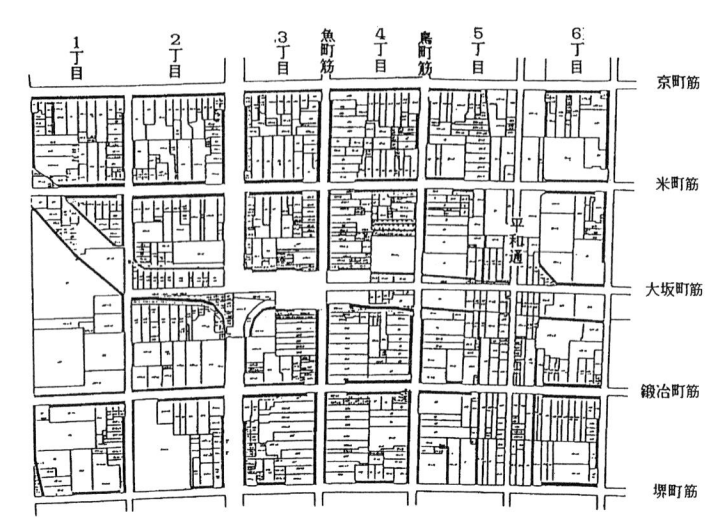

図 7.2.4　小倉都心部碁盤型街区の間口（昭和61年）

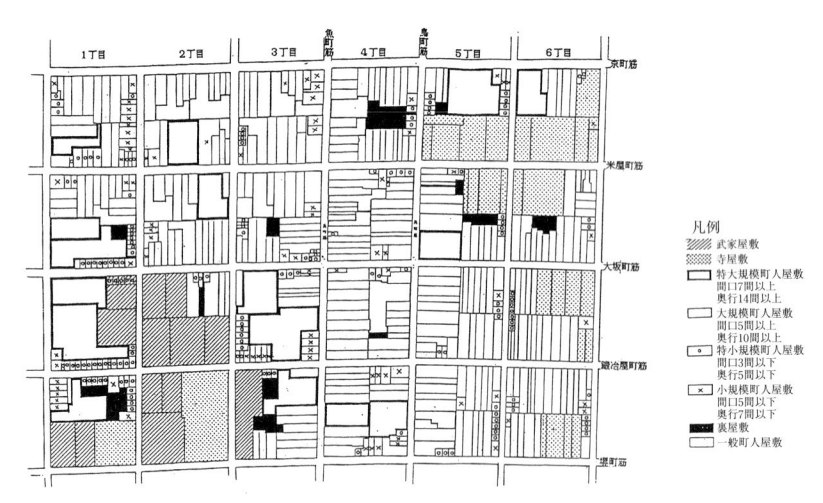

図 7.2.5　幕末期碁盤型街区の屋敷割図

響を与えた。それは背割2列型の2面町から街区4周の街路に店を開く4面町への変容（図7.2.4、図7.2.5）であった。その要因を考察するに次の3点が重要と考えられる。

① 港を中心とした少数の要所から鉄道や路面電車の駅、バス停など多数の要所に変化したこと。

② 数本の街道と城門を結ぶ限定された都市軸から囲郭の撤廃と旧街道と筋違いに計画された都市計画道路と路面電車軌道など多軸化したこと。
③ 市街地拡大により人口の増加と交通量の増大。

この町割の変容は、港を起点としての5つの街道筋(長崎街道、福岡街道、中津街道、香春街道、門司往還(おうかん))に向けて店を開く2面町から、多数の駅とバス停など要所が拡散し、都市計画道路などの新設により多軸化し、そのうえ市街地拡大により交通量が増加したため、表通りと裏通りの格差が縮小して通行量の多い通りに店を開く原理が働いて、4面町に変容したと推定できる。同時に商業地の立地パターンは、街道沿いの線形から塊状に変容し、その商業地区の規模を拡大する過程でもあった。

(2) 背割2列型屋敷割の変容

町割における2面町から4面町への変容過程は、屋敷割の変容をともない、それは背割2列型の崩壊の過程でもあった。碁盤型町屋地区における細分化の典型例では、幕末期においてもすでに背割線に沿って屋敷の奥で買添えして屋敷を拡大する変化と、横町での屋敷の細分割による狭小化(図7.2.5)がみられた。

幕末から現在への変化では、屋敷の奥での屋敷拡大や細分割は少なく、むしろ横町での屋敷の細分割の傾向が強く継続して進行した。このような屋敷利用形態の変化は裏界線(りかいせん)の変化に顕著に現れた。

次に典型的な3つの事例を示し、背割2列型街区の崩壊の過程を検証する(図7.2.6)。

元町人町の場合は、裏界線が貫通しなくなること(横町に面した側での細分割と両縦町に貫通する屋敷の出現)、原裏界線とは別に飛び裏界線[*3]を出現させること(裏屋敷の拡大)、原裏界線方向に垂直方向の裏界線が出現すること(横町側の分割)、の順に変容し、飛び裏界線の連担化といった変化がみてとれる。

一方、武家屋敷町では、幕末期までにほとんど変化がみられなかったが、維新以後急速に変化が進行している。その傾向は町人町の例と類似していたが、裏界線が連担して「稲妻型」になったのが特徴であった。また、元武家屋敷町の屋敷統合型の

---

*3 背割2列型街区の変容過程において、屋敷の奥で買添えして裏屋敷を拡大した結果、貫通した裏界線に平行して2重3重に裏界線が現れた。この新たに発生した裏界線はその初期には飛び飛びに現れ、連担しないのが通常であったので「飛び裏界線」と称することにする。

第7章　近世城下町の町割の変容

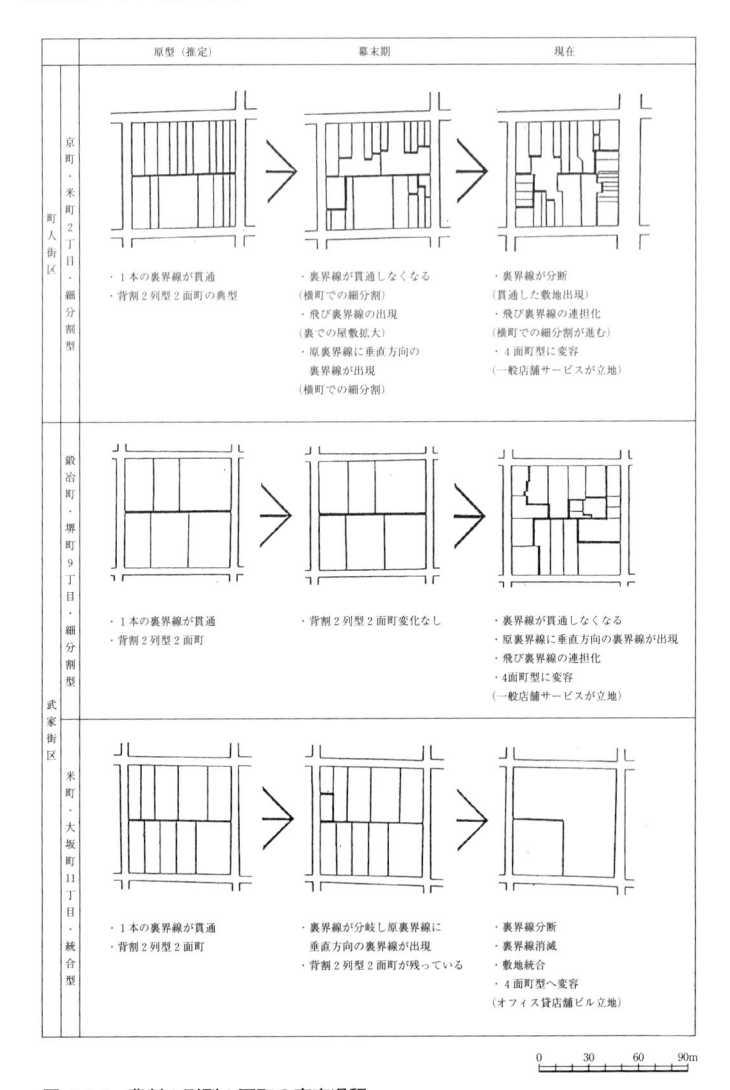

街区	町	原型（推定）	幕末期	現在
町人街区	京町・米町2丁目・細分割型	・1本の裏界線が貫通 ・背割2列型2面町の典型	・裏界線が貫通しなくなる （横町での細分割） ・飛び裏界線の出現 （裏での屋敷拡大） ・原裏界線に垂直方向の裏界線が出現 （横町での細分割）	・裏界線が分断 （貫通した敷地出現） ・飛び裏界線の連担化 （横町での細分割が進む） ・4面町型に変容 （一般店舗サービスが立地）
武家街区	鍛治町・堺町9丁目・細分割型	・1本の裏界線が貫通 ・背割2列型2面町	・背割2列型2面町変化なし	・裏界線が貫通しなくなる ・原裏界線に垂直方向の裏界線が出現 ・飛び裏界線の連担化 ・4面町型に変容 （一般店舗サービスが立地）
武家街区	米町・大坂町11丁目・統合型	・1本の裏界線が貫通 ・背割2列型2面町	・裏界線が分岐し原裏界線に垂直方向の裏界線が出現 ・背割2列型2面町が残っている	・裏界線分断 ・裏界線消滅 ・敷地統合 ・4面町型へ変容 （オフィス貸店舗ビル立地）

図 7.2.6　背割2列型2面町の変容過程

例では、元の裏界線の半分が消滅していた。いずれの場合においても、裏界線の変化は原街区がもっていた背割2列型二面町の町割が屋敷割の変化をともなって崩壊していく過程を明瞭に示すものである。それだけに、このような屋敷割の変化の過程は、敷地レベル、特に敷地境界線での形質の変更に対して現在までの法制度ではコントロールできないことを示したものであるといえる。

7.2 小倉城下町の町割の変容過程

7.2.3 屋敷規模と形状の変化

　背割り2列型街区の崩壊の過程は、2面町から4面町型街区への変化であったが、これは屋敷規模と形状の変化と深く関連してのことであった。幕末期と現在の比較が可能な東曲輪の典型的な碁盤型街区が残っている地区を事例に屋敷規模の変化を考察する*4。

(1) 屋敷規模の変化

　この対象地区は、幕末期には永照寺より東に下級武家屋敷、西に町屋が配されていた。そこで永照寺を境に二分し、各街区内の屋敷の筆数の変化をみたのが**表7.2.1**である。幕末期における町屋部分は1街区内を26個の屋敷に割りつけ、一方、武家屋敷部分は9～10個に割りつけたものが多かった。これを階級別構成より分布をみても平均値当たりに集中した分布となっている。

　このように屋敷割されていたものが、現在では旧筆数の平均は町屋部分の街区別筆数の平均は37個、旧武家部分19個とともに約10筆増加している。幕末期には町屋部分の方が平均でみて約2.8倍も屋敷数が多かったから筆の増加率で検討すると、

表 7.2.1　小倉城下町東曲輪・街区別画地筆数の変化

		基礎統計				ランク別構成比 (%)								
		N	MAX	MIN	MEAN	S.D	0～	5～	10～	15～	20～	25～	30～	35～	40～	45～
幕末期画地筆数	町屋部分	24	43	4	26.4	8.4	4.2	0.0	8.3	4.2	16.7	33.3	25	4.2	4.2	0
	武家部分	20	27	4	9.5	5.3	5.0	60.0	20.0	10.0	0.0	5.0				
	合計	44	43	4	18.7	11.1	4.5	27.3	13.6	6.8	9.1	20.5	13.6	2.3	2.3	
現在画地筆数	町屋部分	24	81	9	37.2	14.5			4.2	0.0	4.2	8.3	8.3	16.7	25.0	8.3	25.0
	武家部分	20	47	4	19.3	11.5	5.0	15.0	15.0	20.0	25.0	5.0	5.0	0.0	0.0	10.0
	合計	44	81	4	29.0	15.9	2.3	9.1	6.8	11.4	15.9	6.8	11.4	13.6	4.5	18.2
増加数							-20～	-10～	+0～	+10～	+20～	+30～	+40～			
	町屋部分	24	47	-18	10.8	14.7	8.3	8.3	29.2	33.3	12.5	4.2	4.2			
	武家部分	20	35	-3	9.8	8.6		10.0	45.0	40.0	0.0	5.0				
	合計	44	47	-18	10.3	12.2	4.5	9.1	36.4	6.8	4.5	2.3				
増加比率							-2.0～	-1.0～	+0.0～	+1.0～	+2.0～	+3.0～	+4.0～	+5.0～		
	町屋部分	24	4	-1	0.6	1.04			16.7	62.5	12.5	4.2	0.0	4.2		
	武家部分	20	3	0	1.1	0.93		10.0	45.0	25.0	5.0					
	合計	44	4	-1	0.8	1.01		13.6	54.5	18.2	9.1	2.3	2.3			

*4　対象街区は幕末期と全く街区の変化がなかった12街区を対象に分析した。図7.2.1のほとんど変化がない街区を参照。

町屋部分が平均で約6割増加したのに対して、武家部分は2倍強も増加している。一方、幕末から現在まで無変化の形態で残存する屋敷に着目すると、調査対象全体の屋敷数823のなかで216画地(26.4%)が残存し、町屋は640のうち197(31.8%)、寺45のうち5(11.1%)、武家138のうち15(10.9%)が残存していた。このように町屋屋敷の残存率は寺や武家屋敷に比べ3倍も高かった。このことは幕末期の屋敷面積および屋敷形状が関連していたと考えられる。すなわち、町屋の短冊状屋敷は接道部分が狭く、側界線方向に細分割するには屋敷利用の面から限界があり、一方、寺や武家屋敷は面積が大きいうえに形状は正方形が多く再分割しても屋敷利用に不都合が生じなかったとみられるのである。

以上は公図上での筆の変化より巨視的にみたものであるが、次に現在の敷地利用上、一体的な土地利用がなされている敷地に区分して検討する。

以後これを利用敷地と呼ぶことにする。街区別に利用敷地面積の平均でみると町屋街区は幕末と比べ安定的であるのに対して、寺や武家街区は平均敷地規模が縮小傾向のもの、規模を拡大するもの、変化がみられないものなど多様であった。ではこの利用敷地面積の多様な変化は何ゆえのことであろうか。まず、路線価[5]と相関を取ってみると相関係数は0.47で弱いが上限を規定する関係がみられた。

それでは、利用敷地規模を規定する要因は何であろうかと検討するに、オフィスビル・貸店舗ビル比率[*5]と相関($r = 0.915$)することが分った。オフィスビル・貸店舗ビルは大通りに面して大規模な敷地に立地するだけにこの比率が高い街区ほど利

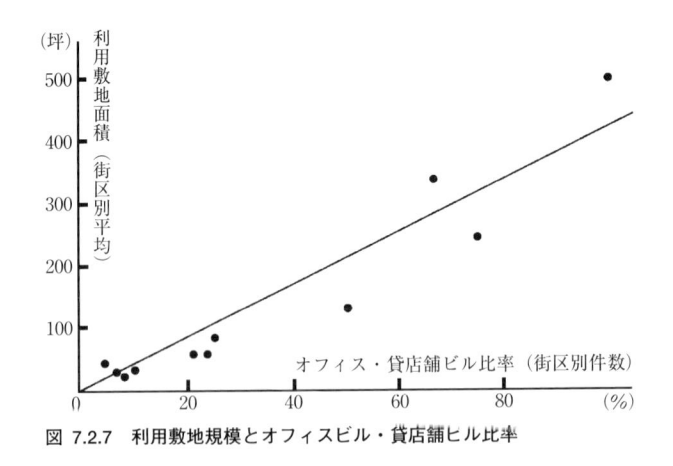

図 7.2.7 利用敷地規模とオフィスビル・貸店舗ビル比率

＊5　対象街区の全棟に対する貸事務所、専用事務所、貸店舗ビルの棟数比率である。

用敷地規模も大きくなる傾向を示した(**図7.2.7**)。一方、住宅・サービス・一般店舗の比率が高い街区ほど利用敷地規模が小さいという負の相関($r = -0.898$)を示したのである。

　これらのことは敷地利用上、大規模な敷地が必要なオフィスビルや貸店舗ビルの比率が高い街区ほど敷地が統合されて敷地規模が大きくなり、一般店舗やサービスや住宅などが多い街区は小規模な敷地利用が進む傾向にあることを示した。

　さらに、大通りに面する大規模敷地利用、旧街道など大通りの裏筋における敷地の零細化という傾向を示し、明治以後の都市改造と密接に関連していたのである。

(2) 裏宅地の出現傾向

　35間モデュールに町割された小倉碁盤型街区はその寸法が我が国の城下町のなかでも最も小さいのが特徴であった。この地区は明治以後、都心商業業務機能が集中した地区に変容していったが、その市街地機能の変化に対して我が国最小の碁盤型街区の変容、なかでも裏宅地の発生状況を通して街区の零細化の過程を検証する。裏屋敷は幕末期においてもすでに823屋敷中18屋敷(2.2%)みられたが、きわめて少数であった。その裏屋敷18のうち、11屋敷(61%)は大規模屋敷に付属した借家と思われるものでこれが最も多く、通り庭型と思われるものは4屋敷(22%)、路地を介在したものは3屋敷(17%)がみられた(**表7.2.2**)。

　昭和58(1983)年現在、敷地利用上、表通りに面しない棟数[6)]を調べると全部で91棟あり、この地区の全棟数771に対して占める割合は約12%であった。また、全44街区中20街区(45%)で発生していた。

表 7.2.2　幕末期小倉城下町の裏屋敷の類型

類型	典型的パターン	裏屋敷が出現している街区数	裏屋敷数
大規模屋敷付属型		4 (40%)	11 (61%)
路地型		2 (20%)	3 (17%)
通り庭型		4 (40%)	4 (22%)
計　全対象街区数=44、全対象屋敷数=823 (100%)	(100%)	10 (100%) (22.7%)	18 (100%) (2.2%)

大規模屋敷付属型：大規模な屋敷に付属しており、多くは借家で絵図には路地が介在しないもの。
路地型：絵図に路地が明記されているもの。
通り庭型：路地がなく表通りに面する間口の狭い屋敷を通過してアクセスする型。

そのパターンは通り庭型が48棟(53%)、路地貫通型28棟(31%)、袋路地型15棟(16%)という順であった。表通りに面しない棟の用途別では、住宅が56棟(62%)、サービス29棟(32%)、倉庫3棟(3%)、店舗2(2%)、医療1棟(1%)で住宅とサービスの利用が主であった。

路地貫通型は飲食店を主とするサービスが28棟中27棟で飲食街に特化していた。袋路地型と通り庭型合わせて住宅が63棟中57で90%を占め、この2つの型は表通りの商店、裏の住宅という敷地利用に特化していた。明らかに裏宅地とみられる袋路地型は15棟あり全体比率1.9%であったが、幕末期と比して特に裏宅地が増加したとはみなせない(**表7.2.3**)。

35間の碁盤型街区の町割は、長い変容過程を通しても裏宅地を増加させなかった点は小倉の町割の注目すべき特性の1つといえる。

しかし、貫通型路地の場合には飲食街として特化し、宅地割を零細化するだけに留意する必要がある。また35間モジュールであっても裏宅地を発生させる可能性

表 7.2.3 小倉都心部・裏宅地の類型

型	パターン	街区数	用途別棟数分布	
路地貫通型		2街区	サービス 27 一般店舗 1 住宅 0 医療 0 倉庫 0 小計 28 (31%)	サービス 29 (32%) 一般店舗 2 (2%) 住宅 56 (62%) 医療 1 (1%) 倉庫 3 (3%)
袋路地型		4街区	サービス 0 一般店舗 0 住宅 14 医療 1 倉庫 0 小計 15 (16%)	
通り庭型		14街区	サービス 2 一般店舗 1 住宅 42 医療 0 倉庫 3 小計 48 (53%)	
合計	(44街区、771棟) 100%　　100%	20街区 45%	91 (100%) 11.8%	

路地貫通型：2つの表通りの間に貫通した路地よりアクセスする型。
袋路地型：表通りより袋路地をとってアクセスする型。
通り庭型：表通りに開いた路地を介在せず、表通りに関する建物(多くは店舗)を通過してアクセスする型。

は個別的にはありうる。表通りに面した店舗の建築奥行が浅い場合には、奥の空地に裏宅地を発生させる可能性はあることを補足しておきたい。

7.2.4 まとめ

小倉における35間の背割2列型2面町に町立(まちだ)てされた碁盤街区の特性は、大正末期までの都市計画においては、その骨子は崩されない程度に残されていた。その後、特に戦後の都市計画においては、小倉の特性に根ざし、かつその時の都市問題を解決していくような視点はみられず、そのため小倉の形態的特質は変質していくこととなった。

この町割の変容の背景を考えるに、港と街道を中心とした高い地価分布から鉄道駅と路面電車軌道、都市計画道路を中心とした地価分布に変容していった。この地価分布の変遷は商業地の中心地の変遷でもあり、小倉の町割の変容の背景として大きな影響を及ぼした。

この商業中心地の変遷とその規模の拡大、交通の多要所化、多都市軸化、流通の多量化などの都市構成の変化は、碁盤型の2面町から4面町への変容の背景とみなされる。

4面町への変容過程は、屋敷割における背割2列型の崩壊の過程であった。その屋敷割の変容の空間的特性は、裏界線の変化として明瞭に示すことができた。つまり、裏界線が貫通しなくなり、飛び裏界線が出現し、原裏界線に垂直方向に新しい裏界線が出現し、飛び裏界線の連担化など裏界線の形態的変化として明確に現れていた。

ところが、背割2列型の屋敷割の崩壊、宅地の零細化に対して、現在までの都市計画の法制度では、敷地形態の制御のための法的介入の手段を持ち合わせていなかった点は問題として指摘できる。

この背割2列型の屋敷割の崩壊は、屋敷規模と形状の変化に関連していた。街区別の筆数の変化は、原屋敷の規模と形状とがこれに関連し、また、街区別の平均利用敷地面積は、オフィス・貸店舗ビルの棟数比率と相関することを明らかにした。このことは原町割とそれ以後の土地利用の変化が屋敷規模の変化に関連したことを示す。

原街区の寸法が我が国最小の特性を持つ小倉の碁盤型街区では、裏宅地を出現させ、敷地が零細化していく傾向よりは、むしろ原街区の横町側が細分割される傾向が強いという変容特性をもった市街地であったことを指摘できる。

第7章　近世城下町の町割の変容

〈参考文献〉
1) 髙見敞志「城下町小倉の町割」小倉城下町調査報告書、北九州市、1997.3
2) 髙見敞志「小倉城下町の町割技法と現在市街地への影響と特性」日本建築学会計画系論文報告集 第380号、1987.10
3) 小林安司「小倉城下町の構造」小倉郷土史学 第4巻 第11冊、1965.11
4) 小倉郷土会『小倉郷土史学 第4巻 (復刻版)』国書刊行会、1982.5
5) 大蔵財務協会『路線価設定地域図 福岡国税局管内』大蔵財務協会、1984.6
6) 「航空住宅地図 昭和58年版 (1/1720)」公共施設地図 (株)
7) 小倉市役所『小倉市史 上巻 (復刻版)』名著出版、1975.7
8) 玉井哲雄『江戸・失われた都市空間を読む』平凡社、1986
9) 陣内秀信『東京の町を読む』相模選書、1981
10) 陣内秀信『東京の空間人類学』筑摩書房、1986.2
11) 日本国有鉄道九州総局『九州の鉄道の歩み』1972.10
12) 小田富士雄、米津三郎、有川宜博、神崎義夫『北九州の歴史』葦書房、1979.6
13) 米津三郎『明治の北九州』小倉郷土会、1964.7
14) 米津三郎『わが町の歴史・小倉』文一総合出版、1981.7
15) 米津三郎『読む絵巻 小倉』井筒屋、1990.10
16) 北九州市教育委員会文化課『小倉城 小倉城調査報告書』北九州の文化財を守る会、1977.3
17) 双川喜文『近世の土地私有制』新地書房、1980.7
18) 藤原勇喜『公図の研究』大蔵省印刷局、1986.1
19) 佐藤甚次郎『明治期作成の地籍図』古今書院、1986.11
20) 新井克美『公図の沿革と境界』テイハン、1984.7
21) 西山康雄「敷地計画技法の歴史的展開に関する研究」住宅建築研究所報、1986.1
22) 九州史料刊行会『小倉商家由緒記』九州史料刊行会、1963.8

宇和島城望遠

第8章 結　　論

8.1　総　括

　本書は、近世城下町の設計原理の解明を目的として、それを明らかにするために次の3つの課題、①地選における城郭の中心・天守の位置を決定した方法、②その天守を基点に城郭・城下町の主要施設を配置した方法、③主要施設を基点に町割の基軸の設定と街区・屋敷割の方法、を明らかにすることを目的とした。

　この課題の解明に向けて次の3つの技法、①視軸、②ヴィスタ、③α三角形60間モデュール、を用いたのではと想定してこれらを当てはめて検証した。そこで予備的考察として中津城下町に適用して検証したうえで、本書では次の4つの仮説を立てこれを実証する方法として広く西日本地方に展開した。

① 築城当時、天守は城主崇敬の古社古刹と「視軸」を取り結ぶ関係に位置決めしたのではないか。
② 天守の位置決めは城主崇敬の古社古刹と「α三角形60間モデュール」に関連づけて設定されたのではないか。
③ 城下町の主要施設(軍事施設と社寺)の配置は「視軸」と「α三角形60間モデュール」を関連づけて配置されたのではないか。
④ 町割を決定づけた街路の線引きは、天守をはじめとする主要施設を基点とした「ヴィスタ」ならびに「視軸」と「α三角形の60間モデュール」を関連づけて計画されたのではないか。

　したがって設計の手順としては、天守の位置決め、主要施設の配置、掘割の決定、町割の基軸設定、街区割・屋敷割の順と考えた。

　「第1章　序論」では、本書の位置づけとその特色ならびに目的と方法、本書の構成について述べた。

　「第2章　近世城下町の設計技法に関する仮説」では、「2.1　小倉城下町の町割に

第8章 結　論

みる35間モジュールと視軸」における掘割と町割の考察から本書の課題と仮説の設定にかかわる重要な着想に結びつく結果を得た。それは、①天守の位置がまず決められ、②天守を基点に「視軸」で施設を配置し、③「視軸」または「ヴィスタ」で掘割や街路を線引きし、④35間モジュールを多用した設計技法、が検出された。

　小倉城の「35間モジュールの謎」の考察から「α三角形60間モジュール」の着想が浮かび、これを中津城に適用したのが「2.2　中津城下町における設計技法の発見」である。

　冬至・夏至の旭日（きょくじつ）・落日の方位軸に藩主崇敬の古社古刹（こしゃこさつ）や霊峰を見通す視軸のクロスする位置に主櫓（しゅやぐら）（現模擬天守）を配置する手法であった。この視軸にα三角形60間モジュールを重層的に関連づけた主櫓の配置でもあった。また、城郭・城下町の主要施設の配置においても視軸にα三角形60間モジュールを重ねた技法を使用して、これらの施設を基点としたヴィスタで主要街路を線引きする町割であった。その街路の線引きはα三角形60間モジュールと対応し、かつ曲尺（かねじゃく）の特殊目盛とも見事に対応しただけに、曲尺を使った寸町分間図（すんちょうぶんげんず）による設計と考えられる。

　中津の考察を経て、「2.3　設計技術に関する仮説の設定」では、近世城下町の設計技法に関する4つの仮説を設定し、これを実証する方法として事例を拡大して展開することにした。

　「2.4　広島城下町への仮説の適用」では、広島城天守の位置決めに、毛利輝元は新山に登り、厳島弥山（いつくしまみせん）に一線を画き、次に明星院山（みょうじょういんざん）と己斐松山に登って一線を引いて、その交点を天守の位置と定めた。この構成は、天守を中心にしたα三角形60間モジュールと符合し、視軸に加え、α三角形60間モジュールをも重ねた都市設計技法であった。城下町の施設配置においても毛利家の2つの菩提寺、洞春寺（とうしゅんじ）と妙寿寺（みょうじゅじ）は、天守の位置決めにかかわった明星院山―天守―己斐松山の視軸上に置かれ、かつα三角形60間モジュールを当てはめた手法で配置された。こうして決められた門、櫓、神社、寺院などの主要施設を基点としてヴィスタで主要街路を線引きし、α三角形60間モジュールで町割した可能性が高く、仮説が成立することが分かった。

　「第3章　仮説の論拠と意味」に関して「3.1　視軸が使われた論拠と意味」で考察した。第一に一ノ宮などの神社や霊峰を基点に視軸を用いて天守の位置を決め、天守を基点に施設配置したことの論拠として、次の4点を指摘した。

① 　毛利輝元の広島城の天守の位置決めにおいて、視軸がクロスする地点に決めたことは、史資料ならびに実見による復原的考察から明らかになったこと。

② 天守を基点に「お見通し」・ヴィスタによって町割の主要街路が線引きされたことは、宮本氏の復原的考察から検証されたこと。
③ 神社を基点にして視軸により天守を配した方法は、中国の古典『周礼』の「考工記」にみえる「左祖右社　面朝後市」に由来し、視軸がクロスした位置に天守を置く方法は、我が国古代の都城や国府の造営などの古典的方法に依拠すること。
④ 築城当時の「町見術(測量)」の技術の基底に「見通し・視軸」が使われ、地選、経始、町割は測量と絵図の作成を伴ったことから、視軸が設計ならびに施工の技術として築城期の早い時期から使用されたと考えられること。

　　第二に「視軸」が城郭城下町の設計に使われた意味としては、次の4点が挙げられる。
① 現地で縄張し、測量して施設配置を決め、それを設計絵図に寸町分間図として描く場合の設計の手掛り・ガイドライン的用法の結果とみられること。
② 鳥取城下町の正面にみる軍事上重要な諸門が天守からの視軸で配置したのは、防御を目的とした軍事上の観点に基づく設計であったとみなされること。
③ 広島城や中津城でみたように、当時の信仰・宗教と関連した哲学・パラダイムを表現したもので、精神的な意味があったこと。
④ 久保田城下町でみたように、城郭からの俯瞰を整えると同時に城下の街路からの仰視の景観を演出する意味があったこと。

「**3.2　α三角形60間モデュールの論拠と意味**」では、第一にα三角形60間モデュールを用いた論拠として次の5点が指摘できる。
① 曲尺の裏尺の成立は平安時代までさかのぼるとみられ、近世城下町建設当時には、すでに裏尺は成立していたのは確かであること。
② 北条流兵法の『兵法雌鑑』によれば「寸町分間図」という縮尺図によって設計図は作図されたことから、寛永12(1635)年以前にさかのぼること。
③ 「寸町図」で城下町の設計絵図を作成した場合、必然的に曲尺を使わなければ作成できず、曲尺の$\sqrt{2}$比は$\sqrt{2}$モデュールに結びつき、α三角形60間モデュールと関連づけられること。
④ 中津城下町の町割にみるα三角形の構成は、北条流兵法「寸町分間図」を裏づけたとともに指図に寸町分間図という縮尺図の使用とその絵図作成に曲尺を使用した痕跡を現在に伝えること。
⑤ 伊勢神宮の三節祭は北斗の剣先が真東西南北の構図になった時に執行された。この北辰北斗の構図は、視軸、α三角形、卍字の曲尺の構成であり、この卍

第8章 結　論

字の曲尺の構成を城郭の縄張に用いたと山鹿流兵法の奥義に記すだけに、本書の仮説「視軸とα三角形」を使った論拠の1つと推定できること。

第二にα三角形60間モデュールが使われた意味としては、

① 町割にみえる「α三角形60間モデュール」の技法は、サシガネ（曲尺）使いの便宜上の意味がまずを考えられる。
② 1：√2の比例は、「日本の黄金比」、「大和比」と呼び、古来より日本独自のものというが、√2モデュールは黄金比とともに古くから世界で用いられた等比級数と考えられる。
③ 古代から「方五斜七、方七斜十」という文言で√2の近似値（5、7、10、14、20…）として実際に用いられたことからこれが√2モデュールの起源とも考えられる。
④ 天守位置や施設配置、町割と広くα三角形60間モデュールの構成、北辰北斗の構図に構築しようとする意図が読みとれるだけに当時の宇宙観・精神的摂理を地表に表現したものとみられる。
⑤ 徳川家康の遺言により実行された久能山（くのうざん）から日光への遷宮は家康の神格化のグレードアップとみられ、この遷宮にα三角形60間モデュールが使用されたことは、北辰北斗信仰や妙見（みょうけん）信仰、天台・真言密教の哲理（てつり）を背景にした宇宙観を投影したものとみられる。

「第4章　天守の位置決定」では、次のように類型化して考察した。
Ⅰ　冬至・夏至の旭日・落日方位型
Ⅱ　視軸のクロス型
Ⅲ　視軸とα三角形60間モデュール併用型
　Ⅲ-1　視軸とα三角形60間モデュール併用方位型
　Ⅲ-2　視軸とα三角形60間モデュール併用一般型
Ⅳ　α三角形60間モデュール型
　Ⅳ-1　α三角形60間モデュール方位型
　Ⅳ-2　α三角形60間モデュール一般型

「4.1　視軸による天守位置決定」
「Ⅰ　冬至・夏至の旭日・落日方位型」では、

① 長浜城や中津城、唐津城が典型的な事例であり、その天守は冬至・夏至の旭日・落日方位に藩主崇敬の神社や霊峰があり、旭日・落日ラインがクロスする位置に天守が配されている。豊臣秀吉の長浜城、秀吉の軍師黒田孝高の中津城、八

奉行の1人寺澤廣高の唐津城と秀吉と孝高にかかわる築城に特徴的に現われていた。

② 松江城や徳島城、伊賀上野城、大洲(おおず)城では、1本は冬至・夏至の旭日・落日方位のラインに合致するが、もう1本は一般の視軸のクロス型である。この類型も豊臣家三中老の1人堀尾吉晴の松江城、参謀役蜂須賀正勝(さんぼうやくはちすか)と嫡(ちゃく)子家政の徳島城、それに藤堂高虎の大洲城と伊賀上野城であるだけに、秀吉を取り巻く側近と関連がありそうである。

「Ⅱ　一般的な視軸クロス型」では、

① 視軸のクロス型の典型である広島城や萩城、佐賀城では藩主崇敬の社寺や霊峰を結ぶ視軸のクロスする位置に天守を置き、これにα三角形60間モジュールの構成が重複する特徴的な型である。黒田孝高の指揮を受けた毛利輝元の広島城、孝高の嫡子長政(よしたか)の指揮を受けた佐賀城と、黒田父子が関連した経始に特徴的に使われたといえよう。

② 宇和島城や丸亀城、大分府内城、今治城、小倉城、明石城は一般的な視軸のクロスにより天守位置が決まった型である。この類型も宇和島城や今治城の高虎、丸亀城の生駒親正(いこまちかまさ)は豊臣家三中老に列し、小倉城の細川忠興(ただおき)など、明石城を別にすれば秀吉との関連がみられるだけに視軸により天守の位置が決まったのは、織(しょく)豊系(ほう)の城に際立っていたことを知る。

「4.2　α三角形60間モジュールによる天守位置決定」では、

① 「Ⅲ－1　視軸とα三角形60間モジュール併用方位型」は高松城が唯一この型に該当し、天守の配置は方位軸と冬至・夏至の旭日・落日の方位と関連づけた天守位置決めであった。

② 「Ⅲ－2　視軸とα三角形60間モジュール併用一般型」は、三原城、姫路城、高知城がこの型に該当し、いずれも視軸が1本しか見当たらず、視軸とα三角形60間モジュールが併用されて天守位置が決まったと考えられる。

③ 「Ⅳ－1　α三角形60間モジュール方位型」の用例としては、篠山城(ささやま)と伊賀上野城がこの類型に当てはまる。両城とも藤堂高虎の縄張であり、三輪山・日吉大社を結ぶ南北(北辰)軸を基軸として、日吉大社を基点としたα三角形60間モジュールを関連づけた天守位置決めであった。この両城は大坂城攻略の特別な使命をもって建設され、家康が天海に急接近した時期だけに家康の意向と天海の呪法(てんかい)とを関連づけた高虎の究極の位置決めとして注目されよう。

④ 「Ⅳ－2　α三角形60間モジュール一般型」としては日出城(ひじ)、福山城、龍野城、

第8章　結　　論

赤穂城がこの類型に該当する。この型は視軸の構成がみられず、また方位や太陽の出没方位とも関連がみられない一般的なα三角形60間モデュールによって天守位置が決められた事例である。基本的には、その地域の一ノ宮など古社古刹や霊峰とα三角形60間モデュールの関係を取り結ぶように天守が位置決めされたといえよう。

以上の考察を通して、慶長5(1600)年の関ヶ原を前後して、天守の位置決めの方法に変化がみえ始め、特に藤堂高虎の篠山城[慶長14(1609)年]および伊賀上野城[慶長16(1611)年]以降、「α三角形60間モデュール」の技法による天守の位置決めが際立ってきたことが分かる。そして元和偃武(げんなえんぶ)以降、視軸構成よりα三角形60間モデュールの構成に移行していったと考えられる。

「第5章　主要施設の配置」、「5.1　視軸による軍事施設配置」では、軍事施設(門、櫓、橋、番所(ばんじょ)など)の配置について、仮説に基づきすでに決まった天守からの視軸により決定された用例を具体的に確認するとともに、仮説の検証と修正を目的とした。

第一に藤堂高虎設計の城郭・城下町(宇和島、今治、篠山、伊賀上野)においては、全体を通して一貫して天守からの視軸により軍事施設を配置する方法を踏襲しており、高虎の設計に視軸構成が卓越してみられた。そしてこの慶長期(1596～1614年)までは天守の持つ監視塔・司令塔的な意味と門、櫓などをその指令下に置く軍事的意味が視軸の技法を通して鮮明に表現されたのであった。

第二には一般の事例へと展開するなかで、慶長期までと元和以降ではその軍事施設配置に大きな変化がみえたが、慶長15(1610)年ぐらいまでに建設された城郭・城下町(大分府内、大洲、高知)では、天守を築きその天守からの視軸で城郭ならびに城下町の主要な軍事施設を配置構成するという技術を踏襲していた。しかし、藤堂高虎のように厳格なものから山内一豊の高知城のように緩やかなものまでその程度には差異が見受けられた。

第三に、元和元(1615)年5月大坂の陣後、徳川政権は、安定化に向けて同年6月「一国一城令」の制定、さらに同年7月「武家諸法度」を制定し、「公儀(こうぎ)」による城郭管理政策の仕上げにかかった。元和元(1615)年以後、新城の築城は基本的には認めない方針となり、城は将軍からの預かりものという「公儀」による城郭管理政策が厳格になった。

このような状況下においては幕府の特別な政策上の必然においてしか新城は建設されず、また天守台は築いても天守は作事されなかった。それだけに城郭・城下町

の設計上の天守の位置づけも変化し、従前のような軍事施設配置の設計築城の手法は大きく変化した。

　元和以降の築城になる明石城と赤穂城の事例から、その変化をみると、天守台は公儀の場としての本丸、二の丸などの空間における監視・制御の役割を果たし、従前の天守に変わって代用天守が監視・司令塔的役割を担うことになった。設計上も必然的に変化し、1ないし複数の代用天守の役割を果たす櫓を基点にして軍事施設を視軸を用いて配置するという技法がとられたのである。

　「**5.2　α三角形60間モジュールによる社寺配置**」では、城下の社寺の配置が天守を基点にしてα三角形60間モジュールと関連づけて決定された用例を考察した。これを類型化すると、

　　Ⅰ　α三角形60間モジュールと視軸の重複型
　　Ⅱ　α三角形60間モジュールに視軸が関与する型
　　　Ⅱ-1　α三角形60間モジュールと旭日・落日型
　　　Ⅱ-2　α三角形60間モジュールと視軸の併用型
　　Ⅲ　α三角形60間モジュール一般型

と分類でき、この類型に従い検証した結果を次に列挙する。

　「Ⅰ　α三角形60間モジュールと視軸の重複型」の例としては、黒田孝高が築いた中津城と蜂須賀彦右衛門正勝の嫡子家政が築いた徳島城の社寺配置に視軸とα三角形60間モジュールが重複して用いられた。なかでも中津城下町における社寺の配置は、伊勢神宮の三節祭が執り行われた時の北辰北斗の位置図に類似しており、直交する視軸とα三角形の構図は軍学にいう卍の曲尺にもあたる。この配置構成は、天の理を地の理として移したものと考えられ、当時の宇宙観を小宇宙である孝高の豊前国中津城下町の社寺配置に投影したものとみられよう。

　「Ⅱ-1　α三角形60間モジュールと旭日・落日型」の例としては松江城下町が挙げられ、冬至・夏至の旭日・落日の軸線とα三角形60間モジュールとを意識した社寺配置が特徴的にみられた。城地に取り立てた亀田山に鎮座した神々の遷座先の位置決めに古典的な冬至・夏至の旭日・落日の方位、巽(たつみ)・乾(いぬい)の祥瑞(しょうずい)な軸線と鬼門・裏鬼門の軸線を用いたことは注目される。

　「Ⅱ-2　α三角形60間モジュールと視軸の併用型」の例として、広島城下町、佐賀城下町、篠山城下町、明石城下町が挙げられ、なかでも広島城下町と佐賀城下町はαの角度を有する視軸がクロスする地点に天守を置き、鬼門・裏鬼門の視軸上に崇敬の社寺を配置し、冬至・夏至の旭日・落日位置に菩提寺などの寺を配置したこ

第8章　結　論

の技法は、黒田孝高の中津城下町と類似の興味深い社寺の配置法であった。

また、幕府の特別な意図を持って建設された篠山城や明石城は、鬼門・裏鬼門軸においては天守台からのα三角形60間モジュールに加えて鬼門・裏鬼門軸の視軸を重複使用する配置方法が特徴的にみられた。

「Ⅲ　α三角形60間モジュール一般」型の例として、三原城、高松城、姫路城、松山城、萩城、福山城、赤穂城が挙げられ、これらの城下町における藩主が崇敬の神社や菩提寺として帰依し寄進が厚かった寺院の配置は、専ら仮説のα三角形60間モジュールに基づく手法であり、視軸の関連はみられなかった。

以上の全類型に共通するのは、α三角形60間モジュールにより社寺が配置されたことである。これは門、櫓などの軍事施設の配置における視軸の構成と対照的である。それは、α三角形60間モジュールそれ自体の神聖な意味と関連しているとみられる。

「第6章　町割」では、町割の基本的な計画理念をみた上で、町割技法の展開を実例に基づき考証し、必要な修正を図ることを目的とした。

「6.1　町割の設計理念」では、近世城下町の町割の発展過程、町割に大きな影響を与えた先駆的事例、街区割や屋敷割の規模や形状など、町割の設計計画の基本を考察した。

近世城下町の町割は、「京都を模範として」と記されていたもののその初期の町割は整然さを欠いたものが多かったが、天正期末から慶長期初頃には町割が端整なものに急速に変化していった。

その先駆けになったのは秀吉の長浜城［天正2(1574)年］であり、続く近江八幡城［天正13(1585)年］、大坂城［天正11(1583)年］の城下町に共通にみられた均質で端整な町割の技法は、以後の織豊系の大名たちの城下町普請に急速に普及していった。

小倉城下町の町割の考察から、街区の形状に着目すれば、武家地には長方形街区を、町人地には正方形街区の碁盤型をもって町割するという理念が明瞭に読みとれた。しかし、端整な碁盤型街区の構成は、大坂城下町、熊本城下町、小倉城下町、名古屋城下町、駿府城下町などにおいて限定的に採用されたが、主流は長方形街区であり、後世になるほどその傾向は強くなった。

武家屋敷の町割は、まず天守から主要施設である郭の門が視軸などにより決まり、その郭の主要門を取り結ぶ方向に主街路が線引きされ、その主街路の方向を長辺とする長方形街区の背割2列型の屋敷割で配列する方法であった。そして屋敷規

模は身分によって班給され、大身の武家屋敷から小身の武家屋敷まで街区の短辺寸法で調整する方法であった。

一方、屋敷規模が小さく画一的に配列できる町屋を主に配した東曲輪の町割は、背թ2列型の碁盤型街区に街区割された。原則として職業や藩主への貢献度などの家格によって間口を調整し、奥行は街区の1/2に屋敷割することを基調とした。

「**6.2　町割の技法**」では、天守からのヴィスタで町割の基軸が設定された場合と主要施設へのヴィスタで町割された事例を検証し、続いて町人町の碁盤型街区と長方形街区の寸法系列をみた後、α三角形60間モデュールで町割された先駆例と典型例から一般化への過程を考察した。

天正期（1573〜92年）に秀吉が築いた長浜城下町や近江八幡城下町は、天守からのヴィスタによって町割の基軸「本町」が設定され、この本町筋を基軸にしてタテ町型に町立てされ、この町割の形式が以後の町割に影響していった。

慶長期（1596〜1614年）の城下町建設ラッシュの時には、この天守からのヴィスタに基づく基軸設定の方法を継承しながらもヨコ町型など多様な展開をみせた。

慶長期末頃から変化がみえ始め、元和元（1615）年の「武家諸法度」制定後の厳しい城郭管理政策の下での町割は大きく変化した。伊賀上野城［慶長16（1611）年］の城下町では城普請の目的が関連し、2つの大手門へのヴィスタによって町割の基軸が設定されたように、慶長期も後半になると天守の位置づけにも変化がみえ始め、元和以降の町割は大きく様変わりしていった。元和以降に町立てされた明石城下町では、天守は建設されず、代用天守とみなされる主櫓を基点にした町割の基軸設定へと変化した。注意したいのは、すべての城下町において天守からのヴィスタによる基軸を基にして町割されたということではないということである。

天正〜文禄期（1573〜95年）の町人地の街区の形状と寸法は、曲尺の表目裏目の使用とみられるα三角形60間モデュールと関連が顕著であっただけに、寸町分間図という縮尺図で設計絵図を作成して町割した可能性は高いとみられる。

慶長期（1596〜1614年）の街区寸法は、天正〜文禄期とは様相が異なり、多様な展開をみせたものの、α三角形60間モデュールに関連づけた用例が主であった。元和〜慶安期（1615〜51年）になると、一層多様な展開を示し、天正期や初期慶長期のような端整で均質な町割やα三角形60間モデュールとの対応は弱くなった。

「**第7章　近世城下町の町割の変容**」、「**7.1　築城期における設計技法の変容**」では近世城下町築城期の全般を通して町割の原型の変遷を考察してきた。築城期の初期に絶対的ともいえる冬至・夏至の旭日・落日の方位に関連づけた視軸のクロスす

第8章 結　論

る位置に天守を置いた長浜城を先駆としてその完成版と目される中津城へ波及し、巽乾、鬼門・裏鬼門の方位信仰と関連づけたこの方法は、天正〜文禄期で特徴的にみられた。これは絶対的な方位であるだけにどこにでも当てはまるわけではなく、広島城で典型的にみられた一ノ宮神社を基点とした視軸のクロスとα三角形60間モジュールとを重ねて天守位置を決めた方法へと文禄〜慶長期初期に展開していった。その頃、北辰北斗信仰の最盛期でもあり、「北辰北斗の構図」を城下町に投影したα三角形60間モジュールにより天守位置を決める方法に変遷していった。その典型的例は藤堂高虎の篠山城や伊賀上野城である。天海と家康の深奥な接触と関連して慶長14(1609)年頃からα三角形60間モジュールによって天守を位置決めする手法が際立ってきたのであった。

　天守を基点にして視軸により軍事施設を配置する方法は築城期初期から全般にみられたが、慶長15(1610)年頃から変化がみえ始め、元和偃武以後になると天守が建設されなくなり、天守代用櫓に視軸の基点が変化したのであった。

　一方、社寺は天守とα三角形60間モジュールに関連づけて配置されたのは、それ自体に北辰北斗の構図をしたα三角形と60という吉数を合わせて秘めていたからであろうと推定する。

　天守からのヴィスタで町割の基軸・本町を設定し、α三角形60間モジュールと関連づけてタテ町型に町立てした長浜城［天正2(1574)年］とその城下町は、それ以後、慶長15(1610)年頃までの町割に多大な影響を及ぼした。しかし、高虎の伊賀上野城［慶長16(1611)年］の頃から天守へのヴィスタに代わって2つの大手門へのヴィスタが町割の基軸になるなどの変化がみえ始め、元和元(1615)年以降は、明石城のように建設されなかった天守に変わって、天守代用櫓からのヴィスタにより町割の基軸が設定された。このようにダイナミックに変化していった。

　街区・屋敷割についても、天正〜文禄期(1573〜95年)の町人地の街区寸法は曲尺の表目裏目の使用にかかわるα三角形60間モジュールと関連しており、寸町分間図の作成に曲尺を使った可能性が高い。慶長期(1596〜1614年)の街区屋敷割は多様な展開をみせたが、基本的にはその街区寸法はα三角形60間モジュールと関連した寸法系列が使用された。元和〜慶安期(1615〜51年)になると、一層多様な展開を示し、天正期や慶長期初頃のような端整で均質な町割はみられなくなった。用尺の問題も含めてα三角形60間モジュールとの関連の分析が今後の課題として残された。

「7.2　小倉城下町の町割の変容過程」

　小倉における35間の背割2列型2面町に町立てされた碁盤街区の特性が、大正末期までの都市計画においては、その骨子は崩されない程度に残されていた。その後、特に戦後の都市計画においては小倉の特性に根ざしてその時の都市問題を解決していくような視点はみられず、そのため小倉の形態的特質は変質していくこととなった。

　この町割の変容の背景を考えるに、港と街道を中心とした高い地価分布から鉄道駅と路面電車軌道、都市計画道路を中心とした地価分布に変容していった。この地価分布の変遷は中心市街地の変遷でもあり、この市街地構造の変化は小倉の町割に大きな変容を起こさせた。この商業中心地の変遷とその規模の拡大、交通の多要所化、多都市軸化、流通の多量化などの市街地構成の変化は、碁盤型の2面町から4面町への変容の背景とみなせる。

　4面町への変容過程は、屋敷割における背割2列型の崩壊の過程でもあった。その屋敷割の変容の空間的特性は、裏界線の変化として明瞭に示すことができた。すなわち、裏界線が貫通しなくなり、飛び裏界線が出現し、原裏界線に垂直方向に新しい裏界線が出現し、飛び裏界線の連担化など裏界線の形態的変化として明瞭に現れた。この背割2列型の屋敷割の変容過程は屋敷規模と形状の変化として現れ、その屋敷の規模と形状の変化は町割の原型の屋敷規模・形状とそれ以後の土地利用の変化が関連することが分かった。

　原街区の寸法が我が国最小の特性を持つ小倉の碁盤型街区では、裏宅地の出現によって敷地が零細化していく傾向よりは、むしろ原街区の横町側の細分割の傾向が強いという変容特性をもった市街地であった。

　最後に、背割2列型の屋敷割の崩壊、宅地の零細化に対して、現在までの都市計画の法制度は、敷地形態の制御のための法的介入の手段を持ち合わせていなかったことは問題として指摘しておかなくてはならない。

第8章 結　　論

8.2　結果の限界と残された課題

　以上より、本書の目的である「近世城下町の設計原理」を解明するために当初に設定した3つの課題(天守位置の決定の方法、主要施設の配置の方法、町割の基軸の設定と街区・屋敷割の方法)は視軸、ヴィスタ、α三角形60間モデュールの3つの技法を使って設計されたとみなされるだけに4つの仮説は基本的に成立するといえよう。
　このように一定の成果は得られたが、なお、現段階において残された課題も多く、これがまた本書の結果の限界・制約にもなっている。
　第一に、対象にした城下町は西日本地方に偏在し、しかも管見に触れた城下町だけを取り上げたことである。史料収集と基本調査は全国200余の近世城下町について実施したが、分析と考察が追いつかず、取り上げることができなかったというのが実情である。それだけに、このことが本書の結果に自ら制約を加えることになり、残された課題となっている。
　第二に、視軸やヴィスタ、α三角形60間モデュールの技法が存在することが確認されても、史料的制約があって実際に当時そのように設計したかどうかは別問題という課題に何時も突き当たり、それを歴史的存在として確定できない場合が多いのも事実である。それゆえに史料に依拠できるものを前提に事例を広く求めて論理を展開することに重心を据えざるを得なかったのであるが、この点ははなはだ心もとないのが実情である。本書の結果の限界・制約としてこのことを付記しておかなくてはならないし、今後史料の発掘が進めばこれらの技術の存在を確定できよう。
　第三に、測量・絵図作成技術の精度に関する裏づけの問題である。視軸は実見できる範囲は広く、また急な情報の伝達手段として当時「狼煙(のろし)」を上げたことから実際に見えない社寺などの位置の確定は容易にできたと考える。一方、α三角形60間モデュールの適用に関して、特に広域の距離測量となると測量技術の裏づけが制約条件となる。史料の裏づけが取れる正確な都市図としては畿内総大工頭中井氏の手になる寛永14(1637)年「洛中絵図」[1]まで下ることになる。この絵図は大工仲間が設計にそれ以前から使った四分界(四分方眼紙)を用い、四分を十間とした1/1500の縮尺図であっただけに城下町レベルでの測量の精度は高かったと考えられる。また、織田信長の検地を引き継いで豊臣秀吉が全国規模で実施した天正の検地や文禄の検地の集大成として「天正の郡絵図」[2]、「文禄国絵図」[3]を徴収したが、この測量

技術と地図作成技術の解明によって広域のα三角形60間モデュールの存在を補強できよう。

　第四にα三角形60間モデュールなどの距離の検討に広島城を除いて6尺5寸を1間として用いてきたことから用尺の問題に触れておかなくてはならない。

　京間の成立については、用語として京間の文献上の初見は慶長13(1608)年の「匠明」まで下る[4]が、建築の遺構や文献にみえる1間を6尺5寸とした初見は応仁の乱直後の文明12(1480)年頃までさかのぼる。一方、田舎間の成立に関しては、徳川検地尺が用いられたのは文献上では慶安2(1649)年に成文化された検地条目までしかさかのぼれない[4]とされていた。その後検地尺の研究が進み、実際には徳川検地尺の使用は甲斐における慶長6(1601)年の使用、慶長7(1602)年の津和野において6尺1間の使用が確認されており、伊豆で彦坂小刑部が文禄3(1594)年に6尺2分で検地されたことが分かり、文禄3年までさかのぼることが分かった。正保元(1644)年に幕府が調進を命じた正保国絵図、城絵図が6尺5寸に統一され、また江戸の明暦大火後に北条氏長による「実測図・所謂寛文5枚図・分間図」[1]ならびに遠近道印による「寛文江戸図」[5]はいずれも6尺5寸の縮尺で作った絵図が作製されただけに、この時期から測量用尺は6尺5寸に統一したとみられる。一方、田畠の測量の検地は6尺が幕府公認の用尺となったとみられる。時代が下って享保期(1716～35年)に度量衡が再編成されて享保尺が定められた関連で、幕府は正式に6尺を1間に定めたと考えられる。いずれにしても用尺の取り扱いは慎重にしなければならない問題である。

〈参考文献〉
1) 矢守和夫『都市図の歴史　日本編』講談社、1974.6
2) 川村博忠『国絵図』吉川弘文館、1990.12
3) 社団法人土木学会『明治以前日本土木史』岩波書店、1936.6
4) 内藤昌『江戸と江戸城』鹿島出版会、1966.1
5) 深井甚三『遠近道印』桂書房、1990.5

第8章　結　論

8.3　現都市計画への意義

　本書の成果の限界を認めつつも、城郭の位置設定から天守を基点にした施設配置、町割に至る設計の技術ならびにそれを使った意味については一定の成果は得られたと考える。また、この近世城下町にその祖型を依拠している城下町都市の原形から今日に至る変容過程を通して、形成された現市街地の特性を把握する手掛かりをえた。
　次にその都市の歴史的な都市形成過程を踏まえたうえで、その市街地特性に根ざした都市整備を提案することが求められている。ここに得た成果を現都市計画に適用する方法については稿を改めて述べることにしたいが、調査で各地の城下町を歩き観察した記憶をも交えて次に記しておきたい。
① 　近世城下町に始原を有する城下町都市の原形の設計技法とそこに潜む理念と意味を読み解くことができる見通しがたった。その原形から現在までの変容過程を押さえた上で現市街地特性を適確に把握することが重要である。この過程を通してはじめて、現在では忘れてしまった地域個性を多々発見できるであろうし、現在に残された視軸などの都市軸や町割の原則ならびに変容の原則がみえてくるに違いない。
② 　個性ある町づくりを目指すには、表層に現れた建築や屋敷構えは変化して一見全く歴史的市街地の持つ地区特性が崩壊したようにみえるが、土地に刻まれた歴史を読み解くことは可能であるだけにその構成を読みとり、その意味を現市街地のなかで位置づけていく作業が重要である。巨大化した都市全体のなかで城下町の部分に残された豊かな歴史的個性の町並みや祭りばやしの聞こえるイベントの魅力は、サスティナブルな都市形成・まちづくりに欠かせない重要な資源である。中心市街地の表層の景観は大きく変化したが、巨視的にみると当時の土地利用は現在に継承されており、かつ土地に刻まれた歴史としての市街地の構造は大きくは変化しておらず、地域特性に根ざした町づくりを考える基盤がここにある。
③ 　近世城下町の設計原理を読み解く作業のなかで発見した「視軸」や「α三角形60間モデュール」、「ヴィスタ」の構成は当時の時代的な信仰や生き方に根ざしたパラダイムを背景にして形成されたものである。こうして形成された個性を今後のまちづくりに活かすには、その背景にある基礎的条件が大きく変わったようにみ

えるが、我が国の特に戦後、これらを忘れてしまったために薄れているだけとみられる。それだけに、その都市の原型まで今一度戻って計画理念や技法に学ぶ必然があると考える。

④ その城下町都市は生き物である。ダイナミックに変化・変容し続けている。その変容のメカニズムを読みとり、対応を考えることに現在までの都市計画は多くの労を注ぎ込んでこなかった。歴史的市街地の崩壊への変容のメカニズムを解読し、今後は変容の方向を予測した上で対策を講ずる必要がある。

⑤ 現在の都市計画は、都市全体の総合計画や都市づくりのビジョンが脆弱であり、総合的にデザインをコントロールする視点を確立していかなくてはならない。その場合、現在都市の都市軸やヴィスタとして何を基点とするかの問題に突き当たる。また、α二角形60間モデュールの構成にみられたようなデザインコンセプトが弱体化している。それは都市計画だけの問題にとどまらず、現在の我が国の社会全般にいえることではあるが、都市の理想像とそれを実現する設計技法の模索が続くなかで、それの確立には近世城下町の設計理念や技法の発展過程にみたと同様に、忘れられた近世城下町の設計原理を今一度再考察することは欠かせない条件といえよう。西欧のルネッサンスがローマを見直すことから始めたのと同様に。

第8章 結　論

玄宮園より八景亭および彦根城天守を望む

あとがき

　筆者は、1971年に西日本工業大学に奉職して以来、「住環境整備のための街区・敷地計画に関する研究」に永らく取り組むなかで、「小倉城下町の町割技法とその現在市街地への影響」を取りまとめたことが発端となり、「近世城下町の原型からその変容過程」に研究課題を据えることになった。「近世城下町小倉の町割の変容過程」を分析するなかで、その原型の設計方法を解明することの重要性を再確認し、近世城下町の設計原理に殊のほか関心を寄せるようになった。

　そして、10年ほど前から「近世城下町の設計原理」に研究課題を絞り込み、この解明に着手したところ、幸いにも2002年度から2006年度までの科学研究費助成に採択され、「近世城下町の設計原理に関する研究」を本格的に開始した。

　本書は「近世城下町小倉の町割の変容過程」と「近世城下町の設計原理に関する研究」を一書にまとめたものである。

　近世城下町に関心を抱き始めたのは、市街地の地域特性に根ざした都市設計技法の重要性を認識し、小倉城下町における碁盤型街区の「35間モデュール」の個性的町割の原型が変容過程を通しても土地に刻まれた歴史として現在の市街地に特性として残されていたことを知ってからである。

　「35間モデュール」の疑問の考察から発見した「視軸」と「α三角形60間モデュール」の設計技法を中津城下町に当てはめた予備的考察を経て、本書の特徴となっている仮説設定に至る新しい発見があった。こうして科学研究費の助成を得て全国に展開するところとなった。

　一応の成果は得られたと考えるが、ここに収められたのは「8.2　結果の限界と残された課題」に述べたように西日本地方に偏在し、しかも管見に触れた一部における研究成果である。中部、関東、東北地方の城下町は残された課題であり、今一度研究の視点を整理し、その論拠となる史料の発掘と論理の再構築を行い次の機会に公表したいと考えている。

　そのなかでも築城技術として卓越していた黒田孝高と藤堂高虎（よしたか）の設計技法がどのようにして修得されたものかについて特別な関心を持つのは筆者だけであろうか。いずれにしても、近世城下町の設計技法の奥行きの深さを痛感している。

　本書が世に出るに際しては誠に浅学で批判をおそれるばかりであるが、その批判

あとがき

を踏み台にして、さらに研鑽を続けたいと思う次第である。

　今から思えば、大学院時代に指導を賜った玉置豊次郎先生や浅野清先生、光崎育利先生に都市計画を歴史的に考察する視点や取り扱いについて教わった。西日本工業大学においては福田晴虔先生から歴史を扱う場合の手続きの問題などについて、学会などでは九州大学の宮本雅明先生から貴重な著書の提供のほか近世城下町の歴史の流れについて、また、早稲田大学の佐藤滋先生から城下町都市についてご意見をいただいた。そして全論文に目を通し丁寧なご意見をいただいた（株）山下設計の瀬島明彦氏、学術図書を刊行するにあたりアドバイスをいただいた熊本県立大学の大岡敏昭先生などの学恩に深く感謝の意を表したい。

　また、全国の城下町調査において各自治体の教育委員会や博物館、歴史資料館の学芸員や職員の方々には貴重な史料を提供していただいた。ここに厚くお礼を申し上げる次第である。

　数十年にわたる永い間、月例研究会の共同研究者である九州共立大学の永田隆昌先生、九州女子大学の松永達先生、九州大学の日隈康喜先生が著者を支えてくれたからこそ、本書を取りまとめることができた。また、西日本工業大学大学院生であった衣笠智哉氏と佐見津好則氏、ならびに現大学院生の宇土徹氏と山野謙太氏らは調査・分析、図面作成に協力してくれた。この手助けなしには本研究は達成できなかった。ここに改めて御礼を申し上げる。

　最後に本書刊行の提案をいただいた技報堂出版（株）の長滋彦氏、また編集企画を担当していただいた石井洋平氏、小巻慎氏、膨大な作業を伴う編集を担当していただいた伊藤大樹氏に末筆ながら深謝申し上げる。

2008年7月1日

髙見敏志

索　引

【人名索引】

〔あ　行〕

浅野忠吉（右近大夫） …………… 132
浅野長晟 ………………………… 36
浅野長直 ……………… 144, 172, 205
足立半右衛門 …………………… 200
安倍晴明 ……………… 25, 128, 197
安国寺恵瓊 ………………… 35, 189
池田輝政（三左衛門） … 133, 137, 157, 198
生駒一正 …………………… 107, 129
生駒親正 …………… 107, 128, 197, 255
大内茂村 ………………………… 76
小笠原忠真 ……………… 120, 169, 192, 243
荻生徂徠 ……………………… 25, 172
小瀬甫庵 ………………………… 186
小幡景憲 ……………………… 66, 144

〔か　行〕

香川正矩 ………………………… 28
加藤嘉明 ……………………… 96, 200
蒲生氏郷 ………………………… 213
蒲生忠知 ………………………… 200
吉川広家 ……………………… 115, 129
木下延俊 ……………………… 139,
黒田長政（如水軒） ……………… 118
黒田孝高（官兵衛） …… 15, 91, 129, 181
玄海法印 …………………… 15, 181
小早川隆景 …………………… 131, 195
小堀遠州 ………………………… 120
金地院崇伝 ……………………… 78
近藤正純 ……………… 144, 172, 205

〔さ　行〕

榊原照久 ………………………… 80
志多羅将監 …………… 169, 192, 243

〔た　行〕

武田信虎 ………………………… 213
竹中重利 …………………… 110, 163
竹中重治（半兵衛） ……………… 163
長宗我部盛親 …………………… 135
寺澤廣高（志摩守） ……………… 94
藤堂高虎 … 84, 101, 104, 111, 137, 152, 154, 157, 191
徳川家康 ……………………… 78, 139
百々安行 …………………… 135, 167
豊臣秀吉 ……………… 90, 133, 252
豊臣秀頼 ………………………… 160

〔な　行〕

中井正清（大和守） ……………… 79
中山将監 …………………… 203, 238
鍋島勝茂 …………………… 118, 189
鍋島直茂 …………………… 118, 189
南光坊天海 ………………… 78, 139
二宮就辰（信濃守） …… 27, 37, 115, 189

〔は　行〕

蜂須賀家政 ………………… 92, 183
蜂須賀正勝（彦右衛門） ……… 37, 184
福島正則 ……………… 36, 43, 132
福原直高 …………………… 110, 163

索　引

北条氏長 …………………………… 66
細川忠興 …… 5, 16, 76, 113, 129, 182, 217
堀尾吉晴 …………………………… 98, 185
本多正純 …………………………… 78

〔ま　行〕

松平康重 …………………… 137, 157, 191
水野勝成 …………………………… 140, 203
宮本武蔵 …………………………… 120, 192
毛利輝元 …………… 26, 34, 115, 201, 234

毛利元就 …………………………… 189

〔や　行〕

山鹿素行 …………… 31, 72, 144, 172, 208
山崎家治 …………………………… 107
山内一豊 …………………………… 135, 167

〔わ　行〕

脇坂安治 …………………………… 103
渡辺了（勘兵衛） ……… 112, 137, 154, 157

【地 名 索 引】

〔あ　行〕

会津 ………………………………… 213
敢国神社 …………………………… 101
明石城下町 ………………… 120, 169, 192, 243
赤穂城下町 ………………… 144, 172, 205
朝日山朝日寺 ……………………… 100, 186
安土城 ……………………………… 52
阿沼美神社 ………………………… 200
安国寺 ……………………………… 189
粒坐天照神社 ……………………… 143
伊賀上野城 ………………………… 101
伊賀上野城下町 …………… 84, 139, 160, 241
伊弉諾神宮 ………………………… 121, 134
伊勢神宮 …………………………… 73, 139
厳島神社 …………………………… 28, 38
犬ヶ岳 ……………………………… 182
伊吹山 ……………………………… 90
今治城下町 ………………………… 111, 154, 240
伊予街道 …………………………… 233
伊和神社 …………………………… 134, 143, 145
石清尾八幡宮 ……………………… 197, 255
岩屋神社 …………………………… 193
宇佐神宮 …………………………… 16, 140, 182

牛嶋天満宮 ………………………… 189
宇和島城下町 ……………………… 104, 152
宇和津彦神社 ……………………… 153
円教寺 ……………………………… 200
延暦寺 ……………………………… 138
近江八幡城下町 …………………… 215, 239
近江日野 …………………………… 213
大麻比古神社 ……………………… 93, 183
大分府内城下町 …………… 109, 163, 250
大坂城下町 ………………………… 63, 160
大洲城下町 ………………………… 102, 165
岡山城天守 ………………………… 30
小谷城 ……………………………… 214
小田原城 …………………………… 30
御成道 ……………………………… 259
尾張楽田城 ………………………… 30

〔か　行〕

花岳寺 ……………………………… 144, 207
鏡山 ………………………………… 94
掛川城 ……………………………… 167
笠山 ………………………………… 116
月山富田城 ………………………… 98, 185
葛城山 ……………………………… 122

甲山	121
亀田山	186
加羅加波神社	132
唐津城下町	94
観音寺城	215
吉備津神社	132, 141
久松山	237
金立山	118, 190
久能山東照宮	79, 80
久保田城下町	58
求菩提山	15, 57, 181
来島海峡	112, 154, 240
月照寺	193
賢忠寺	204
己斐松山	36, 38, 189
弘憲寺	197
興源寺	184
高知城下町	135, 167, 235
五箇ノ庄	27, 37
国分城	240
小倉城下町	5, 113, 217
巨真山寺	132
金刀比羅宮	108
鷹八幡宮	17, 182

〔さ　行〕

西国街道	257
佐賀城下町	118, 189
篠山城下町	84, 137, 157, 191, 259
佐太大社	99, 186
山陽道	232
指月山	114, 202
聚楽第	36
浄願寺	197
床几山	187
書写山	133
白神社	41, 189

白神通	257
瑞応寺（天倫寺）	186
菅原神社	242
駿府城	78
世良田東照宮	82
仙台城下町	50
善通寺	109
総社	199
増上寺	78

〔た　行〕

大安寺	184
大樹寺	78
大照院	203
大悲山	90, 252
大林寺	201
多越神社	203
高田城下町	213
高松城下町	30, 128, 197, 255
建部大社	91
太宰府天満宮	119, 189
龍野城下町	142
田村神社	130
多良岳	119
竹生島	90
智頭街道	237
躑躅ヶ崎	213
剣山	93
東光寺	203
洞春寺	41, 189
徳島城下町	92, 183, 232
土佐神宮	136
鳥栖勝尾城	215
鳥取城下町	55, 237

〔な　行〕

長崎街道	218

索　引

中津街道 …………………………… 218
中津城下町 ……………………… 15, 249
長浜城下町 …………… 90, 214, 239, 252
楢原山 ……………………………… 98
新山（見立山） ………………… 36, 38, 234
西大手門・東大手門 ……………… 242
日光東照宮 …………………… 78, 82
沼名前神社 ………………………… 141
鋸山 ………………………………… 83

〔は　行〕

萩城下町 ……………… 114, 201, 236, 258
蟠龍庵 ……………………………… 192
氷上山興隆寺 ……………………… 76
英彦山 …………………………… 57, 182
日出城下町 ………………………… 139
備中松山城 ………………………… 30
人丸山 ……………………………… 193
姫路城下町 …………………… 133, 198
日吉大社 ……………………… 83, 138
広島城下町 ………… 34, 107, 188, 234, 256
広峰山 ……………………………… 133
福山城下町 ………………… 140, 203, 238
福山八幡宮 ………………………… 203
普賢岳 ……………………………… 119
伏見城 ……………………………… 238
両子寺 ……………………………… 110
法勲寺 ……………………………… 109
峯高寺 ……………………………… 194
法常寺 ……………………………… 196

法然寺 ……………………………… 130
鳳来寺 ……………………………… 80
法龍寺 ……………………………… 201
北面天満宮 ………………………… 189

〔ま　行〕

松江城下町 …………………… 98, 185
松阪 ………………………………… 213
松山城下町 …………………… 96, 200
丸亀城下町 ………………………… 107
三島大山祇神社 …………… 112, 155, 240
弥山 …………………………… 28, 38, 189
三原城下町 ………………… 131, 195, 232
三原八幡宮 ………………………… 195
妙見社 …………………………… 76, 114
妙見山 ……………………………… 76
妙寿寺 ………………………… 42, 189
明星院山（二葉山） …………… 36, 38, 189
三輪山 ………………………… 83, 138
撫養街道 …………………………… 233

〔や　行〕

八上城 ……………………………… 191
八代妙見宮 ………………………… 77
柞原八幡宮 ………………………… 111
吉田郡山城 ………………………… 35

〔ら　行〕

霊芝寺 ……………………………… 131

【用　語　索　引】

〔あ　行〕

空角の経始 …………………… 153, 156
α三角形 ……………………… 3, 62

α三角形60間モデュール
　……… 4, 41, 62, 69, 128, 137, 181, 195, 248
一国一城令 ………………………… 169
犬走り ………………………… 158, 166

陰徳太平記	………………… 26	4面町	………………… 277
陰陽和合之縄	………………… 160	社寺配置	………………… 181
ヴィスタ	………… 13, 21, 44, 215, 231	周礼	………………… 28
右社後市	………………… 26	宿駅	………………… 7
裏宅地	………………… 283	呪術	………………… 25
黄金比	………………… 69	荀子	………………… 118
大矩	………………… 155	織豊系城下町	………… 151, 215, 239
		寸町分間図	………………… 25, 65

〔か 行〕

街区規模と形状	………………… 222
街区割	………………… 218
家格	………………… 217
角馬出	………………… 158
方郭の経始	………………… 156
仮説	………………… 3, 24
曲尺の表目と裏目	………………… 64
曲尺の特殊目盛	………………… 65, 66
鬼門封じ	………………… 40, 116
旭日・落日	………………… 17, 57, 90
軍学	………………… 29
軍事施設	………………… 151, 162
軍神	………………… 75
経始	………………… 1, 27, 63
元和偃武	………………… 172, 193
考工記	………………… 28
甲州流軍学	………………… 172
甲陽軍艦	………………… 66
碁盤型街区	………… 7, 221, 245

総構え	………………… 6
測量技術	………………… 52

〔た 行〕

太閤検地	………………… 53
竹内右兵衛書付	………………… 99
縦町（タテ町）	……… 12, 217, 244, 253
長方形街区	………………… 246
デザインコンセプト	………………… 301
天下普請	………………… 191
天守代用	………………… 175, 239
天守の位置	………………… 89
冬至・夏至	………………… 17, 57, 90
土圭	………………… 26, 27
土地利用	………………… 217
土方氏	………………… 26

〔な 行〕

南蛮造り	………………… 129
狼煙	………………… 298

〔さ 行〕

境目の城	………………… 160
サシガネ使い	………………… 69
35間モデュール	………………… 10, 12
市街地特性	………………… 300
四行八門制	………………… 245
視軸	……… 8, 38, 49, 55, 104, 151
四神相応	………………… 37

〔は 行〕

破軍尾返	………………… 51, 72
ビジョン	………………… 301
歪	………………… 156, 158
日向信仰	………………… 264
廟所	………………… 79
屏風折り	………………… 158
武教全書	………………… 72, 144

索　引

武家諸法度 ……………………… 169
伏見城の遺構 …………………… 141
平安京条坊制 …………………… 212
兵法奥義 ………………………… 72
兵法雄艦 ………………………… 66
方五斜七 ………………………… 71
北条流兵法 ……………… 25, 29, 65
北辰北斗信仰 …………… 51, 71, 75

〔ま　行〕

町割 ……………………………… 211
町割の変化 ……………………… 268
町割の変容 ……………………… 273
三池の刀 ………………………… 80
三節祭 …………………………… 73
身分制 …………………………… 217
妙見信仰 ………………………… 75
モデュール …………………… 3, 245

〔や　行〕

屋敷規模と形状 ………………… 224
屋敷の間口・奥行 ……………… 224
屋敷割 …………………………… 218
屋敷割の変容 …………………… 279
山当て …………………………… 244
山鹿流兵法 ……………… 72, 74, 172
大和比 …………………………… 69, 71
用尺 ……………………………… 299
横町（ヨコ町） ………… 12, 22, 253

〔ら　行〕

裏界線 …………………………… 279
陸繋島 …………………………… 114
両墓制 …………………………… 184
$\sqrt{2}$ ………………………………… 70

310

著者略歴

髙見　敏志（たかみ　たかし）

1943年兵庫県生。大阪工業大学大学院工学研究科修了。西日本工業大学工学部建築学科講師、助教授を経て、現在デザイン学部教授、同大学院教授。工学博士。専門分野は都市計画（住環境整備、都市史）、建築史（民家、集落）。日本建築学会、日本都市計画学会に「近世城下町の設計原理」に関して論文、口頭発表50編以上。ほか論文多数。著書に科研報告書『近世城下町の設計原理に関する研究』、『小倉城下町調査報告書』、『行橋市史』など。

近世城下町の設計技法
―視軸と神秘的な三角形の秘密―

定価はカバーに表示してあります。

2008年8月10日　1版1刷発行　　　ISBN978-4-7655-2521-3　C3052

著　者　　髙　見　敏　志

発行者　　長　　　滋　彦

発行所　　技報堂出版株式会社

〒101-0051　東京都千代田区神田神保町1-2-5
　　　　　　（和栗ハトヤビル）

日本書籍出版協会会員
自然科学書協会会員
工学書協会会員
土木・建築書協会会員

電　話　　営　業　(03)(5217)0885
　　　　　編　集　(03)(5217)0881
　　　　　ＦＡＸ　(03)(5217)0886
振替口座　00140-4-10
http://gihodobooks.jp/

Printed in Japan

Ⓒ Takashi Takami, 2008

装幀　本田正慶　印刷・製本　シナノ

落丁・乱丁はお取り替えいたします。
本書の無断複写は、著作権法上での例外を除き、禁じられています。

◆小社刊行図書のご案内◆

定価につきましては小社ホームページ（http://gihodobooks.jp/）をご確認ください。

「間」と景観
―敷地から考える都市デザイン―

山田圭二郎 著
B5・240頁
ISBN 978-4-7655-1731-7

【内容紹介】都市の計画や設計、景観を考えるときは、一度視点をおろして、人々の暮らしや家々、敷地内外の造作、その連なりのとしての町並みを観察し、それらとの関係から全体を捉え直す必要がある。本書では、対象を歴史文化が今なお息づき、複雑で洗練された京都のまちにおき、伝統的な寺院敷地と川・山などとの位置関係や、地形との関係を研究・分析しながら、自然との間のとり方を考えていく。「敷地」を媒介とし、景観を読み解くことによって、新たな都市デザインへのヒントを探ろうとする書である。

アーバンストックの持続再生
―東京大学講義ノート―

藤野陽三・野口貴文編 著／東京大学21世紀COEプログラム「都市空間の持続再生学の創出」著
A5・346頁
ISBN 978-4-7655-1726-3

【内容紹介】20世紀に拡大した都市は、成長を続ける部分と疲労している部分とが併存し、どこも大きな課題を抱えている。本書は、都市計画、歴史的建造物や街並みの保存、そして住宅・ビル・公共建造物・道路・鉄道等の耐震性・耐久性の向上、資源の循環など社会基盤そのものについて、問題の所在とそれを解決する糸口と方向性を学んでもらおうとするもので、最先端の学術研究の内容が述べられる。都市の持続再生への関心を高め、より安全で安心できる魅力的な都市空間の構築に資する書である。学生、一般向け。

ラーバンデザイン
―「都市×農村」のまちづくり―

日本建築学会 編
B5・174頁
ISBN 978-4-7655-2515-2

【内容紹介】ラーバン（rurban）とは、アーバン（urban：都市の）とルーラル（rural：農村の）という言葉の合成語です。本書では、「都市的環境と農的自然的環境の混在」という状況を「ラーバン」としています。多くの問題を抱えている混在・混住のエリアを積極的に可能性を評価して位置づけ、それをラーバンエリアと呼び、その計画・デザインに関して発信することを大きな目標としています。

建築基準法令集　平成20年版
（三冊セット・函入り）

国土交通省住宅局・日本建築学会 編
A5・2966頁
ISBN 978-4-7655-2011-9

【内容紹介】昭和25年初版発行の権威ある法令集。「法令編」、「様式編」、「告示編」の3冊セット版。函入り。試験会場持込可。平成19年6月に大幅改正された建築基準法、建築士法から、平成19年11月14日公布の国土交通省令までを反映。日本建築学会編の唯一の建築基準法令集。

技報堂出版　TEL 営業 03(5217)0885　編集 03(5217)0881
FAX 03(5217)0886